PySide6

基础教程

周家安◎编著

清华大学出版社
北京

内 容 简 介

PySide6 是 Qt 公司官方推出的 Python 封装版本，并适配其新一代产品——Qt6。Qt 是一套功能丰富的图形程序开发框架。PySide6 使用 Python 语言开发应用程序，对初学者比较友好。本书以简单易学的示例为基础，阐述了 PySide6 最核心的知识点。其中包括环境搭建、Qt 对象模型、基础窗口、按钮组件、交互组件、容器组件、组件布局、菜单与工具栏、列表模型与视图、样式、动画、QML 语言、多线程。

本书适用于具备 Python 编程基础并了解 Qt 技术的读者，可用作各大中专院校及相关机构的培训教材，也可作为编程爱好者的工具书。

图书在版编目（CIP）数据

PySide6 基础教程/周家安编著. -- 北京：清华大学出版社，2025.3.
ISBN 978-7-302-68304-9
Ⅰ. TP311.561
中国国家版本馆 CIP 数据核字第 2025PA6248 号

责任编辑：崔　彤
封面设计：李召霞
责任校对：李建庄
责任印制：丛怀宇

出版发行：清华大学出版社
　　　　网　　　址：https://www.tup.com.cn，https://www.wqxuetang.com
　　　　地　　　址：北京清华大学学研大厦 A 座　　　　邮　　编：100084
　　　　社　总　机：010-83470000　　　　　　　　　　邮　　购：010-62786544
　　　　投稿与读者服务：010-62776969，c-service@tup.tsinghua.edu.cn
　　　　质　量　反　馈：010-62772015，zhiliang@tup.tsinghua.edu.cn
　　　　课　件　下　载：https://www.tup.com.cn，010-83470236
印　装　者：三河市龙大印装有限公司
经　　　销：全国新华书店
开　　本：203mm×260mm　　　印　　张：29.5　　　字　　数：829 千字
版　　次：2025 年 4 月第 1 版　　　　　　　　　印　　次：2025 年 4 月第 1 次印刷
印　　数：1～1500
定　　价：100.00 元

产品编号：099661-01

Qt 是一套功能强大的图形化应用程序开发框架，程序源代码只需要编写一次，即可借助各系统/平台上的编译工具生成可执行文件，并支持常见的桌面操作系统和嵌入式系统。

PySide（Qt for Python）是 Qt 官方推出的 Python 封装版本。初学者在入门阶段可以使用 Python 语言来编写应用程序。待熟悉其框架结构并掌握一定的基础知识后，可以改用 C++语言进行开发，以获得更高性能、更强壮的应用程序。QySide6 是面向新一代框架 Qt6 而封装的 Python 库，本书内容将基于 PySide6 展开。

本书秉持学用结合、通俗易懂的原则，为读者准备了一套示例丰富、内容相对全面的基础教程。其中，关键知识点包括：

- Qt 对象树；
- 信号与事件；
- Qt 应用程序结构；
- 窗口类；
- 常用组件（控件）；
- 界面布局；
- 菜单与工具栏；
- MDI 窗口与对话框；
- 目录与文件 I/O；
- 动画与样式；
- 多线程；
- QML 基础。

阅读本书，要求读者具备 Python 编程基础（包括 Python 语法，类、模块的编写与调用等），并对面向对象及相关概念有所了解。如果读者从未接触过 Python 语言，在阅读本书前，建议查阅一些简明教程。只要了解 Python 的基本语法、类的定义、模块的导入，即可完成本书内容的学习。

书中内容均为入门基础知识，读者在阅读完本书后，还得自行强化所学知识并进行必要的实践才能真正掌握 PySide6。对于书中的示例，本书希望读者能够亲自动手做一遍，以加深印象。

由于编者水平有限，书中难免出现错误或不当之处，烦请读者提出批评和建议。

编　者
2025 年 1 月

前言

目 录
CONTENTS

搭建 PySide 开发环境

本章要点：

➢ 配置 Python 环境；

➢ 配置 Visual Studio Code；

➢ 安装 PySide；

➢ 验证开发环境。

1.1　配置 Python

Linux 和 macOS 系统默认是带有 Python 环境的，需要时进行更新即可。Windows 系统默认不带 Python 环境，需要手动安装。

Windows 系统可以选择下面任意一种安装方式。

（1）从官方网站下载安装包进行安装。

（2）从 Windows 应用商店中搜索 Python，直接单击"获取"（或"安装"）按钮即可，安装过程全自动完成。此方法比较简单。

（3）从官方网站下载嵌入式版本（Windows embeddable package），下载后得到一个.zip 文件，直接将其解压到指定目录下即可使用。此方法得到的 Python 环境体积小，方便移植，将其复制到 U 盘或移动硬盘中，就可以在任意计算机上使用 Python 了。

需要注意的是，嵌入式版本是不包含说明文档和 pip 等组件的，并且需要手动配置。具体步骤如下。

（1）在官方网站下载嵌入式压缩包文件。

（2）将压缩包解压到指定的目录下，如 D:\Python。

（3）使用任意文本编辑器（如记事本）打开 python<版本号>._pth 文件。假设下载的 Python 版本是 3.10，那么该文件的名称为 python310._pth。此文件的作用是配置 Python 搜索 package 的路径。默认配置了从 python<版本号>.zip 和当前目录下搜索。而用户安装的第三方 package 会位于 Lib\site-packages 目录下（例如稍后要安装的 pip、PySide 等），为了能让 Python 查找到这些目录，需要将 python<版本号>._pth 文件的最后一行取消注释（删除 import site 前面的"#"），即改为

```
python310.zip
.

# Uncomment to run site.main() automatically
import site
```

保存并关闭文件。

（1）下载 get-pip.py 文件，然后放到已解压的嵌入式 Python 的根目录下，如 D:\Python。

（2）执行 get-pip.py。

```
python get-pip.py
```

（3）把 Python 可执行文件所在的目录添加到 PATH 环境变量中。

```
set PATH=D:\Python;%PATH%
```

如果希望长期保存，可以使用 setx 命令。

```
setx PATH=D:\Python;%PATH%
```

本书推荐通过 Windows 应用商店来安装 Python，既省去了手动配置的时间，又能避免因配置不当所造成的错误。

1.2　配置 Visual Studio Code

Visual Studio Code（简称 VS Code）是一款非常好用的代码编辑器，需要什么样的功能，安装相关的扩展即可。

VS Code 支持 Windows、Linux、macOS 三大操作系统，如图 1-1 所示。

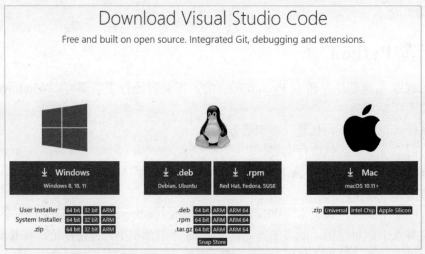

图 1-1　VS Code 下载页面

1.2.1　Windows

在 Windows 系统上，可以选择三种安装方案。

（1）User Installer：安装后只有当前登录系统的用户可以使用。

（2）System Installer：安装为系统级别，登录本台计算机的用户都可以使用。

（3）.zip：仅下载一个压缩包文件，可以解压到任意目录下使用，不需要安装。这种方案最为灵活，将其解压缩放到 U 盘或移动硬盘中，就可以实现在任意计算机上使用 VS Code 了。

1.2.2　Linux

Linux 系统上主要是三种文件格式。

（1）.deb：Debian、Ubuntu 相关发行版中的安装包。

（2）.rpm：SUSE、Red Hat 等发行版中的安装包。

（3）.tar.gz：一个压缩包文件，可以将其解压到任意目录下使用，无须安装。

1.2.3　macOS

下载后是一个.zip 压缩包文件，一般可以选择 Universal 版本，兼容多种 CPU 架构。

1.2.4　VS Code 配置用户数据目录

如果将 VS Code 存放于 U 盘或移动硬盘中，人们希望连同用户数据也一起存储（例如用户的配置文件、已安装的扩展等），这样更有利于携带和移植，通用性更好。其方法是在 VS Code 所在的目录下创建一个名为 data 的目录。VS Code 会自动将用户数据和扩展存放到 data 目录中，如图 1-2 所示。

当更新 VS Code 时，可以将除 data 以外的其他目录和文件删除，再把新版本的.zip 文件解压并复制到原来的 VS Code 目录；或者先将包含新版本 VS Code 的.zip 文件解压到某个目录下，再将旧版本目录中的 data 目录复制过去。总而言之，无论采取何种方法更新 VS Code，只要保留 data 目录即可。

1.2.5　安装 Python 扩展

得益于各种各样的扩展，VS Code 能编写许多编程语言的代码，如 C++、C#、Java、Go 等。使用 PySide 编写 Qt 应用程序需要 Python 语言的支持。因此，在配置完 VS Code 后，需要安装两个扩展：简体中文语言包和 Python 语言支持。

运行 VS Code 后，在主界面窗口的左侧找到"扩展"面板图标，单击它（或按快捷键【Ctrl+Shift+X】）就能打开扩展管理面板。在搜索框中输入 python 开始搜索。在搜索结果列表中找到微软公司官方提供的 Python 扩展，最后单击"安装"或 Install 按钮即可完成安装，如图 1-3 所示。

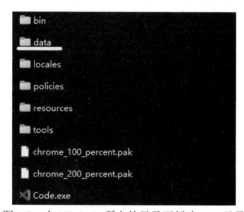
图 1-2　在 VS Code 所在的目录下新建 data 目录

图 1-3　安装 Python 扩展

使用同样的方法搜索并安装 Chinese（Simplified）扩展，重新启动 VS Code 后，界面文本就会显示为简体中文。若希望将界面文本改为繁体中文，可以安装 Chinese（Traditional）扩展。

1.3　创建 Python 虚拟环境（可选）

在使用开发过程中，开发人员经常要安装各种各样的第三方库，难免会出现不同库之间，或者同一个库的不同版本之间产生冲突。为了让特定的项目能够有一个纯净的代码环境，Python 虚拟环境就派上用场了。

在安装 PySide 之前，建议创建一个专用于 Qt 开发的虚拟环境。假设虚拟环境的存放路径为 F:\MyEnv，执行以下命令即可创建新的虚拟环境。

```
python -m venv F:\MyEnv
```

执行完上述命令后，在 MyEnv 目录下会生成一些 Python 的基本文件（虚拟环境默认包含 pip，方便稍后在虚拟环境中安装第三方库）。要启动虚拟环境，可运行 MyEnv\Scripts 目录下的 activate 脚本。要退出虚拟环境，可运行 deactivate 脚本。这些脚本在 Linux 系统上是没有文件后缀的，而在 Windows

上有.bat 和.ps1 两种后缀——.bat 是批处理文件，.ps1 是 PowerShell 脚本。调用时运行任意一种格式的脚本即可。

为了让启动 Python 虚拟环境和 VS Code 变得更方便，可以在桌面上新建一个批处理文件（假设命名为"启动 PySide 开发环境.bat"，文件名不包含双引号），输入以下命令并保存。

```
@echo off
call F:\Python\MyEnv\Scripts\activate.bat
start C:\MyTools\VSCode\Code.exe
exit
```

第一行关闭命令回显功能；第二行调用 activate.bat 批处理文件启动 Python 虚拟环境；第三行启动 VS Code；第四行的 exit 语句表示退出当前批处理文件。

当需要开启 PySide 开发环境时，直接运行上述批处理文件就可以了。

创建 Python 虚拟环境是可选的，在 Python 主体环境中也可以安装 PySide。

1.4 安装 PySide6 库

执行以下命令将自动安装 PySide6。

```
pip install PySide6
```

如果安装失败，可以多试几次。若经多次尝试仍无法安装，或下载速度很慢，可以使用清华大学的开源镜像服务器，命令如下：

```
pip install -i https://pypi.tuna.tsinghua.edu.cn/simple PySide6
```

1.5 在 VS Code 中选择 Python 解析器

当本地计算机上安装了多个 Python 版本，或者创建了虚拟环境后，就会存在多个 Python 解析器。因此，在使用 VS Code 编写代码前应当选择一个合适的解析器。在 VS Code 主界面上按快捷键【Ctrl+Shift+P】调出命令面板，在搜索框中输入 python select，在弹出的提示列表中单击选择 Select Interpreter（选择解析器），如图 1-4 所示。

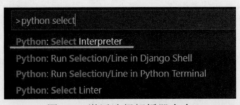

图 1-4 激活选择解析器命令

在随后打开的解析器列表中选择一个，如图 1-5 所示。注意，如果使用虚拟环境，一定要选择位于虚拟环境路径中的解析器。

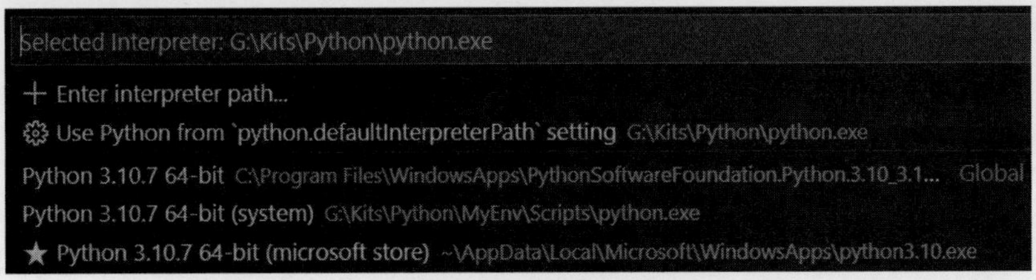

图 1-5 自动扫描得到的解析器列表

1.6　验证开发环境是否搭建成功

至此，所有准备工作已完结。接下来需要验证开发环境是否正常可用。

（1）在 VS Code 界面的左侧工具栏中单击展开"资源管理器"面板（或者使用快捷键【Ctrl+Shift+E】）。

（2）在"资源管理器"面板上单击"打开文件夹"按钮（如图 1-6 所示），选择一个目录，该目录随后用于存放代码文件（Python 脚本）。

（3）单击"资源管理器"面板上的 按钮新建文件，命名为 app.py。

（4）在 app.py 文件中输入以下代码（代码输入完成后记得要保存）：

```python
import sys
from PySide6.QtWidgets import QApplication,QWidget,QLabel
from PySide6.QtCore import QRect

# 创建应用程序对象
app = QApplication()
# 创建一个简单窗口
window = QWidget()
# 设置窗口标题
window.setWindowTitle("示例程序")
# 设置窗口的位置和大小
window.setGeometry(QRect(445,300,325,270))

# 创建标签组件，显示在窗口上
lb = QLabel(window)
# 设置标签文本
lb.setText("我的第一个 Qt 应用程序")
# 在窗口上定位标签组件
lb.setGeometry(20,25,200,40)

# 显示窗口
window.show()

# 启动主消息循环
sys.exit(app.exec())
```

上面代码创建了一个简单的 Qt 应用程序——包含一个窗口，窗口上放置一个标签组件。此代码仅用于测试开发环境是否搭建成功，因此读者暂时不需要关注每行代码的含义，有个大概的程序思路即可，本书后续的章节会详细介绍应用程序的执行过程。

（5）执行以下命令，若能看到如图 1-7 所示的应用程序主窗口，就说明开发环境能够正常使用。

```
python app.py
```

图 1-6　单击"打开文件夹"按钮

图 1-7　示例程序的主窗口

## 第 2 章

Qt 基础对象

本章要点：

➤ 了解 QObject 类；

➤ 事件的处理与过滤；

➤ 信号与槽；

➤ QByteArray 与 QBitArray；

➤ QBuffer；

➤ QSysInfo；

➤ 动态属性；

➤ 生成随机数。

2.1 QObject 类与 Qt 对象模型

QObject 类是所有 Qt 对象的基类。所有从 QObject 派生的对象都可以组成对象树。例如，有 A、B、C、D 4 个对象，B 可以作为 A 的子级，C 和 D 可以作为 B 的子级，于是就形成了如图 2-1 所示的对象树。

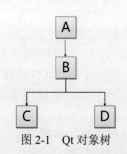

图 2-1 Qt 对象树

QObject 对象之间使用信号（signal）和槽（slot）进行通信。当某对象（发送者）的内部状态发生改变或发生特定事件时，它会发出信号。接收者会马上做出响应。信号与槽之间可以是一对一的关系，也可以是多对一或多对多的关系。即一个信号可以连接多个槽，一个槽可以被多个信号连接。

QObject 对象也支持事件的处理和筛选。派生类可以重写 event 方法来处理接收到的事件。若返回 True，表示当前对象已处理完毕，并且事件不会传递给基类。一般来说，在 event 方法返回前，应调用基类的 event 方法，把未处理的事件传递给基类去处理。

2.2 建立对象的层级关系

前文已述，Qt 对象可通过建立父子关系来组成对象树。两个对象之间建立父子关系有两种方法。

（1）调用类构造函数时，将要作为父级的对象传递给 parent 参数。

（2）调用当前对象的 setParent 方法，使当前对象成为另一个对象的子级。

下面来看一个简单的示例。AObject、BObect、CObject 都从 QObject 类派生。

```
# 导入 QObject 类
from PySide6.QtCore import QObject

# 定义三个类，均派生自 QObject
class AObject(QObject):
```

```
        # 构造函数
        def __init__(self,parent=None)->None:
            # 调用基类的构造函数
            super().__init__(parent)

class BObject(QObject):
        # 构造函数
        def __init__(self,parent=None)->None:
            # 调用基类的构造函数
            super().__init__(parent)

class CObject(QObject):
        # 构造函数
        def __init__(self, parent=None)->None:
            # 调用基类的构造函数
            super().__init__(parent)
```

从 QObject 派生的类，其构造函数应包含一个 parent 参数，用于引用其他对象。parent 参数所引用的对象将作为当前对象的父级。

接下来依次实例化上述三个类，注意 AObject 实例为父级对象，其余两个都是它的子级对象。

```
# 创建 AObject 实例，它没有父级对象，parent 参数可忽略
obj1 = AObject()
# 创建 BObject 实例，它的父级对象是 obj1
obj2 = BObject(obj1)
# 创建 CObject 实例，它的父级对象也是 obj1
obj3 = CObject(obj1)
```

也可以用 setParent 方法来建立层级关系。

```
obj1 = AObject()
obj2 = BObject()
obj3 = CObject()


obj2.setParent(obj1)
obj3.setParent(obj1)
```

若要获取某对象中所包含的子级对象，可以调用 findChildren 方法。例如，在本示例中，调用 obj1 的 findChildren 方法可以返回 obj2 和 obj3。该方法至少需要一个参数，提供待查找对象的类型。在本示例中，需要同时找出 obj2 和 obj3，因此传递给方法的类型应为 QObject 类，因为 AObject 和 BObject 的共同基类是 QObject。

```
chdobjs = obj1.findChildren(QObject)
```

此时，chdobjs 变量中应该包含 obj2 和 obj3，下面代码将输出它们的类名称（访问__class__成员）。

```
for obj in chdobjs:
    print(obj.__class__)
```

执行后会输出以下内容：

```
<class '__main__.BObject'>
<class '__main__.CObject'>
```

2.3　事件与 event 方法

当 Qt 对象接收到某个事件后，会调用 event 方法。派生类可以重写该方法，以实现自定义的事件响应行为。

event 方法包含一个参数，类型为 QEvent。此参数包含与事件有关的信息，其中最为核心的是 type 属性，它返回当前事件的类型（由枚举类型 QEvent.Type 定义）。QEvent 只是基类，程序在实际运行时会根据事件的类型，向 event 方法传递不同的参数值。

例如，若当前发生的事件类型为 Show（当窗口或窗口上的可视化组件呈现之后发生），那传递给 event 方法的参数值就是 QShowEvent 类。再如，当事件类型为 MouseButtonPress 时，表示用户按下了鼠标上的某个键，event 方法的参数将接收到 QMouseEvent 类型的对象。该对象将包含与此鼠标事件相关的附加信息——当前鼠标指针所处的位置坐标、哪个键被按下。

下面示例将重写 event 方法，捕捉键盘按下事件（事件类型为 KeyPress），当用户按下的是方向键（上、下、左、右）时，调用 print 函数向控制台输出文本信息。

定义 MyUI 类，它派生自 QWindow，而 QWindow 派生自 QObject 类。因此，MyUI 类也是 QObject 的子类，可以重写 event 方法。

```python
from PySide6.QtCore import*
from PySide6.QtGui import*

class MyUI(QWindow):
    # 构造函数
    def __init__(self, parent = None):
        super().__init__(parent)
        # 设置窗口标题
        self.setTitle("示例程序")
        # 设置窗口大小
        self.resize(280, 245)


    # 处理事件
    def event(self, e:QEvent) -> bool:
        # 判断是否为键盘按下事件
        if e.type() == QEvent.KeyPress:
            keyevent:QKeyEvent = e
            if keyevent.key() == Qt.Key_Left:
                print("你按下了【向左】键")
            if keyevent.key() == Qt.Key_Right:
                print("你按下了【向右】键")
            if keyevent.key() == Qt.Key_Up:
                print("你按下了【向上】键")
            if keyevent.key() == Qt.Key_Down:
                print("你按下了【向下】键")
            # 已处理过，返回 True
            return True
        # 其他事件交由基类去处理
        return super().event(e)
```

在 event 方法中，先判断当前接收到的事件类型是否为 KeyPress。若是则表明参数 e 的类型是 QKeyEvent。为了便于访问，上述代码定义了新的变量 keyevent，并批注其类型为 QKeyEvent，后面的代码将使用此变量。

key 属性表示被按下的键（键码），由枚举类型 Qt.Key 定义。Key_Up 表示向上键，Key_Down 表示向下键。同理，Key_Left、Key_Right 对应的是向左键和向右键。

实例化 MyUI 类，并显示窗口。

```python
if __name__ == "__main__":
    app = QGuiApplication()
```

```
    obj = MyUI()
    obj.show()        # 显示窗口
    app.exec()        # 开始消息循环
```

带有用户界面的应用程序，需要先创建一个 QGuiApplication 实例，用于处理当前应用程序的消息循环。创建 MyUI 实例后，调用 show 方法即可显示窗口（此方法继承自 QWindow 类）。最后调用 QGuiApplication 实例的 exec 方法，消息循环正式运行。exec 方法调用后会一直处于等待状态，直到应用程序即将退出时才会返回。

待窗口显示后，随意按下键盘上的方向键，控制台窗口会打印以下信息：

```
你按下了【向左】键
你按下了【向右】键
你按下了【向上】键
你按下了【向下】键
你按下了【向右】键
你按下了【向左】键
```

2.3.1　接受与忽略事件

在重写 event 方法时，如果调用 QEvent 对象的 accept 方法，表示当前 Qt 对象已接受该事件，这会使事件不会传播给父级对象。若调用了 QEvent 对象的 ignore 方法，表示当前 Qt 对象将忽略该事件，事件会传播给父级对象。

注意，此处 accept 和 ignore 方法只是控制事件是否向 Qt 对象树的父级传播，而不是向基类传播。

接下来将完成一个示例，该示例定义两个从 QWidget 派生的类。其中，MyWindow 类表示应用程序窗口，MyElement 表示位于窗口上的可视化组件。在 MyElement 类中重写 event 方法，将类型为 MouseButtonPress 的事件（鼠标按下时发生）标记为"忽略"。MouseButtonPress 事件将向上传播到 MyWindow 对象的 event 方法中。

首先要导入需要的类型。

```
from PySide6.QtCore import*
from PySide6.QtGui import*
from PySide6.QtWidgets import QWidget, QApplication, QMessageBox
```

下面代码实现 MyElement 类，派生自 QWidget 类。

```
class MyElement(QWidget):
    # 构造函数
    def __init__(self, parent:QWidget = None):
        super().__init__(parent)
        # 设置大小
        self.resize(180,70)
    # 重写 event 方法
    def event(self, e: QEvent) -> bool:
        if e.type()==QEvent.MouseButtonPress:
            # 忽略此事件
            e.ignore()
            return True
        return super().event(e)
    ……
```

如果上述代码调用的是 e.accept()方法，那么 MouseButtonPress 类型的事件就不会传给 MyWindow 对象了。但本示例调用的是 e.ignore()方法，所以 MyWindow 对象会接收到 MouseButtonPress 类型的事件。

接下来实现 MyWindow 类，它的基类也是 QWidget 类。

```python
class MyWindow(QWidget):
    # 构造函数
    def __init__(self, parent = None) -> None:
        super().__init__(parent, Qt.Window)
        # 窗口标题
        self.setWindowTitle("示例程序")
        # 窗口大小
        self.resize(260,200)
    # 重写 event 方法
    def event(self, e: QEvent) -> bool:
        # 如果是鼠标按下事件
        if e.type()==QEvent.MouseButtonPress:
            # 弹出消息框
            QMessageBox.information(self, "提示", "父窗口接收到鼠标事件", QMessageBox.Ok)
            # 已处理,返回 True
            return True
        return super().event(e)
```

MyWindow 类也重写了 event 方法,如果接收到的事件类型是 MouseButtonPress 就调用 QMessageBox.information 静态方法弹出消息对话框。

最后,实例化 MyWindow 类,并且作为 MyElement 对象的父级对象。调用 show 方法将显示窗口。

```python
if __name__ == "__main__":
    app = QApplication()
    # 实例化 MyWindow 类
    win = MyWindow()
    # 实例化 MyElement 类, 它的父级对象是 win
    elm = MyElement(win)
    # 调整可视化对象在窗口上的位置
    elm.move(36, 30)
    # 显示窗口
    win.show()

    app.exec()
```

若应用程序中使用了 QWidget 类或其子类,应用程序应使用 QApplication 类管理消息循环。

应用程序运行后,主窗口如图 2-2 所示。窗口上有颜色的区域就是 MyElement 对象。此时单击该区域,会弹出消息"父窗口接收到鼠标事件",如图 2-3 所示。被单击的是 MyElement 对象,MyWindow 对象却接收到了鼠标事件,这表明事件已成功向上传播。

图 2-2 示例窗口

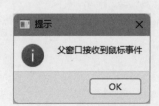

图 2-3 弹出消息框

2.3.2 sendEvent 与 postEvent

QCoreApplication 类提供了两个静态方法,可以在代码中手动发送事件。

（1）sendEvent 方法：直接将事件发送给目标对象。事件会立即被处理，并等待事件处理完毕此方法才返回。

（2）postEvent 方法：将事件发送给目标对象后立即返回（不会等待），事件被添加到事件队列中。事件的处理需要排队，可能不会马上处理。

典型的使用场景是模拟键盘按键——每个按键需要发送两个事件，模拟键盘按下时发送 KeyPress 事件，模拟键盘松开（释放）时发送 KeyRelease 事件。

下面示例中，窗口上有 5 个按钮，依次模拟以下按键。

（1）"全选"按钮：模拟快捷键【Ctrl+A】。

（2）"删除"按钮：模拟【Delete】按键。

（3）"退格"按钮：模拟【BackSpace】按键。

（4）"<-"按钮：模拟向左的箭头键。

（5）"->"按钮：模拟向左的箭头键。

应用程序窗口为自定义的 MyWindow 类，派生自 QWidget 类。窗口左半部分为 5 个垂直排列的按钮部件（类型为 QPushButton）。窗口右半部分放置的是多行文本输入部件（类型为 QTextEdit）。5 个按钮被单击后将模拟上述 5 个键盘按键，按键将作用于输入部件。

```python
class MyWindow(QWidget):
    # 构造函数
    def __init__(self):
        super().__init__(None)
        # 初始化可视化元素
        self.initUI()
        # 窗口标题
        self.setWindowTitle("发送键盘事件")
    def initUI(self):
        self.btnSelAll = QPushButton("全选")
        self.btnDelete = QPushButton("删除")
        self.btnBackspace = QPushButton("退格")
        self.btnMoveLeft = QPushButton("<-")
        self.btnMoveRight = QPushButton("->")
        self.text = QTextEdit()
        self.grid = QGridLayout(self)
        self.vbox = QVBoxLayout()
        self.vbox.addWidget(self.btnSelAll)
        self.vbox.addWidget(self.btnDelete)
        self.vbox.addWidget(self.btnBackspace)
        self.vbox.addWidget(self.btnMoveLeft)
        self.vbox.addWidget(self.btnMoveRight)
        self.grid.addLayout(self.vbox, 0, 0)
        self.grid.addItem(QSpacerItem(15, 0), 0, 1)
        self.grid.addWidget(self.text, 0, 2)
        # 连接信号和槽
        self.btnSelAll.clicked.connect(self.onSelAll)
        self.btnDelete.clicked.connect(self.onDel)
        self.btnBackspace.clicked.connect(self.onBackSpace)
        self.btnMoveLeft.clicked.connect(self.onMoveLeft)
        self.btnMoveRight.clicked.connect(self.onMoveRight)
    def onSelAll(self):
        # Ctrl + A
        key = Qt.Key_A
        modf = Qt.ControlModifier    # Ctrl 按键
        # 发送键盘按下事件
```

```
        keyEvt = QKeyEvent(QKeyEvent.KeyPress, key, modf)
        QApplication.sendEvent(self.text, keyEvt)
        # 发送键盘释放事件
        keyEvt = QKeyEvent(QKeyEvent.KeyRelease, key, modf)
        QApplication.sendEvent(self.text, keyEvt)
    def onDel(self):
        # Delete
        key = Qt.Key_Delete
        QApplication.sendEvent(self.text, QKeyEvent(QKeyEvent.KeyPress, key,
Qt.NoModifier))
        QApplication.sendEvent(self.text, QKeyEvent(QKeyEvent.KeyRelease, key,
Qt.NoModifier))
    def onBackSpace(self):
        # BackSpace
        key = Qt.Key_Backspace
        modif = Qt.NoModifier
        QApplication.sendEvent(self.text, QKeyEvent(QKeyEvent.KeyPress, key, modif))
        QApplication.sendEvent(self.text, QKeyEvent(QKeyEvent.KeyRelease, key, modif))
    def onMoveLeft(self):
        # Left
        key = Qt.Key_Left
        mod = Qt.NoModifier
        QApplication.sendEvent(self.text, QKeyEvent(QKeyEvent.KeyPress, key, mod))
        QApplication.sendEvent(self.text, QKeyEvent(QKeyEvent.KeyRelease, key, mod))
    def onMoveRight(self):
        # Right
        key = Qt.Key_Right
        mod = Qt.NoModifier
        QApplication.sendEvent(self.text, QKeyEvent(QKeyEvent.KeyPress, key, mod))
        QApplication.sendEvent(self.text, QKeyEvent(QKeyEvent.KeyRelease, key, mod))
```

QPushButton 被单击后会发出 clicked 信号，onSelAll、onDel 等方法用于接收信号并做出响应（槽函数）。一条完整的键盘消息应包括键被按下和释放两个动作，因此在调用 sendEvent 方法进行事件模拟时，应依次发送 KeyPress 和 KeyRelease 两个事件。

运行示例程序后，在输入框中随意输入一些字符，然后可以单击窗口左侧的按钮进行测试，如图 2-4 所示。

图 2-4　模拟键盘按键

2.3.3　自定义事件

QEvent.Type 定义了许多内置的事件类型，如 KeyPress、Resize、MouseButtonPress 等。同时，它也为开发人员保留了自定义事件类型的空间。

事件类型本质上是一个整数值，其中 User 的值为 0x3e8（十进制值 1000），MaxUser 的值为 0xffff（十进制值为 65535）。自定义的事件类型的取值必须在 User 与 MaxUser 之间，不能与内置的事件类型重复。

在确定自定义事件类型的值后，需要调用 QEvent 类的静态方法 registerEventType 进行注册。事件注册后，若要触发事件，就可以调用 sendEvent 或 postEvent 方法将事件发送给目标 Qt 对象。

下面示例注册了两个自定义的事件——MyCustomEvent1 和 MyCustomEvent2。窗口上放置了两个按钮（QPushButton 部件），分别用于触发上述自定义事件。具体实现步骤如下。

（1）定义两个变量，设置自定义事件的值。

```
MyCustomEvent1 = QEvent.Type(Qevent.Type.User + 1)
MyCustomEvent2 = QEvent.Type(QEvent.Type.User + 2)
```

注意，变量在赋值时要明确使用 QEvent.Type 数据类型。表达式 QEvent.Type.User + 1 和 QEvent.Type.User + 2 返回的值都会被解析为 int，因此要将其转换为 QEvent.Type 类型。

（2）定义 AppWindow 类，派生自 QWidget。在构造函数中调用 initUI 方法，初始化应用窗口的可视化对象。

```
def __init__(self):
    super().__init__(None)
    # 初始化用户界面
    self.initUI()
```

（3）下面是 initUI 方法的实现代码。

```
def initUI(self):
    # 布局
    layout = QVBoxLayout(self)
    # 标签部件
    self.label = QLabel()
    # 按钮部件
    self.btn1 = QPushButton("点这里，触发自定义事件 1")
    self.btn2 = QPushButton("点这里，触发自定义事件 2")
    # 将以上部件添加到布局中
    layout.addWidget(self.label)
    layout.addWidget(self.btn1)
    layout.addWidget(self.btn2)
    # 应用布局
    self.setLayout(layout)
    # 为按钮的 clicked 信号绑定槽函数
    self.btn1.clicked.connect(self.onClicked1)
    self.btn2.clicked.connect(self.onClicked2)
    # 窗口标题
    self.setWindowTitle("示例程序")
    # 窗口大小
    self.resize(200, 160)
```

QLabel 部件用于显示文本信息，两个 QPushButton 部件被单击后会发出 clicked 信号，并由 onClicked1、onClicked2 接收。

（4）以下为 onClicked1 和 onClicked2 的实现代码。

```
def onClicked1(self):
    QApplication.postEvent(self, QEvent(MyCustomEvent1))
def onClicked2(self):
    QApplication.postEvent(self, QEvent(MyCustomEvent2))
```

上述代码调用 postEvent 方法来发送自定义事件，事件的接收目标是当前窗口对象（AppWindow 实例）。

（5）重写基类的 event 方法，接收并处理自定义事件。

```
def event(self, e: QEvent) -> bool:
    if e.type() == MyCustomEvent1:
        self.label.setText("自定义事件 1 已触发")
        return True
    if e.type() == MyCustomEvent2:
        self.label.setText("自定义事件 2 已触发")
        return True
    return super().event(e)      # 其余事件将交给基类处理
```

如果接收到的事件类型是 MyCustomEvent1，就设置标签的文本为"自定义事件 1 已触发"；如果接收到的是 MyCustomEvent2，就设置标签文本为"自定义事件 2 已触发"。事件处理完毕后应返回 True，其他未被处理的事件应交给基类去处理（调用基类的 event 方法）。

（6）在初始化应用程序前，注册自定义事件。

```
QEvent.registerEventType(MyCustomEvent1)
QEvent.registerEventType(MyCustomEvent2)
```

（7）初始化应用程序，呈现 AppWindow 窗口。

```
app = QApplication()
wind = AppWindow()
wind.show()

app.exec()
```

（8）运行示例代码，单击窗口上的按钮可触发自定义事件，如图 2-5 所示。

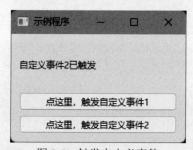

图 2-5　触发自定义事件

2.3.4　事件过滤器

虽然派生类可通过重写 event 方法来过滤事件（该方法若返回 False，则事件将不再传递给基类），但如果仅为了过滤事件而创建派生类，结果会产生许多不必要的新类型。因此，使用事件过滤器会更合适。

事件过滤器能够实现一个对象监视另一个对象的事件，事件过滤器（监视者）会通过 eventFilter 方法的返回值来决定是否将事件发送给被监视对象。

假设 A 对象需要监视（过滤）发送给 B 对象的事件，那么，监视者是 A 对象，被监视者是 B 对象。B 对象需要调用 installEventFilter 方法注册事件过滤器。调用时必须提供 A 对象的引用。A 对象需要重写 eventFilter 方法，如果方法返回 True，表示事件不会发送给 B 对象，否则返回 False。要解除对 B 对象的事件监视（过滤），请调用 B 对象的 removeEventFilter 方法。

下面示例将从 QWidget 类派生一个自定义窗口类 MyWindow，并且该窗口类重写了 eventFilter 方法，可作为事件过滤器（监视者角色）使用。窗口上放置一个 QLineEdit 部件（单行文本输入框，被监视者角色）。MyWindow 类将监视 QLineEdit 对象的 KeyPress 和 KeyRelease 事件，如果出现空格或 "#" 字符，就把事件过滤掉。此方案可实现禁止用户输入特定字符的功能。

```python
class MyWindow(QWidget):
    def __init__(self):
        super().__init__(None, Qt.Window)
        # 窗口标题
        self.setWindowTitle("事件过滤")
        # 窗口大小
        self.resize(200, 80)
        # 初始化 UI 部件
        self.txtEdit = QLineEdit(self)
        self.txtEdit.move(15, 17)
        # 安装事件过滤器
        self.txtEdit.installEventFilter(self)
    def eventFilter(self, watched: QObject, e: QEvent) -> bool:
        if watched == self.txtEdit:
            # 检查是否为键盘事件
            if e.type() == QEvent.KeyPress or e.type() == QEvent.KeyRelease:
                keyev = QKeyEvent(e)
                # 过滤"空格"键和"#"字符
                if keyev.key() == Qt.Key_Space or keyev.key() == Qt.Key_NumberSign:
                    # 直接返回 True，将跳过该事件
                    return True
        return super().eventFilter(watched, e)
```

Qt.Key_Space 常量表示空格，Qt.Key_NumberSign 表示数字符号键，即 "#" 字符。

运行上述示例代码后，在文本框输入内容时，会发现无法输入 "#" 字符和空格，如图 2-6 所示。

若被监视对象注册了多个过滤器，过滤器的激活顺序与注册顺序相反，即最后注册的过滤器最先被激活。

请思考以下示例：

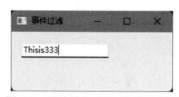

图 2-6　无法输入 "#" 字符和空格

```python
class EventFilter1(QObject):
    # 构造函数
    def __init__(self, parent = None):
        super().__init__(parent)
    # 重写事件过滤方法
    def eventFilter(self, watched: QObject, e: QEvent) -> bool:
        if e.type() == QEvent.MouseButtonPress:
            print("事件过滤器 - 1")
        return super().eventFilter(watched, e)

class EventFilter2(QObject):
    # 构造函数
    def __init__(self, parent = None):
        super().__init__(parent)
    # 重写事件过滤方法
    def eventFilter(self, watched: QObject, e: QEvent) -> bool:
        if e.type() == QEvent.MouseButtonPress:
            print("事件过滤器 - 2")
        return super().eventFilter(watched, e)

class EventFilter3(QObject):
    # 构造函数
    def __init__(self, parent = None):
```

```
            super().__init__(parent)
        # 重写事件过滤方法
        def eventFilter(self, watched: QObject, e: QEvent) -> bool:
            if e.type() == QEvent.MouseButtonPress:
                print("事件过滤器 - 3")
            return super().eventFilter(watched, e)
```

上述代码定义了三个类，均重写了 **eventFilter** 方法，对鼠标按下事件进行过滤。下面代码将上述三个类对象作为按钮部件的事件过滤器。

```
class MyWindow(QWidget):
    def __init__(self) -> None:
        super().__init__(None, Qt.Window)
        # 窗口标题
        self.setWindowTitle("Demo App")
        # 窗口大小
        self.resize(240, 70)
        # 窗口位置
        self.move(548, 438)
        # 实例化按钮部件
        self.btn = QPushButton("请单击这里", self)
        # 设置按钮的位置
        self.btn.move(20, 20)
        # 实例化三个事件过滤器
        self.evtFilter1 = EventFilter1(self)
        self.evtFilter2 = EventFilter2(self)
        self.evtFilter3 = EventFilter3(self)
        # 注册事件过滤器
        self.btn.installEventFilter(self.evtFilter1)
        self.btn.installEventFilter(self.evtFilter2)
        self.btn.installEventFilter(self.evtFilter3)
```

事件过滤器的注册顺序为 EventFilter1→EventFilter2→EventFilter3，但它们被激活的顺序则是 EventFilter3→EventFilter2→EventFilter1。

示例程序运行后，单击窗口上的按钮，控制台将输出以下内容：

```
事件过滤器 - 3
事件过滤器 - 2
事件过滤器 - 1
```

2.4 信号与槽

信号和槽是 Qt 对象之间的通信机制。信号是发送者，槽是接收者。

信号对象用 Signal 类表示。由于该类的成员中存在 __get__ 方法，使其成为只读的描述器（Descriptor）。当通过类型来访问此描述器时，它返回的类型为 Signal（描述器自身的实例）；当通过类型实例来访问此描述器时，它将返回 SignalInstance 类型的对象实例。

综上所述，在类中定义信号时使用的是 Signal 类，而操作信号时（如连接槽函数、发送信号等）所使用的实际类型为 SignalInstance。该类定义了以下方法。

（1）connect：将当前信号与接收信号的槽连接。

（2）disconnect：解除信号与槽的连接。

（3）emit：发出信号。

信号的接收者称为槽，它通常是某个函数或某个类中的方法。信号对象必须先调用 connect 方法与槽对象建立连接，当信号发出后，槽对象就会被调用。

下面示例代码将定义 Demo 类，类中包含名为 testSignal 的信号对象。

```python
class Demo(QObject):
    def __init__(self, parent = None):
        super().__init__(parent)
    # 信号
    testSignal = Signal()
```

定义一个名为 slotFunc 的函数，作为 testSignal 信号的槽。当 testSignal 信号发出后该函数会被调用。

```python
def slotFunc():
    print('已收到信号')
```

下面代码实例化 Demo 类，然后将 testSignal 信号与槽 slotFunc 进行连接。

```python
x = Demo()
x.testSignal.connect(slotFunc)
```

当调用信号对象的 emit 方法后将发出信号，已建立连接的槽对象就会被调用。

```python
x.testSignal.emit()
```

上述代码执行后，若控制台输出"已收到信号"，说明信号与槽能正常通信。

2.4.1　一个信号连接多个槽

当某个信号连接了多个槽对象后，槽对象被调用的顺序将与建立连接的顺序相同。请看下面示例：

```python
from PySide6.QtWidgets import QWidget, QPushButton, QApplication

# 以下为槽函数
def func1():
    print("响应函数：1")

def func2():
    print("响应函数：2")

def func3():
    print("响应函数：3")


if __name__ == '__main__':
    app = QApplication()
    # 程序窗口
    window = QWidget(parent=None)
    # 窗口标题
    window.setWindowTitle("连接多个槽")
    # 窗口位置及大小
    window.setGeometry(766, 550, 230, 90)
    # 按钮部件
    button = QPushButton("请单击这里", window)
    # 按钮在窗口中的位置
    button.move(25, 20)
    # clicked信号连接三个槽对象
    button.clicked.connect(func1)
    button.clicked.connect(func2)
    button.clicked.connect(func3)
    # 显示窗口
    window.show()
    # 启动消息循环
    app.exec()
```

QPushButton 类表示常见的按钮部件，当用户单击后会发出 clicked 信号。将按钮的 clicked 信号与自定义函数连接，就可以实现响应按钮操作的逻辑代码。上述代码中，clicked 信号依次连接到三个函数上。只要按钮被单击，就会按照此顺序调用三个函数：func1→func2→func3。因此控制台将输出以下内容：

```
响应函数：1
响应函数：2
响应函数：3
```

如果将 clicked 信号连接三个函数的顺序修改一下：

```
button.clicked.connect(func3)
button.clicked.connect(func1)
button.clicked.connect(func2)
```

那么，按钮被单击后，控制台将输出以下内容：

```
响应函数：3
响应函数：1
响应函数：2
```

通过本示例可知，槽被调用的顺序与 connect 方法调用的顺序一致。

2.4.2 带参数的信号

信号对象支持传递参数——作为附加数据提供给与信号连接的槽对象。请看下面例子，Test 类中包含 setName 信号。

```
class Test(QObject):
    # 信号
    setName = Signal(str)
```

当信号需要参数时，可以向 Signal 类的构造函数传递参数的类型。上述代码为 setName 信号设置了字符串（str）类型的参数。

下面函数将与 setName 信号建立连接。函数必须包含一个参数。

```
def onSetName(name):
    print(f"设置了新名称：{name}")
```

当 setName 调用 emit 方法发送信号时，需要传递一个字符串类型的参数值。该值将由 onSetName 函数的 name 参数接收。下面代码在发出信号时传递字符串常量"Jack"。

```
x = Test()
# 连接信号
x.setName.connect(onSetName)
# 发出信号
x.setName.emit("Jack")
```

以上示例运行后，控制台将输出以下内容：

```
设置了新名称：Jack
```

如果信号需要定义多个参数，可以为 Signal 类的构造函数提供各参数的类型，例如：

```
class Test2(QObject):
    def __init__(self):
        super().__init__()
    # 信号
    demoSignal = Signal(int, float)
```

Test2 类中包含 demoSignal 信号，它定义了两个参数：第一个参数是整数类型（int），第二个参数是浮点数类型（float）。因此，demoSignal 信号连接的槽函数必须能接收两个参数。

```
def demoSlot(a: int, b: float):
    print(f'第一个参数：{a:d}')
    print(f'第二个参数：{b: .3f}')
```

下面代码将实例化 Test2 类，并发出 demoSignal 信号。

```
v = Test2()
# 建立连接
v.demoSignal.connect(demoSlot)
# 发出信号
v.demoSignal.emit(300, 100.0830655)
```

emit 方法的参数个数是可变的。如上述代码，demoSignal 信号需要两个参数，因此在调用 emit 方法时要提供两个参数。运行后控制台的输出内容如下：

```
第一个参数：300
第二个参数：100.083
```

2.4.3　使用 C++成员方法的签名格式

在调用 connect 方法建立信号与槽的连接时，也可以直接使用字符串形式来指定对象的成员名称。其格式与 C++方法的签名相同。例如，滑动条部件（QSlider 类）在用户改变滑块的位置后会发出 valueChanged 信号。该信号包含一个整数类型的参数 value，表示当前滑动条的最新值。如果调用 connect 方法时希望使用字符串形式来指定 valueChanged 信号，则它的格式为：

```
QSlider::valueChanged(int)
```

不需要指定参数的名称，指明其类型即可。如果 connect 方法是在 QSlider 实例上调用的，则类型可以省略，即

```
valueChanged(int)
```

槽对象的字符串形式与信号对象类型，例如：

```
onChanged(int)
```

下面以单行文本输入部件（QLineEdit 类）为例进行演示。

```
from PySide6.QtWidgets import QApplication, QWidget, QLineEdit, QLabel
from PySide6.QtCore import SIGNAL, SLOT


class AppWindow(QWidget):
    def __init__(self):
        super().__init__()
        # 设置窗口大小
        self.resize(280, 90)
        # 设置窗口标题
        self.setWindowTitle("Demo App")
        # 初始化单行文本输入部件
        self.lineTxt = QLineEdit(self)
        # 建立信号与槽的连接
        self.lineTxt.connect(SIGNAL('cursorPositionChanged(int,int)'), self,
SLOT('onCursorPsChanged(int,int)'))
        # 初始化标签部件
        self.lb = QLabel(self)
        # 设置部件在窗口中的位置和大小
        self.lineTxt.setGeometry(20,15, 200, 25)
        self.lb.setGeometry(20, 45, 160, 35)
```

```
# 接收 cursorPositionChanged 信号的槽
def onCursorPsChanged(self, oldPos, newPos):
    msg = f'光标已从{oldPos}移动到{newPos}'
    self.lb.setText(msg)
```

QLineEdit 类在输入光标的位置发生改变后会发出 cursorPositionChanged 信号。此信号包含两个 int 类型的参数——第一个参数表示光标的旧位置，第二个参数表示光标的新位置。

由于信号对象的 connect 方法并不是直接处理 str（字符串）类型的参数，因此在指定信号名称时要使用 SIGNAL 函数。同理，在指定槽的名称时要使用 SLOT 函数。

下面代码初始化应用程序并显示 AppWindow 窗口。

```
if __name__ == '__main__':
    app = QApplication()
    window = AppWindow()
    # 显示窗口
    window.show()
    # 启动消息循环
    app.exec()
```

运行示例程序后，在文本输入框中随机输入一些字符，然后通过单击或按键盘上的左右方向键来移动输入光标。文本框下面的标签上会实时显示光标的位置，如图 2-7 所示。

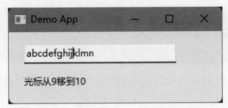

图 2-7　实时显示输入光标的位置

2.4.4　信号的类型重载

在声明信号对象时，如果传递的类型参数为元组（Tuple）类型，表示该信号允许类型重载——可根据参数类型来选择版本，例如：

```
x = Signal((int,), (bytes,))
```

信号 x 具有两个类型重载版本：

```
x[int]：包含一个整数类型的参数
x[bytes]：包含一个字符序列的参数
```

若 x 信号的声明如下：

```
x = Signal((int,int,int,), (str,int,))
```

那么信号 x 将具有以下重载版本：

```
x[int,int,int]：包含 3 个参数，并且都是整数类型
x[str,int]：包含两个参数，第一个参数为字符串类型，第二个参数为整数类型
```

接下来请看一个示例。

```
from PySide6.QtCore import QObject, Signal

class Demo(QObject):
    # 信号
    testSignal = Signal((str, str,), (float,))
```

```
    # 槽
    def testSlot(self, arg1, arg2 = None):
        if isinstance(arg1, str) and isinstance(arg2, str):
            print(f'字符串参数: {arg1}、{arg2}')
        if isinstance(arg1, float):
            print(f'浮点数参数: {arg1}')

    def __init__(self):
        super().__init__()
        # 建立信号和槽之间的连接
        self.testSignal[str,str].connect(self.testSlot)
        self.testSignal[float].connect(self.testSlot)

    # 发送信号
    def sendFloat(self):
        self.testSignal[float].emit(0.55)
    def sendStr(self):
        self.testSignal[str,str].emit("hello", "world")
```

Demo 类中包含 testSignal 信号，它具有以下类型重载：

```
testSignal[str,str]: 包含两个字符串类型的参数
testSignal[float]: 包含一个浮点数类型的参数
```

testSlot 方法将作为 testSignal 信号连接的槽对象，并且是两个重载版本共用的槽对象。因此 testSlot 方法包含两个参数，其中 arg2 为可选参数。如果使用的信号版本为单个 float 类型参数，那么仅使用 arg1 参数即可，arg2 参数保留默认值 None。如果使用的信号版本是两个 str 类型的参数，那么 arg1、arg2 分别存放两个参数的值。

为了分辨信号的重载版本，testSlot 方法中使用了 isinstance 函数来检查 arg1 和 arg2 的实际类型。若两个参数均为 str 类型，那么连接 testSlot 的信号是 testSignal[str,str]；若 arg1 的类型为 float，那么连接的信号就是 testSignal[float]。

示例运行后控制台将输出以下内容：

```
字符串参数: hello、world
浮点数参数: 0.55
```

2.4.5 让信号与槽自动建立连接

QMetaObject 类有一个名为 connectSlotsByName 的静态方法。调用方法时需要提供一个 QObject 类型或其子类的对象。connectSlotsByName 方法会遍历指定对象的子级对象集合，为每个子对象的信号成员查找匹配的槽，然后自动建立连接。

要使用上述功能，必须为对象分配一个名称（调用 setObjectName 方法）。虽然多个对象允许设置相同的名称，但是只有匹配的第一个对象才会自动建立信号与槽的连接。因此，建议不要在同一个对象树层次中分配重复的对象名称。

槽对象必须符合以下命名规则才会被自动连接：

```
on_<对象名称>_<信号>(<参数列表>)
```

假设某 Qt 对象分配了名称 txtAge，并希望它的 textUpdated 信号能自动连接槽对象，那么用作槽的成员应当命名为 on_txtAge_textUpdated(…)。

下面示例将在窗口中放置一个按钮部件（QPushButton 类），它的 clicked 信号能够自动连接槽对象。

```
class AppWindow(widgets.QWidget):
    def __init__(self):
        super().__init__()
        # 窗口标题
        self.setWindowTitle('Demo')
        # 窗口大小
        self.resize(220, 65)
        # 初始化按钮部件
        self.btn = widgets.QPushButton("Click Me", self)
        # 设置按钮的位置
        self.btn.move(35,20)
        # 设置对象的名称
        self.btn.setObjectName("myButton")
        # 信号与槽的自动绑定
        core.QMetaObject.connectSlotsByName(self)
......
```

在初始化 AppWindow 类时，一定要调用 QMetaObject.connectSlotsByName，这样当前对象的所有子对象都能够自动完成信号与槽的连接。本示例中按钮部件被命名为 myButton，所以 AppWindow 类中要用作槽的方法必须命名为 on_myButton_clicked，而且要加上 Slot 装饰器。

```
@core.Slot()
def on_myButton_clicked(self):
    # 弹出消息框
    widgets.QMessageBox.information(self, "提示", "你单击了按钮", widgets.QMessageBox.Ok)
```

上述代码实现当按钮被单击后弹出一个消息框。运行结果如图 2-8 和图 2-9 所示。

图 2-8　单击按钮前

图 2-9　单击按钮后弹出消息框

2.4.6　示例：随机变换窗口的背景颜色

本示例将实现单击按钮后随机更换窗口背景颜色的功能。

首先，使用列表类型定义一组 QColor 对象，每次更换窗口背景颜色时，将从此列表中随机取出一个元素来填充窗口。

```
colorList = [
    QColor(15, 165, 80),
    QColor(200, 0, 12),
    QColor(5, 100, 60),
    QColor(13, 13, 80),
    QColor(20, 189, 255),
    QColor(10, 10, 0),
    QColor(120, 50, 95),
    QColor(58, 0, 0),
    QColor(100, 105, 16),
    QColor(0, 0, 200),
    QColor(199, 20, 150),
    QColor(40, 50, 88),
    QColor(118, 10, 0),
```

```
        QColor(55, 160, 28),
        QColor(0, 240, 17),
        QColor(91, 145, 28),
        QColor(33, 36, 125),
        QColor(88, 135, 201),
        QColor(232, 18, 52),
        QColor(42, 218, 50),
        QColor(89, 10, 180)
]
```

在实例化 QColor 对象时，可以使用 R、G、B 三个整数值来确定颜色。随机选取颜色可以调用 choice 函数。此函数的功能是从一个非空集合中随机取出一个元素并返回。

接着，从 QWidget 类派生出自定义类型 MyWindow，它表示应用程序窗口。

```
class MyWindow(QWidget):
    # 设置颜色的信号
    setColor = Signal(QColor)
    # 构造函数
    def __init__(self):
        super().__init__()
        # 窗口标题
        self.setWindowTitle("随机更换背景色")
        # 窗口大小
        self.resize(300, 200)
        # 初始化按钮部件
        self.btn = QPushButton("换颜色", self)
        # 设置按钮位置
        self.btn.move(15, 15)
        # 连接 clicked 信号
        self.btn.clicked.connect(self.onClicked)
        # 连接 setColor 信号
        self.setColor.connect(self.onColorPicked)

    # 响应按钮部件的 clicked 信号
    def onClicked(self):
        # 随机选一个颜色
        selColor = choice(colorList)
        # 发送 setColor 信号
        self.setColor.emit(selColor)

    # 响应 setColor 信号
    def onColorPicked(self, color):
        # 修改当前窗口背景色
        p = QPalette()
        p.setColor(QPalette.Window, color)
        self.setPalette(p)
```

窗口中包含一个按钮部件（QPushButton 对象），被单击时会发出 clicked 信号，对应的槽是 onClicked 方法。在此方法中调用 choice 函数随机获取一个 QColor 对象，然后发出 setColor 信号。setColor 信号带有一个 QColor 类型的参数，将用于设置窗口背景色。

setColor 信号对应的槽是 onColorPicked 方法。在该方法中通过修改调色板对象（QPalette 类）的参数来设置窗口背景颜色。这里有两种修改调色板的方法。

（1）声明一个变量并获取当前窗口的调色板对象，修改后调用 setPalette 方法为窗口重新设置调色板。

```
p = self.palette()
p.setColor(QPalette.Window, color)
self.setPalette(p)
```

（2）创建新的调色板实例，修改参数后，调用 setPalette 方法设置新的调色板。应用程序会自动合并新旧调色板的参数。

```
p = QPalette()
p.setColor(QPalette.Window, color)
self.setPalette(p)
```

最后，实例化 MyWindow 窗口，显示窗口并启动主消息循环。

```
if __name__ == "__main__":
    app = QApplication()
    window = MyWindow()           # 实例化窗口
    window.show()                 # 显示窗口
    app.exec()                    # 开始消息循环
```

运行本示例，呈现窗口的初始颜色，如图 2-10 所示。

单击"换颜色"按钮后，窗口会随机切换背景色，如图 2-11 所示。

图 2-10　窗口的初始颜色

图 2-11　随机更换背景色

2.4.7　信号阻绝器

Signal Blocker（本书将其翻译为"信号阻绝器"）是一个用于暂时阻止对象发出信号的组件，对应类型是 QSignalBlocker 类。

QSignalBlocker 在初始化后会自动阻止目标对象的信号。当 QSignalBlocker 对象发生析构时，会自动恢复目标对象的信号状态。QSignalBlocker 类定义了＿＿enter＿＿和＿＿exit＿＿方法，因此在实例化时可以放到 with 代码块中。

下面示例通过定时器组件（QTimer 类）让标签部件（QLabel）每隔 1 秒显示/隐藏一次——实现标签文字闪烁的效果。当单击"暂停 10 秒"按钮后，标签文字会停止闪烁 10 秒。其原理是使用 QSignalBlocker 类阻止 QTimer 对象的 timeout 信号，等待 10 秒后恢复。

```
import PySide6.QtCore as core
import PySide6.QtWidgets as widgets
import PySide6.QtGui as gui

class AppWindow(widgets.QWidget):
    def __init__(self):
        super().__init__()
        # 设置窗口标题
        self.setWindowTitle('My App')
        # 设置窗口大小
        self.resize(265, 98)
```

```python
        # 初始化按钮部件
        self.btn = widgets.QPushButton('暂停 10 秒', self)
        # 设置按钮在窗口中的位置
        self.btn.move(20,12)
        # 建立 clicked 信号与槽的连接
        self.btn.clicked.connect(self.onBtnClicked)
        # 初始化标签部件
        self.lb = widgets.QLabel(self)
        # 设置标签文本
        self.lb.setText('示例文本')
        # 设置字体
        font = gui.QFont('仿宋', 15, gui.QFont.Bold)
        self.lb.setFont(font)
        # 设置标签在窗口上的位置
        self.lb.move(20,50)
        # 初始化定时器
        self.timer = core.QTimer(self)
        # 建立 timeout 信号与槽的连接
        self.timer.timeout.connect(self.onTimeout)
        # 启动定时器，每隔 1 秒触发一次
        self.timer.start(1000)

    # 槽：接收 timeout 信号
    def onTimeout(self):
        # 显示或隐藏标签部件
        if self.lb.isVisible():
            self.lb.setVisible(False)
        else:
            self.lb.setVisible(True)


    # 槽：接收 clicked 信号
    def onBtnClicked(self):
        # 阻止定时器上的信号，10 秒后恢复
        with core.QSignalBlocker(self.timer):
            # 构建新的事件循环
            evloop = core.QEventLoop(self)
            # 启动一次性定时器
            # 10 秒后执行 quit 方法，退出事件循环
            core.QTimer.singleShot(10*1000, evloop.quit)
            # 事件循环开始，exec 方法一直处于等待状态
            # 直到 quit 方法被调用才会返回
            # 作用是实现延时 10 秒
            evloop.exec()


#---------------------------------------------------------------------
if __name__ == '__main__':
    app = widgets.QApplication()
    # 实例化窗口
    window = AppWindow()
    # 显示窗口
    window.show()
    # 开始消息循环
    app.exec()
```

QTimer 对象在调用 start 方法后开始循环计时，间隔为 1000 毫秒，即 1 秒。每次计时周期结束时会发出一个 timeout 信号。实例化 QSignalBlocker 对象时通过构造函数传递 QTimer 对象，timeout 信号会被阻止。

在 with 语句内，先创建一个新的消息循环（QEventLoop），接着调用 QTimer 类的静态方法 singleShot 产生单次定时器，延时 10000 毫秒（10 秒）后触发。触发时调用 quit 方法退出事件循环。随后退出 with 语句，QSignalBlocker 对象恢复 timeout 信号。

运行效果如图 2-12 所示。

图 2-12　让文本暂停闪烁

2.5　字节序列——QByteArray

QbyteArray 类既可用于处理字节序列，也可以对字符串做简单处理。

QByteArray 类的构造函数有多个重载，最简单的方法是调用无参数的构造函数，创建一个空的字节序列。请看下面例子：

```python
from PySide6.QtCore import QByteArray

x = QByteArray()
# 此时序列中没有数据，大小为 0
print(f'初始大小：{x.size()}')
# 追加 3 字节数据
x.append(b'\x25\x6c\x82')
# 再追加 3 字节
x.append(b'\x45\xa6\xd7')
# 再次打印字节序列的大小
print(f'追加数据后的大小：{x.size()}')
# 打印序列中所有字节的十六进制表示方式
print(f"数据内容：{x.toHex()}")
```

append 方法可以向序列追加数据。由于此方法调用后会返回 QByteArray 实例自身，因此可以"链条式"调用 append 方法，例如：

```python
x.append(b'\x20\x5f').append(b'\x60').append(b'\xb9\x42')
```

x 变量初始化完成后，由于里面没有数据，所以 size 方法返回 0。当调用 append 方法追加 6 字节后，size 方法将返回 6。最后在打印数据内容时，调用了 toHex 方法，将 x 中的所有数据转换为十六进制表示的字符串（1 字节由两个字符组成），即"256c8245a6d7"。

也可以调用以下构造函数，在初始化 QByteArray 对象时设置默认大小，以及填充字节。

```python
def __init__(self, size: int, c: int)
```

size 参数表示新创建的 QByteArray 对象的默认大小，c 参数表示用于填充默认分配空间的字节。下面是一个例子：

```python
k = QByteArray(3, 16)
# 此时初始大小为 3
```

```
print(f'初始大小: {k.size()}')
# 追加 5 字节
k.append(b'\x12\x30\x3a\x67\xe4')
# 原有的 3 字节加上新的字节, 此时大小为 8
print(f'追加数据后的大小: {k.size()}')
```

创建的新序列大小为 3，并用 16 来填充默认空间，即前三个元素均为 16。随后，调用 append 方法追加 5 字节。序列的最终大小为 8。

在 C++语言中，QByteArray 类可以更方便地操作字符串（char 数组，char[]或 char*）。对于 Python 语言，可以选择使用 Python 内置的如 str、bytes 等类型，而不是 QByteArray 类。

2.5.1　替换字符串

要在 QByteArray 中进行字符串替换，需要调用 replace 方法，比较常用的有以下重载：

```
replace(before: Union[QByteArray, bytes], after: Union[QByteArray, bytes]) -> QByteArray
```

before 参数指定要被替换的字符串，after 参数指定新的字符串。参数既可以使用 QByteArray 对象，也可以使用 Python 内置的 bytes 类型。方法调用后会返回当前 QByteArray 实例。

下面示例将通过 replace 方法将单词 fine 变成 fish。

```
from PySide6.QtCore import QByteArray

# 创建 QByteArray 对象
x = QByteArray('fine')
print(f'原单词: {x.toStdString()}')
# 被替换的内容
a = QByteArray('ne')
# 新内容
b = QByteArray('sh')
# 执行替换
x.replace(a, b)
print(f'替换后: {x.toStdString()}')
```

对于汉字字符串，上述方法也适用（默认使用 UTF-8 编码）。下面示例将"此心安处是天堂"改为"此心安处是吾乡"。

```
# 创建新的 QByteArray 实例
ostr = QByteArray('此心安处是天堂')
print(f"替换前: {ostr.toStdString()}")
a = QByteArray('天堂')
b = QByteArray('吾乡')
# 替换
ostr.replace(a, b)
print(f"替换后: {ostr.toStdString()}")
```

结果如下：

```
替换前: 此心安处是天堂
替换后: 此心安处是吾乡
```

如果使用的字符编码不是默认的 UTF-8，则需要保证编码/解码时使用一致的编码格式。例如，下面示例将"一路向南"改为"一路向北"（使用 GB2312 编码）。

```
# 原字符串, 要手动将字符串编码改为 GB2312
d = QByteArray('一路向南'.encode('gb2312'))
print(f'替换前: {d.data().decode("gb2312")}')
```

```
# 编码格式要一致
a = QByteArray('南'.encode('gb2312'))
b = QByteArray('北'.encode('gb2312'))
# 替换
d.replace(a, b)
print(f'替换后：{d.data().decode("gb2312")}')
```

2.5.2 数值到字符串的转换

调用 QByteArray 类的 number 静态方法，可以将整数或浮点数值转换为字符串。对于整数值，可以通过 base 参数来设定进制（默认为 10，即十进制）。

下面示例将整数值 28 分别转换为二进制、八进制、十进制、十六进制的字符串。

```
# 整数值
num = 28
# 二进制
x1 = QByteArray.number(num, base=2)
print(f'二进制：{x1.toStdString()}')
# 八进制
x2 = QByteArray.number(num, base=8)
print(f'八进制：{x2.toStdString()}')
# 十进制
x3 = QByteArray.number(num, base=10)
print(f'十进制：{x3.toStdString()}')
# 十六进制
x4 = QByteArray.number(num, base=16)
print(f'十六进制：{x4.toStdString()}')
```

上述代码的执行结果如下：

```
二进制：11100
八进制：34
十进制：28
十六进制：1c
```

对于浮点数值，number 方法可通过 format 参数设置浮点数的格式控制符，默认为 'g'。precision 参数表示小数位精度。方法签名如下：

```
number(arg__1, format='g', precision=6)
```

下面例子将保留三位小数。

```
number = 439.682145
b = QByteArray.number(number, 'f', 3)
```

'f' 表示浮点数，转换为字符串的结果为 "439.682"。将格式控制符设置为 'E'，可以显示为科学记数法。

```
number = 439.682145
b = QByteArray.number(number, 'E', 3)       # 结果：4.397E+02
```

2.5.3 字符串到数值的转换

QByteArray 类提供了一组方法，可以将表示数值的字符串转换为对应的数值。

（1）toInt：将当前字符串转换为对应的有符号整数值。

（2）toUInt：将当前 QByteArray 中的字符串转换为对应的无符号整数值。

（3）toFloat：转换为浮点数值。

（4）toDouble：转换为双精度数值。

这些方法都有一个 base 参数，指的是原字符串所表示数值的进制，2 表示二进制，8 表示八进制等。方法调用后会返回一个包含两个元素的元组对象。其中，第一个元素表示转换结果（数值），第二个元素是布尔值（bool），若为 True 表示转换成功，否则表示失败。

下面是两个示例。

```
# 二进制
b = QByteArray('1011')
val, res = b.toInt(2)
if res:
    print(val)          # 输出: 11

# 十二进制
b = QByteArray('433')
val, res = b.toInt(12)
if res:
    print(val)          # 输出: 615
```

第一个例子中，调用 toInt 方法时指明"1011"为二进制数值，转换后的整数值为 11（print 函数默认打印的是十进制）。第二个例子中，"433"为十二进制数值，转换后的整数值为 615，计算过程为：

$$615 = 4 \times 12^2 + 3 \times 12^1 + 3 \times 12^0$$

下面的两个例子将转换并输出浮点数值和双精度数值。

```
# 浮点数值
b = QByteArray('123.456')
val, res = b.toFloat()
if res:
    print(val)          # 输出: 123.45600128173828

# 双精度数值
b = QByteArray('92998.520453115')
val, res = b.toDouble()
if res:
    print(val)          # 输出: 92998.520453115
```

在调用 toFloat 方法后得到的浮点数由于二进制的存储误差，123.456 后面的小数位并没有全部置 0。

2.5.4　重复字符串

repeated 方法可以复制原 QByteArray 对象中的内容，并重复指定的次数。请看下面的例子：

```
x = QByteArray('一二三')
x = x.repeated(3)
# 输出: 一二三一二三一二三
print(x.toStdString())
```

上述代码中，原字符为"一二三"，重复 3 次后变为"一二三一二三一二三"。此处要注意，repeated 方法不直接修改原有的内容，而是复制原内容后再做重复处理。新的字符串内容将从 repeated 方法返回。因此，x 变量要用 repeated 方法返回的 QByteArray 实例再次赋值。

若调用 repeated 方法时向参数传递了 0，即重复 0 次，那么方法将返回包含空字符串的 QByteArray 对象。

2.5.5　数据截取

要从 QByteArray 对象所包含的数据中提取部分字节序列，可以使用以下几种方法。

（1）chop：直接从原数据中移除字节。移除的量将从数据的末尾开始计算。例如下面例子，原数据中包含 7 字节，chop(4)将移除最后 4 字节。

```
x = QByteArray(b'\x12\x5e\x40\x65\x18\xa1\x7c')
# 移除后面 4 字节
x.chop(4)
# 打印结果
msg = ', '.join(f'0x{i:x}' for i in x.data())
# 输出：0x12, 0x5e, 0x40
print(msg)
```

（2）chopped：此方法不会直接处理原数据，而是复制原数据并从末尾移除指定数量的字节。下面的例子先创建包含 8 字节的 QByteArray 实例，然后调用 chopped 方法移除最后 3 字节并且返回新的 QByteArray 实例。

```
# 8 字节
arr = QByteArray(b'\xd2\x19\xc3\x55\x28\xe4\x75\x3f')
# 移除后 3 字节，并返回新的 QByteArray 实例
arrc = arr.chopped(3)
# 输出：0xd2, 0x19, 0xc3, 0x55, 0x28
print(', '.join(f'0x{i:x}' for i in arrc.data()))
```

（3）first：从原数据的开始处提取指定数量的字节，并返回新的 QByteArray 实例。下面的代码将提取数据的前 3 字节。

```
d = QByteArray(b'\x84\xed\xa6\x9f\x24\x73\xb6')
# 提取前 3 字节
d2 = d.first(3)
# 输出：0x84, 0xed, 0xa6
print(', '.join(f'0x{n:x}' for n in d2.data()))
```

（4）last：从数据的末尾提取指定的字节数，并返回新的 QByteArray 实例。下面代码演示了从原数据的末尾提取 2 字节。

```
# 6 字节
x = QByteArray(b'\x66\x32\x8b\x96\x51\x13')
# 提取最后 2 字节
y = x.last(2)
# 输出：0x51, 0x13
print(', '.join(f'0x{n:x}' for n in y.data()))
```

2.5.6 切片

切片也是截取数据的另一种方法，sliced 方法可以从 QByteArray 对象原有数据的任意位置，提取出任意长度的字节，组成新的 QByteArray 对象返回。

sliced 方法有两个重载。

（1）sliced(pos)：从 pos 参数所指定的位置开始提取，直到数据末尾。pos 将从 0 开始计算。例如，若要从第一字节开始提取，pos 参数为 0；若要从第三字节处开始提取，pos 参数的值为 2。

（2）sliced(pos, n)：pos 参数指定要提取数据的起点位置，基于 0 计算。即第二字节为 1，第五字节为 4，等等。n 参数指定要提取的字节数。

下面示例将从原数据中提取出两个切片。

```
da = QByteArray('workstation')
# 切片 1：从第三字节起，连续提取 4 字节
sl1 = da.sliced(2, 4)
```

```
# 输出: rkst
print(sl1.toStdString())
# 切片 2：从第八字节起提取，直到末尾
sl2 = da.sliced(7)
# 输出: tion
print(sl2.toStdString())
```

第一个切片从第三字节起（"r"），提取 4 字节，得到"rkst"；第二个切片则从第八字节处开始，直到数据的末尾，即从第二个"t"开始到最后一个字符"n"，得到"tion"。

2.5.7　Base64 字符串

QByteArray 类提供了 toBase64 实例方法，可将当前字符串进行 Base64 编码。编码后返回新的 QByteArray 实例。解码时可以调用 fromBase64 静态方法。

下面的示例是典型用法。

```
# 原字符串
arr = QByteArray('watermelon')
# 获得 Base64 字符串
bs = arr.toBase64()
# 输出: d2F0ZXJtZWxvbg==
print(bs.toStdString())

# 从 Base64 字符串中还原
arr2 = QByteArray.fromBase64(bs)
# 输出: watermelon
print(arr2.toStdString())
```

字符串"watermelon"编码后得到 Base64 字符串"d2F0ZXJtZWxvbg=="，末尾的两个"="起填充作用。如果希望忽略末尾的填充符号，可以在调用 toBase64 方法时指定 OmitTrailingEquals 选项。

```
bs = arr.toBase64(QByteArray.OmitTrailingEquals)
```

这样便可获得不带"="的 Base64 字符串。

```
d2F0ZXJtZWxvbg
```

如果编码后的 Base64 字符串用于 URL，需要对一些字符做特殊处理。例如，将字符串"鸿雁不堪愁里听，云山况是客中过"进行常规的 Base64 编码，得到以下结果：

```
6bi/6ZuB5LiN5aCq5oSB6YeM5ZCs77yM5LqR5bGx5Ya15piv5a6i5Lit6L+H
```

其中的"/""+"字符若用在 URL 上会被编码为"%2F""%2B"。为了避免错误（"%"在 SQL 语句中表示通配符，不能直接存入数据库），在调用 toBase64 方法时可以指定 Base64UrlEncoding 选项。解码时同理。

```
srcData = QByteArray('鸿雁不堪愁里听，云山况是客中过')
# 编码
enc = srcData.toBase64(QByteArray.Base64UrlEncoding)
# 输出: 6bi_6ZuB5LiN5aCq5oSB6YeM5ZCs77yM5LqR5bGx5Ya15piv5a6i5Lit6L-H
print(enc.toStdString())

# 解码
decData = QByteArray.fromBase64(enc, QByteArray.Base64UrlEncoding)
# 输出: 鸿雁不堪愁里听，云山况是客中过
print(decData.toStdString())
```

这时候，"/"字符被替换为"_"，"+"被替换为"-"。编码后的 Base64 字符可直接用在 URL 上，例如：

```
https://somesite.com/query?key=
6bi_6ZuB5LiN5aCq5oSB6YeM5ZCs77yM5LqR5bGx5Ya15piv5a6i5Lit6L-H
```

2.5.8 拆分字符串

使用 split 方法将字符串拆分成若干子串，在调用方法时需要指定一个分隔符。拆分后，分隔符被移除，并返回一个 QByteArray 对象列表。

下面的例子将字符串 "D301%542168%K7" 以 "%" 为分隔符进行拆分。

```
v = QByteArray("D301%542168%K7")
# 以"%"为分隔符，拆分字符串
nList = v.split('%')
# 打印拆分后各部分的内容
print(*[val.toStdString() for val in nList], sep=', ')
```

拆分后会得到以下三个子字符串：

```
D301, 542168, K7
```

2.5.9 频数统计

count 方法用于统计指定的内容在当前 QByteArray 对象中出现的次数（频数）。请看下面的例子，将统计 "apple" 在原字符串中出现的次数。

```
arr = QByteArray('apple and pineapple')
# 要统计的子串
key = QByteArray('apple')
# 统计子串出现的次数
n = arr.count(key)
# 输出: apple 出现了 2 次
print(f'apple 出现了{n}次')
```

2.6 QBuffer

QBuffer 类封装了一组 API，以类似于文件的方式访问 QByteArray 对象。这使得 QByteArray 的读写操作变得更简单。

在初始化 QBuffer 实例时，其内部会自动创建 QByteArray 实例，用于存储字节序列。

```
mybuff = QBuffer()
```

由于 QBuffer 也是 QObject 的子类，因此在调用其构造函数时可以传递父对象的引用。

```
rootObj = ……
mybuff = QBuffer(parent=rootObj)
```

若希望使用现有的 QByteArray 对象，也可以在调用 QBuffer 构造函数时传递现有 QByteArray 对象。

```
arr = QByteArray('abc')
buffer = QBuffer(arr)
```

也可以在实例化 QBuffer 对象后，调用 setBuffer 方法设置关联的 QByteArray 对象。

```
arr = QByteArray('abc')
buffer = QBuffer()
buffer.setBuffer(arr)
```

2.6.1 基本的读写操作

QBuffer 对象可以调用 write 方法或 putChar 方法写入数据。write 方法可以一次性写入多字节，而 putChar 只写入 1 字节（或 ASCII 字符）。

下面的例子先实例化一个 QBuffer 对象，然后调用 write 方法写入一组字节序列（由字符串 "abcd"组成），接着写入单个字符 "M"。

```
from PySide6.QtCore import QBuffer

buff = QBuffer()
# 打开 buffer
buff.open(QBuffer.WriteOnly)
# 第一次写入
buff.write(b'abcd')
# 第二次写入
buff.putChar('M')
# 输出：b'abcdM'
print(buff.buffer())
# 使用后可以关闭 buffer
buff.close()
```

QBuffer 对象在读写之前需要调用 open 方法将其打开。调用时需要指定一个打开模式——在 QIODeviceBase 类中定义的 OpenMode 枚举。由于 QBuffer 类间接派生自 QIODeviceBase 类，因此可以通过 QBuffer 类来访问 OpenMode 类型的值。上述代码中使用了 WriteOnly，表示本次仅对 QBuffer 对象进行写入操作。OpenMode 枚举常用的值如下。

（1）ReadOnly：只读模式。

（2）WriteOnly：写入模式。注意此模式会清除原有的数据。

（3）Append：追加模式。从原有数据的末尾开始写入，不会清除旧的数据。

（4）Truncate：此模式会清除原有的数据。

（5）Text：文本模式。在读取数据时，会自动将文本行末尾的换行符统一转换为 "\n"；在写入数据时，会将换行符转换为平台所需的字符，如在 Windows 下会转换为 "\r\n"。

（6）ExistingOnly：此模式主要用于文件操作，要求目标文件必须存在，否则会出错。

（7）NewOnly：此模式也是用于文件操作。创建新的文件，若文件已存在，就会出错。

要从 QBuffer 对象中读出已写入的数据，可以使用 read、readLine、readAll 等方法。readLine 方法每次调用时都读取一行文本；而 readAll 方法是一次性读取所有数据；read 方法只读取其中一部分（或全部）数据。read 方法可以通过 maxlen 参数指定允许读取的最大字节数，调用后返回实际读取的字节数。

下面的例子将从 QBuffer 对象中读出前 5 字节。

```
buffer = QBuffer()
if buffer.open(QBuffer.WriteOnly):
    # 写入 10 字节
    buffer.write(b'ktx5dW3Pyb')
# 关闭 buffer
buffer.close()

# 以只读方式重新打开 buffer
if buffer.open(QBuffer.ReadOnly):
    # 读出 5 字节
    data = buffer.read(5)
    # 输出：b'ktx5d'
    print(data)
# 关闭 buffer
buffer.close()
```

2.6.2　使用已有的 **QByteArray** 对象

在调用 QBuffer 类的构造函数时，可以通过参数传递来使用现有的 QByteArray 对象。在 QBuffer 对象中进行写入操作后，被关联的 QByteArray 对象中的数据也会同时改变。QBuffer 对象仅引用 QByteArray 对象，并不控制其生命周期。因此，为了保证读写操作能顺利进行，在 QBuffer 对象关闭（或调用 setBuffer 切换到其他 QByteArray 对象）前，代码调用者必须确保关联的 QByteArray 对象是可用的。

下面的例子先创建一个 QByteArray 实例，并将数据初始化为 "abc"。随后以此 QByteArray 对象为基础创建 QBuffer 实例，再通过 QBuffer 对象在 "abc" 的后面写入 "xyz"。

```python
from PySide6.QtCore import QByteArray, QBuffer

# 初始数据为"abc"
arr = QByteArray('abc')
# 创建 QBuffer 实例
buff = QBuffer(arr)
# 打开 QBuffer 对象
buff.open(QBuffer.Append)
# 写入"xyz"
buff.write(b'xyz')
# 关闭 QBuffer 对象

# 检查一下 QByteArray 对象是否已改变
# 输出: b'abcxyz'
print(arr)
```

QByteArray 对象已存在字符串 abc，通过 QBuffer 对象写入 xyz 后，最终的数据变为 abcxyz。

2.6.3　设置读写位置

使用 seek 方法可以设定当前的读（或写）位置（偏移量）。偏移量的计算以 0 为基础，即 seek(0)表示 QBuffer 对象将从数据的开头读取（或写入）内容。若要从第三字节处写入数据，可以调用 seek(2)。

下面的示例先创建 QByteArray 实例，初始数据为字符串 abcdeopq。随后创建 QBuffer 实例，从第六字节处（偏移量为 5）写入 4 字节，最终字符串变为 abcdefghi。读出数据时，将读取的偏移量设置为 3（第四字节），连续读入 3 字节，得到字符串 def。

```python
from PySide6.QtCore import QByteArray, QBuffer

arr = QByteArray('abcdeopq')
# 输出: abcdeopq
print(f'原字符串: {arr.toStdString()}')

# 创建 QBuffer 实例
buffer = QBuffer(arr)
# 打开 QBuffer 实例
buffer.open(QBuffer.WriteOnly)
# 定位读写位置
buffer.seek(5)
# 写入 4 字节
buffer.write(b'fghi')
# 关闭 QBuffer 对象
buffer.close()
# 输出: abcdefghi
print(f'写入后: {arr.toStdString()}')
```

```
# 读取数据
bufRead = QBuffer(arr)
bufRead.open(QBuffer.ReadOnly)
# 设置读写位置
bufRead.seek(3)
# 读入 3 字节
arr2 = bufRead.read(3)
# 输出: def
print(f'读到的部分内容: {arr2.toStdString()}')
```

2.7　位序列——QBitArray

QbitArray 类与 QByteArray 相似，但 QBitArray 是面向二进制位的。也就是说，QBitArray 对象中的元素只有两个值：True(1) 或者 False(0)。在初始化 QBitArray 实例时，可以通过构造函数指定数组的大小，例如：

```
bits = QBitArray(3)
```

上述代码将创建新的 QBitArray 实例，并指定其中包含 3 个元素，所有元素默认为 False。若希望初始化时将所有元素填充为 True，可以通过构造函数的第二个参数来设置。

```
bits = QBitArray(4, True)
```

上述代码初始化 QBitArray 实例，设置数组大小为 4，所有元素的默认值皆为 True。

要打印 QBitArray 中各元素的值，可以使用以下代码：

```
print(*[bits.at(i) for i in range(0, bits.size())], sep=', ')
```

at 方法可以获取指定索引处元素的值。索引是基于 0 的，即第一个元素的索引为 0，最后一个元素的索引为 n−1。上面代码执行后会输出以下信息：

```
True, True, True, True
```

2.7.1　设置和清除二进制位

设置指定元素的值应调用 setBit 方法，它有两个重载。

（1）setBit(i)：将索引为 i 的元素的值设置为 True。

（2）setBit(i, val)：将索引为 i 的元素的值设置为 val。val 参数为布尔类型。

下面代码先创建一个包含 4 个元素的 QBitArray 实例，所有元素均初始化为 False。然后调用 setBit 方法将第三个元素的值设置为 True。

```
bt = QBitArray(4, False)
# 设置第三个元素的值为 True
bt.setBit(2)
# 输出: False, False, True, False
print(*[bt.at(i) for i in range(0, bt.size())], sep=', ')
```

下面的例子初始化包含 8 个元素的 QBitArray 对象，所有元素的默认值都设置为 True，然后分别设置第 2、5、6 个元素的值为 False。

```
barr = QBitArray(8, True)
# 将第 2、5、6 个元素的值设置为 False
barr.setBit(1, False)
barr.setBit(4, False)
barr.setBit(5, False)
# 输出: True, False, True, True, False, False, True, True
print(*[barr.at(x) for x in range(0,barr.size())], sep=', ')
```

若要清除某个元素的值（设置为 False），除了可以使用 setBit(x, False)，也可以通过 clearBit 方法来实现，例如：

```
bitarr = QBitArray(10, True)
# 清除第 1、3、5、7、9 个元素的值
bitarr.clearBit(0)
bitarr.clearBit(2)
bitarr.clearBit(4)
bitarr.clearBit(6)
bitarr.clearBit(8)
# 输出: False, True, False, True, False, True, False, True, False, True
elements = [bitarr.at(n) for n in range(0, bitarr.size())]
print(*elements, sep=', ')
```

调用 clearBit 方法只要指定元素的索引即可，QBitArray 对象会自动将元素的值设置为 False。

需要注意的是，如果调用的是 clear 方法，它会清除 QBitArray 对象中的所有元素，而不是修改元素的值。调用 clear 方法后，QBitArray 对象的 size 方法将返回 0，isEmpty 方法将返回 True。

2.7.2　频数统计

此功能与 QByteArray 类的 count 方法相同，用于统计某个布尔值在 QBitArray 对象中出现的次数，例如：

```
bits = QBitArray(10)
# 设置第一、四、五、九个元素的值为 True
bits.setBit(0, True)
bits.setBit(3, True)
bits.setBit(4, True)
bits.setBit(8, True)
# 统计 False 出现的次数
n = bits.count(False)
# 输出: False 出现了 6 次
print(f"{False}出现了{n}次")
```

count 方法还有一个无参数的重载，其功能与 size 方法相同，用于获取当前 QBitArray 实例中的元素个数。

2.8　QSysInfo

QSysInfo 类用于获取系统的基础信息，如 CPU 架构、操作系统内核、系统版本等。下面代码将在控制台打印系统和 CPU 的基本信息。

```
from PySide6.QtCore import QSysInfo

# 系统名称
sysname = QSysInfo.productType()
# 系统版本
sysver = QSysInfo.productVersion()
# 内核名称
kername = QSysInfo.kernelType()
# 内核版本
kerver = QSysInfo.kernelVersion()
# CPU 架构
cpuarch = QSysInfo.currentCpuArchitecture()
# 打印系统信息
```

```
print(f'系统: {sysname} {sysver}')
print(f'内核: {kername}({kerver})')
print(f'CPU 架构: {cpuarch}')
```

其运行结果如下:

```
系统: windows 11
内核: winnt(10.0.22621)
CPU 架构: x86_64
```

2.9　Qt 的动态属性

此处所说的动态属性并非指 Python 自身的属性系统，而是 Qt 的属性系统。凡是从 QObject 类派生的类型，都可以设置动态属性。动态属性不需要在类定义时声明，可以在代码中通过 setProperty 方法直接设置。属性名称为字符串类型，而属性值既可以是内置类型的值，也可以是自定义类型的实例。

获取属性值可以使用 property 方法，调用时需要传递属性名称。调用 dynamicPropertyNames 方法可以获得当前对象中所有动态属性的名称列表。属性名称用 QByteAray 类表示。

请看一个示例。

```
obj = QObject()

# 设置动态属性
obj.setProperty("prop1", 500)
obj.setProperty("prop2", 'abc')

# 获取动态属性的名称列表
props = obj.dynamicPropertyNames()
for x in props:
    # 打印属性名称与对应的值
    propName = x.toStdString()
    print(f'{propName} = {obj.property(propName)}')
```

上述代码先在 obj 对象上设置两个动态属性，属性名分别为 prop1、prop2，然后调用 dynamicPropertyNames 方法获得动态属性的名称列表，最后打印动态属性的名称和对应的值。

示例运行后将输出以下结果:

```
prop1 = 500
prop2 = abc
```

property 和 setProperty 方法也可用来读写 Qt 对象的非动态属性。下面以 QLabel 类为例，通过 setProperty 方法设置它的 windowTitle、size 和 text 属性。

```
from PySide6.QtWidgets import QApplication, QLabel
from PySide6.QtCore import QSize

if __name__ == '__main__':
    app = QApplication()

    lb = QLabel()
    # 设置属性
    # windowTitle:      窗口标题
    # size:             窗口大小
    # text:             标签上呈现的文本
    lb.setProperty('windowTitle', 'Demo App')
    lb.setProperty('size', QSize(250, 130))
    lb.setProperty('text', '示例文本')
```

```
    lb.show()

    app.exec()
```

windowTitle 属性对应 windowTitle 和 setWindowTitle 方法，size 属性对应 size 和 resize 方法，text
属性对应 text 和 setText 方法。

运行效果如图 2-13 所示。

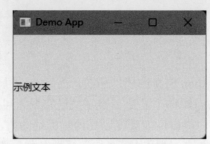

图 2-13　用 setProperty 方法设置 QLabel 对象的属性

2.10　生成随机数

生成随机数值，可以使用 Python 内置的随机数生成函数（例如 random 模块下的 randint、random
等函数），但对于 Qt 项目，建议使用 QtCore 模块中的 QRandomGenerator 类。

下面是 QRandomGenerator 类的最简单用法——实例化后直接调用 generate 方法。

```
from PySide6.QtCore import QRandomGenerator

# 实例化
rand = QRandomGenerator()

n = 0
while n < 7:
    # 生成一个随机数
    r = rand.generate()
    print(r, end=' ')
    n += 1
```

generate 方法每次调用都会返回一个随机的整数值。上述代码通过 while 循环生成 7 个随机整数，
并打印到控制台。结果如下：

```
853323747  2396352728  3025954838  2985633182  2815751046  340588426  3587208406
```

也可以调用 generateDouble 方法生成浮点数。

```
n = 0
while n < 7:
    # 生成一个随机数
    r = rand.generateDouble()
    print(r, end=' ')
    n += 1
```

生成的浮点数值在 0～1 范围内，例如：

```
0.557944348128205  0.6951468956434482  0.07929942259928047  0.06940391353220021
0.8479977992079486  0.1860916562717726  0.14888814171680542
```

2.10.1　设置随机数的种子

直接实例化 QRandomGenerator 类时，默认设置的种子是 1，因此每次运行应用程序后都会生成相
同的随机数。可以用下面的代码来验证。

```
from PySide6.QtCore import QRandomGenerator

def genRandInt():
    rand = QRandomGenerator()
    # 生成 5 个随机数
    for i in range(0, 5):
        print(rand.generate(), end=' ')
    print()      # 换行

if__name__ == "__main__":
    # 执行三次
    for x in range(0, 3):
        genRandInt()
```

genRandInt 是自定义函数，用于生成 5 个随机整数，在运行阶段连续三次调用该函数。从控制台的输出可以看到，三次实例化 QRandomGenerator 对象后所产生的随机数都是一样的。

```
853323747   2396352728   3025954838   2985633182   2815751046
853323747   2396352728   3025954838   2985633182   2815751046
853323747   2396352728   3025954838   2985633182   2815751046
```

这些随机数是通过算法生成的（也称伪随机数），并非真正意义上的随机，因此具有规律性。如果生成的随机数是用于安全方面的，如加密、短信验证码等，攻击者可以根据规律预知下一个随机数值，从而进行恶意提交数据或信息轰炸等。

为了增加推测随机数的难度，可以考虑在实例化 QRandomGenerator 对象时指定一个种子（每次实例化时所指定的种子均不同）。常用的方法是使用时间值，如当前时间的总秒数、总毫秒数，或当前日期的总小时数等。

下面的示例将使用当前时间与 00:00:00 的时间差（总秒数）来设置随机数的种子。

```
from PySide6.QtCore import QRandomGenerator, QTime

# 当前时间
currTime = QTime.currentTime()
# 0 时
zero = QTime(0, 0, 0)
# 得到时差的总秒数
totalSecs = zero.secsTo(currTime)
# 实例化 QRandomGenerator
rand = QRandomGenerator(totalSecs)
# 生成 5 个随机数
for i in range(0, 5):
    n = rand.generate()
    print(n, end=' ')
```

可以尝试多次运行应用程序，此时发现每次生成的随机数并不相同，规律性不明显，安全性有所提高。

```
# 第一次运行:
1230926884   3838824595   3655569805   4008070190   770077286
# 第二次运行:
1634385072   325323857    460065842    2846913223   1289398778
# 第三次运行:
3630061071   1570905298   29361579     188463289    985322278
# 第四次运行:
3934119818   2439380856   2303324033   1630700456   3603977815
```

2.10.2 使用内置的 QRandomGenerator 实例

尽管使用时间差设置随机数种子具备一定程度的安全性，但攻击者只要算出时间差也是可以预测下一个随机数的。因此，如果代码对安全要求比较高，那就得通过系统层面所提供的功能来生成随机数（包括通过硬件来生成随机数，如环境电压、鼠标/键盘的操作，或与计算机连接的信号噪声等）。这些基于系统层面的随机数算法比较综合且复杂，很难找到规律，可预测难度大。

QRandomGenerator 类公开以下三个静态成员，可以获取特定的实例。

（1）global 方法：返回一个共享的 QRandomGenerator 实例，该实例由基于系统层面的、具有一定安全性的种子创建，并且实例是共享的，访问时性能优越，占用资源少。大多数情况下推荐使用此实例来生成离散型随机数。

（2）securelySeeded 方法：使用系统层面的算法生成随机数，且具有可靠的安全性。此方法与 global 方法相似，但此方法返回的不是共享的对象实例，每次调用都会创建新的 QRandomGenerator 实例。因此，securelySeeded 方法比较消耗资源，只在需要生成大量随机数时使用。一般情况下使用 global 方法更佳。

（3）system 方法：此方法返回的也是共享的 QRandomGenerator 实例。此方法将使用操作系统层面的算法（包括硬件生成）来生成随机数。此方法通常用于设置种子，再以此种子为基础使用伪随机数算法生成随机数。

下面的示例将使用全局共享的 QRandomGenerator 对象来生成 9 个随机数。

```
# 获取全局共享的实例
rand = QRandomGenerator.global_()
# 生成 9 个随机数
for i in range(1, 10):
    num = rand.generate()
    print(num, end='\n' if i % 3 == 0 else ' ')
```

将上述代码运行三次后，得到以下结果：

```
# 第一次：
2254275905  2000608760  2058096574
998133270   1454645182  895832046
2932870971  1599245497  1648096071
# 第二次：
4156177851  2575768562  343431902
1631767061  2481187429  1193912935
4089031774  1959297329  919304449
# 第三次：
4289980107  1241748556  4152402115
301445846   3235752732  1789050098
201142820   1187791119  1525500384
```

根据上述结果可以看出，每次执行代码，所生成的整数是不重复的。

2.10.3 指定随机数的范围

bounded 方法可以指定生成随机数的"边界"——限定最小值（包含）和最大值（不包含）。

下面的示例将生成 8 个 0～99 的随机整数。

```
rand = QRandomGenerator.global_()
# 生成 0~99 的随机整数
nums = []
```

```
for c in range(0, 7):
    n = rand.bounded(0, 100)
    nums.append(n)
# 打印生成的随机数
# 输出: 37, 50, 78, 47, 21, 98, 91
print(*nums, sep=', ')
```

上述代码中，由于限定随机数的最小值为 0，可以省略该值，仅指定最大值（不包含）即可。

```
n = rand.bounded(100)
```

## 第 3 章

Qt 应用程序

本章要点:
- 应用程序类的使用;
- 处理命令行参数。

3.1 三个应用程序类

Qt 公开了三个表示当前应用程序的类型。

(1) QCoreApplication:该类派生自 QObject 类,也是应用程序类的基类。该类用于没有图形化组件的应用程序(如控制台应用程序),可以处理主事件循环、应用程序的初始化、应用程序退出后的清理工作。

(2) QGuiApplication:该类是 QCoreApplication 的子类,在主事件循环中能够处理来自桌面环境的事件(如鼠标事件、键盘事件等)。该类用于带有图形化组件的应用程序,支持如用户界面字体、窗口图标等基础设置,以及桌面窗口管理。

(3) QApplication:该类是 QGuiApplication 的子类,也是用于带图形化组件的应用程序。QApplication 类专用于基于 QWidget(Qt 可视化组件类及其子类)的图形化应用程序。

不管代码中使用的是哪个应用程序类,在一个 Qt 程序中只能实例化一个*Application 对象。下面的代码在运行后会发生错误。

```
app1 = QCoreApplication()
app2 = QCoreApplication() # 此处会出错,应用程序中已存在一个 QCoreApplication 实例
```

在初始化时,要先创建*Application 实例,再初始化其他组件,最后调用 exec 方法开启事件循环。exec 方法一旦被调用,就会处于循环状态,直到事件循环结束、应用程序退出才会返回。因此,在 exec 方法调用前,必须将所有要用到的组件初始化。Qt 应用程序大致的运行过程如下面代码所示。

```
# 1. 实例化应用程序对象
app = Q*Application()
# 2. 初始化其他组件
#    如窗口、自定义 QWidget 对象等
# 3. 调用 exec 方法,进入事件循环
app.exec()
```

exec 方法在返回时会报告应用程序的退出代码(正常退出一般返回 0),若 Python 代码需要将此代码报告给调用者,可以这样处理:

```
sys.exit(app.exec())
```

如果在 Qt 程序退出后还要做一些清理工作,可以捕捉 SystemExit 异常,例如:

```
try:
    sys.exit(app.exec())
except SystemExit as e:
    print(f"程序即将退出,退出码:{e.code}")
```

3.2　示例：控制台应用程序

直接使用 Python（或 C/C++）就可以实现控制台应用程序（通过文本方式交互），本示例的目的是演示 QCoreApplication 类的使用。

本示例定义了一个名为 TextInput 的事件，对应的事件类是 TextInputEvent。示例运行后会不断地通过 input 函数读取控制台的输入文本，然后向应用程序对象发送 TextInput 事件。应用程序收到事件后会将用户输入的内容输出到控制台。期间如果用户输入了 Q，就会退出应用程序。

（1）注册自定义事件 TextInput。

```python
TextInput = QEvent.Type(QEvent.registerEventType(QEvent.Type.User + 3))
```

（2）定义事件类 TextInputEvent，该类继承 QEvent 类。

```python
class TextInputEvent(QEvent):
    def __init__(self, type: QEvent.Type, text: str):
        super().__init__(type)
        self._text = text

    def text(self) -> str:
        return self._text
```

用户所输入的文本将通过 TextInputEvent 类的构造函数传递，并通过 text 方法返回。

（3）定义 work 函数，此函数将在一个单独的线程上运行，调用 input 函数读取用户输入的文本，然后向应用程序发送 TextInputEvent 事件。

```python
def work():
    while True:
        try:
            s = input()        # 读取控制台的输入内容
            # 获取当前应用程序实例
            curApp = QCoreApplication.instance()
            # 如果输入的是"Q"，就退出应用程序
            if s == 'Q':
                curApp.exit(0)
                break
            # 准备事件对象
            evt = TextInputEvent(TextInput, s)
            # 向应用程序发送事件
            curApp.sendEvent(curApp, evt)
        except Exception as ex:
            print(ex)
```

QCoreApplication.instance 方法能返回当前应用程序类的实例。退出应用程序可调用 exit 方法，发送事件则调用 sendEvent 方法。

（4）定义 MyApplication 类。它将作为本示例的应用程序类，基类是 QCoreApplication。重写 event 方法，接收 TextInput 事件，然后把刚从控制台读取的输入文本输出回控制台。

```python
class MyApplication(QCoreApplication):
    def __init__(self):
        super().__init__()

    def event(self, arg: QEvent) -> bool:
        if arg.type() == TextInput:
            # 此时 arg 的实际类型为 TextInputEvent
```

```
                    # 因此可以访问 text 方法
                    print(f'你输入了：{arg.text()}')
                return True
```

（5）在应用程序初始化过程中，先创建 MyApplication 实例，然后启动新线程执行 work 函数，最后调用 exec 方法进入事件循环。

```python
if __name__ == '__main__':
    # 实例化应用程序类
    app = MyApplication()
    # 启动新线程
    th = Thread(target=work)
    th.start()
    # 进入事件循环
    try:
        sys.exit(app.exec())
    except SystemExit as e:
        print(f"程序即将退出，退出码：{e.code}")
```

运行示例后，在控制台输入"你好"，按 Enter 键提交。随后控制台将输出：

```
你输入了：你好
```

输入"Q"（必须是大写字母），再按 Enter 键确认，退出应用程序，控制台输出：

```
程序即将退出，退出码：0
```

3.3　命令行参数

使用 C++语言编写的 Qt 应用程序，命令行参数可以直接传递给 main 函数，应用程序类（QCoreApplication、QGuiApplication、QApplication）的构造函数可直接引用，例如：

```cpp
#include <QApplication>
#include <QWidget>

// argc：命令行参数的数量
// argv：命令行参数列表
int main(int argc, char **argv)
{
    // 实例化 QApplication 时传递命令行参数
    QApplication app(argc, argv);
    // 其他初始化工作
    ......
    return QApplication::exec();
}
```

而 PySide 应用程序是基于 Python 脚本的，执行时先附加到 Python 解析器，再运行.py 文件。因此，在 Python 中将通过 sys 模块下的 argv 变量来获取命令行参数，然后再传递给应用程序类的构造函数，例如：

```python
# 获取命令行参数列表
args = sys.argv
# 实例化应用程序对象并传递命令行参数
app = QCoreApplication(args)
```

获得命令行参数只是一个字符串序列，处理起来不方便。此时可以考虑使用 QCommandLineParser 类。它是一个功能性辅助类，可以先设置所需的命令行参数信息，然后使用 QCommandLineParser 对象分析传入的命令行参数。处理完成后可以按需检索参数的值。

命令行参数一般可分为位置参数与选项参数。

位置参数没有 "-" 或 "--"（一个或两个减号）前缀，而且在传递参数值时必须按照应用程序所定义的顺序进行。例如，下面两条命令所传递参数值是不同的。

```
python test.py abc xyz   # arg1=abc, arg2=xyz
python test.py xyz abc   # arg1=xyz, arg2=abc
```

假设应用程序需要两个位置参数——arg1 和 arg2。第一条命令传递给 arg1 参数的值是 abc，传递给 arg2 参数的值是 xyz；第二条命令传递给 arg1 参数的值是 xyz，传递给 arg2 参数的值是 abc。位置参数在传递时不需要指定参数名称，参数值按照程序定义的顺序排列即可。

选项参数以 "-" 或 "--" 为前缀，后跟参数名称。

```
python test.py -a --b
```

如果选项参数带有参数值，参数名称与参数值之间可以用空格或 "=" 连接。

```
python test.py -a=1 -b=2
python test.py --a 1 --b 2
```

位置参数与选项参数可以混合使用。

```
python test.py --url=/includes --q file1 file2
```

上述命令中，url 和 q 是选项参数，file1 和 file2 是位置参数。

3.3.1　示例：分析位置参数

addPositionalArgument 方法用于定义位置参数，其声明如下：

```
def addPositionalArgument(name: str, description: str, syntax: str)
```

（1）name：参数名称。

（2）description：参数的简要说明，如参数的功能与使用方法。

（3）syntax：在打印帮助信息时，可自定义参数值的提示符号（显示在帮助信息的 Usage 一行中）。必需参数一般包含尖括号（<name>），可选参数包含中括号（[name]）。syntax 被忽略，则默认使用位置参数的名称。

调用 parse 或 process 方法后，QCommandLineParser 对象会分析命令行参数。若操作成功，则可以通过 positionalArguments 方法获取处理后的位置参数列表。

本示例将为应用程序定义三个位置参数——action、input、output。在执行应用程序时需要提供这些参数。若传递的命令行参数不符合要求，将在控制台中打印帮助信息。具体步骤如下。

（1）从 sys 模块的 argv 变量获取传递给脚本文件的命令行参数。

```
args = sys.argv
```

（2）初始化应用程序对象，并接收命令行参数。

```
app = QCoreApplication(args)
```

（3）创建 QCommandLineParser 实例，并添加位置参数的定义。

```
parser = QCommandLineParser()
# 添加帮助信息的选项支持
parser.addHelpOption()
# 定义位置参数
parser.addPositionalArgument("action", "操作类型,可选的值有 copy、move、rename", "<action>")
parser.addPositionalArgument("input", "输入文件", "<input file>")
parser.addPositionalArgument("output", "输出文件", "<output file>")
```

调用 addHelpOption 方法添加如-h、--help 等选项参数，并优化帮助信息的排版。

（4）调用 parse 方法分析传递给应用程序的命令行参数。

```
result = parser.parse(app.arguments())
```

parse 方法返回 bool 类型的值。如果成功就返回 True，否则返回 False。

（5）应用程序将根据 action 参数（第一个参数）的值做出响应。

```
if result:
    posargs = parser.positionalArguments()
    # 必须是三个参数
    if len(posargs) != 3:
        print("参数个数不正确\n")
        # 打印帮助信息
        parser.showHelp()
    else:
        action = posargs[0]
        if action == "copy":
            print(f"从{posargs[1]}复制到{posargs[2]}")
        elif action == "move":
            print(f"从{posargs[1]}移动到{posargs[2]}")
        elif action == "rename":
            print(f"将{posargs[1]}重命名为{posargs[2]}")
        else:
            print("action 参数为未知指令\n")
            # 打印帮助信息
            parser.showHelp()
```

positionalArguments 方法返回的字符串列表中包含三个元素。第一个元素是 action 参数的值，第二个元素是 input 参数的值，第三个元素是 output 参数的值。调用 showHelp 方法会在控制台打印帮助信息。

（6）假设 Python 脚本文件名为 app.py，下面的命令执行后将输出帮助信息（因为未提供任何命令行参数）。

```
python app.py
```

控制台打印的帮助信息如下：

```
Usage: app.py [options] <action> <input file> <output file>

Options:
  -?, -h, --help  Displays help on commandline options.
  --help-all      Displays help including Qt specific options.

Arguments:
  action          操作类型，可选的值有 copy、move、rename
  input           输入文件
  output          输出文件
```

（7）运行以下命令将不会打印帮助信息，因为传递的命令行参数是正确的。

```
python app.py move /data/dxv.ts /foo/dic.ts
```

控制台将响应以下内容：

```
从/data/dxv.ts移动到/foo/dic.ts
```

3.3.2　添加选项参数

选项参数使用 QCommandLineOption 类来定义，它的构造函数如下：

```
QCommandLineOption(name)
QCommandLineOption(name, description, valueName, defaultValue)
```

```
QCommandLineOption(names)
QCommandLineOption(names, description, valueName, defaultValue)
QCommandLineOption(other)
```

（1）name：选项参数的名称，字符串类型。如果名称只有一个字符，将视为短名称的命令行参数，例如-a、-v、-5 等。根据 Qt 官方文档的描述，name 也可以指定长名称的命令行参数（长度在一个字符以上），如--file、--build 等。但是，name 参数存在小问题，若指定为长名称的命令行参数，会识别为复合参数，而不是长名称参数。例如，指定 name=best，会识别为 4 个短名称命令行参数：-b、-e、-s、-t，而不是--best。此问题仅在面向 Python 的 PySide 库中存在，在面向 C++的库中并不存在。解决方法是将长名称放在一个列表（或元组）对象中，传递给 names 参数，如 QCommandLineOption(['--best'],…)。

（2）names：类型为字符串序列，可以用列表类型或元组类型。为选项参数分配多个名称，常见的用法是短名称和长名称的混合，如-p、--print。

（3）description：命令行参数的描述信息，阐述其用途或用法。

（4）valueName：如果选项参数需要参数值，可以为参数值分配一个通用名称（或者叫占位符名称）。此名称主要用于帮助信息，如-o、--output <output file name>。如果选项不需要参数值，可以忽略 valueName；如果选项需要参数值，就要为 valueName 分配一个名称。

（5）defaultValue：选项参数的默认值。当命令行参数中找不到与选项参数对应的值时，将使用此默认值。

（6）other：用另一个 QCommandLineOption 对象来初始化当前实例。

在 QCommandLineParser 对象中，要调用 addOption 方法添加 QCommandLineOption 实例，或者调用 addOptions 方法一次性添加多个 QCommandLineOption 实例。

3.3.3　示例：分析选项参数

本示例将演示使用 QCommandLineParser 类来分析选项参数。

（1）从 sys.argv 变量中获取传入 Python 脚本的命令行参数。

```
args = sys.argv
```

（2）实例化应用程序类，并传递命令行参数。

```
app = QCoreApplication(args)
```

（3）创建 QCommandLineParser 实例。

```
cmdParser = QCommandLineParser()
```

（4）添加两个选项参数。

```
# 添加第一个选项参数
# -p 或 --oper
opt1 = QCommandLineOption(['p','oper'], '要执行的操作', 'operation')
cmdParser.addOption(opt1)

# 添加第二个选项参数
# -n 或 --name
opt2 = QCommandLineOption(['n', 'name'], '被执行的程序名称', "app name")
cmdParser.addOption(opt2)
```

（5）分析命令行参数，并打印出参数的值。

```
if cmdParser.parse(app.arguments()):
    if cmdParser.isSet(opt1):
        argnames = "、".join(opt1.names())
        print(f'{argnames} = {cmdParser.value(opt1)}')
```

```
    if cmdParser.isSet(opt2):
        argnames = "、".join(opt2.names())
        print(f'{argnames} = {cmdParser.value(opt2)}')
else:
    # 命令行参数分析失败，输出错误信息
        print(cmdParser.errorText())
```

isSet 方法可以判断传递给应用程序的命令行参数中是否包含对应的选项参数。如果参数已设置，就打印出参数值。

运行示例程序时，以下方法均可以传递命令行参数。

```
python app.py -p close -n Zipper
python app.py --oper close --name Zipper
python app.py --oper=close --name=Zipper
python app.py -n Zipper --oper close
```

控制台将输出以下内容：

```
p、oper = close
n、name = Zipper
```

3.3.4 帮助信息和版本信息

调用 QCommandLineParser 对象的 addHelpOption 方法可添加诸如-h、--help、-?（Windows 平台可用）等选项参数。此过程由 QCommandLineParser 自动完成。在代码中调用 showHelp 方法就可以在控制台上打印帮助信息了。

为了让用户能更好地了解应用程序的功能，还可以调用 setApplicationDescription 方法来设置与应用程序相关的描述信息。

调用 addVersionOption 方法还可以添加-v、--version 选项。随后调用 showVersion 方法即可打印应用程序的版本号。showVersion 方法是通过调用 QCoreApplication 类的 applicationVersion 方法来获取版本号的，因此应用程序在初始化阶段需要使用 QCoreApplication.setApplicationVersion 方法设置版本号。

3.3.5 示例：显示帮助信息

本示例将演示 addHelpOption、addVersionOption、showHelp、showVersion 4 个方法的使用。

（1）读取传递给 Python 脚本文件的命令行参数。

```
args = sys.argv
```

（2）创建应用程序类实例，并接收命令行参数。

```
app = QCoreApplication(args)
```

（3）设置应用程序名称和版本号。

```
# 设置应用程序名称
QCoreApplication.setApplicationName('My App')
# 设置版本号
QCoreApplication.setApplicationVersion("1.0.3")
```

设置应用程序名称和版本号，将在调用 QCommandLineParser.showVersion 方法打印版本信息时使用。

（4）实例化 QCommandLineParser 对象。

```
parser = QCommandLineParser()
```

（5）设置应用程序描述，在调用 QCommandLineParser.showHelp 方法时会用到。

```
parser.setApplicationDescription("示例应用程序")
```

（6）添加帮助信息、版本信息选项。

```
helpopt = parser.addHelpOption()
vsopt = parser.addVersionOption()
```

（7）添加位置参数 target。

```
parser.addPositionalArgument('target', '操作目标')
```

（8）添加选项参数 width 和 radius。

```
widopt = QCommandLineOption(['w', 'width'], '宽度', "target's width", '15cm')
parser.addOption(widopt)

radopt = QCommandLineOption(['r', 'radius'], '半径', "target's radius", '0cm')
parser.addOption(radopt)
```

（9）解析命令行参数。如果解析成功，则打印与各参数相关的信息，否则打印错误信息。

```
if parser.parse(app.arguments()):
    # 是否打印帮助信息
    if parser.isSet(helpopt):
        parser.showHelp()
    # 是否打印版本信息
    if parser.isSet(vsopt):
        parser.showVersion()
    # 是否存提供了 width 参数
    if parser.isSet(widopt):
        val = parser.value(widopt)
        print(f'width = {val}')
    # 是否提供了 radius 参数
    if parser.isSet(radopt):
        val = parser.value(radopt)
        print(f'radius = {val}')
    # 打印位置参数
    posargs = parser.positionalArguments()
    if len(posargs) > 0:
        print(f'位置参数: {" ".join(posargs)}')
else:
    # 打印错误信息
    print(parser.errorText())
    # 打印帮助信息
    parser.showHelp()
```

假设脚本文件名为 demo.py。执行以下命令会打印帮助信息。

```
python demo.py --help
```

控制台输出内容如下：

```
Usage: demo.py [options] target
示例应用程序

Options:
  -?, -h, --help                  Displays help on commandline options.
  --help-all                      Displays help including Qt specific options.
  -v, --version                   Displays version information.
  -w, --width <target's width>    宽度
  -r, --radius <target's radius>  半径

Arguments:
  target                          操作目标
```

以下命令打印版本信息。

```
python demo.py -v
```

输出结果如下：

```
My App 1.0.3
```

以下命令将传递位置参数和选项参数。

```
python demo.py Compute --width=100cm -r 50cm
```

控制台将输出各参数的值。

```
width = 100cm
radius = 50cm
位置参数：Compute
```

3.3.6 parse 方法与 process 方法

前文已介绍过 QCommandLineParser 类的 parse 方法，其功能是对传递给应用程序的命令行参数进行解析。

process 方法除了有解析命令行参数的功能外，还会自动处理如-h、--help、-v、--version 等参数。不需要手动调用 showHelp 或 showVersion 方法，也不需要通过 isSet 方法去判断-h、--help 等选项参数是否可见。

如果 process 方法处理失败，QCommandLineParser 对象也会自动打印错误信息，不需要手动调用 errorText 方法来获取错误信息。

下面的代码演示了 process 方法的使用。

```
args = sys.argv
app = QCoreApplication(args)
app.setApplicationVersion("2.0.0")
app.setApplicationName("DemoApp")

cmdParser = QCommandLineParser()
cmdParser.addHelpOption()
cmdParser.addVersionOption()
# ……
cmdParser.process(app)
```

3.3.7 示例：通过命令行参数运行其他应用程序

本示例将演示通过传递命令行参数运行另一个应用程序。假设当前 Python 脚本为 test.py，被执行的程序为 abc。执行 test.py abc 先运行 test.py 脚本，然后再运行 abc 程序。也可以向 abc 传递参数：test.py abc --x -data 1234。

（1）从 sys.argv 变量读入命令行参数。

```
args = sys.argv
```

（2）实例化应用程序对象。

```
app = QCoreApplication(args)
```

（3）设置应用程序名称与版本号（打印帮助信息时可用）。

```
app.setApplicationName("ExeCmd")
app.setApplicationVersion("2.0.0")
```

（4）实例化 QCommandLineParser 对象。

```
cmdParser = QCommandLineParser()
```

（5）调用 setOptionsAfterPositionalArgumentsMode 方法，设置 OptionsAfterPositionalArgumentsMode 模式，使 QCommandLineParser 对象在解析命令行参数时把位置参数后面的选项参数也解析为位置参数。例如 test.py abc --label -f json，abc 是位置参数，并且把--label、-f、json 都解析为位置参数。因为这三个参数是传递给 abc 程序使用的，因此不宜在 test.py 中进行处理。

```
cmdParser.setOptionsAfterPositionalArgumentsMode(QCommandLineParser.OptionsAfterPo
sitionalArgumentsMode.ParseAsPositionalArguments)
```

（6）启用对帮助信息和版本信息选项的支持。

```
cmdParser.addHelpOption()
cmdParser.addVersionOption()
```

（7）添加位置参数 command。

```
cmdParser.addPositionalArgument('command','要执行的命令', '<command> [args...]')
```

（8）处理命令行参数。

```
cmdParser.process(app)
```

（9）获取处理后的位置参数列表。

```
posargs = cmdParser.positionalArguments()
```

（10）调用目标程序，并输出结果。

```
if len(posargs) > 0:
    process = QProcess()
    # 第一个参数是要执行的程序
    process.setProgram(posargs[0])
    # 查看有没有要传递的参数
    if len(posargs) > 1:
        process.setArguments(posargs[1:])
    # 启动进程
    process.start()
    isstarted = process.waitForStarted()
    if isstarted:
        # 等待执行完成
        result = process.waitForFinished()
        # 打印执行结果
        if result:
            arr = process.readAll()
            # 解码出字符串
            # Windows 上默认使用 GBK 编码
            # Linux 上请使用 UTF-8 编码
            text = arr.data().decode('gbk')
            print(text)
    else:
        print(process.error())
```

位置参数列表的第一个元素就是要执行的程序名称。如果被执行的程序需要命令行参数，那么参数将从第二个元素开始截取。执行另一个应用程序需要用到 QProcess 类，启动一个新进程并运行 setProgram 方法所指定的程序。如果需要传递命令行参数，则可以调用 setArguments 方法来设置。

调用 start 方法启动新进程，若 waitForStarted 方法返回 True，则表示进程启动成功。随后调用 waitForFinished 方法等待进程退出，若顺利执行，则返回 True。readAll 方法用于读取新进程的标准输出数据，最后打印在当前应用程序的控制台中。

（11）假设示例的脚本文件名为 Demo.py，可通过以下命令来执行一次 ping 操作。

```
Demo.py cmd.exe /c ping www.qq.com
```

其中，cmd.exe 对应本示例定义的 command 参数，cmd.exe、/c、ping、www.qq.com 将被解析为位置参数，传递给 ping 命令。最终结果如图 3-1 所示。

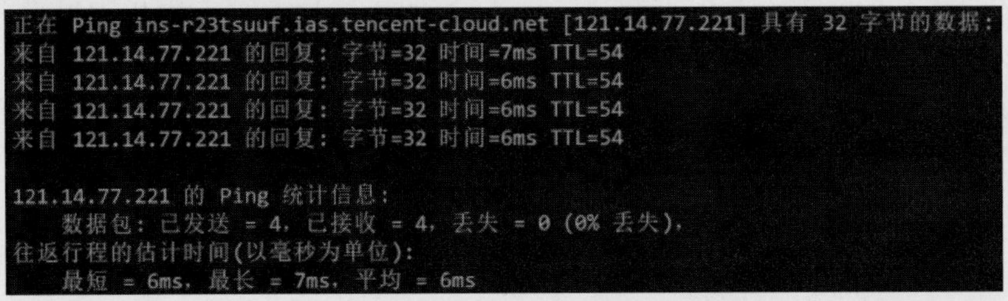

```
正在 Ping ins-r23tsuuf.ias.tencent-cloud.net [121.14.77.221] 具有 32 字节的数据:
来自 121.14.77.221 的回复: 字节=32 时间=7ms TTL=54
来自 121.14.77.221 的回复: 字节=32 时间=6ms TTL=54
来自 121.14.77.221 的回复: 字节=32 时间=6ms TTL=54
来自 121.14.77.221 的回复: 字节=32 时间=6ms TTL=54

121.14.77.221 的 Ping 统计信息:
    数据包: 已发送 = 4, 已接收 = 4, 丢失 = 0 (0% 丢失),
往返行程的估计时间(以毫秒为单位):
    最短 = 6ms, 最长 = 7ms, 平均 = 6ms
```

图 3-1 执行 ping 命令后返回的结果

3.3.8 示例：根据命令行参数设定窗口的呈现方式

本示例将实现根据命令行参数来决定主窗口的显示状态（最小化、最大化、常规窗口）。例如，执行程序脚本时传递--minimize 参数，应用主窗口将以最小化方式呈现（任务栏显示程序图标，窗口隐藏）。

（1）获取命令行参数。

```
args = sys.argv
```

（2）实例化 QCommandLineParser 对象。

```
cmdParser = QCommandLineParser()
```

（3）添加--normal 选项，用于设置应用程序呈现常规窗口。

```
optNormal = QCommandLineOption(['n', 'normal'], '显示常规窗口')
cmdParser.addOption(optNormal)
```

（4）添加--minimize 参数，设置窗口最小化显示。

```
optMinim = QCommandLineOption(['m', 'minimize'], '最小化窗口')
cmdParser.addOption(optMinim)
```

（5）添加--maximize 选项，设置窗口最大化显示。

```
optMaxim = QCommandLineOption(['x', 'maximize'], '最大化窗口')
cmdParser.addOption(optMaxim)
```

（6）解析命令行参数。

```
result = cmdParser.parse(args)
```

（7）创建应用程序对象，并初始化主窗口。

```
# 创建 QGuiApplication 实例
app = QGuiApplication()
# 创建窗口实例
window = QWindow()
# 设置窗口大小
window.resize(452, 365)
# 设置窗口标题
window.setTitle("示例应用程序")
```

由于本示例用到图形化功能，因此应用程序类应选择 QGuiApplication。

（8）根据命令行参数设置窗口的呈现状态。

```
if result:    # 命令行参数解析成功
    # 根据命令行参数决定窗口状态
    if cmdParser.isSet(optNormal):
        window.showNormal()
```

```
    elif cmdParser.isSet(optMinim):
        window.showMinimized()
    elif cmdParser.isSet(optMaxim):
        window.showMaximized()
    else:    # 默认正常显示
        window.showNormal()
else:
    # 如果命令行参数无效，将以默认方式显示窗口
    window.show()
```

（9）进入应用程序的事件循环并等待退出。

```
sys.exit(app.exec())
```

假设程序脚本文件为 app.py，执行以下命令将使程序窗口最大化显示。

```
python app.py --maximize
```

执行以下命令后，应用程序将显示常规窗口。

```
python app.py -n
```

3.4　图形化应用程序

若应用程序使用了窗口对象以及窗口中的各种可视化组件，那么应用程序类要选择 QGuiApplication（位于 QtGui 模块）或 QApplication（位于 QtWidgets 模块）。

最常用的是 QApplication，它可直接使用 QWidget 类以及其子类来构建图形界面。QWidget 以组件（或叫控件）方式封装各种可视化对象，易于管理和扩展。再配合信号、槽或事件等应用程序机制，可轻松实现用户与应用程序的交互逻辑。例如，用户单击了按钮后，弹出一个对话框，显示一条提示信息。那么，窗口上需要一个 QPushButton 组件，并将它的 clicked 信号（被单击后会发出此信号）连接到一个自定义函数。在该函数中调用 QMessageBox 类的 information 方法显示提示信息（如图 3-2 所示）。下面是演示代码：

图 3-2　单击按钮后显示消息框

```
from PySide6.QtWidgets import QApplication, QPushButton, QMessageBox, QWidget

# 创建应用程序对象
thisApp = QApplication()
# 创建主窗口
mainwin = QWidget()
# 设置窗口大小和标题栏文本
mainwin.resize(150, 62)
mainwin.setWindowTitle('Test App')
# 创建按钮组件实例
btn = QPushButton(mainwin)
btn.setText("请单击这里")
btn.move(12, 8)
# 响应 clicked 信号
btn.clicked.connect(lambda: QMessageBox.information(
    mainwin,
    '提示信息',
    '你已单击按钮'
))
```

```
# 显示窗口
mainwin.showNormal()
# 进入事件循环
thisApp.exec()
```

QGuiApplication 的使用场景比较灵活，允许开发者自行绘制图形界面以及自定义交互逻辑。但使用起来较为烦琐，需要实现的细节较多，一般开发场景不推荐使用。

QGuiApplication 通常要配合 QWindow 类来构建窗口模型。若需要绘图功能，自定义窗口类应从 QWindow 的子类派生，而不是直接从 QWindow 类派生，常用的有 QRasterWindow 和 QOpenGLWindow。本书在后续的章节中会进一步阐述。

## 第 4 章

QWindow

本章要点：

➢ QWindow 类的基本用法；

➢ 绘制窗口内容；

➢ 键盘/鼠标事件；

➢ 嵌套窗口。

4.1 关于 QWindow 类

一般的 Qt 应用程序不使用 QWindow 类来创建窗口，但在需要高度自定义窗口的情况下，使用 QWindow 类来创建窗口会比较灵活。

QWindow 是窗口对象的基类，通常需要派生出自定义的窗口类型后再进行实例化。QWindow 对象可以设置父窗口，从而组成窗口树。未设置父窗口的 QWindow 对象将成为顶层窗口。窗口对象在实例化之后不会马上显示到屏幕上，除非调用 show 或 setVisible 方法。

在创建任何窗口实例之前，必须先初始化 QGuiApplication 实例。在窗口显示后调用 exec 方法启动主消息循环。在最后一个窗口被关闭后，主消息循环才会退出。

4.1.1 一个简单的窗口

本示例仅演示 QWindow 类的基本用法，所以 CustWindow 类只是简单地从 QWindow 类派生，并未实现自定义逻辑。

```python
from PySide6.QtGui import QWindow, QGuiApplication

# 自定义窗口类
class CustWindow(QWindow):
    # 构造函数
    def __init__(self, parent = None):
        # 调用基类的构造函数
        super().__init__(parent)


if __name__ == "__main__":
    # 先初始化应用程序对象
    app = QGuiApplication()
    # 再初始化窗口对象
    window = CustWindow()
    # 显示窗口
    window.show()
    # 进入主消息循环
    app.exec()
```

在定义窗口类时，_ _init_ _方法可以设置一个 parent 参数，类型为 QWindow 类（兼容 QWindow 的子类）。parent 参数用于为当前窗口实例指定父窗口，默认值为 None，表示当前窗口对象是顶层窗口。

CustWindow 保留窗口属性的默认值，show 方法执行后会以默认大小和位置呈现到屏幕上，如图 4-1 所示。

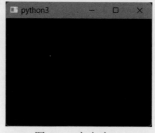

图 4-1　空白窗口

CustWindow 呈现后其背景为纯黑色，这是因为示例代码没有为窗口绘制任何内容。

4.1.2　窗口标题

调用 setTitle 方法可以设置窗口的标题栏文本，随后用 title 方法获取标题栏的文本，例如：

```
app = QGuiApplication()

wind = QWindow()
# 设置标题栏文本
wind.setTitle("App")
# 显示窗口
wind.show()
# 打印标题栏文本
print("标题栏: " + wind.title())

app.exec()
```

4.1.3　设置窗口的位置和大小

窗口位置（Position）是指窗口左上角在容器中的坐标。对于顶层窗口，它的容器是桌面；对于子窗口，容器就是父窗口。大小是指窗口的宽度和高度。

setGeometry 方法可以同时设定窗口的位置和大小，签名如下：

```
def setGeometry(posx, posy, w, h)
```

其中，posx 和 posy 是窗口左上角在容器中的坐标值，w、h 分别表示窗口的宽度和高度。

要单独设置窗口的位置可以调用 setPosition 方法。

```
def setPosition(self, posx, posy)
```

要单独设置宽度和高度，可以调用 resize 方法。

```
def resize(newSize: QSize)
def resize(w: int, h: int)
```

resize 方法有两个重载：

（1）用一个 QSize 对象来封装宽度和高度；

（2）直接用两个整数值表示。

若仅设置窗口的宽度，还可以调用 setWidth 方法。同理，调用 setHeight 方法可单独设置窗口的高度。

4.1.4　示例：设置窗口的位置和大小

本示例创建了两个窗口：第一个窗口调用 setGeometry 方法同时设置窗口大小以及它在桌面上的位置，第二个窗口只设置窗口的宽度。

```
# 初始化应用程序对象
app = QGuiApplication()

# 第一个窗口
windowA = QWindow()
# 设置标题栏文本
windowA.setTitle("窗口 1")
# 设置窗口的位置和大小
windowA.setGeometry(386, 400, 350, 285)
# 显示窗口
windowA.show()

# 第二个窗口
windowB = QWindow()
# 设置标题栏文本
windowB.setTitle("窗口 2")
# 只设置窗口的宽度
windowB.setWidth(620)
# 显示窗口
windowB.show()

# 消息循环
app.exec()
```

第一个窗口通过 setGeometry 方法设置其在桌面上的相对坐标为(386,400)，宽度为 350，高度为 285；第二个窗口设置了宽度为 620。

4.1.5　示例：处理窗口的 Resize 事件

当调用 QWindow 类的 resize（或 setGeometry）方法，或者用户操作修改窗口的大小后会引发 QEvent.Resize 事件，使 QWindow 类的 resizeEvent 方法被调用并传递 QResizeEvent 类型的事件参数。

QWindow 的子类可以重写 resizeEvent 方法来处理 Resize 事件。QResizeEvent 事件参数提供两个方法成员可以获取程序代码所关心的数据。

（1）oldSize：窗口在调整前的大小（旧值）。

（2）size：调整后的大小，即窗口的当前大小。

在下面的示例代码中，CustWindow 类重写了 resizeEvent 方法，然后使用 print 函数分别打印出窗口在调整前后的大小（宽度，高度）。

```
class CustWindow(QWindow):
    def resizeEvent(self, arg: QResizeEvent):
        # 窗口原来的大小
        old = arg.oldSize()
        # 窗口现在的大小
        cur = arg.size()
        print(f'窗口从({old.width()},{old.height()})到({cur.width()},{cur.height()})')
```

初始化应用程序，显示窗口。

```
app = QGuiApplication()
win = CustWindow()
```

```
win.show()

app.exec()
```

在窗口呈现后，通过鼠标调整窗口的大小，控制台会打印出以下内容：

```
窗口从(428,299)到(429,299)
窗口从(429,299)到(430,299)
窗口从(430,299)到(432,299)
窗口从(432,299)到(434,299)
窗口从(434,299)到(435,299)
窗口从(435,299)到(436,299)
窗口从(436,299)到(437,299)
窗口从(437,299)到(438,299)
窗口从(438,299)到(439,299)
窗口从(439,299)到(439,299)
```

4.2 绘制窗口内容

在前面的示例中，读者已经了解到 QWindow 类或其子类创建空白窗口的过程——它就像一张全新的画布，上面什么东西都没有。设计窗口如同作画一样，需要调用相关 API 往窗口上绘制所需内容。

QPainter 类是窗口绘制的核心组件，提供一些实用方法，可绘制各种常见的可视化对象。

（1）drawLine：绘制一根线段（直线段）。

（2）drawLines：绘制多根连续的线段。

（3）drawRect：绘制矩形。

（4）drawEllipse：绘制椭圆（包括正圆）。

（5）drawArc：绘制圆弧。

（6）drawChord：绘制弦。弦与圆弧的参数接近，但弦会把起点和终点连起来。

（7）drawPoint：仅绘制单个点。

（8）drawPoints：绘制多个点（点与点之间相互独立）。

（9）drawPolyline：绘制由一组坐标点连接起来的折线段。

（10）drawPolygon：绘制多边形。此方法与 drawPolyline 类似，但 drawPolygon 方法会将折线段的起点和终点连起来，形成闭合图形。

（11）drawConvexPolygon：绘制凸多边形。

（12）drawPie：绘制扇形。

（13）drawText：绘制文本。

（14）drawImage：将指定图像绘制到画布上。

（15）fillRect：填充矩形。

（16）setBrush：设置指定的画刷。QPainter 对象将自动使用此画刷去填充图形内部。

（17）setPen：设置画笔。QPainter 对象将使用画笔来绘制线条或文本。

QPainter 对象必须与一个 QPaintDevice 对象关联，才能进行绘图操作。QPaintDevice 代表一个抽象的二维空间坐标系，原点位于左上角。X 轴向右延伸为正方向，Y 轴向下延伸为正方向。一个 QPaintDevice 对象在同一时刻只能使用一个 QPainter 对象。

QPaintDevice 是公共基类，一般不直接使用。Qt 中已实现 QPaintDevice 的子类有 QWidget、QPaintDeviceWindow、QImage 等。

QPainter 对象一定要调用 begin 方法后才能进行绘图操作，并通过方法参数传递一个 QPaintDevice 对象的引用（如果 QPaintDevice 对象无效，将无法绘图）。begin 方法调用后会将画刷、画笔、字体等资源重置为默认值。如果 begin 方法返回 False，表示无法在指定的 QPaintDevice 上绘图。完成绘图后还要调用 end 方法来释放各种被使用的资源（如画刷）。另外，可以将 QPaintDevice 对象传递给 QPainter 类的结构函数，实例化后即可用于绘图，不需要调用 begin 方法。也就是说，QPainter 对象与 QPaintDevice 对象有两种关联方式，任选其一即可：

```
#---------- 第一种方案 ----------
# 先实例化 QPainter 对象
painter = QPainter()
# 再调用 begin 方法
painter.begin(paintDevice)

#---------- 第二种方案 ----------
# 直接传给 QPainter 的构造函数
painter = QPainter(paintDevice)
```

4.2.1　QBackingStore

要在 QWindow 中绘制内容，需要用到 QBackingStore 类。在初始化 QPainter 对象时，通过 QBackingStore.paintDevice 方法可以获取 QPaintDevice 对象的引用。下面的代码在窗口上绘制一个正方形。

```
# 创建应用程序对象
app = QGuiApplication()
# 创建窗口对象
myWind = QWindow()
# 设置窗口大小
myWind.resize(680, 520)
# 创建 QBackingStore 对象
backStore = QBackingStore(myWind)
# 设置 QBackingStore 的大小
backStore.resize(QSize(400,400))
# 先显示窗口，才能看到绘制效果
myWind.show()

# 绘图区域
drawRect = QRect(QPoint(0,0), backStore.size())
# 开始绘图
backStore.beginPaint(drawRect)
# 创建 QPainter 对象
painter = QPainter()
painter.begin(backStore.paintDevice())
# 设置画笔
# 颜色：R=0, G=200, B=255, A=255
# 粗细：2.5
# 线条样式：实线
painter.setPen(QPen(QColor(0,200,255,255), 2.5, Qt.PenStyle.SolidLine))
# 画矩形
painter.drawRect(80, 70, 150, 150)
painter.end()
# 结束绘图
backStore.endPaint()
# 将数据发送到窗口
backStore.flush(drawRect)

# 进入消息循环
app.exec()
```

以上代码仅用于演示，绘图操作是在窗口对象外部进行的，因此无法响应窗口大小改变、重绘等事件，即正方形只绘制一次，当调整窗口大小后，已绘制的内容会丢失。QWindow 和 QBackingStore 都有

resize 方法。前者用于调整窗口的大小，后者调整画布的大小。在上述代码中窗口与绘图画布的大小不一致，使得窗口上有一部分区域无效，如图 4-2 所示。

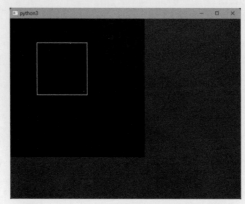

图 4-2　窗口上只有部分区域可用于绘图

在调用 QBackingStore 类的构造函数时，需要传递一个 QWindow 对象的引用，这样才能使绘制的内容显示到指定窗口上。paintDevice 方法返回 QPainter 对象所需要的 QPaintDevice 引用。该引用只在调用 beginPaint 和 endPaint 方法之间的代码上下文中有效。因此，开发者不需要手动释放 QPaintDevice 对象。绘图结束后，调用 flush 方法将所绘制的内容发送到窗口，否则内容不会显示。

4.2.2　示例：绘制三角形

本示例将 QBackingStore 对象封装在 QWindow 的派生类内部，当窗口大小改变时方便重新绘制图形。具体实现步骤如下。

（1）定义 MyWindow 类，派生自 QWindow 类。

```
class MyWindow(QWindow):
    ……
```

（2）在 __init__ 方法中设置窗口的标题、大小，以及创建 QBackingStore 对象实例。

```
def __init__(self, parent=None):
    # 调用基类成员
    super().__init__(parent)
    # 设置窗口标题
    self.setTitle("绘制三角形")
    # 设置窗口大小
    self.resize(480, 390)
    # 创建 QBackingStore 对象
    self._backStore = QBackingStore(self)
```

（3）重写 resizeEvent 成员，当窗口大小被改变后，同步修改 QBackingStore 对象的画布大小，让其始终与窗口的大小一致。

```
def resizeEvent(self, arg: QResizeEvent):
    # 调整 QBackingStore 对象的大小
    self._backStore.resize(arg.size())
```

（4）重写 paintEvent 成员，在窗口上绘制等腰三角形。

```
def paintEvent(self, arg: QPaintEvent):
    # 获取绘图区域大小，一般与窗口大小相同
    paintRect = arg.rect()
    # 开始绘图
```

```
        self._backStore.beginPaint(paintRect)
        # 创建 QPainter 对象
        with QPainter(self._backStore.paintDevice()) as painter:
            # 三角形最高的顶点 Y 坐标为 80，X 坐标在窗口中央
            pointA = QPoint(paintRect.width() / 2, 80)
            # 左边顶点的 X 坐标为 80，Y 坐标为窗口高度减去 80
            pointB = QPoint(80, paintRect.height() - 80)
            # 第三个顶点的 X 坐标为窗口宽度减去 80，Y 坐标为窗口高度减去 80
            pointC = QPoint(paintRect.width() - 80, paintRect.height() - 80)
            # 设置画布背景颜色
            painter.setBackground(QColor("blue"))
            # 擦除画布内容，使画布背景重新着色（蓝色）
            painter.eraseRect(paintRect)
            # 设置画笔
            painter.setPen(QPen(QColor("yellow"), 3.0))
            # 设置画刷，用于填充三角形内部
            painter.setBrush(QColor("red"))
            # 绘制三角形
            painter.drawPolygon([pointA, pointB, pointC])
    # 结束绘图
    self._backStore.endPaint()
    # 刷新数据
    self._backStore.flush(paintRect)
```

QPainter 类存在__enter__、__exit__成员，这表明它可以用在 with 语句块中，当语句块退出时会自动释放相关资源。

调用 setBackground 方法设置一个用于绘制背景的画刷（上述代码中是蓝色画刷）。随后调用 eraseRect 方法擦除整个绘图区域的内容，QPainter 对象会使用已设置的蓝色画刷重新绘制画布背景。

drawPolygon 方法用于绘制多边形，并且自动连接起点和终点。将已计算好的三个顶点坐标传递给 drawPolygon 方法，能绘制三角形，并使用 setBrush 方法所设置的红色画刷填充三角形的内部。

（5）下面的代码初始化应用程序，并把 MyWindow 窗口显示到屏幕上。

```
app = QGuiApplication()
# 实例化自定义窗口
win = MyWindow()
# 显示窗口
win.show()
app.exec()
```

运行示例代码后，窗口上会呈现蓝色背景，以及轮廓为黄色、内部为红色的等腰三角形，如图 4-3 所示。

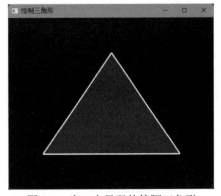

图 4-3　窗口上呈现的等腰三角形

4.2.3　QFont

在绘制文本前，可以调用 QPainter 对象的 setFont 方法设置字体。随后调用 drawText 方法所绘制的文本均使用该字体。

在 Qt 中，可以用 QFont 类来表示字体信息——包括字体名称、大小、样式、加粗等。在调用 QFont 构造函数时所指定的字体大小使用的计量单位是点数（point，简写为 pt）。常见的默认字号为 12pt，约为 16 像素（pixel，简写为 px）。如果要以像素为单位设置字体大小，请调用 setPixelSize 方法。

用于设置字体参数的常见方法如下。

（1）setBold：字体是否加粗。若参数为 True 表示加粗，否则表示常规模式。

（2）setItalic：字体是否倾斜（斜体）。

（3）setWeight：设置字体加粗的比重，如 Thin、Light、Bold、Black 等。

（4）setPixelSize：设置字体大小，单位是像素。

（5）setPointSize：设置字体大小，单位是点。

（6）setStyle：设置字体样式（风格），一般指常规显示或者斜体。

（7）setFamily：设置字体名称。

（8）setFamilies：设置多个字体名称。字体列表中的第一个元素将作为主要字体使用。

（9）setStretch：字符宽度的拉伸因子。例如，150 表示字符宽度为原来的 1.5 倍。

4.2.4　示例：在窗口上绘制文本

本示例将实现在窗口上绘制文本"锦绣山河"。

定义 CustWindow 类，从 QWindow 派生。

```python
class CustWindow(QWindow):
    def __init__(self, parent=None):
        super().__init__(parent)
        # 创建 QBackingStore 对象
        self._backStore = QBackingStore(self)
        # 设置窗口大小
        self.resize(450, 360)
        # 设置窗口标题
        self.setTitle("绘制文本")
    def resizeEvent(self, arg: QResizeEvent):
        # 调整画布大小
        self._backStore.resize(arg.size())
    def paintEvent(self, arg: QPaintEvent):
        # 要绘制的文本
        text = "锦绣山河"
        # 字体
        font = QFont()
        # 设置字体名称
        font.setFamily("楷体")
        # 设置字体大小
        font.setPointSize(42)
        # 设置为斜体
        font.setItalic(True)
        # 绘制区域
        drawRect = arg.rect()
        # 开始绘图
        self._backStore.beginPaint(drawRect)
```

```
            with QPainter() as painter:
                painter.begin(self._backStore.paintDevice())
                # 设置背景
                painter.setBackground(QColor("purple"))
                # 设置画笔
                painter.setPen("gold")
                # 擦除画布
                painter.eraseRect(drawRect)
                # 设置字体
                painter.setFont(font)
                # 绘制文本
                painter.drawText(80, 130, text)
            # 结束绘制
            self._backStore.endPaint()
            # 发送数据到窗口
            self._backStore.flush(drawRect)
```

绘制字体使用的是 setPen 方法设置的画笔，以及 setFont 方法设置的字体。drawText 方法有多个重载，上述代码使用的是以下版本：

```
def drawText(x: int, y: int, s: str)
```

x、y 设置文本左上角的坐标，s 表示要绘制的文本。

最终效果如图 4-4 所示。

图 4-4　在窗口上绘制文本

4.3　QRasterWindow

QRasterWindow 既是 QWindow 的子类，也是 QPaintDevice 的子类。这意味着，QRasterWindow 实例可以直接传递给 QPainter 对象。因此，从 QRasterWindow 类派生的自定义窗口不需要手动创建 QBackingStore 对象，直接重写 paintEvent 方法即可，例如：

```
class MyWindow(QRasterWindow):
    def paintEvent(self, event: QPaintEvent):
        rect = event.rect()
        # 创建 QPainter 对象
        with QPainter(self) as painter:
            # 设置背景
            painter.setBackground(QColor('white'))
            # 设置画笔
            painter.setPen(QPen(QColor('blue'), 3.0, Qt.PenStyle.DotLine))
            # 清空画布
            painter.eraseRect(rect)
            # 计算圆心
            center = QPoint(rect.width() / 2, rect.height() / 2)
            # 计算半径
            r = (rect.width() / 2) - \
```

```
               50 if rect.width() < rect.height() else (rect.height() / 2) - 50
            # 绘制正圆
            painter.drawEllipse(center, r, r)

if __name__ == "__main__":
    app = QGuiApplication()
    window = MyWindow()
    window.show()
    app.exec()
```

在上述代码中，MyWindow 类从 QRasterWindow 类派生，然后重写 paintEvent 方法，当窗口需要绘制内容时自动调用。上述代码在窗口中绘制一个正圆，如图 4-5 所示。

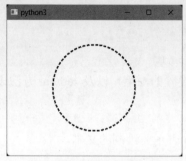

图 4-5　在窗口上绘制正圆

4.4　鼠标事件

QWindow 类定义了 4 个与鼠标事件相关的方法成员。

（1）mousePressEvent：当鼠标上有按键被按下时触发（不管按下的是哪个键都会触发）。

（2）mouseReleaseEvent：当鼠标上某个按键被释放（松开）时触发。

（3）mouseDoubleClickEvent：当鼠标上某个按键被双击时触发（不管是哪个键都会触发）。

（4）mouseMoveEvent：当鼠标在当前窗口上移动时触发。

派生类可以重写上述方法来响应鼠标事件。

4.4.1　QMouseEvent

鼠标事件的事件参数都是 QMouseEvent 类。通过该类，程序代码能获取与鼠标行为相关的信息。主要成员如下。

（1）position：获取鼠标指针的局部坐标（相对于当前窗口）。

（2）globalPosition：获取鼠标指针的全局坐标（相对于屏幕或虚拟桌面）。

（3）button：获取触发事件的鼠标按键，如 LeftButton（左键）、RightButton（右键）、MiddleButton（中键）。

（4）buttons：获取鼠标事件发生时，各按键的状态。返回结果由 MouseButton 枚举的值组合而成。如果是按下按键事件，那么 buttons 方法返回的结果中将包含被按下键的值；如果是鼠标移动事件，那么所有按键都处于按下状态；如果是释放按键事件，那么 buttons 所返回的结果中将不包含被释放的按键。

4.4.2　示例：实时记录鼠标指针的位置

本示例将实现在窗口的左上角实时显示鼠标指针的位置。其原理是重写 mouseMoveEvent 方法，获取鼠标指针在当前窗口中的位置，然后调用窗口的 update 方法重新绘制窗口内容（触发 paintEvent），把坐标信息绘制到窗口的左上角。

假设自定义的窗口类为 DemoWindow，派生自 QRasterWindow 类。

```python
class DemoWindow(QRasterWindow):
    def __init__(self, parent:QWindow = None):
        super().__init__(parent)
        # 设置窗口标题和窗口大小
        self.setTitle("记录鼠标指针的坐标")
        self.resize(600, 480)
......
```

实现两个辅助方法。_getFont 方法创建 QFont（字体）对象并返回；_drawCursorPos 方法接收一个 QPainter 对象，并使用它把坐标值绘制到窗口的左上角。

```python
def _getFont(self) -> QFont:
    if not hasattr(self, "_font"):
        f = QFont()
        f.setPointSize(24)
        self._font = f
    return self._font


def _drawCursorPos(self, painter: QPainter):
    # 获取鼠标指针的当前位置
    pos: QPointF
    if hasattr(self, "_curPos"):
        pos = self._curPos
    else:
        pos = QPointF()
    # 要绘制的文本
    text = f"{pos.x():.0f}, {pos.y():.0f}"
    painter.drawText(20,40,text)
```

重写 paintEvent 方法，完成窗口内容的绘制。

```python
def paintEvent(self, arg: QPaintEvent) -> None:
    rect = arg.rect()
    # 绘图
    with QPainter(self) as painter:
        # 设置背景
        painter.setBackground(QColor("black"))
        # 设置画笔
        painter.setPen("white")
        # 设置字体
        painter.setFont(self._getFont())
        # 清除画布
        painter.eraseRect(rect)
        # 调用自定义方法
        self._drawCursorPos(painter)
```

重写 mouseMoveEvent 方法，获得鼠标指针的当前位置。

```python
def mouseMoveEvent(self, arg: QMouseEvent) -> None:
    # 获得当前鼠标指针的坐标
    self._curPos = arg.position()
    # 刷新窗口，重新绘制
    self.update()
```

实例化 DemoWindow 窗口，并显示到屏幕上。

```python
app = QGuiApplication()
window = DemoWindow()
window.show()
app.exec()
```

运行结果如图 4-6 所示。

图 4-6　实时显示鼠标指针的位置

4.4.3　示例：处理鼠标按键事件

鼠标按键在事件中存在"按下"和"释放"状态。本示例依次重写 mousePressEvent（按键按下）和 mouseReleaseEvent（按键释放）方法，并用 print 函数打印相关文本。

```python
class MyWindow(QRasterWindow):
    def mousePressEvent(self, arg: QMouseEvent):
        btn = arg.button()
        if btn == Qt.MouseButton.LeftButton:
            print('按下了鼠标左键')
        elif btn == Qt.MouseButton.RightButton:
            print('按下了鼠标右键')
        elif btn == Qt.MouseButton.MiddleButton:
            print('按下了鼠标中键')

    def mouseReleaseEvent(self, arg: QMouseEvent):
        btn = arg.button()
        if btn == Qt.MouseButton.LeftButton:
            print('释放了鼠标左键')
        elif btn == Qt.MouseButton.RightButton:
            print('释放了鼠标右键')
        elif btn == Qt.MouseButton.MiddleButton:
            print('释放了鼠标中键')
```

假设在窗口上按下了鼠标右键，控制台会打印"按下了鼠标右键"；当松开右键后，控制台会打印"释放了鼠标右键"。

4.5　键盘事件

QWindow 类中与键盘事件有关的方法有两个：当键盘上某个按键被按下时会调用 keyPressEvent 方法；当键盘上某个按键被释放时会调用 keyReleaseEvent 方法。

事件参数为 QKeyEvent 类，可以通过 key 方法获得当前被按下（或释放）的按键编码。要注意的是该编码并非常见的键盘码，它与系统底层相互独立。key 方法返回整型数值，可以与 Qt.Key 枚举进行比较，以确定是哪个按键触发了事件，例如：

```python
def keyPressEvent(self, arg: QKeyEvent):
    if arg.key() == Qt.Key.Key_Return:
        print("你按下了【Enter】键")
def keyReleaseEvent(self, arg: QKeyEvent):
```

```
        if arg.key() == Qt.Key.Key_Return:
            print("你释放了【Enter】键")
```

Key_Return 代表【Return】键（Enter 键）。上述代码判断用户按下和释放的键是否为【Enter】键。

key 方法返回的按键编码不区分大小写，例如下面这段代码，不管键盘输入的字符是"Q"还是"q"，if 语句的条件都成立。

```
def keyPressEvent(self, arg: QKeyEvent):
    if arg.key() == Qt.Key.Key_Q:
        ……
def keyReleaseEvent(self, arg: QKeyEvent):
    if arg.key() == Qt.Key.Key_Q:
        ……
```

若需要直接获取键盘输入的字符（而不是编码），可以调用 text 方法。此方法返回按键所表示的字符（一般为可见字符，即可打印字符）。Ctrl、Shift、Alt 等非可见字符可能返回空字符串。

4.5.1　示例：绘制键盘输入的字符

本示例将实现一个自定义窗口。该窗口接收键盘输入，然后把键盘输入的字符绘制到窗口上。

定义 DemoWindow 类，派生自 QRasterWindow 类。

```
class DemoWindow(QRasterWindow):
    def __init__(self, parent:QWindow = None):
        super().__init__(parent)
        # 默认文本
        self._text = ''

    def paintEvent(self, event: QPaintEvent):
        painter = QPainter(self)
        rect = event.rect()
        # 背景颜色
        painter.setBackground(QColor('white'))
        # 清除画布
        painter.eraseRect(rect)
        # 设置画笔
        painter.setPen('black')
        # 文本绘制区域
        textRect = rect.adjusted(10, 10, -10, -10)
        # 绘制文本
        painter.drawText(textRect, Qt.TextFlag.TextWrapAnywhere, self._text)
        painter.end()

    def keyPressEvent(self, arg: QKeyEvent):
        # 获取输入的字符
        input = arg.text()
        # 如果是可见字符，追加到_text 变量中
        if input.isprintable():
            self._text = self._text + input
        else:
            # 如果是【Backspace】键，删去一个字符
            if arg.key() == Qt.Key.Key_Backspace:
                self._text = self._text[:-1]
            elif arg.key() == Qt.Key.Key_Return or arg.key() == Qt.Key.Key_Enter:
                # 如果是【Enter】键，追加换行符
                self._text = self._text + '\n'
        # 强制窗口重新绘制
        self.update()
```

重写 paintEvent 方法，将文本（_text 变量）内容绘制到窗口上。在调用 drawText 方法时指定了 Qt.TextFlag.TextWrapAnywhere 标志，表示文本在任何位置都可以进行换行（不局限于单词边界）。

DemoWindow 类还重写了 keyPressEvent 方法，当发生键盘按下事件时会调用该方法。本示例将完成以下工作。

图 4-7　绘制键盘输入的字符

（1）如果键盘输入的是可打印字符（可见字符），就把字符追加到_text 变量中。

（2）如果是不可见字符（控制字符），将进一步处理。

（3）如果按键是【Enter】键（包括数字键盘中的【Enter】键），就在_text 变量的后面追加换行符（\n）。

（4）如果按键是【Backspace】键，就删除_text 变量中的最后一个字符（通过切片[:-1]排除最后一个字符）。

（5）调用 update 方法刷新窗口，使窗口发生重绘，paintEvent 方法被调用，重新绘制_text 变量中的文本。

示例的运行结果如图 4-7 所示。

4.5.2　示例：通过方向键移动窗口

本示例的功能是通过上、下、左、右箭头按键来移动窗口。例如，按下【→】键，窗口就会向右移动。重写 keyPressEvent 方法。

```python
def keyPressEvent(self, event: QKeyEvent):
    # 获取窗口的当前位置
    curPos = self.position()
    curX, curY = curPos.x(), curPos.y()
    # 窗口移动的步长
    step = 30
    # 向上
    if event.key() == Qt.Key.Key_Up:
        newPos = QPoint(curX, curY - step)
    # 向左
    elif event.key() == Qt.Key.Key_Left:
        newPos = QPoint(curX - step, curY)
    # 向右
    elif event.key() == Qt.Key.Key_Right:
        newPos = QPoint(curX + step, curY)
    # 向下
    elif event.key() == Qt.Key.Key_Down:
        newPos = QPoint(curX, curY + step)
    # 检查窗口坐标是否超出屏幕范围
    screenRect = self.screen().geometry()
    if newPos.x() < screenRect.left(): newPos.setX(screenRect.left())
    if newPos.x() > (screenRect.right() - self.width()): newPos.setX(screenRect.
right() - self.width())
    if newPos.y() < screenRect.top(): newPos.setY(screenRect.top())
    if newPos.y() > (screenRect.bottom() - self.height()): newPos.setY(screenRect.
bottom() - self.height())
    # 设置窗口的新位置
    self.setPosition(newPos)
```

首先通过 position 方法获得当前窗口的位置坐标，然后根据按键修改坐标点。窗口的新坐标保存在 newPos 变量中。在更新窗口坐标前要验证一下移动后的新位置是否超出当前屏幕（或桌面）范围，如果是则修正新坐标的值，保证窗口不会被移动到屏幕之外。

```
    if newPos.x() < screenRect.left(): newPos.setX(screenRect.left())
    if newPos.x() > (screenRect.right() - self.width()): newPos.setX(screenRect.
right() - self.width())
    if newPos.y() < screenRect.top(): newPos.setY(screenRect.top())
    if newPos.y() > (screenRect.bottom() - self.height()): newPos.setY(screenRect.
bottom() - self.height())
```

（1）如果移动后 X 坐标小于屏幕的左边沿，就让窗口的 X 坐标保持在屏幕的左边沿处。

（2）如果移动后 X 坐标大于屏幕右边沿与窗口宽度的差，则让窗口停靠在屏幕右边沿处。

（3）如果移动后 Y 坐标小于屏幕的上边沿，则让窗口停靠在屏幕顶部。

（4）如果移动后 Y 坐标大于屏幕底部与窗口高度的差，则让窗口停靠在屏幕底部。

最后调用 setPosition 方法更新当前窗口的位置。

4.6　嵌套窗口

QWindow 对象（包括其子类）之间可以建立层级关系——某个窗口可以嵌套在另一个窗口中。若 B 窗口嵌套在 A 窗口内，那么 A 为父窗口，B 为子窗口。QWindow 类的构造函数带有一个可选的 parent 参数，用于设置当前窗口的父窗口，例如：

```
windB = TestWindow(windA)
```

上述代码实例化 TestWindow 窗口（由 windB 变量引用），并以 windA 为父窗口，即 windA 是父窗口，windB 是子窗口。调用 setParent 方法也可以建立父子窗口。

```
windB.setParent(windA)
```

若将 parent 参数设置为 None，可以解除父子窗口关系，windB 恢复为顶层窗口。

4.6.1　示例：父子窗口

本示例创建了两个窗口类。FirstWindow 类为父窗口，SecondWindow 类为子窗口。当 SecondWindow 窗口被单击后，会解除与 FirstWindow 窗口的层级关系，成为顶层窗口。

下面的代码实现 FirstWindow 类。

```
class FirstWindow(QRasterWindow):
    def paintEvent(self, paintEv: QPaintEvent):
        rect = paintEv.rect()
        painter = QPainter(self)
        # 填充整个窗口
        painter.fillRect(rect, QColor('green'))
        painter.end()
```

接着实现 SecondWindow 类。

```
class SecondWindow(QRasterWindow):
    def paintEvent(self, paintEvent: QPaintEvent):
        painter = QPainter(self)
        # 填充窗口
        painter.fillRect(paintEvent.rect(), QColor('red'))
        painter.end()
    def mousePressEvent(self, arg: QMouseEvent):
        if arg.button() == Qt.MouseButton.LeftButton:
            if self.parent() != None:
                # 解除窗口的层级关系
                self.setParent(None)
```

SecondWindow 窗口重写 mousePressEvent 方法，当单击该窗口时，调用 setParent(None)使当前窗口脱离嵌套关系，成为顶层窗口。

在实例化时，把 FirstWindow 窗口的实例通过构造函数传递给 SecondWindow 窗口，使 FirstWindow 成为父窗口，SecondWindow 为子窗口。

```
win1 = FirstWindow()
win1.setTitle("父窗口")
win1.resize(420, 360)
win2 = SecondWindow(win1)
win2.setTitle("子窗口")
win2.setGeometry(130, 100, 240, 185)
# 显示窗口
win1.show()
win2.show()
```

两个窗口对象嵌套后的效果如图 4-8 所示。子窗口在呈现时会隐藏标题栏和边框，只显示窗口内容区域。

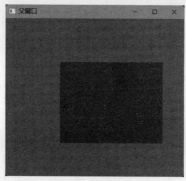

图 4-8　嵌套窗口

4.6.2　示例：按钮

窗口上可与用户进行交互的元素一般称为控件（control）。控件实际上是嵌套在主窗口内的子窗口。本示例将实现 MyButton 类，它是一个按钮控件，主要行为是当鼠标按下并释放时发出 clicked 信号。

（1）定义 MainWindow 类，将作为应用程序的主窗口，也是 MyButton 控件的父窗口。

```
class MainWindow(QRasterWindow):
    def paintEvent(self, event: QPaintEvent):
        rect = event.rect()
        with QPainter(self) as painter:
            # 填充背景
            painter.fillRect(rect, QColor('gold'))
```

（2）定义 MyButton 类，它表示按钮控件。

```
class MyButton(QRasterWindow):
    ......
```

（3）在 MyButton 类的 __init__ 方法中初始化一些变量值。

```
def __init__(self, parent: QWindow = None):
    super().__init__(parent)
    # 设置窗口标志，表示子窗口
    self.setFlag(Qt.WindowType.SubWindow, True)
    # 初始值
    # 常规状态下的背景颜色
    self._bcolor = QColor('blue')
    # 常规状态下的前景颜色
    self._fcolor = QColor('lightgray')
    # 按钮上显示的文本
```

```
       self._text = 'Button'
       # 按钮上文本的对齐方式，默认居中
       self._alignment = Qt.AlignmentFlag.AlignCenter
       # 表示鼠标指针是否悬浮在按钮上
       self._hover = False
       # 鼠标指针悬浮在按钮上时呈现的背景颜色
       self._hbcolor = QColor('skyblue')
       # 鼠标指针悬浮在按钮上时呈现的前景颜色
       self._hfcolor = QColor('yellow')
       self.setVisible(True)        # 可见状态
       self.resize(100, 36)         # 调整大小
```

（4）定义一组属性，如常规状态下的背景颜色、前景颜色，鼠标指针悬浮状态下的背景颜色、前景颜色等。

```
   # 属性：背景颜色
   @property
   def backColor(self) -> QColor:
       return self._bcolor
   @backColor.setter
   def backColor(self, color: QColor):
       self._bcolor = color

   # 属性：前景颜色
   @property
   def foreColor(self) -> QColor:
       return self._fcolor
   @foreColor.setter
   def foreColor(self, color: QColor):
       self._fcolor = color

       # 属性：按钮上的文本
       @property
       def text(self) -> str:
           return self._text
       @text.setter
       def text(self, s: str):
           self._text = s

       # 属性：文本的对齐方式
       @property
       def textAlignment(self) -> Qt.AlignmentFlag:
           return self._alignment
       @textAlignment.setter
       def textAlignment(self, align: Qt.AlignmentFlag):
           self._alignment = align

       # 属性：当鼠标指针悬浮时的背景颜色
       @property
       def hoverBackColor(self) -> QColor:
           return self._hbcolor
       @hoverBackColor.setter
       def hoverBackColor(self, color: QColor):
           self._hbcolor = color

       # 属性：当鼠标指针悬浮时的前景颜色
       @property
       def hoverForeColor(self) -> QColor:
           return self._fcolor
```

```
    @hoverForeColor.setter
    def hoverForeColor(self, color: QColor):
        self._hfcolor = color
```

（5）定义 clicked 信号。

```
clicked = Signal()
```

（6）重写 event 方法，处理鼠标指针移入和移出事件。

```
def event(self, event: QEvent) -> bool:
    # 鼠标指针进入控件
    if event.type() == QEvent.Type.Enter:
        self._hover = True
        self._update()
        return True
    # 鼠标指针离开控件
    if event.type() == QEvent.Type.Leave:
        self._hover = False
        self._update()
        return True
    return super().event(event)
```

当鼠标指针移入按钮控件时，发生 Enter 事件，当指针移出时发生 Leave 事件。update 方法强制重新绘制窗口内容。

（7）重写 paintEvent 方法，绘制按钮的内容（背景色/前景色/文本）。

```
def paintEvent(self, event: QPaintEvent):
    painter = QPainter(self)
    rect = event.rect()
    # 填充背景
    if self._hover == True:
        painter.fillRect(rect, self._hbcolor)
    else:
        painter.fillRect(rect, self._bcolor)
    # 设置画笔（使用前景色）
    if self._hover == True:
        painter.setPen(self._hfcolor)
    else:
        painter.setPen(self._fcolor)
    # 绘制边框
    painter.drawRect(rect)
    # 绘制文本
    painter.drawText(rect, self._text, self._alignment)
    painter.end()
```

（8）重写 mousePressEvent、mouseReleaseEvent 方法，处理鼠标单击事件。当鼠标左键被按下后，先把触发事件的设备 ID（一般是当前鼠标）暂时存到 __cacheDevid 变量中，然后把_mousePressed 变量修改为 True，表示已按键已按下。当鼠标左键释放时，检查之前保存在 __cacheDevid 变量中的设备 ID 是否与正在释放按键的设备一致。如果一致，说明左键按下与释放是同一设备操作的，可以认为是完整的单击事件，于是发出 clicked 信号。

```
def mouseReleaseEvent(self, ev: QMouseEvent):
    if ev.button() == Qt.MouseButton.LeftButton:
        # 按键按下与释放是否为同一设备
        if self.__cacheDevid == ev.device().systemId() and self._mousePressed == True:
            # 发出信号
            self.clicked.emit()
```

```
                  self._mousePressed = False
```

（9）实例化 MainWindow 类。

```
win = MainWindow()
win.setTitle("按钮示例")
win.resize(411, 305)
win.setPosition(810, 525)
```

（10）实例化 MyButton 类。

```
btn = MyButton()
# 设置位置与大小
btn.setGeometry(35, 130, 96, 40)
# 设置文本
btn.text = "请单击"
# 设置父窗口
btn.setParent(win)
# 绑定信号与槽
btn.clicked.connect(lambda: print('你已单击按钮'))
```

MyButton 对象的 clicked 信号绑定的槽对象为 lambda 表达式，用 print 函数打印文本"你已单击按钮"。

（11）显示窗口。

```
win.show()
```

示例的运行效果如图 4-9 所示。用鼠标或类似鼠标的设备单击按钮，就会看到控制台窗口中有文本输出。

图 4-9 按钮控件

## 第 5 章

窗 口 组 件

本章要点：

➤ 认识 QWidget 类；

➤ 拖放操作；

➤ 剪贴板操作；

➤ 调色板。

5.1 QWidget 类

QtWidgets 模块中提供了已封装好的可视化组件（或称为部件）。其中，QWidget 是所有可视化组件的公共基类。QWidget 类派生自 QObject 类，支持事件处理以及信号、槽等功能；同时，它也派生自 QPaintDevice 类，支持使用 QPainter 类进行绘图。

与 QWindow 类相似，QWidget 对象之间也可以建立层级关系。通常，处于顶层的 QWidget 对象拥有标题栏和边框，即一个独立的窗口。而作为子级的 QWidget 对象会成为窗口上的组件（或称为控件）。QWidget 对象可以通过构造函数参数或者调用 setParent 方法来建立父子窗口。

当应用程序使用了 QtWidgets 模块中的类型后，应用程序类应使用 QApplication，而不是 QGuiApplication。尽管 QApplication 是 QGuiApplication 的子类，但 QApplication 类提供了与 QWidget 对象适配的功能，如 allWidgets、widgetAt 等方法成员。

5.1.1 示例：QWidget 类的简单用法

QWidget 类可以直接实例化使用，它会显示一个空白的窗口，也可以从 QWidget 类派生出自定义类型。本示例分别演示这两种方案。

直接创建 QWidget 实例，调用 resize 方法设置窗口大小，调用 setWindowTitle 方法设置窗口标题（标题栏中的文本），最后调用 show 方法显示窗口。

```
# 直接使用 QWidget 类
window = QWidget()
# 设置窗口标题
window.setWindowTitle("示例窗口")
# 设置窗口大小
window.resize(300, 250)
# 显示窗口
window.show()
```

另一种方案是定义 TestWidget 类，基类是 QWidget 类。

```
class TestWidget(QWidget):
    def __init__(self, parent: QWidget = None):
        # 调用基类的构造函数
        super().__init__(parent)
```

```
            # 设置窗口位置和大小
            self.setGeometry(905, 480, 280, 180)
            # 设置窗口标题
            self.setWindowTitle("自定义窗口")
```

自定义类可以封装一些初始化代码，例如调整窗口大小、设置标题文本等。TestWidget 类在实例化之后，可以调用从基类继承的 show 方法来显示窗口。

```
window2 = TestWidget()
window2.show()
```

完整的应用程序初始化代码如下：

```
# 实例化应用程序类
app = QApplication()

# 直接使用 QWidget 类
window = QWidget()
# 设置窗口标题
window.setWindowTitle("示例窗口")
# 设置窗口大小
window.resize(300, 250)
# 显示窗口
window.show()

# 使用自定义窗口类
window2 = TestWidget()
# 显示窗口
window2.show()

# 进入消息循环
QApplication.exec()
```

本示例运行后会呈现两个窗口，如图 5-1 所示。关闭其中任一窗口后程序不会退出，只有当所有窗口都被关闭后，程序才会退出。

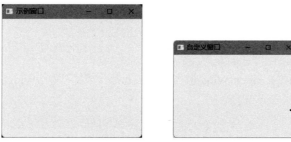

图 5-1　QWidget 顶层窗口

5.1.2　示例：父子窗口

QWidget 对象可以通过构造函数或 setParent 方法设置父级部件（或父窗口）。本示例演示了两个存在嵌套关系的 QWidget 对象，它们都是 QWidget 的派生类。ParentWindow 类作为顶层部件，呈现为父级窗口；ChildWidget 类将嵌套在 ParentWindow 内部，呈现为子窗口。

ParentWindow 类的实现代码如下：

```
class ParentWindow(QWidget):
    def paintEvent(self, event: QPaintEvent):
        # 获取窗口默认的背景颜色
        winbg = self.palette().brush(QPalette.ColorRole.Window)
```

```
            # 获取默认的文本颜色
            textbrush = self.palette().text()
            painter = QPainter(self)
            # 填充窗口的客户区域
            painter.fillRect(event.rect(), winbg)
            # 在窗口左上角绘制文本
            painter.setPen(QPen(textbrush, 1))
            painter.drawText(20, 20, '父窗口')
            painter.end()
```

上述代码只重写了 paintEvent 方法。通过 palette 方法可以获取与当前 QWidget 对象关联的调色板——QPalette，然后调用 brush 方法并传递 ColorRole.Window 枚举值，可以得到用于绘制窗口背景的默认画刷，随后使用该画刷填充窗口的客户区域，最后绘制文本"父窗口"。

ChildWidget 类的实现与 ParentWindow 类似，也是重写 paintEvent 方法，在客户区域的正中心绘制文本"子窗口"。代码如下：

```
class ChildWidget(QWidget):
    def paintEvent(self, event: QPaintEvent):
        # 获取默认文本颜色
        textcl = self.palette().text()
        painter = QPainter(self)
        painter.setPen(QPen(textcl, 1))
        # 填充部件区域
        painter.fillRect(event.rect(), QColor('skyblue'))
        # 在中心位置绘制文本
        painter.drawText(event.rect(), Qt.AlignmentFlag.AlignCenter, '子窗口')
        painter.end()
```

在使用时先实例化 ParentWindow 类，再实例化 ChildWidget 类。ParentWindow 对象通过构造函数传递给 ChildWidget 对象，让它们建立层级关系。

```
# 实例化父窗口
wparent = ParentWindow()
wparent.setWindowTitle('示例程序')
wparent.resize(370, 285)

# 实例化子窗口
wsub = ChildWidget(wparent)
wsub.setGeometry(123, 100, 160, 100)
```

在显示窗口时，只需要调用 ParentWindow 对象的 show 方法（从 QWidget 类继承的成员）即可，嵌套的子部件（或子窗口）会自动呈现。

```
wparent.show()
```

运行结果如图 5-2 所示。

图 5-2　QWidget 对象的层级关系

5.2　窗口的显示方式

以下方法都能够使 QWidget 对象变为可见状态，显现到屏幕上。

（1）show：以平台默认方式显示 QWidget 对象以及它的子级对象。

（2）showMaximized：最大化窗口。

（3）showMinimized：窗口呈现为最小化状态。

（4）showFullScreen：窗口全屏显示。可以调用 showNormal 方法退出全屏。

（5）showNormal：还原窗口为常规大小，指窗口全屏、最大化或最小化之后。

其中，只有 show 方法可用于 QWidget 的各子类，而 showFullScreen、showMaximized、showNormal 等方法只对窗口有效，即 QWidget 对象必须呈现为窗口。

下面的示例演示了一个可以进入和退出全屏模式的窗口。

```python
class MyWindow(QWidget):
    def __init__(self, parent: QWidget = None):
        if parent == None:
            super().__init__()
        else:
            super().__init__(parent)
        # 设置窗口参数
        self.setWindowTitle("示例程序")
        self.setGeometry(760, 500, 320, 275)
        # 实例化两个按钮
        self._btn1 = QPushButton('进入全屏模式', parent = self)
        self._btn2 = QPushButton('退出全屏模式', parent = self)
        # 设置按钮在窗口中的位置和大小
        self._btn1.setGeometry(35, 40, 125, 32)
        self._btn2.setGeometry(35, 80, 125, 32)
        # clicked 信号与槽建立连接
        self._btn1.clicked.connect(self.onEnterFullScreen)
        self._btn2.clicked.connect(self.onExitFullScreen)

    # 两个槽函数
    def onEnterFullScreen(self):
        if self.isFullScreen() == False:
            self.showFullScreen()

    def onExitFullScreen(self):
        if self.isFullScreen() == True:
            self.showNormal()
```

MyWindow 派生自 QWidget 类，代表一个顶层窗口。窗口内放置了两个按钮组件（QPushButton），按钮被单击后会发出 clicked 信号。两个按钮的 clicked 信息分别绑定了 MyWindow 类的实例方法 onEnterFullScreen 和 onExitFullScreen。

在 onEnterFullScreen 方法内，首先调用 isFullScreen 方法判断当前窗口是否已处于全屏模式，若不是就调用 showFullScreen 方法让窗口全屏显示。

在 onExitFullScreen 方法内，也是先通过 isFullScreen 方法检查当前窗口是否进入了全屏模式。如果是，就调用 showNormal 方法还原窗口。

示例运行后，窗口默认的显示方式如图 5-3 所示。单击"进入全屏模式"按钮后，窗口的标题栏和边框被隐藏，并且占满整个屏幕，如图 5-4 所示。单击"退出全屏模式"按钮后，窗口恢复默认显示。

图 5-3　窗口默认的显示方式

图 5-4　窗口全屏显示

5.3　拖放操作

拖放是通过鼠标（笔或者触控）将数据从一个对象传递到另一个对象的过程。拖放操作分为两个阶段，即"拖动"（Drag）和"放置"（Drop）。

用户在数据源头按下鼠标按键（一般用左键，具体取决于程序逻辑），拖动操作启动。此时应用程序负责将要发送的数据"打包"（封装）。按住鼠标按键不放并将指针移动到目标对象上（如另一个应用程序或另一个窗口），进入放置操作阶段。当鼠标按键被释放时，目标对象（数据接收者）需要验证数据格式是否满足要求，如果符合就接收并处理数据，否则拒绝数据。

一个完整的拖动操作始于拖动数据，终于释放到目标对象上。如果数据未拖动到目标对象上就释放了鼠标按键，那么拖放操作就被取消，数据不会传递。如果目标对象不支持放置行为，拖放操作也无法完成。

QWidget 类（包括它的子类）默认是不支持拖放的，将数据拖放到组件（或窗口）上时，鼠标指针会显示为"禁用"图标，如图 5-5 所示。

调用 setAcceptDrops(True) 方法使窗口组件支持放置操作后，再把数据拖进去，窗口不再显示"禁用"图标，如图 5-6 所示。

图 5-5　禁止放置操作

图 5-6　窗口支持拖放

5.3.1　QMimeData 类

QMimeData 是容器类，以 MIME 所指定的格式来存储数据，例如 text/plain 格式用于存储普通文本，image/png 用于存储 PNG 格式的图像文件。

QMimeData 可以将存储的数据用于剪贴板（Clip board）和拖放（Drag and drop）。对于常见的 MIME 类型，可以直接调用 QMimeData 类已封装好的方法成员来设置数据。

（1）setText：存储普通文本。

（2）setHtml：存储 HTML 格式的文本。

（3）setUrls：存储 URL 列表。

（4）setImageData：存储图像数据（主要是 QImage 对象）。

（5）setColorData：存储颜色数据（主要是 QColor 对象）。

为了便于获取数据，QMimeData 类还公开了 text、html、urls、imageData、colorData 等方法。同时，hasText、hasHtml、hasUrls、hasImage、hasColor 等方法可用于检测 QMimeData 中是否包含指定类型的数据。

如果要存储的数据格式不在上述所列的常用方法内，也可以使用 setData 方法，以字节序列的方式存储数据。

5.3.2　QDrag 类

QDrag 类的功能是启动一个拖放行为。该类在实例化时必须指定一个父级对象，因为它要添加到 Qt 的对象树中，由 Qt 负责管理其生命周期。假设在 QWidget 的子类中使用 QDrag 类，可以将 self 引用传递给 QDrag 类的构造函数。

```
drag = QDrag(self)
```

拖动操作起始于鼠标按键（例如左键）的按下，因此可以在 QWidget 的子类中重写 mousePressEvent 方法。在方法内部实例化 QDrag 类，然后创建 QMimeData 对象，用于存储待传递的数据。随后调用 QDrag 对象的 setMimeData 方法设置对 QMimeData 对象的引用。一切准备就绪后，调用 QDrag 对象的 exec 方法正式启动拖放操作。

5.3.3　DropAction 枚举

DropAction 枚举（支持标志位，多个值可以合并使用）表示在拖放操作完成后，应用程序该如何处理传递的数据。常用的成员如下。

（1）CopyAction：表示复制数据，发送方应当保留数据。

（2）MoveAction：移动数据，接收方读取数据后，发送方可以删除数据。

（3）LinkAction：建立从发送方到接收方之间的连接。

（4）IgnoreAction：忽略，对数据不做任何处理。

QDrag 对象调用 exec 方法启动一个拖放操作。该方法常用的两个重载如下：

```
def exec(supportedActions: Qt.DropAction = ...) -> Qt.DropAction
def exec(supportedActions: Qt.DropAction, defaultAction: Qt.DropAction) -> Qt.DropAction
```

其中，supportedActions 参数指定此次拖放操作所支持的 DropAction 值，可以多值组合。defaultAction 参数指定数据发送者推荐的 DropAction 值，这个值必须是在 supportedActions 参数中已存在的，否则无效。同理，数据接者如果要修改 DropAction 值，也必须选择 supportedActions 参数中已指定的值。若未提供 defaultAction 参数，那么应用程序会按照 Move > Copy > Link 的优先级进行取值。例如，supportedActions 参数同时指定 CopyAction 和 MoveAction，那么依据优先级，应用程序会选择 MoveAction。

假设 supportedActions 参数指定的值为 CopyAction 和 MoveAction，那么 defaultAction 参数可选的有效值只有两个——CopyAction 或 MoveAction。如果 defaultAction 参数指定了 LinkAction，那么应用程序会默认选择 CopyAction，其优先级为 Copy > Move > Link。

exec 方法的返回值也是 DropAction 枚举的值，取值范围同样限制在 supportedActions 参数所指定的值中（IgnoreAction 除外）。defaultAction 参数仅为数据接收者提供一个建议值，数据接收者可能会修改为其他的 DropAction 值。如果接收者所设置的值不在 supportedActions 的范围内，那么最后的操作结果也是按照 Copy > Move > Link 的优先级进行选择。

在鼠标指针拖动过程中，不同的 DropAction 值会呈现出不同的图标，详见表 5-1。

表 5-1　DropAction 各操作对应的图标

DropAction 枚举值	图　标	说　明
CopyAction		鼠标指针旁边有一个"+"号
MoveAction		鼠标指针旁边有一个向右的箭头
LinkAction		鼠标指针旁边有一个指向右上角的箭头，而且箭头较粗

5.3.4　示例：拖放数据到其他程序

本示例将实现通过拖放将文本内容传递给其他应用程序。启动拖放操作最简单的方法是处理 MouseButtonPress 事件，然后调用 QDrag 类的 exec 方法。但这种方法有缺陷：用户可能只是想单击某个对象而不希望触发拖放操作。

为了避免此问题，建议的做法是在处理 MouseButtonPress 事件时记录鼠标按下时指针所在的坐标，然后处理 MouseMove 事件（鼠标指针在对象上移动），如果鼠标按键仍然处于按下状态，并且移动的距离（与鼠标按下时的坐标比较）大于 QApplication.startDragDistance() 返回的值，就通过 QDrag 对象启动拖放操作。

本示例从 QWidget 类派生出一个自定义窗口，并且窗口上有一个 QLabel 组件（标签，可显示文本或图像）。用户可以在此 QLabel 对象上将文本数据拖放到其他应用中。

```python
class CustWindow(QWidget):
    def __init__(self, parent: QWidget = None):
        super().__init__(parent)
        # 设置窗口基本参数
        self.setWindowTitle("示例窗口")
        self.resize(300, 300)
        # 初始化标签组件
        self._lb = QLabel(parent=self)
        # 设置图像
        bitmap = QPixmap("fd.png").scaled(200,200,Qt.AspectRatioMode.KeepAspectRatio,
Qt.TransformationMode.SmoothTransformation)
        self._lb.setPixmap(bitmap)
        self._lb.move(30, 32)
        self._lb.resize(200,200)
        self._lb.installEventFilter(self)
        # 鼠标按下时的坐标
        self._pressedPos = QPoint()
......
```

非 QLabel 子类中的代码无法重写 mouseMoveEvent 方法，但可以通过事件筛选的方法处理鼠标按下和指针移动等事件。在 QLabel 对象上安装事件筛选器，并且 eventFilter 方法在自定义窗口中处理。

```python
def eventFilter(self, watched: QObject, event: QEvent) -> bool:
    if watched == self._lb:
        # 鼠标按下事件
        if event.type() == QEvent.Type.MouseButtonPress:
            mouseEvt: QMouseEvent = event
            # 记录鼠标按下时的坐标
            if mouseEvt.button() == Qt.MouseButton.LeftButton:
```

```
                self._pressedPos = mouseEvt.position().toPoint()
            return True
        if event.type() == QEvent.Type.MouseMove:
            mouseEvt: QMouseEvent = event
            # 确保鼠标仍处于按下状态并且拖放操作未开始
            if(Qt.MouseButton.LeftButton in mouseEvt.buttons()):
                # 与按下时的坐标相比较，确保鼠标移动了一定的距离才会被认为是拖动行为
                thePos = mouseEvt.position().toPoint()
                if(self._pressedPos - thePos).manhattanLength() >
QApplication.startDragDistance():
                    # 启动拖动操作
                    drag = QDrag(self._lb)
                    # 设置文本数据
                    data = QMimeData()
                    data.setText("电灯泡")
                    drag.setMimeData(data)
                    # 开始拖放
                    res = drag.exec(Qt.DropAction.CopyAction | Qt.DropAction.MoveAction,
Qt.DropAction.CopyAction)
                    # 处理操作结果
                    if res == Qt.DropAction.IgnoreAction:
                        QMessageBox.information(self, '提示', '拖放已取消',
QMessageBox.StandardButton.Ok)
                    else:
                        s = f'拖放操作结束，结果：{res}'
                        QMessageBox.information(self, '提示', s,
QMessageBox.StandardButton.Ok)
                    return True
        return super().eventFilter(watched, event)
```

当发生 MouseButtonPress 事件时，记录当前位置，保存在_pressedPos 变量中。在 MouseMove 事件发生时，启动拖放操作。QMimeData.setText 方法可以方便设置文本数据。QDrag 对象的 exec 方法调用后不会马上返回，而是等到拖放操作完成（或取消）后才会返回 DropAction 枚举的值。因此，开发人员不用担心因 MouseMove 事件多次触发而导致重复调用 QDrag.exec 方法。在 Linux、macOS 上，exec 方法进行拖放期间不会阻塞事件循环，应用程序能正常处理其他事件。而在 Windows 上，事件循环会被阻塞，但 exec 方法在处理过程中会多次调用 processEvents 方法使窗口保持响应状态。

如果 exec 方法返回 DropAction.IgnoreAction，表明拖放操作被取消或被忽略，其他值则表明数据已传递。拖放操作完成后调用 QMessageBox 类的静态方法弹出对话框，显示操作结果。

运行示例程序后，打开一个支持拖放的文本编辑器（例如记事本），然后使用鼠标左键按住示例窗口中电灯泡图像并拖动到文本编辑器，如图 5-7 所示。最后文本编辑器将接收到文本"电灯泡"，如图 5-8 所示。

图 5-7　拖动窗口中的电灯图标

图 5-8　成功传递文本数据

5.3.5 拖放事件

拖放操作过程中，通常会引发以下事件。

（1）当鼠标指针进入某个 QWidget 对象时引发 DragEnter 事件。

（2）当鼠标指针进入某个 QWidget 对象后，在该对象上移动会引发 DragMove 事件。

（3）鼠标指针离开某个 QWidget 对象时引发 DragLeave 事件。

（4）鼠标按键被释放，拖放操作完成时引发 Drop 事件。

应用程序处理这些事件，可以实现自定义的响应行为。例如，当鼠标指针进入当前组件时，将组件的背景色改为红色，当指针离开当前对象时，恢复原来的背景色。

5.3.6 QDropEvent

QDropEvent 是 Drop 事件的参数，也是 QDragMoveEvent、QDragEnterEvent 的基类。当拖放操作完成时发生 Drop 事件，此时应用程序需要读取传入的数据，并设置与操作结果相关的 DropAction 值。

调用 mimeData 方法获得 QMimeData 对象的引用。可以先通过 hasText、hasHtml、hasImage、hasColor 等方法判断是否存在程序所需要的数据格式。如果在启动拖放操作时通过 setData 方法设置自定义数据，那么就要用 hasFormat 方法来检测是否存在指定 MIME 类型的数据，再用 data 方法读取（返回的内容为字节序列）。

QDropEvent 类内部用了三个字段来存储 DropAction 枚举的值，它们有各自的含义。

（1）允许使用的 DropAction 值，由 DropEvent.possibleActions 方法返回。该值来自 QDrag.exec 方法中 supportedActions 参数所指定的值。

（2）默认值，它来源于 QDrag.exec 方法中 defaultAction 参数所指定的值，即数据发送者建议使用的值，通过 QDropEvent.proposedAction 方法返回。

（3）实际被使用的值，此值在接收数据时设置。可通过 QDropEvent.dropAction 方法获取，QDropEvent.setDropAction 方法设置。该值将作为拖放操作的结果返回给 QDrag.exec 方法。当然，setDropAction 方法能使用的 DropAction 值也是受到限制的，只能使用 supportedActions 参数中已指定的值。

如果数据接收者同意发送者建议的 DropAction 值，就调用 QDropEvent.acceptProposedAction 方法接受事件；如果接收者通过 setDropAction 方法设置了 DropAction 值，则应调用 accept 方法而不是 acceptProposedAction 方法（acceptProposedAction 方法会覆盖 setDropAction 方法所设置的值，还原为 defaultAction 参数所指定的值）。

应用程序顺利接收数据后，必须调用 acceptProposedAction 或 accept 方法，否则 QDrag.exec 方法始终返回 DropAction.IgnoreAction。

5.3.7 QDragMoveEvent

QDragMoveEvent 类是 DragMove 事件的参数，它派生自 QDropEvent 类。QDragMoveEvent 类继承了 DropEvent 类的成员，因此可以在处理 DrapMove 事件时提前读取数据，以特定的方式呈现在用户界面上，实现数据预览的功能。

在处理 DragMove 事件时，不要求必须调用 accept 或 acceptProposedAction 方法。调用了 ignore 方法后，Drop 事件就不会触发，无法完成拖放操作。

5.3.8 QDragEnterEvent

如果在处理 DragEnter 事件时没有调用 accept 或 acceptProposedAction 方法，就不会触发 Drop 事件，拖放操作无法完成。

在 DragEnter 事件中也可以通过 QDragEnterEvent 对象先读取数据，以实现交互功能——例如预览数据。虽然能读取数据，但拖放操作仍在进行，只有发生 Drop 事件才标志拖放操作结束。

5.3.9 QDragLeaveEvent

此类直接从 QEvent 类派生，并且未添加新的成员，仅作为 DragLeave 事件的参数使用。不管 QDragLeaveEvent 对象调用了 accept 方法还是 ignore 方法，对 Drop 事件的触发都毫无影响。也就是说，就算调用了 ignore 方法，当拖放结束时仍然会发生 Drop 事件。

5.3.10 拖放事件的传递

在拖放过程中，当鼠标指针进入某个对象时，会在此对象上引发 DragEnter 事件。应用程序只有在 DragEnter 事件中调用 accept 或 acceptProposedAction 方法接受事件，才能引发其他拖放事件；如果调用 ignore 方法忽略事件，那么 DragMove、Drop 等事件将不会发生。

DragEnter 事件发生后，鼠标指针在可视化对象上移动时会引发 DragMove 事件。DragMove 事件的引发是连续的（除非鼠标指针不再移动）。如果调用了 ignore 方法，Drop 事件将不会发生。

DragLeave 事件的引发不受 DragMove 事件影响——无论 DragMove 事件是否被应用程序接受，DragLeave 事件都会发生。但会受 DragEnter 事件影响，只有 DragEnter 事件被应用程序接受后，DragLeave 事件才会发生。

在处理 Drop 事件时，如果调用了 ignore 方法，QDrag.exec 方法将返回 DropAction.IgnoreAction。

5.3.11 示例：通过拖放打开图像文件

本示例将实现用拖放操作打开图像文件的功能。将图像文件直接拖入示例窗口即可加载并显示在窗口中。

当文件被拖入窗口时，应用程序会加载一次图像，用于预览。

```python
def dragEnterEvent(self, event: QDragEnterEvent):
    data = event.mimeData()
    if data.hasUrls():
        # 获取文件路径
        urls = data.urls()
        first = urls[0]
        filePath = first.toLocalFile()
        # 从文件加载图像
        image = QImage(filePath)
        tmp = QPixmap(image.size())
        tmp.fill(Qt.GlobalColor.transparent)
        # 合成透明图像
        with QPainter() as painter:
            painter.begin(tmp)
            painter.setCompositionMode(QPainter.CompositionMode.CompositionMode_Source)
            painter.drawImage(0, 0, image)
            painter.setCompositionMode(QPainter.CompositionMode.CompositionMode_
DestinationIn)
            painter.fillRect(tmp.rect(), QColor(0, 0, 0, 100))
```

```
    # 显示图片
    self._img = tmp
    image = None
    self.update()
    # 如果默认为 Link 操作，则接受事件
    if event.proposedAction() == Qt.DropAction.LinkAction:
        event.acceptProposedAction()
    # 如果不是，手动设置为 Link 操作
    else:
        if Qt.DropAction.LinkAction in event.possibleActions():
            event.setDropAction(Qt.DropAction.LinkAction)
            event.accept()        # 接受事件
        else:
            # 忽略
            event.ignore()
```

加载图像后，再使用一个 QPixmap 对象，配合 QPainter 类将图像呈现为半透明状态。先绘制原图像，接着调用 setCompositionMode 方法把图形组合方式改为 DestinationIn。再使用半透明的画刷填充一次画布，让半透明像素融合进原图像的 Alpha 通道，最终呈现为半透明的图像。

在 DragLeave 事件中，移除预览图像。

```
def dragLeaveEvent(self, event: QDragLeaveEvent):
    # 删除图像
    self._img = None
    self.update()
```

拖放操作完成时发生 Drop 事件。此时加载的图像并非用于预览，因此不需要呈现为半透明状态。

```
def dropEvent(self, event: QDropEvent):
    # 正式接收数据
    data = event.mimeData()
    if data.hasUrls():
        # 读出路径
        file = data.urls()[0].toLocalFile()
        # 加载图像
        self._img = QPixmap(file)
        self.update()
        # 设置操作结果
        if Qt.DropAction.LinkAction in event.possibleActions():
            event.setDropAction(Qt.DropAction.LinkAction)
            # 接受事件
            event.accept()
```

处理 Paint 事件，负责将图像画到窗口上。每次调用 update 方法都会重新绘制图像。

```
def paintEvent(self, event: QPaintEvent):
    rect = event.rect()
    painter=QPainter()
    painter.begin(self)
    if self._img == None:
        painter.eraseRect(rect)
    else:
        painter.drawPixmap(rect, self._img)
    painter.end()
```

如果 _img 字段未引用图像资源，就调用 eraseRect 方法擦除窗口内容（包括已绘制的图像）。

运行示例程序后，将图像文件拖动到窗口上。窗口会显示半透明的预览图像，如图 5-9 所示。待拖放操作完成后，显示的图像不再是半透明了，如图 5-10 所示。

图 5-9 预览图像

图 5-10 拖放完成后显示图像

5.3.12 示例：拖放取色器

本示例将创建颜色块组件（ColorBlock），每个组件实例代表一种颜色。用户从颜色块组件拖动颜色到另一个面板组件（CustPanel）中，面板会接收拖放的颜色数据作为背景颜色并重新填充可视区域。

（1）定义 ColorBlock 类，派生自 QWidget，用于呈现颜色块。

```python
class ColorBlock(QWidget):
    def __init__(self, parent: QWidget = None, color: QColor = QColor('red')):
        super().__init__(parent)
        self._color = color
        # 设置默认大小
        self.resize(32, 32)
......
```

（2）重写 paintEvent 方法，用指定的颜色填充组件的矩形区域（_color 字段表示当前设定的颜色）。

```python
def paintEvent(self, event: QPaintEvent):
    painter = QPainter()
    painter.begin(self)
    # 绘制当前颜色
    painter.fillRect(event.rect(), self._color)
    painter.end()
```

（3）重写 mousePressEvent 方法，当鼠标左键按下时记录鼠标指针的当前位置，保存到_pressedPos 字段中。

```python
def mousePressEvent(self, event: QMouseEvent):
    if event.button() == Qt.MouseButton.LeftButton:
        self._pressedPos = event.position().toPoint()
```

（4）重写 mouseMoveEvent 方法，启动拖放操作。

```python
def mouseMoveEvent(self, event: QMouseEvent):
    if hasattr(self, '_pressedPos') == False:
        return
    if not Qt.MouseButton.LeftButton in event.buttons():
        return
    # 获取鼠标指针的实时坐标
    curPos = event.position().toPoint()
    # 与左键按下时的坐标比较，判断是否具备启动拖放操作的条件
    if(self._pressedPos - curPos).manhattanLength() <
QApplication.startDragDistance():
        return
    drag = QDrag(self)
    data = QMimeData()
    # 设置数据
    data.setColorData(self._color)
```

```
    drag.setMimeData(data)
    # 设置拖动时的图标
    icon = QPixmap('br.jpg')
    # 缩放图像
    icon = icon.scaled(45, 45, Qt.AspectRatioMode.KeepAspectRatio,
Qt.TransformationMode.SmoothTransformation)
    drag.setPixmap(icon)
    drag.setHotSpot(QPoint(25, 30))
    # 启动拖放操作
    drag.exec(Qt.DropAction.CopyAction)
```

QDrag.setPixmap 方法可以为拖放操作设置一个图标（本示例使用 JPG 格式的图像文件）。在拖动过程中，该图标会跟随鼠标指针移动。setHotSpot 方法可以设置一个坐标点，该坐标表示鼠标指针相对于图标左上角的位置。

（5）定义 CustPanel 类，作为自定义的面板组件。

```
class CustPanel(QWidget):
    def __init__(self, parent: QWidget = None):
        super().__init__(parent)
        # 默认颜色
        self._fillColor = QColor('black')
        # 支持拖放操作
        self.setAcceptDrops(True)
```

_fillColor 字段表示用来填充背景的颜色。调用 setAcceptDrops(True)方法使组件支持拖放操作。

（6）重写 dragEnterEvent 方法。

```
def dragEnterEvent(self, event: QDragEnterEvent):
    if event.mimeData().hasColor():
        event.acceptProposedAction()
```

如果拖进来的数据表示的是颜色值，就接受事件。

（7）重写 dropEvent 方法，完成拖放操作。

```
def dropEvent(self, event: QDropEvent):
    if event.mimeData().hasColor():
        # 读取数据
        data = event.mimeData()
        self._fillColor = data.colorData()
        event.acceptProposedAction()
        # 重新绘制内容
        self.update()
```

读取数据后要调用一次 update 方法，强制组件使用刚设置的_fillColor 值重新绘制组件内容。

（8）重写 paintEvent 方法，完成绘制过程。使用_fillColor 字段提供的颜色填充矩形区域。

```
def paintEvent(self, event: QPaintEvent):
    with QPainter(self) as painter:
        painter.fillRect(event.rect(), self._fillColor)
```

（9）实例化一个 QWidget 对象，作为主窗口。

```
window = QWidget()
window.setWindowTitle('示例程序')
window.resize(500, 425)
```

（10）创建 6 个 ColorBlock 实例，分别代表不同的颜色。

```
block1 = ColorBlock(window, QColor('green'))
block2 = ColorBlock(window, QColor('yellow'))
```

```
block3 = ColorBlock(window, QColor('deepskyblue'))
block4 = ColorBlock(window, QColor('hotpink'))
block5 = ColorBlock(window, QColor('red'))
block6 = ColorBlock(window, QColor('purple'))
```

（11）创建 CustPanel 实例。

```
panel = CustPanel(window)
panel.resize(400, 300)
```

（12）创建 QGridLayout 布局组件，用于放置上述各种组件对象。

```
layout = QGridLayout(window)
layout.addWidget(panel, 0, 0, 1, 6)
layout.addWidget(block1, 1, 0)
layout.addWidget(block2, 1, 1)
layout.addWidget(block3, 1, 2)
layout.addWidget(block4, 1, 3)
layout.addWidget(block5, 1, 4)
layout.addWidget(block6, 1, 5)
layout.setRowStretch(0, 3)
layout.setRowStretch(1, 1)
layout.setRowMinimumHeight(1, 36)
```

（13）显示主窗口。

```
window.show()
```

运行示例程序后，用鼠标将窗口下方的颜色块拖到窗口上半部分的黑色面板内，如图 5-11 所示，然后释放鼠标，会看到面板的背景变成与被拖动色块相同的颜色，如图 5-12 所示。

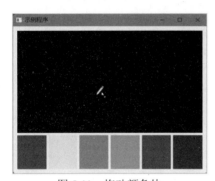
图 5-11　拖动颜色块

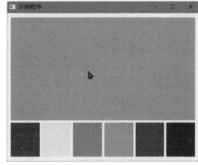
图 5-12　面板颜色发生改变

5.4　剪贴板

应用程序之间共享数据最简单的方式就是使用剪贴板。它是"复制"和"粘贴"操作的"中转站"。执行复制时，发送程序将数据内容放进剪贴板；粘贴数据时，接收程序从剪贴板读取数据内容。

QClipboard 类提供访问剪贴板相关的功能。与拖放操作相似，QClipboard 类也是使用 QMimeData 对象来传递数据的。

QClipboard 类公开了以下便捷方法，可以直接读写数据。

（1）text 和 setText：获取或设置文本内容。

（2）pixmap 和 setPixmap：获取或设置 QPixmap 对象，适合呈现在用户界面上。

（3）image 和 setImage：获取或设置 QImage 对象，适用于直接访问图像的像素数据。

（4）mimeData 和 setMimeData：获取或设置 QMimeData 对象，适用于读写自定义的数据格式。

（5）clear：清空剪贴板中的数据。

QClipboard 类不能直接实例化，而是通过调用 QGuiApplication 类的方法 clipboard 来获取对象实例。该方法是静态成员，可以直接在 QGuiApplication 类上面调用。

5.4.1 示例：复制与粘贴文本内容

本示例将实现复制文本框中输入的内容，然后粘贴并显示在标签组件上。其中用到了 QClipboard 类的 text、setText 和 clear 方法。

（1）定义 MyWidget 类，表示一个自定义窗口。

```python
class MyWidget(QWidget):
    def __init__(self, parent: QWidget = None):
        super().__init__(parent)
        self._initUI()
        # 设置标题栏文本
        self.setWindowTitle("复制与粘贴")
        # 调整窗口位置和大小
        self.setGeometry(499, 325, 250, 160)
```

（2）_initUI 方法用于初始化窗口内的可视化组件。

```python
def _initUI(self):
    layout = QVBoxLayout(self)
    # 复制
    self._input1 = QLineEdit()
    self._btnCopy = QPushButton("复制")
    self._btnCopy.clicked.connect(self._on_copy)
    # 粘贴
    self._lb = QLabel()
    self._btnPaste = QPushButton("粘贴")
    self._btnPaste.clicked.connect(self._on_paste)
    # 清空
    self._btnClear = QPushButton("清空剪贴板")
    self._btnClear.clicked.connect(self._on_clear)
    # 将组件添加到布局
    layout.addWidget(self._input1)
    layout.addWidget(self._btnCopy)
    # 插入空白区域
    layout.addSpacing(20)
    layout.addWidget(self._lb)
    layout.addWidget(self._btnPaste)
    layout.addWidget(self._btnClear)
```

QLineEdit 组件用于接收单行文本输入，QLabel 组件用来显示粘贴后的文本。"复制"按钮被单击后将 QLineEdit 组件中的文本放入剪贴板；"粘贴"按钮被单击后会从剪贴板读出文本，并用 QLabel 组件来显示；"清空剪贴板"按钮将清除剪贴板中的文本内容。QVBoxLayout 布局组件的子元素将沿着垂直方向排列。

（3）以下三个方法分别与_btnCopy、_btnPaste 和_btnClear 对象的 clicked 信号绑定。

```python
def _on_copy(self):
    # 获取文本框的字符串
    s=self._input1.text()
    if len(s) == 0:
        return
    # 执行复制
    QApplication.clipboard().setText(s)
def _on_paste(self):
    # 执行粘贴
    s = QApplication.clipboard().text()
```

```
    self._lb.setText("粘贴文本: " + s)
def _on_clear(self):
    # 清空剪贴板
    QApplication.clipboard().clear()
```

（4）实例化 MyWidget 对象，调用 show 方法显示窗口。

```
if __name__ == "__main__":
    app = QApplication()
    window = MyWidget()
    window.show()
    app.exec()
```

（5）运行示例程序，先在文本框内输入测试内容，并单击"复制"按钮；接着单击窗口下方的"粘贴"按钮。此时，QLabel 组件上会显示被复制的文本，如图 5-13 所示。

（6）单击"清空剪贴板"按钮，再单击"粘贴"按钮，此时，被粘贴文本为空白字符，如图 5-14 所示。这是因为剪贴板中的内容已被清除。

图 5-13　复制和粘贴文本　　　　　　　　　　图 5-14　粘贴的内容为空

5.4.2　示例：监视剪贴板的数据变化

当剪贴板中的数据被更改时，QClipboard 对象会发出 dataChanged 信号。本示例通过关联 dataChanged 信号来实现监视剪贴板变化的功能，并及时读出其包含的图像和文本内容。

CustWindow 类作为示例程序的主窗口，它里面有一个 QLabel 组件，用来显示来自剪贴板的文本或图像。

```
class CustWindow(QWidget):
    def __init__(self, parent: QWidget = None):
        super().__init__(parent)
        # 设置窗口的标题和大小
        self.setWindowTitle("监视剪贴板的数据更新")
        self.resize(350, 350)
        # 初始化可视化组件
        self._lb = QLabel(self)
        # 获取 QClipboard 对象
        clipboard = QApplication.clipboard()
        # 关联 dataChanged 信号
        clipboard.dataChanged.connect(self._on_dataChanged)
```

当收到 dataChanged 信号时，调用 _on_dataChanged 方法。

```
def _on_dataChanged(self):
    # 提取数据
    data = QApplication.clipboard().mimeData()
    if data.hasImage():
        # 获取图像
        img:QImage = data.imageData()
        # 缩放图像
```

```
    img = img.scaledToHeight(200)
    # 显示图像
    self._lb.setPixmap(QPixmap(img))
elif data.hasText():
    # 获取并显示文本
    self._lb.setText(data.text())
# 调整标签组件的大小
self._lb.adjustSize()
```

如果剪贴板中包含的内容是图像数据，QMimeData 对象将返回 QImage 实例。然后调用 scaledToHeight 方法将图像缩放为指定的高度（示例中高度指定为 200）。调用 QLabel 组件的 setPixmap 方法让图像显示在标签组件上。设置文本内容只需调用 setText 方法。最后通过 adjustSize 方法让 QLabel 组件根据所显示内容自动调整大小。

运行示例程序，从其他应用程序复制一些文本（例如网页上的内容），随后回到示例程序界面，被复制的文本已自动显示在窗口上了，如图 5-15 所示。

如果复制的内容是图像数据，则 QLabel 组件中将显示该图像，如图 5-16 所示。

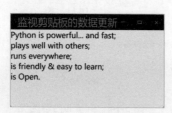

图 5-15　自动粘贴文本

图 5-16　自动粘贴图像

5.4.3　示例：复制和粘贴自定义数据

本示例将实现复制和粘贴 JSON 数据，MIME 格式为 application/json。其中使用到 Python 库中的 JSONEncoder 和 JSONDecoder 类（从 JSON 包导入）。

（1）定义 MyWindow 类，从 QWidget 类派生，表示自定义的窗口。

```
class MyWindow(QWidget):
    ......
```

（2）在 __init__ 方法中初始化应用程序的窗口布局。

```
def __init__(self, parent: QWidget = None):
    super().__init__(parent)
    # 设置窗口标题
    self.setWindowTitle("复制/粘贴自定义数据")
    # 设置窗口的位置和大小
    self.setGeometry(700, 500, 300, 170)
    # 初始化布局组件
    layout = QFormLayout(self)
    # 第一行：员工姓名
    self._leName = QLineEdit()
    layout.addRow("姓名：", self._leName)
    # 第二行：员工年龄
    self._spAge = QSpinBox()
    # 设置有效范围
    self._spAge.setRange(20, 65)
    layout.addRow("年龄：", self._spAge)
    # 第三行：部门
    self._lePartm = QLineEdit()
```

```
layout.addRow("部门：", self._lePartm)
# 第四行：入职时间
self._pdDate = QDateEdit(QDate(2005, 10, 1))
layout.addRow("入职时间：", self._pdDate)
# 第五行：操作按钮
subLayout = QHBoxLayout()
btnCopy = QPushButton("复制")
btnCopy.clicked.connect(self.onCopy)
subLayout.addWidget(btnCopy)
btnPaste = QPushButton("粘贴")
btnPaste.clicked.connect(self.onPaste)
subLayout.addWidget(btnPaste)
layout.addRow(subLayout)
```

本示例使用的布局组件是 QFormLayout，其效果类似 HTML 中的<form>元素——表单排版。在
QFormLayout 布局中，每一行划分为两列。左列表示字段的标签，一般使用 QLabel 等组件来显示说明文
本（告知用户该字段的含义，如"公司名称""联系人"等）；右列一般使用可交互组件，如 QLineEdit、
QTextEdit 等，用户可通过这些组件编辑数据。

表单的最后一行是两个 QPushButton 组件，分别是"复制""粘贴"按钮。"复制"按钮的 clicked
信号与 onCopy 方法关联，"粘贴"按钮的 clicked 信号与 onPaste 方法关联。

（3）实现 onCopy 方法，复制数据。

```
def onCopy(self):
    # JSON 序列化
    dict = {
        'name': self._leName.text(),
        'age': self._spAge.value(),
        'part': self._lePartm.text(),
        'date': self._pdDate.date().toString()
    }
    json = JSONEncoder(ensure_ascii=False)
    jstr = json.encode(dict)
    # 初始化 QMimeData 对象
    mimeData = QMimeData()
    mimeData.setData("application/json", jstr.encode())
    # 把数据放入剪贴板
    QApplication.clipboard().setMimeData(mimeData)
    QMessageBox.information(self, "提示", "复制成功", QMessageBox.StandardButton.Ok)
```

上述代码中，先用字典对象封装四个组件中输入的内容，接着用 JSONEncoder 类将字典对象序列
化为 JSON 字符串，最后把 JSON 字符串放进 QMimeData 对象中，并传递给 QClipboard 对象。由于
QMimeData 对象的 setData 方法需要 bytes 类型的值，因此需要用 str.encode 方法将 JSON 字符串转换为
字节序列，才能传递给 setData 方法。

（4）实现 onPaste 方法，粘贴数据。

```
def onPaste(self):
    # 从剪贴板取出 QMimeData 对象
    data = QApplication.clipboard().mimeData()
    if data.hasFormat("application/json"):
        b = data.data("application/json")
        # 还原数据
        jsonstr = b.data().decode()
        json = JSONDecoder()
        dict = json.decode(jsonstr)
        # 在窗口中显示各字段的值
        self._leName.setText(dict['name'])
        self._spAge.setValue(dict['age'])
```

```
    self._lePartm.setText(dict['part'])
    qdate = QDate.fromString(dict['date'])
    self._pdDate.setDate(qdate)
```

从 JSON 字符串中还原数据（反序列化）需要用到 JSONDecoder 类。

（5）初始化应用程序，显示自定义窗口。

```
if __name__ == "__main__":
    app = QApplication()
    win = MyWindow()
    win.show()
    app.exec()
```

图 5-17　已成功粘贴 JSON 数据

（6）运行应用程序，在窗口中依次输入"姓名""年龄""部门""入职时间"等字段的值，然后单击窗口底部的"复制"按钮。

（7）重新运行应用程序，单击窗口底部的"粘贴"按钮，复制的数据会再次出现在窗口上，如图 5-17 所示。

5.5　调整窗口的透明度

与窗口透明度相关的方法成员如下。

（1）windowOpacity：获取窗口当前透明度。返回浮点数值，0.0 表示窗口完全透明，1.0 表示窗口完全不透明。

（2）setWindowOpacity：设置窗口的透明度。参数为浮点数值，0.0 表示完全透明，1.0 表示完全不透明。

下面示例通过滑动条来调整窗口的透明度。

```
from PySide6.QtCore import *
from PySide6.QtGui import *
from PySide6.QtWidgets import *

if __name__ == '__main__':
    app = QApplication()
    window = QWidget()
    # 窗口标题
    window.setWindowTitle("调整透明度")
    # 窗口大小
    window.resize(450, 400)
    # 标签组件
    label = QLabel("设置透明度：", window)
    label.move(15, 20)
    # 滑动条组件（水平方向）
    slider = QSlider(Qt.Orientation.Horizontal, window)
    slider.setMinimumWidth(150)
    slider.move(95, 23)
    # 设置滑动范围
    slider.setRange(0, 100)
    # 关联 valueChanged 信号
    slider.valueChanged.connect(lambda: window.setWindowOpacity(slider.value() / 100))
    # 设置滑块的默认位置
    slider.setValue(100)
    # 显示窗口
    window.show()
    app.exec()
```

QSlider 组件允许用户通过拖动滑块来设置相关的值。setRange 方法用来设置滑动条的最大值和最小值。也可以用 setMinimum 方法设置最小值，用 setMaximum 方法设置最大值。

```
slider.setMinimum(0)
slider.setMaximum(100)
```

当用户拖动滑块后，QSlider 组件会发出 valueChanged 信号。应用程序可以关联此信号，及时调用 setWindowOpacity 方法修改窗口的透明度。

```
slider.valueChanged.connect(lambda: window.setWindowOpacity(slider.value() / 100))
```

要注意的是，QSlider 组件的值在 0～100 范围内，而 setWindowOpacity 方法的参数值在 0～1 范围内，因此 QSlider 组件的值要除以 100。

示例的运行效果如图 5-18 所示。

图 5-18　透明窗口

5.6　调色板

调色板（由 QPalette 类表示）维护着窗口组件中比较常用的颜色组，组件使用调色板所提供的颜色来绘制可视化元素。在编程阶段只要修改调色板特定项目的颜色值，即可统一应用到窗口和窗口中的组件上。例如，在调色板中将窗口上的文本颜色改为红色，那么当前应用程序中使用同一个调色板实例的所有窗口上的文本都会呈现为红色。

在调色板中，通过两个维度值可以确定一个颜色项目。

第一个是颜色组，由 ColorGroup 枚举定义。它表示窗口（或窗口组件）的几种常见状态。

（1）Active：窗口处理活动状态，即获得焦点。

（2）Normal：与 Active 一样，只是命名不同罢了。

（3）Disabled：窗口组件处理禁用状态（不能与用户交互，不能获取键盘输入焦点）。

（4）Inactive：窗口处理非活动状态，即失去焦点。

（5）All：表示所有状态。

第二个维度是颜色的"角色"，由 ColorRole 枚举定义。表示颜色的作用目标（或作用范围）如下。

（1）Window：窗口（或窗口组件）的背景颜色。

（2）WindowText：窗口（或窗口组件）的前景颜色（文本的颜色）。

（3）Button：按钮组件的背景颜色。

（4）ButtonText：按钮组件的前景颜色（按钮上的文本颜色）。

（5）Base：输入框等组件的背景颜色。

（6）Text：输入框等组件的前景色，有时候会与 WindowText 相同。

（7）Highlight：输入框中被选定文本的背景颜色。

（8）HighlightedText：输入框中被选定文本的前景颜色。

（9）PlaceholderText：输入框中占位字符的颜色。

（10）ToolTipBase：工具提示的背景颜色。

（11）ToolTipText：工具提示的文本颜色。

（12）AlternateBase：列表组件中交替行的背景颜色。

尽管每个 QWidget 组件都可以维护自身的调色板实例，但调色板在 QWidget 对象中存在向下传递机制——父级的调色板参数会传递给所有子级组件（窗口之间不会进行传递）。程序代码可以单独修改某个 QWidget 对象的调色板，覆盖从父级对象继承的调色板参数。

通常，QApplication 类会维护一个全局的 QPalette 对象，包含系统主题相关的默认颜色，并且会应用到应用程序内所有 QWidget 组件上。当然，通过 QApplication.setPalette 方法也可以修改全局调色板。

5.6.1　示例：切换颜色主题

本示例将演示使用调色板为应用程序定义三种颜色主题——单击窗口上的按钮可以在不同的主题之间切换。

具体实现步骤如下。

（1）定义窗口类 Window，派生自 QWidget 类。

```
class Window(QWidget):
    ......
```

（2）在__init__函数中初始化用户界面。

```
def __init__(self, parent: QWidget = None):
    # 调用基类的__init__方法
    super().__init__(parent)
    # 设置窗口标题、位置和大小
    self.setWindowTitle("调色板示例")
    self.setGeometry(500, 280, 260, 200)
    # 初始化布局组件
    layout = QVBoxLayout(self)
    # 创建三个按钮实例
    self._btn1 = QPushButton("主题 1")
    self._btn2 = QPushButton("主题 2")
    self._btn3 = QPushButton("主题 3")
    self._lb = QLabel("示例文本")
    layout.addWidget(self._lb)
    layout.addWidget(self._btn1)
    layout.addWidget(self._btn2)
    layout.addWidget(self._btn3)
    layout.setAlignment(Qt.AlignmentFlag.AlignVCenter)
    # 关联三个按钮的 clicked 信号
    self._btn1.clicked.connect(self.onClicked1)
    self._btn2.clicked.connect(self.onClicked2)
    self._btn3.clicked.connect(self.onClicked3)
```

示例窗口使用 QVBoxLayout 组件进行布局，子级组件将沿垂直方向排列。

（3）下面实现与三个按钮的 clicked 信号绑定。

```
#---------- 主题 1 ----------
def onClicked1(self):
    # 获取调色板
    palette = self.palette()
    # 修改调色板
    palette.setColor(
        QPalette.ColorRole.Window,
        QColor('red')
    )
    palette.setColor(
```

```
                QPalette.ColorRole.WindowText,
                QColor('yellow')
            )
        palette.setColor(
                QPalette.ColorRole.Button,
                QColor('darkblue')
            )
        palette.setColor(
                QPalette.ColorRole.ButtonText,
                QColor('skyblue')
            )
        # 重新设置调色板
        self.setPalette(palette)
#---------- 主题 2 ----------
    def onClicked2(self):
        # 获取调色板
        p = self.palette()
        # 修改调板
        p.setColor(
                QPalette.ColorRole.Window,
                QColor('olive')
            )
        p.setColor(
                QPalette.ColorRole.WindowText,
                QColor('darkred')
            )
        p.setColor(
                QPalette.ColorRole.Button,
                QColor('azure')
            )
        p.setColor(
                QPalette.ColorRole.ButtonText,
                QColor('green')
            )
        # 重新设置调色板
        self.setPalette(p)
#---------- 主题 3 ----------
    def onClicked3(self):
        # 获取调色板
        p = self.palette()
        # 修改调色板
        p.setColor(
                QPalette.ColorRole.Window,
                QColor('gray')
            )
        p.setColor(
                QPalette.ColorRole.WindowText,
                QColor('lightyellow')
            )
        p.setColor(
                QPalette.ColorRole.Button,
                QColor('hotpink')
            )
        p.setColor(
                QPalette.ColorRole.ButtonText,
                QColor('white')
            )
        # 重新设置调色板
        self.setPalette(p)
```

三个方法的实现逻辑相似，只是设置的颜色不同。首先访问当前窗口实例的 palette 方法获取默认调色板的引用，修改后通过 setPalette 方法将调色板重新应用到当前窗口上。

设置颜色可以调用 setColor 方法，该方法有以下两个签名（重载）：

```
def setColor(cg: ColorGroup, cr: ColorRole, color: Union[QColor, QRgba64, Any,
Qt.GlobalColor, str, int])
def setColor(cr: ColorRole, color: Union[QColor, QRgba64, Any, Qt.GlobalColor, str,
int])
```

本示例使用的是省略了 ColorGroup 参数的方法，因此所设置的颜色将应用到所有状态，相当于以下调用方式。

```
palette.setColor(
    QPalette.ColorGroup.All,
    QPalette.ColorRole.Window,
    QColor('black')
)
```

（4）初始化应用程序，并创建 Window 实例，显示窗口。

```
if __name__ == '__main__':
    app = QApplication()
    w = Window()
    # 显示窗口
    w.show()
    # 启动事件循环
    QApplication.exec()
```

（5）运行示例程序，此时应用窗口使用的系统默认的主题，如图 5-19 所示。

（6）单击窗口上任意按钮切换颜色主题，如图 5-20 所示。

图 5-19　默认主题

图 5-20　切换主题

5.6.2　示例：带纹理的背景画刷

调色板（QPalette）可以通过调用 setBrush 方法，为指定的颜色角色设置画刷。画刷用 QBrush 类表示，它既可以用纯颜色填充目标对象，也可以使用图像文件作为纹理，并填充目标对象。

本示例将使用图像文件中的纹理来填充文本输入组件（QLineEdit、QTextEdit）。要设置的颜色角色为 ColorRole.Base。

自定义窗口继承 QScrollArea 类，在调整窗口大小时，如果窗口的尺寸小于内容的尺寸，将自动显示滚动条。具体代码如下：

```
class CustWindow(QScrollArea):
    def __init__(self, parent: QWidget = None):
        super().__init__(parent)
        # 设置窗口标题
        self.setWindowTitle("Demo App")
        # 窗口位置
        self.move(516, 310)
        # 窗口大小
        self.resize(350, 300)
```

```
# 布局组件
layout = QFormLayout(self)
# 字段 1
layout.addRow("学号: ", QLineEdit())
# 字段 2
layout.addRow("姓名: ", QLineEdit())
# 字段 3
spbox = QSpinBox()
spbox.setRange(10, 27)
layout.addRow("年龄: ", spbox)
# 字段 4
layout.addRow("自我介绍: ", QTextEdit())
# 子级组件的容器
container = QWidget()
# 必须调用下面的方法，滚动条才会起作用
container.setMinimumSize(400, 300)
container.setLayout(layout)
self.setWidget(container)
# 获取调色板引用
pal = self.palette()
# 修改背景画刷
pxmap = QPixmap("txc.jpg")
brush = QBrush(pxmap)
pal.setBrush(QPalette.ColorRole.Base,brush)
# 修改输入框前景颜色
pal.setColor(QPalette.ColorRole.Text, QColor("white"))
# 重新设置调色板
self.setPalette(pal)
```

CustWindow 继承了 QScrollArea 类，并且 QScrollArea 类的内容区域是通过 setWidget 方法设置的——窗口的内容必须是单个 QWidget 对象。因此，上述代码先创建一个 QWidget 实例（container 变量）作为子级组件的容器，然后调用 setLayout 方法设置布局对象，其结构如图 5-21 所示。

示例的运行效果如图 5-22 所示。

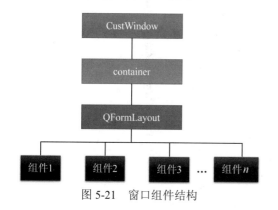

图 5-21　窗口组件结构

图 5-22　带纹理的输入框背景

## 第 6 章

按　　钮

本章要点：

➤ QPushButton；

➤ 复选按钮（QCheckBox）与单选按钮（QRadioButton）；

➤ 按钮与图标；

➤ 快捷键。

6.1　常用的按钮组件

QAbstractButton 是所有按钮组件的公共基类，实现了按钮组件的通用模型。用户界面中最常用的按钮组件都从 QAbstractButton 类派生，主要有以下 4 种类型。

（1）QPushButton：常规按钮，也是用得最多的按钮类型。通过鼠标单击或快捷键触发，从而执行特定的任务。例如，单击"播放"按钮开始播放音频。

（2）QCheckBox：即复选按钮，可以在 On 和 Off 两种状态之间循环切换。一般用于实现多选功能，每个按钮都可以独立切换状态。某个 QCheckBox 按钮是否处于选中（On）状态不会影响其他 QCheckBox 组件。

（3）QRadioButton：单选按钮，实现"多选一"功能。同属于一个 QWidget 或 QButtonGroup 内的 QRadioButton 实例之间是互斥关系，即同一时刻只能有一项被选中。

（4）QToolButton：工具栏按钮。它是一种特殊按钮，通常位工具栏内。在许多应用程序里，工具栏按钮只显示一个小图标。

下面代码定义了 MyButton 类，基类是 QAbstractButton，实现了自定义按钮组件。

```python
class MyButton(QAbstractButton):
    def __init__(self, parent = None):
        super().__init__(parent)
        # 修改调色板
        p = QPalette(self.palette())
        # 正常状态下的颜色方案
        p.setColor(QPalette.ColorGroup.Active, QPalette.ColorRole.Button,
QColor('brown'))
        p.setColor(QPalette.ColorGroup.Active, QPalette.ColorRole.ButtonText,
QColor('snow'))
        # 禁用状态下的颜色方案
        p.setColor(QPalette.ColorGroup.Disabled, QPalette.ColorRole.Button,
QColor('darkgray'))
        p.setColor(QPalette.ColorGroup.Disabled, QPalette.ColorRole.ButtonText,
QColor('lightgray'))
        # 设置调色板
        self.setPalette(p)
    def paintEvent(self, e: QPaintEvent):
        # 从调色板中获取背景色和前景色
        bgcolor = self.palette().color(QPalette.ColorGroup.Active,
QPalette.ColorRole.Button)
```

```
            forecolor = self.palette().color(QPalette.ColorGroup.Active,
QPalette.ColorRole.ButtonText)
        # 如果按钮处于禁用状态，获取相应的背景色和前景色
        if self.isEnabled() == False:
            bgcolor = self.palette().color(QPalette.ColorGroup.Disabled,
QPalette.ColorRole.Button)
            forecolor = self.palette().color(QPalette.ColorGroup.Disabled,
QPalette.ColorRole.ButtonText)
        # 聚焦框的颜色
        focuscolor = QColor(0, 100, 255, 200)
        # 按钮被按下时显示的覆盖层颜色
        downovcolor = QColor(204, 102, 0, 60)
        # 开始绘制界面
        painter = QPainter(self)
        # 绘制背景
        painter.fillRect(e.rect(), bgcolor)
        # 绘制按钮被按下时的覆盖层
        if self.isDown():
            painter.fillRect(e.rect(), downovcolor)
        # 绘制聚焦框
        if self.hasFocus():
            painter.setPen(focuscolor)
            focusrect = QRect(e.rect().topLeft(),
                        QSize(e.rect().width() - 1,
                              e.rect().height() - 1))
            painter.drawRect(focusrect)
        # 绘制文本
        btntext = self.text()
        if len(btntext) > 0:
            # 计算文本所需要的空间
            txtsize = painter.fontMetrics().size(
                Qt.TextFlag.TextSingleLine,
                btntext,
                0)
            txtrect = QRect(e.rect().topLeft(), txtsize)
            # 移动矩形的中心坐标
            txtrect.moveCenter(e.rect().center())
            # 设置画笔颜色为前景色
            painter.setPen(forecolor)
            painter.drawText(txtrect, btntext)
        # 结束绘图
        painter.end()
```

MyButton 类在__init__方法中修改默认的调色板参数，上述代码提供了两组颜色方案——Active（正常状态）和 Disabled（禁用状态），随后重写了 paintEvent 方法，绘制自定义按钮的外观，包括背景、聚焦框、文本，以及按钮被按下时显示的覆盖层。覆盖层实际上是在背景之上绘制了一个半透明的矩形。

自定义按钮在正常状态下如图 6-1 所示，在禁用状态下如图 6-2 所示。

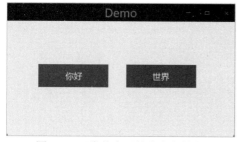

图 6-1　正常状态下的自定义按钮

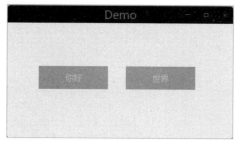

图 6-2　禁用状态下的自定义按钮

6.2 QPushButton

QPushButton 类表示普通按钮组件。该组件与用户交互的频率较高，只需单击就能激活某个命令。因此，使用 QPushButton 组件的核心是处理 clicked 信号。在鼠标左键按下和弹起的过程中，QPushButton 对象还会发出 pressed、released 信号。

这三个信号的发出顺序可以用以下代码来测试：

```
btn = QPushButton("Hello")
btn.pressed.connect(lambda: print("收到 pressed 信号"))
btn.released.connect(lambda: print("收到 released 信号")
btn.clicked.connect(lambda: print("收到 clicked 信号"))
btn.show()
```

代码执行后，单击一下按钮，控制台窗口将输出以下信息：

```
收到 pressed 信号
收到 released 信号
收到 clicked 信号
```

上述实验表明：QPushButton 组件被按下时会发出 pressed 信号，接着释放鼠标按键，QPushButton 组件发出 released 信号，最后才发出 clicked 信号。这同时也说明按钮的单击操作要在鼠标按键释放之后才会被应用程序接收。若用户在 QPushButton 组件上按下了鼠标左键，应用程序会收到 pressed 信号。若此时用户没有释放左键并且把鼠标指针移到 QPushButton 组件之外，那么不管用户后来是否会释放鼠标左键，单击操作都会结束，并且 QPushButton 组件会发出 released 信号，但不会发出 clicked 信号。

6.2.1 示例：将多个按钮的 clicked 信号绑定到同一个方法

Qt 的信号既可以与多个槽对象（Slots）连接，也可以将多个信号绑定到一个槽对象上。本示例将两个 QPushButton 对象的 clicked 信号绑定到一个方法成员上。

MyWindow 类的代码如下：

```
class MyWindow(QWidget):
    def __init__(self, parent: QWidget = None):
        super().__init__(parent)
        # 设置窗口标题和位置
        self.setWindowTitle('Demo')
        self.setGeometry(450, 500, 260, 120)
        # 创建两个按钮实例
        self.btn1 = QPushButton('Action-1', self)
        self.btn2 = QPushButton('Action-2', self)
        self.btn1.setGeometry(15, 25, 70, 32)
        self.btn2.setGeometry(15, 65, 70, 32)
        # 两个按钮的 clicked 信号绑定同一个方法
        self.btn1.clicked.connect(self.onClicked)
        self.btn2.clicked.connect(self.onClicked)
        # 创建标签实例
        self.lb = QLabel(self)
        self.lb.move(100, 30)
    def onClicked(self):
        # 通过 sender 方法可以获取到是哪个按钮发出了 clicked 信号
        currbtn = self.sender()
        if isinstance(currbtn, QPushButton):
            # 获取按钮上显示的文本
            text = currbtn.text()
            self.lb.setText(f'你单击了{text}按钮')
            # 让标签组件自动调整大小
            self.lb.adjustSize()
```

btn1 和 btn2 按钮的 clicked 信号都与 onClicked 方法绑定。由于信号的接收对象是 MyWindow 实例（当前类的实例），所以根据 self.sender 方法的返回值可以判断出是哪个按钮发出了 clicked 信号。QLabel对象负责显示发送信号的按钮上的文本。

运行示例程序后，单击 Action-2 按钮，标签组件上会显示该按钮上的文本，如图 6-3 所示。

6.2.2　示例：按钮的"开关"状态

checkable 属性描述按钮组件是否具有类似"开关"的功能。若将该属性设置为 True，即表示开启"开关"功能。每单击一次按钮，就会切换状态——On 变成 Off，或者 Off 变成 On，两种状态不断循环。

当 checkable 属性为 True 时，clicked 信号会携带一个布尔（Bool）类型的参数，代表按钮的最新状态。

下面示例代码中，QPushButton 与 QLabel 组件协同工作。QPushButton 组件通过 setCheckable 方法开启 chackable 功能。当按钮被单击后会切换开关状态，QLabel 组件中会实时显示结果。

```python
# 初始化顶层窗口
window = QWidget()
window.setWindowTitle('Demo')
window.resize(220, 125)
window.move(600, 450)
# 标签组件
lb = QLabel(window)
lb.setGeometry(20, 70, 160, 36)
# 按钮组件
btn = QPushButton(window)
btn.setText('测试按钮')
btn.setGeometry(20, 20, 80, 36)
btn.setCheckable(True)
btn.clicked.connect(lambda checked: onCheckChanged(lb, checked))
# 显示窗口
window.show()
```

按钮被单击时调用了 onCheckChanged 函数。该函数的第一个参数是 QLabel 组件的引用，第二个参数是按钮的最新状态。onCheckChanged 函数的代码如下：

```python
def onCheckChanged(label: QLabel, checked: bool):
    if checked:
        label.setText('按钮处于【ON】状态')
    else:
        label.setText('按钮处于【OFF】状态')
```

运行示例程序，然后单击按钮，通过 QLabel 组件可以直观地看到 checkable 状态的变化，如图 6-4 所示。

图 6-3　第二个按钮发出了 clicked 信号

图 6-4　带"开关"状态的按钮

6.2.3　重复按钮

如果按钮组件的 autoRepeat 属性设置为 True（通过 setAutoRepeat 方法），那么只要鼠标左键一直按住不放，pressed、released 和 clicked 信号就会以一定的间隔循环发出。此时，按钮组件可以实现重复执行某项任务的功能，即重复按钮。

重复发出信号的时间间隔可以通过 setAutoRepeatInterval 方法设置，单位为 ms（毫秒）。另外，调用 setAutoRepeatDelay 方法可以设置按钮组件启动重复操作的延迟时间，单位也是 ms。

6.2.4　示例：使用重复按钮调整矩形的宽度

本示例将实现用 QPushButton 组件来"递增"和"递减"矩形的宽度。将 autoRepeat 属性设置为 True，使 QPushButton 组件成为重复按钮，只要鼠标左键按住不放，就可以实现连续调整矩形的宽度。

首先定义一个 RectWidget 类，表示一个矩形组件，代码如下：

```python
class RectWidget(QWidget):
    def __init__(self, parent:QWidget = None):
        super().__init__(parent)
        # 设置此组件的最小尺寸
        self.setMinimumSize(50, 50)
        # 设置此组件的最大尺寸
        self.setMaximumSize(250, 100)
    # 绘制组件内容
    def paintEvent(self, event: QPaintEvent):
        # 用红色画刷填充矩形区域
        painter = QPainter(self)
        painter.fillRect(event.rect(), QColor("red"))
        painter.end()          # 结束绘制
    # 当组件的大小改变时重新绘制内容
    def resizeEvent(self, event: QResizeEvent):
        self.update()
```

setMinimumSize 方法设置组件的最小尺寸（包括宽度和高度），setMaximumSize 方法设置组件的最大尺寸。在调整组件大小时，其宽度和高度不能小于最小尺寸，同时不能大于最大尺寸。如果设置的尺寸小于最小尺寸，则 Qt 程序会强制使用最小尺寸来设置组件的大小；同样，如果设置的尺寸大于最大尺寸，Qt 程序会强制使用最大尺寸来调整组件的大小。

重写 paintEvent 方法，使用红色画刷填充组件的可视区域；重写 resizeEvent 方法，当矩形组件的大小被调整后，及时重新绘制其可视区域（调用 update 方法）。

接着定义 MyWindow 类，作为自定义窗口。该窗口上半部放置两个 QPushButton 组件，分别用于递减和递增矩形组件的宽度。窗口的下半部分放置一个 RectWidget 组件，呈现一个红色背景的矩形。

MyWindow 类的代码如下：

```python
class MyWindow(QWidget):
    def __init__(self, parent: QWidget = None):
        super().__init__(parent)
        self.resize(300, 260)
        self.setWindowTitle('Demo')
        # 布局
        self.layout = QGridLayout(self)
        self.layout.setSpacing(10)
        self.btnA = QPushButton("宽度递减")
        self.btnA.clicked.connect(self.onDecreaseWidth)
        self.btnB = QPushButton("宽度递增")
        self.btnB.clicked.connect(self.onIncreaseWidth)
        self.layout.addWidget(self.btnA, 0, 0)
        self.layout.addWidget(self.btnB, 0, 1)
        self.rectObj = RectWidget()
        self.layout.addWidget(self.rectObj, 1, 0, 1, 2)
        # 开启按钮组件的重复功能
        self.btnA.setAutoRepeat(True)
        self.btnB.setAutoRepeat(True)
        # 设置重复延迟
        self.btnA.setAutoRepeatDelay(1000)
        self.btnB.setAutoRepeatDelay(1000)
        # 设置重复间隔
        self.btnA.setAutoRepeatInterval(200)
```

```
        self.btnB.setAutoRepeatInterval(200)
    def onDecreaseWidth(self):
        # 获取最小宽度
        minWidth = self.rectObj.minimumWidth()
        # 获取当前宽度
        currwidth = self.rectObj.width()
        # 减少宽度（不能小于最小宽度）
        currwidth = currwidth - 10
        if currwidth < minWidth:
            currwidth = minWidth
        # 更新组件尺寸
        self.rectObj.resize(currwidth, self.rectObj.height())
    def onIncreaseWidth(self):
        # 获取最大宽度
        maxwidth = self.rectObj.maximumWidth()
        # 获取当前宽度
        currwidth = self.rectObj.width()
        # 增加宽度
        currwidth += 10
        # 宽度不能超过最大值
        if currwidth > maxwidth:
            currwidth = maxwidth
        # 更新组件尺寸
        self.rectObj.resize(currwidth, self.rectObj.height())
```

在本示例中，两个按钮的重复操作会延迟 1000ms（1s）执行，重复间隔为 200ms。主要通过以下 4 行代码来设置。

```
self.btnA.setAutoRepeatDelay(1000)
self.btnB.setAutoRepeatDelay(1000)
self.btnA.setAutoRepeatInterval(200)
self.btnB.setAutoRepeatInterval(200)
```

示例运行后，可通过窗口上的两个按钮来改变矩形宽度。长按可实现连续调整，每次调整都会递减（或递增）10 像素。效果如图 6-5 所示。

图 6-5　使用重复按钮调整矩形宽度

6.2.5　示例：带下拉菜单的按钮

QPushButton 类有一个 setMenu 方法，用于为 QPushButton 对象设置一个 QMenu 实例。方法调用后，按钮的右侧将显示一个下拉箭头。单击下拉箭头会弹出上下文菜单。

本示例演示了一个带下拉菜单的按钮组件，单击下拉箭头后会出现"打开文件""保存文件""转换格式"菜单。

示例窗口类的代码如下：

```
class CustWindow(QWidget):
    def __init__(self, parent: QWidget = None):
        super().__init__(parent)
```

```
        self.setGeometry(400, 500, 200, 150)
        self.setWindowTitle('Demo')
        self.btn = QPushButton('菜单按钮', self)
        self.btn.setGeometry(20, 25, 80, 36)
        # 创建菜单
        menu = QMenu(self)
        # 添加菜单项
        menu.addAction('打开文件', self.onOpen)
        menu.addAction('保存文件', self.onSave)
        menu.addAction('转换格式', self.onConv)
        # 设置菜单
        self.btn.setMenu(menu)
    def onOpen(self):
        QMessageBox.information(self, "Demo", "你选择了【打开文件】菜单",
QMessageBox.StandardButton.Ok)
    def onSave(self):
        QMessageBox.information(self, "Demo", "你选择了【保存文件】菜单",
QMessageBox.StandardButton.Ok)
    def onConv(self):
        QMessageBox.information(self, "Demo", "你选择了【转换格式】菜单",
QMessageBox.StandardButton.Ok)
```

QMenu 类表示菜单组件，可通过 addAction 方法添加菜单项。菜单项一般显示文本标签、图标（可选）和快捷按键（可选）。菜单项的功能与按钮相似，用户选择菜单项后会执行某个操作（或运行某个任务）。为了实现交互，菜单项还需要绑定一个可供程序调用的函数（或方法成员）。当用户选择某个菜单项后，与之绑定的函数（或方法成员）就会被调用。

在本示例中，"打开文件"菜单项绑定 onOpen 方法；"保存文件"菜单项绑定 onSave 方法；"转换格式"菜单项绑定的是 onConv 方法。这三个方法都是 CustWindow 类的实例成员。

运行示例程序后，用单击按钮组件右侧的下拉箭头，会弹出菜单列表，如图 6-6 所示。

单击执行其中一个菜单项，应用程序会弹出如图 6-7 所示的消息对话框。

图 6-6　下拉菜单

图 6-7　弹出消息对话框

6.3　QCheckBox

QCheckBox 组件表示复选框，可用于"开启"或"关闭"某项程序功能。例如，可以用 QCheckBox 组件实现供用户选择"是否自动更新应用程序"。每个 QCheckBox 实例的选择状态都是独立的，互不影响。

通常，QCheckBox 组件有两种状态：Checked 表示组件已选中，Unchecked 表示组件未选中。可以调用 isChecked 方法以确定 QCheckBox 组件是否已选中，它返回一个布尔值，True 表示选中，False 表示未选。要修改 QChickBox 组件的选择状态，应调用 setChecked 方法。

另外，如果需要，还可以通过 setTristate 方法开启"第三状态"，即 PartiallyChecked 状态。此状态介于选中与不选中之间，其含义为"不明确的状态"。

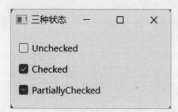

图 6-8　QCheckBox 组件的三种状态

QCheckBox 组件的三种状态如图 6-8 所示。

6.3.1　示例：请选择你喜欢的早餐

本示例演示了 QCheckBox 组件的基础用法。窗口上将放置 6 个 QCheckBox 组件，分别代表 6 种早餐，用户可以选择自己喜欢的早餐。

示例代码如下：

```python
from PySide6.QtCore import*
from PySide6.QtGui import*
from PySide6.QtWidgets import*

# 初始化应用程序对象
app = QApplication()
# 初始化窗口
win = QWidget()
win.setWindowTitle("选择你喜欢的早餐")
win.move(600, 450)
# 6 个 QCheckBox 组件
cb1 = QCheckBox("蒸面", win)
cb2 = QCheckBox("馒头", win)
cb3 = QCheckBox("三明治", win)
cb4 = QCheckBox("炒米粉", win)
cb5 = QCheckBox("小米粥", win)
cb6 = QCheckBox("水饺", win)
# 按钮
btnSubmet = QPushButton("提交", win)

# 与按钮的 clicked 信号连接的函数
def onClicked():
    # 收集被选中的 QCheckBox 组件上的文本
    list =[]
    if cb1.isChecked():
        list.append(cb1.text())
    if cb2.isChecked():
        list.append(cb2.text())
    if cb3.isChecked():
        list.append(cb3.text())
    if cb4.isChecked():
        list.append(cb4.text())
    if cb5.isChecked():
        list.append(cb5.text())
    if cb6.isChecked():
        list.append(cb6.text())
    msg = "你喜欢的早餐有: " + "、".join(list)
    # 显示对话框
    QMessageBox.information(win, "提示", msg)
btnSubmet.clicked.connect(onClicked)

# 网格布局
layout = QGridLayout(win)
# 将各组件放进布局
layout.addWidget(cb1, 0, 0)
layout.addWidget(cb2, 0, 1)
layout.addWidget(cb3, 0, 2)
layout.addWidget(cb4, 1, 0)
layout.addWidget(cb5, 1, 1)
layout.addWidget(cb6, 1, 2)
layout.addWidget(btnSubmet, 2, 0, 1, 3)
```

```
# 显示窗口
win.show()
# 进入事件循环
QGuiApplication.exec()
```

在与"提交"按钮的 clicked 信号绑定的函数内，先创建一个空白的列表对象，随后依次验证 6 个 QCheckBox 对象的 isChecked 方法以确定是否被选中。如果 isChecked 方法返回 True，就把相关 QChckBox 对象的文本添加到列表中。最后用 join 方法把列表中的所有元素以"、"为分隔符串联成单个字符串实例。QMessageBox 类负责弹出消息对话框。

运行示例程序，通过单击选择喜欢的早餐，如图 6-9 所示，然后单击"提交"按钮，应用程序会弹出选择结果，如图 6-10 所示。

图 6-9　选择多种早餐

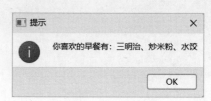

图 6-10　显示选择结果

6.3.2　示例：让 QCheckBox 对象之间相互排斥

QCheckBox 组件的对象实例之间相互独立，默认情况下，组件实例之间的选择状态不会相互排斥（同一时刻只能有一个 QCheckBox 对象被选中）。如果需要让 QCheckBox 对象之间产生互斥关系，只能搭配使用 QButtonGroup 类。该类仅用于管理按钮之间的状态，它自身不会呈现任何可视化内容（不可见）。默认情况下，QButtonGroup 对象内的按钮对象之间是相互排斥的。

QButtonGroup 类通过 addButton 方法添加按钮对象，方法参数接受 QAbstractButton 类型的引用。QCheckBox 是 QAbstractButton 的派生类，因此可以添加到 QButtonGroup 对象中。当 QButtonGroup 对象内某个 QCheckBox 的状态改变时会发出 buttonToggled 信号。该信号包含两个参数：第一个参数是 QAbstractButton 类型，表示已更改状态的按钮（本示例中是 QCheckBox 对象）；第二个参数的值是布尔类型，若为 True 表示 QCheckBox 对象被选中，False 表示 QCheckBox 对象未被选中。

下面是自定义窗口类 DemoWindow 的实现代码：

```python
class DemoWindow(QWidget):
    def __init__(self, parent: QWidget = None):
        super().__init__(parent)
        self.setWindowTitle("互斥的 QCheckBox")
        self.move(500, 360)
        # 初始化用户界面
        self.initUI()

    def initUI(self):
        # 创建 QCheckBox 列表
        checkBoxes = [
            QCheckBox("test item 1"),
            QCheckBox("test item 2"),
            QCheckBox("test item 3"),
            QCheckBox("test item 4"),
        ]
        # 布局
        self.layout = QVBoxLayout(self)
        for c in checkBoxes:
            self.layout.addWidget(c)
```

```
        # 添加一个标签组件
        self._lb = QLabel()
        self.layout.addStretch(0)
        self.layout.addWidget(self._lb)
        # 创建 QButtonGroup 实例
        self.btnGroup = QButtonGroup(self)
        # 将 QCheckBox 对象都添加到 QButtonGroup 对象中
        for c in checkBoxes:
            self.btnGroup.addButton(c)
        # 连接信号
        self.btnGroup.buttonToggled.connect(self.onToggled)

    def onToggled(self, button, checked):
        if checked:
            self._lb.setText(f'已选择: {button.text()}')
```

initUI 方法的功能是初始化窗口组件内的可视化对象。其中，4 个 QCheckBox 实例是通过列表对象来创建的，再通过 for 循环将它们分别添加到 QVBoxLayout 布局对象和 QButtonGroup 对象中。同时将 onToggled 方法成员与 QButtonGroup 对象的 buttonToggled 信号建立连接，当 QButtonGroup 中任何 QCheckBox 对象的选择状态发生改变后都会发出 buttonToggled 信号，进而调用 onToggled 方法。onToggled 方法中，button 参数表示已更新状态的 QCheckBox 对象，checked 参数表示该 QCheckBox 对象是否处于被选中状态。如果是，就在 QLabel 组件中显示它的文本内容。

示例的运行效果如图 6-11 所示。

图 6-11　同一时刻只能选中一个复选框

6.4　QRadioButton

QRadioButton 组件与 QCheckBox 组件的使用方法基本一致，它们的区别在于选择行为上。QRadioButton 组件是"单选按钮"——同一分组下的 QRadioButton 列表在同一时刻只能选中一项。因此，QRadioButton 对象之间是互斥关系。

QRadioButton 组件有两种分组方式。

（1）通过父级的 QWidget 对象来分组。位于同一个 QWidget 对象内的 QRadioButton 对象将视为同一分组，它们之间的选择状态为互斥关系。

（2）通过 QButtonGroup 对象分组。处于同一 QButtonGroup 对象内的 QRadioButton 对象之间为互斥关系，而处于不同 QButtonGroup 对象的 QRadioButton 对象之间相互独立。

当 QRadioButton 组件的选择状态发生改变后会发出 toggled 信号，连接此信号能使应用程序及时响应 QRadioButton 组件的状态更改。也可以直接访问 isChecked 方法来获得 QRadioButton 组件的当前状态。

6.4.1　示例：使用 QGroupBox 为 QRadioButton 列表分组

QRadioButton 对象列表可通过父级的 QWidget 对象进行分组，比较常用的是 QGroupBox 组件。QGroupBox 组件会在可视区域的左上角呈现文本标签。

下面是本示例的主要代码：

```
# 设置窗口参数
window.setWindowTitle("单选按钮分组示例")
window.move(460, 385)
```

```
# 创建窗口的布局
mainLayout = QHBoxLayout()
window.setLayout(mainLayout)
# 第一个 QRadioButton 分组
group1 = QGroupBox("第一组")
mainLayout.addWidget(group1)
# 添加三个 QRadioButton 组件实例
_g1Layout = QVBoxLayout()
# 此布局用于三个 QRadioButton 组件
group1.setLayout(_g1Layout)
for i in range(1, 4):
    r = QRadioButton(f'选项-{i}')
    _g1Layout.addWidget(r)
# 调用 addStretch, 使三个 QRadioButton 能对齐到布局的顶部
_g1Layout.addStretch(1)

# 第二个 QRadioButton 分组
group2 = QGroupBox("第二组")
mainLayout.addWidget(group2)
# 用于 QRadioButton 组件列表的布局
_g2Layout = QVBoxLayout()
group2.setLayout(_g2Layout)
# 添加四个 QRadioButton 组件实例
for i in range(4, 8):
    r = QRadioButton(f'选项-{i}')
    _g2Layout.addWidget(r)
_g2Layout.addStretch(1)
```

本示例先创建一个 **QWidget** 实例 window，作为应用程序的主窗口。接着使用布局类 **QHBoxLayout**，让两个 **QGroupBox** 组件水平排列。其中，第一个 **QGroupBox** 中包含三个 **QRadioButton** 组件，第二个 **QGroupBox** 中包含四个 **QRadioButton** 组件。

示例运行效果如图 6-12 所示。

第一组中三个 **QRadioButton** 组件之间是相互排斥的，第二组中四个 **QRadioButton** 组件之间也是相互排斥的。但"选项-3"与"选项-4"之间并不排斥，它们可以同时被选中，因为它们属于不同的分组。

图 6-12　用 QGroupBox 组件为 QRadioButton 分组

6.4.2　示例：使用 QButtonGroup 类为 QRadioButton 分组

当所有 QRadioButton 对象都位于同一个容器（同一个 QWidget 组件）内时，就需要使用 QButtonGroup 类来为 QRadioButton 列表分组。

下面是本示例的核心代码：

```
# 顶层窗口
window = QWidget()
......

# 窗口的子级组件使用垂直布局
rootLayout = QVBoxLayout(window)

#--- 第一个分组 ---
rootLayout.addWidget(QLabel("1. 黄河全长多少千米？"))
# 三个选项
```

```
op1 = QRadioButton("3856", window)
op2 = QRadioButton("5464", window)
op3 = QRadioButton("4500", window)
rootLayout.addWidget(op1)
rootLayout.addWidget(op2)
rootLayout.addWidget(op3)
# 用于第一个分组的 QButtonGroup 对象
group1 = QButtonGroup(window)
# 将上面三个 QRadioButton 对象添加进来
group1.addButton(op1)
group1.addButton(op2)
group1.addButton(op3)

……

#--- 第二个分组 ---
rootLayout.addWidget(QLabel("2. "淝水之战"发生在哪个朝代?"))
# 三个选项
op4 = QRadioButton("东晋", window)
op5 = QRadioButton("北宋", window)
op6 = QRadioButton("西汉", window)
rootLayout.addWidget(op4)
rootLayout.addWidget(op5)
rootLayout.addWidget(op6)
# 用于第二个分组的 QButtonGroup 对象
group2 = QButtonGroup(window)
group2.addButton(op4)
group2.addButton(op5)
group2.addButton(op6)
……
```

　　op1、op2、op3 为第一个分组，由 group1（引用 QButtonGroup 实例的变量，下文中的 group2 变量亦然）管理；op4、op5、op6 为一组，由 group2 管理。

　　示例的运行效果如图 6-13 所示。

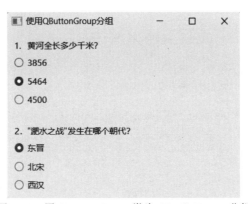

图 6-13　用 QButtonGroup 类为 QRadioButton 分组

6.5　按钮分组

　　在前面的示例中已使用过 QButtonGroup 类，相信读者对其并不陌生。QButtonGroup 对象不会在用户界面呈现任何内容，它仅在逻辑层面上对按钮进行分组。QButtonGroup 对象集中接收分组内各按钮的 pressed、released、clicked 和 toggled 信号，整理后再发出新的信号。依据对按钮实例的引用方式，可以把 QButtonGroup 发出的信号分为两类，详见表 6-1。

表 6-1　QButtonGroup 类与 QAbstractButton 类的信号对照

按钮的引用方式	信　号	QAbstractButton 信号
对象实例	buttonPressed(QAbstractButton)	pressed()
	buttonReleased(QAbstractButton)	released()
	buttonClicked(QAbstractButton)	clicked(bool)
	buttonToggled(QAbstractButton, bool)	toggled(bool)
自定义的 ID	idPressed(int)	pressed()
	idReleased(int)	released()
	idClicked(int)	clicked(bool)
	idToggled(int, bool)	toggled(bool)

以 "button" 开头的信号都带有一个 QAbstractButton 类型的参数，表示触发信号的原始按钮的实例，即以对象实例来区分用户正在操作的按钮。

以 "id" 开头的信号都带有一个 int 类型的参数，表示按钮对象的编号（ID），用于区分用户正在操作的按钮。此 ID 在调用 addButton 方法时由开发者自定义，默认值是 −1。如果在调用 addButton 方法时没有为按钮分配 ID，也可以在添加按钮后通过 setId 方法来分配。

6.5.1　示例：修改矩形的颜色

本示例将在 QButtonGroup 对象中添加三个按钮，分别代表 "红色" "绿色" "天蓝色"。单击按钮可以设置矩形的颜色。

下面是 DemoWindow 类的实现代码：

```python
class DemoWindow(QWidget):
    def __init__(self, parent: QWidget = None):
        super().__init__(parent)
        # 窗口的基本设定
        self.setWindowTitle("Demo")
        self.move(399, 505)
        # 网格布局
        rootLayout = QGridLayout()
        self.setLayout(rootLayout)
        # 一个默认组件，代表一个矩形
        self._rect = QWidget(self)
        self._rect.setMaximumSize(80, 80)
        # 设置初始样式表
        self._rect.setStyleSheet("background-color: black")
        # 放在网格的左列
        rootLayout.addWidget(self._rect, 0, 0, 3, 1)
        # 添加三个按钮
        self._btnRed = QPushButton("红色", self)
        self._btnGreen = QPushButton("绿色", self)
        self._btnSkyblue = QPushButton("天蓝色", self)
        # 将三个按钮添加到网格布局中
        rootLayout.addWidget(self._btnRed, 0, 1)
        rootLayout.addWidget(self._btnGreen, 1, 1)
        rootLayout.addWidget(self._btnSkyblue, 2, 1)
        # 创建 QButtonGroup 对象
        btnGroup = QButtonGroup(self)
        # 将三个按钮放进分组
        btnGroup.addButton(self._btnRed)
        btnGroup.addButton(self._btnGreen)
```

```
        btnGroup.addButton(self._btnSkyblue)
        # 连接信号
        btnGroup.buttonClicked.connect(self.onButtonClicked)

    def onButtonClicked(self, button: QAbstractButton):
        # 根据被单击的按钮来改变_rect 组件的颜色
        if button is self._btnRed:
            self._rect.setStyleSheet("background-color: red")
        if button is self._btnGreen:
            self._rect.setStyleSheet("background-color: green")
        if button is self._btnSkyblue:
            self._rect.setStyleSheet("background-color: skyblue")
```

QButtonGroup 对象只是一个虚拟容器，它不会生成任何可视化元素，因此三个按钮在窗口上的布局仍需要 QGridLayout 类。buttonClicked 信号与 onButtonClicked 方法建立了连接，当任意按钮被单击时 QButtonGroup 对象就会发出此信号。在 onButtonClicked 方法中，将方法参数传递的按钮实例与引用三个按钮的变量（_btnRed、_btnGreen、_btnSkyblue）进行比较，以确定用户单击了哪个按钮。

本示例使用了 QSS（Qt Style Sheets，Qt 样式表）来设置组件的背景颜色。它的格式与 CSS（Cascading Style Sheets，层叠样式表）相似。

```
background-color: <color>
```

运行示例程序，左侧的矩形对象默认初始化为黑色，单击窗口右侧的按钮可以改变矩形的背景颜色，如图 6-14 所示。

图 6-14　单击按钮改变矩形的颜色

6.5.2　示例：调整 QLabel 组件的字体大小

QButtonGroup 还可以通过 id 来区分用户所操作的按钮组件。对应的信号为 idPressed、idReleased、idClicked 和 idToggled。QButtonGroup 对象在发出这些信号时会携带按钮的 id。同一分组中所有按钮的 id 不能重复，id 值是整数值，可以自定义。

本示例将使用一组 QRadioButton 组件来修改 QLabel 组件的字体大小，要连接的信号是 idToggled。与该信号连接的函数（或方法成员）一般会声明两个参数——分别用于接收按钮 id 和按钮的状态（True 表示已选中，False 表示未选中）。

下面的代码实现自定义窗口类。

```
class Demo(QWidget):
    def __init__(self, parent: QWidget = None):
        super().__init__(parent)
        self.setWindowTitle("Demo App")
        self.resize(300, 160)
        # 布局
        rootLayout = QHBoxLayout()
        self.setLayout(rootLayout)
        # 子布局
        leftLayout = QVBoxLayout()
        # 创建 4 个单选按钮
        opt1 = QRadioButton("12 pt", self)
        opt2 = QRadioButton("16 pt", self)
```

```
        opt3 = QRadioButton("24 pt", self)
        opt4 = QRadioButton("32 pt", self)
        leftLayout.addWidget(opt1)
        leftLayout.addWidget(opt2)
        leftLayout.addWidget(opt3)
        leftLayout.addWidget(opt4)
        leftLayout.addStretch(1)
        # 嵌套父子布局
        rootLayout.addLayout(leftLayout)
        # 创建 QButtonGroup 实例
        self.btnGroup = QButtonGroup(self)
        # 将 4 个单选按钮放入分组中
        self.btnGroup.addButton(opt1, 601)
        self.btnGroup.addButton(opt2, 602)
        self.btnGroup.addButton(opt3, 603)
        self.btnGroup.addButton(opt4, 604)
        # 连接信号
        self.btnGroup.idToggled.connect(self.onToggled)
        # 创建 QLabel 实例
        self.lbTest = QLabel("示例文本", self)
        # 将 QLabel 组件添加到布局中
        rootLayout.addWidget(self.lbTest, 1, Qt.AlignmentFlag.AlignHCenter)
......
```

＿＿init＿＿方法初始化窗口上的组件和布局。在本示例中，添加到 QButtonGroup 对象中的按钮将使用自定义 id（601、602、603、604）。

下面是 onToggled 方法的实现代码，它与 QButtonGroup.idToggled 信号连接。

```
def onToggled(self, id, checked):
    if checked:
        style = 'font-size: '
        # 通过 id 来区别按钮
        if id == 601:
            style += "12pt"
        elif id == 602:
            style += "16pt"
        elif id == 603:
            style += "24pt"
        elif id == 604:
            style += "32pt"
        else:
            style += "12pt"
        # 设置 QLabel 组件的字体大小
        self.lbTest.setStyleSheet(style)
```

若 checked 参数为 True，表示按钮的当前处于选中状态。然后用 if 语句分析 id 参数的值。假设 id 为 603，根据示例上下文，字体大小为 24pt，因此产生的样式字符串为：

```
font-size: 24pt
```

最后调用 setStyleSheet 方法为 QLabel 组件设置样式表（Qt Style Sheet）。

运行示例程序，单击窗口上的单选按钮来调整字体大小，如图 6-15 所示。

图 6-15　调整 QLabel 组件的字体大小

6.6 在按钮上显示图标

QAbstractButton 类公开 icon 属性（对应的方法成员是 icon 和 setIcon），可以为按钮组件设置图标，图标用 QIcon 类表示。QIcon 实例的图标数据可以从现有的 QPixmap 对象或文件中加载。图标的大小由系统的默认主题决定，也可以调用 setIconSize 方法手动设置。

QIcon 类可以设置多个图标资源，可视化组件可根据当前状态选择呈现对应的图标。QIcon.Mode 枚举定义了这些状态。

（1）Normal：组件的常规状态——用户未与组件交互且组件处于可用状态。

（2）Disabled：图标所在的组件被禁用。

（3）Active：组件处于活动状态，例如用户将鼠标指针悬停在组件上。

（4）Selected：图标所在的组件处于选定状态，例如列表组件的子项。

另外，当按钮组件将 checkable 属性设置为 True（通过调用 setCheckable 方法）后，就具有"开关"状态。为此，QIcon.State 枚举补充了两个值。

（1）On：按钮处于 Checked 状态。

（2）Off：按钮处于 Unchecked 状态。

需要注意的是，就目前的 Qt 版本而言，QIcon.State 枚举的值对 QCheckBox 和 QRadioButton 组件是无效的——因为默认样式在绘制图标时忽略了 QIcon.State 的值。下面是 Qt 的源代码片段（C++代码）。

```cpp
void QCommonStyle::drawControl(ControlElement element, const QStyleOption *opt,
                    QPainter *p, const QWidget *widget) const
{
    Q_D(const QCommonStyle);
    switch(element) {
    ......
    case CE_PushButtonLabel:
      ......
        if(!button->icon.isNull()) {
            //Center both icon and text
            QIcon::Mode mode = button->state & State_Enabled ? QIcon::Normal :
QIcon::Disabled;
            if(mode == QIcon::Normal && button->state & State_HasFocus)
                mode = QIcon::Active;
            QIcon::State state = QIcon::Off;
            if(button->state & State_On)
                state = QIcon::On;
            ......
            if(button->state & (State_On | State_Sunken))
                iconRect.translate(proxy()->pixelMetric(PM_ButtonShiftHorizontal,
opt, widget), proxy()->pixelMetric(PM_ButtonShiftVertical, opt, widget));
            p->drawPixmap(iconRect, pixmap);
        } else {
            tf |= Qt::AlignHCenter;
        }
        if(button->state & (State_On | State_Sunken))
            textRect.translate(proxy()->pixelMetric(PM_ButtonShiftHorizontal, opt,
widget), proxy()->pixelMetric(PM_ButtonShiftVertical, opt, widget));

        proxy()->drawItemText(p, textRect, tf, button->palette, (button->state &
State_Enabled), button->text, QPalette::ButtonText);
        }
        break;
    ......
```

```
      case CE_RadioButtonLabel:
      case CE_CheckBoxLabel:
          if(const QStyleOptionButton *btn = qstyleoption_cast<const QStyleOptionButton
*>(opt)) {
              ......
              if(!btn->icon.isNull()) {
                  pix = btn->icon.pixmap(btn->iconSize, p->device()->devicePixelRatio(),
btn->state & State_Enabled ? QIcon::Normal : QIcon::Disabled);
                  proxy()->drawItemPixmap(p, btn->rect, alignment, pix);
                  if(btn->direction == Qt::RightToLeft)
                      textRect.setRight(textRect.right() - btn->iconSize.width() - 4);
                  else
                      textRect.setLeft(textRect.left() + btn->iconSize.width() + 4);
              }
              ......
          }
          break;
      ......
}
```

常量 CE_PushButtonLabel 表示绘制 QPushButton 组件的标签部分（包括文本和图标）；CE_RadioButtonLabel、CE_CheckBoxLabel 分别表示绘制 QCheckBox 和 QRadioButton 组件的标签部分。由上述源代码可知，绘制 QPushButton 组件的标签时是考虑 QIcon.State 枚举的，而绘制 QCheckBox 和 QRadioButton 组件的标签时仅考虑 QIcon.Mode 枚举。

6.6.1　示例：带图标的按钮

本示例将演示带图标的 QPushButton 组件，也是带图标按钮的最基本用法。下面的代码实现 DemoWindow 类，作为示例程序的主窗口。

```python
class DemoWindow(QWidget):
    def __init__(self, parent: QWidget = None):
        super().__init__(parent)
        # 设置窗口标题
        self.setWindowTitle("带图标的按钮")
        # 布局
        rootLayout = QVBoxLayout()
        self.setLayout(rootLayout)
        # 按钮
        btn1e = QPushButton(
            QIcon('01.png'),
            "按钮 1: 常规",
            self
        )
        rootLayout.addWidget(btn1e)
        btn1d = QPushButton(
            QIcon('01.png'),
            "按钮 1: 禁用",
            self
        )
        btn1d.setEnabled(False)
        rootLayout.addWidget(btn1d)
        rootLayout.addSpacing(20)
        btn2e = QPushButton(
            QIcon('02.png'),
            "按钮 2: 常规",
            self
        )
```

```
        rootLayout.addWidget(btn2e)
        btn2d = QPushButton(
            QIcon('02.png'),
            "按钮2：禁用",
            self
        )
        btn2d.setEnabled(False)
        rootLayout.addWidget(btn2d)
        rootLayout.addSpacing(20)
        btn3e = QPushButton(
            QIcon('03.png'),
            "按钮3：常规",
            self
        )
        rootLayout.addWidget(btn3e)
        btn3d = QPushButton(
            QIcon('03.png'),
            "按钮3：禁用",
            self
        )
        btn3d.setEnabled(False)
        rootLayout.addWidget(btn3d)
```

上述代码在窗口组件中创建了 6 个按钮。其中，第一个按钮使
用图像文件 01.png 作为图标，第二个按钮使用 02.png 文件。它们
使用相同的图标，不同点在于第一个按钮是常规状态，第二个按钮
是禁用状态（调用 setEnabled（False）禁用组件）。后面 4 个按钮
也类似。这是了为能直观地对比出图标在常规状态和禁用状态下的
外观差异。

图 6-16　6 个带图标的按钮

运行结果如图 6-16 所示。

通过该示例会发现，QIcon 类默认会根据当前主题自动处理图
标。在本示例中，当按钮处于禁用状态时，图标自动变成灰色。

6.6.2　示例：为"禁用"状态自定义图标

QIcon 类提供 addFile 方法，可以为不同的组件状态添加自定义图标。本示例将为 QPushButton 组
件提供两个自定义图标，对应常规（Normal）和禁用（Disabled）状态。

主窗口类的实现代码如下：

```
class MyWindow(QWidget):
    def __init__(self, parent: QWidget = None):
        super().__init__(parent)
        self.setWindowTitle("Demo")
        # 按钮
        self.btn = QPushButton(self)
        self.btn.setText("请单击这里")
        self.btn.setGeometry(25, 30, 125, 28)
        # 创建图标
        icon = QIcon()
        # 添加不同状态下的图像文件
        icon.addFile("cut.png", QSize(32, 32), QIcon.Mode.Normal)
        icon.addFile("cut_disabled.png", QSize(32, 32), QIcon.Mode.Disabled)
        self.btn.setIcon(icon)
```

```
# 处理 clicked 信号
self.btn.clicked.connect(lambda: self.btn.setEnabled(False))
```

上述代码中，QIcon 对象调用了两次 addFile 方法。第一次添加 cut.png 文件作为图标，用于常规状态；第二次调用添加 cut_disabled.png 文件作为图标，用于禁用状态。addFile 方法的第二个参数使用 QSize 类指定图标的大小为 32 像素（32×32）。

示例程序运行后的初始状态为 Normal，QPushButton 组件的呈现效果如图 6-17 所示。

请读者注意，图标中剪刀的方向是向右的。随后，单击一下按钮，按钮会进入禁用状态（处理 clicked 信号时调用了 setEnabled(False)）。此时，图标中的剪刀方向是向左的，说明图标已从 cut.png 文件切换到 cut_disabled.png 文件，如图 6-18 所示。

图 6-17　常规状态下的图标

图 6-18　禁用状态下的图标

6.6.3　示例：QPushButton 的"开关"图标

由于 QCheckBox、QRadioButton 组件在绘制图标时忽略 QIcon.State 的值，所以要为 On、Off 状态加载不同的图标，只能在 QPushButton 组件上有效。

本示例的主要代码如下：

```
class DemoWindow(QWidget):
    def __init__(self, parent: QWidget = None):
        super().__init__(parent)
        self.setWindowTitle("Demo")
        # 布局
        layout = QVBoxLayout()
        self.setLayout(layout)
        # 创建图标
        icon = QIcon()
        # 选择状态下要显示的图标
        icon.addFile("star-on.png", QSize(), QIcon.Mode.Normal, QIcon.State.On)
        # 未选择状态下要显示的图标
        icon.addFile("star-off.png", QSize(), QIcon.Mode.Normal, QIcon.State.Off)
        # 三个按钮
        for i in range(0, 3):
            btn = QPushButton(f"按钮-{i + 1}", self)
            btn.setCheckable(True)
            btn.setIcon(icon)
            layout.addWidget(btn)
```

注意每个 QPushButton 组件都要调用 setCheckable 方法，设置 checkable 属性为 True，这样按钮才会具有"开关"状态。

QIcon 对象中引用了两个图像文件，当按钮处于"开"的状态时显示 star-on.png 文件，当按钮处于"关"的状态时就显示 star-off.png 文件。

运行示例程序后，其初始状态如图 6-19 所示。

单击按钮，使其切换为 Checked 状态（On 状态），按钮上会显示彩色的图标，如图 6-20 所示。

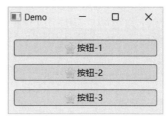

图 6-19　按钮处于 Unchecked 状态时显示的图标　　　　图 6-20　按钮处于 Checked 状态时显示的图标

6.6.4　示例：手动绘制图标

将 QPixmap 实例传递给 QIcon 类的构造函数，可以初始化图标。而 QPixmap 派生自 QPaintDevice 类。因此，可以用 QPainter 类在 QPixmap 对象中绘制图标，然后再用 QPixmap 对象去初始化 QIcon 实例。最后调用按钮组件的 setIcon 方法设置图标。也可以将 QPixmap 对象直接传递给 setIcon 方法。

本示例将使用 QPixmap 对象来手动绘制图标。DemoWindow 类的实现代码如下：

```python
class DemoWindow(QWidget):
    def __init__(self):
        super().__init__()
        # 布局
        layout = QHBoxLayout(self)
        # 创建按钮
        btnA = QPushButton("按钮 1", self)
        btnB = QPushButton("按钮 2", self)
        # 创建和使用图标
        theIcon = self.buildIcon()
        btnA.setIcon(theIcon)
        btnB.setIcon(theIcon)
        # 将按钮添加到布局
        layout.addWidget(btnA)
        layout.addWidget(btnB)

    def buildIcon(self):
        pxmap = QPixmap(32, 32)
        # 填充透明背景
        pxmap.fill(QColor('transparent'))
        # 开始绘图
        painter = QPainter()
        painter.begin(pxmap)
        painter.setPen(QPen(QColor('transparent'), 0.0))
        # 设置画刷
        painter.setBrush(QColor('blue'))
        # 画一个正圆
        rectEl = QRect((pxmap.width() - 8) / 2, 0, 8, 8)
        painter.drawEllipse(rectEl)
        # 换一个画刷
        painter.setBrush(QColor('gold'))
        # 画一个扇形
        rectPie = QRect(0, 10, pxmap.width() - 2, pxmap.height())
        painter.drawPie(rectPie, 90 * 16, 90 * 16)
        # 画第二个扇形
        rectPie.setX(2)
        painter.drawPie(rectPie, 0 * 16, 90 * 16)
        painter.end()
        # 生成图标对象并返回
        return pxmap
```

核心部分是 buildIcon 方法的实现。首先创建 QPixmap 实例，大小为 32×32。调用 fill 方法将图像的背景颜色填充为透明。随后用 QPainter 对象绘制一个正圆和两个扇形。最后返回 QPixmap 实例。

绘制扇形时，上述代码使用了以下签名的 drawPie 方法。

```
def drawPie(
    arg__1: QRect,
    a: int,
    alen: int
)
```

图 6-21　手动绘制的图标

参数 a 表示扇形的初始角度，而 alen 参数是指扇形要跨越的度数。假设初始角度为 30°，跨度为 60，那么扇形的终止角在 30°+60°=90°。另外还要注意的是参数 a、alen 表示的单位是 $\left(\frac{1}{16}\right)^{\circ}$，即 a=16 为 1°。

所以，若初始角度为 30°，那么 a 的值应该是 30×16 = 480。

示例运行效果如图 6-21 所示。

6.7　按钮与快捷键

按钮组件的 shortcut 属性（对应方法成员为 shortcut 和 setShortcut）用于设置关联的快捷键。快捷键由按键序列对象 QKeySequence 描述，在调用其构造函数时，可以直接使用字符串来指定快捷键（不区分大小写），如 Ctrl+H、Alt+W 等；也可以用 Qt.Modifier 和 Qt.Key 的组合来表示快捷键，如 Qt.Modifier.SHIFT | Qt.Key.Key_D，即 Shift+D。

下面的代码在自定义窗口中创建两个按钮组件，并指定各自的快捷键。

```
class MyWindow(QWidget):
    def __init__(self):
        super().__init__()
        self.setWindowTitle("Demo")
        self.resize(280, 160)
        # 布局
        layout = QVBoxLayout(self)
        # 创建第一个按钮
        btn1 = QPushButton("方案一【Ctrl+M】", self)
        # 设置快捷键
        btn1.setShortcut(QKeySequence("Ctrl+M"))
        # 处理 clicked 信号
        btn1.clicked.connect(self.onclicked1)
        # 添加到布局
        layout.addWidget(btn1)
        # 创建第二个按钮
        btn2 = QPushButton("方案二【Alt+E】", self)
        # 设置快捷键
        btn2.setShortcut(QKeySequence(Qt.Modifier.ALT | Qt.Key.Key_E))
        # 处理 clicked 信号
        btn2.clicked.connect(self.onclicked2)
        # 添加到布局
        layout.addWidget(btn2)

    # 第一个按钮被单击后触发
    def onclicked1(self):
        QMessageBox.information(self, "消息", "你选择【方案一】")

    # 第二个按钮被单击后触发
    def onclicked2(self):
        QMessageBox.information(self, "消息", "你选择了【方案二】")
```

第一个按钮的快捷键为 Ctrl+M，第二个按钮的快捷键为 Alt+E。在为第一个按钮设置快捷时，将描述快捷键的字符串直接传递给 QKeySequence 构造函数。代码如下：

```
QKeySequence("Ctrl+M")
```

在设置第二个按钮的快捷键时，通过 ALT 和 Key_E 的组合来描述快捷键。代码如下：

```
QKeySequence(Qt.Modifier.ALT | Qt.Key.Key_E)
```

当窗口处于活动状态时，按下快捷键的效果等同于单击行为，并且按钮被触发后会发出 clicked 信号，如图 6-22 所示。

图 6-22　快捷键触发按钮

## 第 7 章

布　局

本章要点：

➤ QBoxLayout；

➤ QGridLayout；

➤ QFormLayout；

➤ 缩放策略；

➤ QStackedLayout。

7.1　布局管理

尽管可以调用 QWidget 类（包括其子类）的 move、resize、setGeometry 等方法来设定可视化组件的位置和大小，但当窗口中组件数量较多时就显得很烦琐。为了提高组建图形界面的效率，降低代码复杂度，便引入了"布局管理"。布局管理可实现 QWidget 对象以及其子级对象的自动排列和大小调整，充分利用组件的坐标空间。

在 Qt 中，布局管理可落实到 QLayout 类上面。该类是布局类型的公共基类，实现了最基础的布局管理。在代码中一般不会直接使用 QLayout 类，而是根据不同的布局方式选用 QLayout 的子类（如 QBoxLayout、QHBoxLayout、QFormLayout、QGridLayout 等）。前面章节中使用过的 QButtonGroup 类也可以认为是一种布局。

所有 QWidget 的子类（包括 QWidget 类自身）都可以使用布局类。调用 setLayout 方法即可设置布局对象。布局对象自身可以调用 addWidget 方法添加组件。只有被添加到布局的组件才会应用布局功能。一旦应用了新的布局，位于布局内的子级对象会重新定位，宽度和高度也可能被改变。同时，布局也会根据 QWidget 组件所显示的内容自动调整其大小，例如文本的换行、修改字体等。

7.2　"盒子"模型

盒子布局（Box Layout）是最简单的布局方式，对应的是 QBoxLayout 类。该布局只沿一个方向排列组件，每个组件都会分配到相等比例或不等比例的空间，组件的高度或宽度会根据分配的空自动调整。就像把组件放进一个个盒子中，因此称为"盒子"模型。布局方向可以是水平的或垂直的，由 QBoxLayout.Direction 枚举的值来设定。

（1）LeftToRight：从左到右排列，属于水平布局。

（2）RightToLeft：从右到左排列，也属于水平布局。

（3）TopToBottom：从上到下排列，属于垂直布局。

（4）BottomToTop：从下到上排列，也属于垂直布局。

7.2.1　示例：QBoxLayout 的基本用法

本示例通过在 QBoxLayout 对象中添加 5 个按钮来演示"盒子"布局的基本用法。5 个 QPushButton

实例通过列表对象来创建，再使用 for 循环添加到 QBoxLayout 对象中。关键代码如下：

```
self.myLayout = QBoxLayout(QBoxLayout.Direction.LeftToRight)
......
btns = [
    QPushButton("按钮-1", self),
    QPushButton("按钮-2", self),
    QPushButton("按钮-3", self),
    QPushButton("按钮-4", self),
    QPushButton("按钮-5", self),
]
for b in btns:
    ......
    self.myLayout.addWidget(b)
```

为了能让读者直观地对比不同排列方向的差异，在窗口底部添加 4 个单选按钮（QRadioButton）组件，分别对应"从左到右""从右到左""从上到下""从下到上"排列方向。这些 QRadioButton 对象将添加到 QButtonGroup 对象中，集中触发 idToggled 信号。

```
bmLayout = QHBoxLayout()
......
rdbtns = [
    QRadioButton("从左到右", self),
    QRadioButton("从右到左", self),
    QRadioButton("从上到下", self),
    QRadioButton("从下到上", self)
]
for r in rdbtns:
    ......
    # 添加到布局中
    bmLayout.addWidget(r)

# 添加到 QButtonGroup 对象中
self.btnGp = QButtonGroup(self)
for i in range(0, 4):
    self.btnGp.addButton(rdbtns[i], i + 1)
# 连接 idToggled 信号
self.btnGp.idToggled.connect(self.onIdToggled)
```

4 个 QRadioButton 对象在 QButtonGroup 中的 id 依次是 1、2、3、4。在处理 idToggled 信号的代码中将根据 id 的值来改变 QBoxLayout 布局的排列方向。

下面的代码实现 onIdToggled 方法：

```
def onIdToggled(self, id: int, checked: bool):
    if checked:
        if id == 1:    # 从左到右
            self.myLayout.setDirection(QBoxLayout.Direction.LeftToRight)
        elif id == 2:    # 从右到左
            self.myLayout.setDirection(QBoxLayout.Direction.RightToLeft)
        elif id == 3:    # 从上到下
            self.myLayout.setDirection(QBoxLayout.Direction.TopToBottom)
        elif id == 4:    # 从下到上
            self.myLayout.setDirection(QBoxLayout.Direction.BottomToTop)
```

修改 QBoxLayout 对象的排列方向应调用 setDirection 方法。

运行示例程序后，默认是从左到右排列，如图 7-1 所示。

单击"从下到上"单选按钮，效果如图 7-2 所示。

图 7-1　按钮从左到右排列

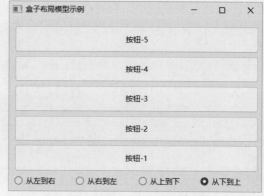

图 7-2　按钮从下到上排列

7.2.2　两个便捷类型

QBoxLayout 类在实例化时，通常需要设置组件的排列方向。为了让开发者更方便地运用"盒子"布局，QBoxLayout 派生出两个类——QHBoxLayout 和 QVBoxLayout。

这两个便捷类在实例化后可直接使用，不需要设置排列方向。QHBoxLayout 类表示组件沿水平方向排列（从左到右），而 QVBoxLayout 类则是垂直排列（从上到下）。

下面的例子构建一个自定义窗口类，在 __init__ 方法调用时通过 BoxType 枚举来确定组件的排列方向。如果指定的值是 Horizontal，表示水平排列，将使用 QHBoxLayout 布局；若值为 Vertical 则是垂直排列，使用 QVBoxLayout 布局。

```python
# 自定义的枚举类型
class BoxType(IntEnum):
    Horizontal = 1   # 水平方向
    Vertical = 2     # 垂直方向


# 自定义的窗口类
class MyWindow(QWidget):
    def __init__(self, boxType: BoxType = BoxType.Horizontal, parent: QWidget = None):
        super().__init__(parent)
        if boxType == BoxType.Horizontal:
            self.layout = QHBoxLayout()
            self.setWindowTitle("水平布局")
        else:
            self.layout = QVBoxLayout()
            self.setWindowTitle("垂直布局")
        # 为当前窗口设置布局
        self.setLayout(self.layout)
        # 在布局中放置 6 个标签
        labels = [
            QLabel("羽毛球", self),
            QLabel("足球", self),
            QLabel("排球", self),
            QLabel("篮球", self),
            QLabel("乒乓球", self),
            QLabel("棒球", self)
        ]
        for lb in labels:
            self.layout.addWidget(lb)
```

6 个标签组件的布局效果如图 7-3 和图 7-4 所示。

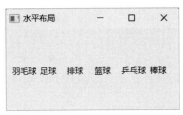

图 7-3 水平布局

图 7-4 垂直布局

7.2.3 拉伸比例

默认情况下，不管是 QBoxLayout 类还是扩展的 QHBoxLayout、QVBoxLayout 类，为布局子项分配的"盒子"空间都是相等的（每个子项的拉伸比例都是 1），如图 7-5 所示。

无论子项自身的大小是否会自动拉伸（或收缩），它们所处的"盒子"空间都会按比例拉伸（或收缩）。如图 7-6 所示，哪怕每个子项的高度只有 10 像素，可它所在的"盒子"高度仍然按比例拉伸，最终使得子项之间的间距变大。

调用布局对象的 setStretch 方法可以为指定组件设置拉伸比例。该方法的声明如下：

```
def setStretch(index: int, stretch: int)
```

index 参数用于指定布局中 QWidget 组件或子布局的索引。例如，第一个组件的索引为 0，第二个组件的索引为 1，第三个为 2，等等。stretch 参数设置拉伸比例因子。拉伸因子指子项占用剩余布局空间的份数，例如：

```
layout.setStretch(0, 2)
layout.setStretch(1, 4)
layout.setStretch(2, 1)
layout.setStretch(3, 3)
```

上述代码的含义是：将整个布局空间（高度或宽度）平均分成 10 份（所有拉伸因子的和，即 2+4+1+3），其中第一项占用 2 份 $\left(\frac{2}{10}\right)$，第二项占用 4 份 $\left(\frac{4}{10}\right)$，第三项占用 1 份 $\left(\frac{1}{10}\right)$，第四项占用 3 份 $\left(\frac{3}{10}\right)$。设置上述拉伸比例后，各子项的高度如图 7-7 所示。

图 7-5 等比例划分空间

图 7-6 组件的高度不变所处的空间仍存在拉伸比例

图 7-7 各子项的高度

下面请看一个示例。

```python
from PySide6.QtCore import*
from PySide6.QtGui import*
from PySide6.QtWidgets import*

app = QApplication()
win = QWidget()
win.setWindowTitle("Test")
# 水平布局
layout = QHBoxLayout()
win.setLayout(layout)
# 向布局添加三个按钮组件
layout.addWidget(QPushButton("布谷鸟"))
layout.addWidget(QPushButton("白文鸟"))
layout.addWidget(QPushButton("鹦鹉"))
# 设置子项的拉伸比例
layout.setStretch(0, 1)
layout.setStretch(1, 2)
layout.setStretch(2, 1)

# 显示窗口
win.show()
QApplication.exec()
```

上述代码使用 **QHBoxLayout** 布局，沿水平方向排列三个按钮。拉伸比例为 1:2:1——可用布局空间平均分为 4 等份（1+2+1），第一个按钮占用 1 等份空间，第二个按钮占用 2 等份空间，第三个按钮占用 1 等份空间。效果如图 7-8 所示。

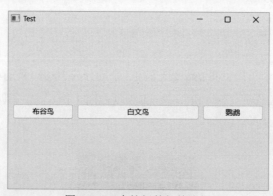

图 7-8 三个按钮的拉伸比例

7.2.4 示例：如何避免子项空间被拉伸

有时候并不希望布局中的子项被拉伸，此情况可以调用 addStretch 方法，向布局空间插入空白项（不可见），并设定一个拉伸因子。如果布局空间内只添加一个可拉伸的子项，那么拉伸因子设置为 0 或 1 即可（不能小于 0）。因为这种情况下无论子项占用比例是多少，它都会用尽所有的剩余空间。

addStretch 方法总是将空白项追到布局空间的末尾，若要在指定索引处插入空白项，请使用 insertStretch 方法。

本示例正是运用可拉伸空白项的特性，让它消耗完布局内的剩余空间，这样布局空间内其他可见对象就不会自动拉伸了。

关键的程序代码如下：

```python
# 创建顶层窗口
window = QWidget()
```

```
window.setWindowTitle("Demo")
# 创建布局
layout = QVBoxLayout()
window.setLayout(layout)
# 创建 5 个按钮
buttons = [QPushButton("按钮"+ str(x + 1), window) for x in range(5)]
# 将按钮添加到布局中
for x in range(5):
    layout.addWidget(buttons[x])

# 追加空白项
layout.addStretch(1)
# 显示窗口
window.show()
```

addStretch 方法添加的空白项会追加到 QVBoxLayout 布局对象的末尾，它会耗尽所有可用的布局空间，使得 5 个按钮被"挤"到布局的顶部，如图 7-9 所示。

如果想让按钮排列到窗口下方，可以调用 insertStretch 方法将空白项插入布局空间的开始位置（索引 0）。例如：

```
layout.insertStretch(0, 1)
```

此时按钮会被"压"到窗口的底部排列，如图 7-10 所示。

图 7-9　按钮被"挤"到窗口顶部

图 7-10　按钮被"压"到窗口底部

7.3　网格布局

网格布局（QGridLayout 类）用行和列划分布局空间，参与布局的子项被定位到行列相交所形成的区域内，称为单元格（Cell）。图 7-11 展示了 16 个椭圆的布局效果，分为 4 行 4 列。

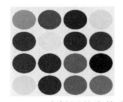

图 7-11　16 个椭圆的表格布局

QGridLayout 类不需要手动定义行和列的数量，它会根据 addWidget、addLayout 方法在添加子项时提供的行号和列号来自动计算行和列的数量。行和列编号（索引）以 0 为基础，即第三列的索引为 2。

7.3.1　示例：三行三列的网格布局

本示例将创建三个标签组件（QLabel），然后使用网格布局，把第一个标签放在第一行第一列，第二个标签放在第二行第二列，第三个标签放在第三行第三列。代码如下：

```python
class TestWin(QWidget):
    def __init__(self, parent: QWidget=None):
        super().__init__(parent)
        # 创建网格布局
        layout = QGridLayout()
        self.setLayout(layout)
        # 三个标签组件
        lb1 = QLabel("A", self)
        lb2 = QLabel("B", self)
        lb3 = QLabel("C", self)
        # 开启自动填充背景
        lb1.setAutoFillBackground(True)
        lb2.setAutoFillBackground(True)
        lb3.setAutoFillBackground(True)
        # 文本居中显示
        lb1.setAlignment(Qt.AlignmentFlag.AlignCenter)
        lb2.setAlignment(Qt.AlignmentFlag.AlignCenter)
        lb3.setAlignment(Qt.AlignmentFlag.AlignCenter)
        # 为标签设置背景色
        palette = QPalette()
        palette.setColor(QPalette.ColorRole.Window, QColor('blue'))
        palette.setColor(QPalette.ColorRole.WindowText, QColor('white'))
        lb1.setPalette(palette)
        lb2.setPalette(palette)
        lb3.setPalette(palette)
        # 将三个标签组件添加到布局中
        # 第一行, 第一列
        layout.addWidget(lb1, 0, 0)
        # 第二行, 第二列
        layout.addWidget(lb2, 1, 1)
        # 第三行, 第三列
        layout.addWidget(lb3, 2, 2)
```

在调用 addWidget 方法时，用到行、列索引的最大值为 2，即 3 行 3 列（索引：0、1、2）。QGridLayout 对象会自动划分出 3 行 3 列，共 9 个单元格。

最终效果如图 7-12 所示。

7.3.2　跨行/跨列布局

QGridLayout 类的 addWidget 方法有以下重载：

```
def addWidget(widget: QWidget, row: int, column: int, rowSpan: int, columnSpan: int, ……)
```

rowSpan 参数设置子项连续占用的行数，columnSpan 参数设置连续占用的列数。如果 rowSpan 或 columnSpan 参数设置为小于 0 的值，Qt 程序会统一改为 -1。此时，行会向下增长，列将向右增长。一直增长到可用空间的最后一行或最后一列。如图 7-13 所示，第一列有两个矩形，分别放在第一行和第四行；而第二列的矩形放在第一行，但是 rowSpan 参数设置为 -1，于是矩形的高度会向下增长，连续占用 4 行空间。

图 7-12　3 行 3 列的网格布局

图 7-13　rowSpan 参数为 -1 时布局

7.3.3　示例：跨列布局

本示例将演示网格中的跨列布局。首先定义一个 Box 类，从 QFrame 类派生。

```
class Box(QFrame):
    def __init__(self, parent: QWidget = None):
        super().__init__(parent)
        self.setFrameShape(QFrame.Shape.Box)
        pal = QPalette()
        # 设置前景颜色
        pal.setColor(self.foregroundRole(), QColor("deeppink"))
        self.setPalette(pal)
        # 设置边框线条的粗细
        self.setLineWidth(2)
```

QFrame 的基类是 QWidget，其功能是为可视化组件提供边框外观，许多常用的组件类（如 QLabel）都派生自 QFrame。上述代码通过 setLineWidth 方法设置边框的粗细。边框的颜色用的是调色板中的 WindowText 部分的颜色，即前景色，可以通过 foregroundRole 方法直接获取（ColorRole.WindowText 是默认值）。

接下来创建三个 Box 实例，并布局到 QGridLayout 中。

```
# 创建顶层窗口
window = QWidget()
window.setWindowTitle("跨列布局")
window.resize(300, 275)
# 构建网格布局
layout = QGridLayout(window)
# 第一个组件，位于第一行第一列
e1 = Box(window)
layout.addWidget(e1, 0, 0)
# 第二个组件，位于第一行第二列
e2 = Box(window)
layout.addWidget(e2, 0, 1)
# 第三个组件，位于第二行第一列，跨两列
e3 = Box(window)
layout.addWidget(e3, 1, 0, 1, 2)
......
```

位于第二行第一列的 Box 对象将占用两列的空间，如图 7-14 所示。

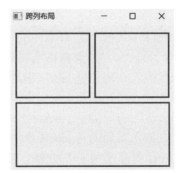

图 7-14　跨列布局的组件

7.3.4　示例：调整行/列的拉伸比例

与 QBoxLayout 布局相似，QGridLayout 布局也支持拉伸比例。不过，QGridLayout 布局的拉伸比例分为行比例和列比例。行的拉伸比例通过 setRowStretch 方法调整，其声明如下：

```
def setRowStretch(row: int, stretch: int)
```

row 参数指定要调整的行号（索引从 0 开始），stretch 参数设定比例因子。列的拉伸比例通过 setColumnStretch 方法调整，声明如下：

```
def setColumnStretch(column: int, stretch: int)
```

column 参数指定要调整的列号（索引基于 0），stretch 参数设置比例因子。

本示例将创建 8 个标签组件，然后依次布局到 4 行 2 列的网格中。关键代码如下：

```
# 创建 8 个标签组件
labels = [
    QLabel("第一行第一列", window),
    QLabel("第一行第二列", window),
    QLabel("第二行第一列", window),
    QLabel("第二行第二列", window),
    QLabel("第三行第一列", window),
    QLabel("第三行第二列", window),
    QLabel("第四行第一列", window),
    QLabel("第四行第二列", window)
]

for l in labels:
    # 让标签中的文本居中对齐
    l.setAlignment(Qt.AlignmentFlag.AlignCenter)
    # 设置边框形状
    l.setFrameShape(QFrame.Shape.WinPanel)
    # 设置边框线的宽度
    l.setLineWidth(2)

# 进行布局
for i in range(4):
    # 左列
    layout.addWidget(labels[i * 2], i, 0)
    # 右列
    layout.addWidget(labels[i * 2 + 1], i, 1)
```

8 个 QLabel 实例被存放到 1 个列表中（labels 变量）。布局时，使用了 1 个 for 循环。

```
for i in range(4):
    # 左列
    layout.addWidget(labels[i * 2], i, 0)
    # 右列
    layout.addWidget(labels[i * 2 + 1], i, 1)
```

这个 for 循环中变量 i 的值依次为 0、1、2、3，而网格布局需要 4 行，因此变量 i 正好对应行号。

（1）当行号为 0 时（第一行），那么放入布局的是 labels 中的第一个标签，索引为 0；

（2）当行号为 1 时（第二行），那么放入布局的是 labels 中的第三个元素，索引为 2；

（3）当行号为 2 时（第三行），那么放入布局的是 labels 中的第五个元素，索引为 4；

（4）当行号为 3 时（第四行），那么放入布局的是 labels 中的第七个元素，索引为 6。

也就是说，放入每行第一列的 QLabel 对象在列表中的索引正好是行号的 2 倍（i×2）。由于网格只用到两列，所以第一列索引为 0，第二列为 1。放入布局的对象在 labels 中的索引就是 i×2+1。

接下来调整各行的拉伸比例。

```
layout.setRowStretch(0, 3)
layout.setRowStretch(1, 1)
layout.setRowStretch(2, 1)
layout.setRowStretch(3, 3)
```

上述代码的含义是：将 4 行的可用空间平均划分为 8 份（3+1+1+3），第一、四行各占用 3 份空间，第二、三行各占用 1 份空间。

下面的代码调整各列的拉伸比例。

```
layout.setColumnStretch(0, 2)
layout.setColumnStretch(1, 1)
```

即将所有列的可用空间平均分为 3 份（2+1），其中，第一列占用 2 份空间，第二列占用 1 份空间。两列的宽度比是 2:1。

布局效果如图 7-15 所示。

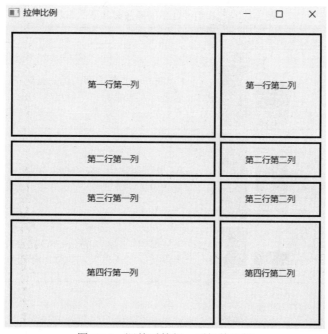

图 7-15　调整后的行、列拉伸比例

7.4　组件的缩放策略

Qt 组件在派生时一般需要重写 sizeHint 方法。在方法内部将计算当前组件实际需要的空间（宽度和高度），并将计算结果返回。在布局空间中，QSizePolicy 类将以 sizeHint 方法的返回值为参考，自动调整组件的大小。

QSizePolicy.PolicyFlag 枚举类型定义了基本的空间调整行为。

（1）GrowFlag：组件的空间将按需增长，且允许组件获得大于 sizeHint 的空间。

（2）ExpandFlag：不管是否有需要，只要存在可用空间，组件就要扩展其大小。

（3）ShrinkFlag：在必要情况下，组件可以缩小其空间，并且有可能小于 sizeHint。

（4）IgnoreFlag：忽略 sizeHint 返回的结果，组件尽可能扩大其空间。

QSizePolicy.Policy 枚举将组合使用 PolicyFlag 枚举的值，定义常用的缩放策略。

（1）Fixed：组件只使用 sizeHint 返回的大小，哪怕有更多的布局空间，组件也不会增加其大小。

（2）Minimum：以 sizeHint 为最小值，在调整大小时不能小于 sizeHint 的值。但如果有可用空间，组件仍然会扩展其大小，但优先级比 Expanding 低。

（3）Maximum：sizeHint 为最大值，在调整大小时不会超过 sizeHint。但当其他组件需要布局空间时，当前组件的空间会缩小。

（4）Preferred：预设值（QWidget 默认），sizeHint 为最佳大小，但在必要时，组件可以扩展空间，也可以缩小空间。

（5）Expanding：sizeHint 是最佳值，但组件会尽可能地获取更多空间，也可以缩小空间。优先级高于 Minimum 和 Preferred。

（6）MinimumExpanding：sizeHint 为最佳值，但组件会尽可能地扩展空间。缩小时不能小于 sizeHint。

（7）Ignored：sizeHint 的值被忽略，组件会尽可能地获取更多空间。

缩放策略仅在布局空间中有效，组件之间将通过缩放策略来协调空间分配。不同的缩放策略之间会产生不同的排列效果。具体请参考表 7-1。

表 7-1　A、B 组件在不同缩放策略下的布局

组件 A	组件 B	效　　果	说　　明
Minimum	Expanding		Expanding 扩展空间的优先级更高，使得 A 的空间不会增长，而 B 的高度会获得所有可用空间
Expanding	Expanding		A、B 同时使用 Expanding 策略，由于扩展空间的优先级相同，当可用空间增加后，A、B 会同时扩展
Minimum	Maximum		B 使用的策略是 Maximum，sizeHint 为最大值，表明其空间不会增长；而 A 的策略则以 sizeHint 为最小值，其空间会增长
Maximum	Maximum		A、B 均使用 Maximum 策略，sizeHint 的值已是最大空间，因此即使可用的布局空间增加了，A、B 的空间也不会增长
Fixed	Expanding		A 的大小为固定值（sizeHint 返回的值），调整布局后它的空间不会扩展；而 B 的空间则会增长
Maximum	Ignored		A 的空间不会增长；由于 B 的策略忽略了 sizeHint 的值，其空间会扩展

7.4.1　修改缩放策略

QWidget 对象可以调用 setSizePolicy 方法修改缩放策略。该方法有两个重载：

```
def setSizePolicy(arg: QSizePolicy)
def setSizePolicy(horizontal: QSizePolicy.Policy, vertical: QSizePolicy.Policy)
```

第一个重载是直接将 QSizePolicy 对象传递给方法；第二个重载是使用 Policy 枚举的值来传值，分

别代表水平方向的缩放策略和垂直方向的缩放策略。

QWidget 类默认将水平和垂直方向上的缩放策略设置为 Preferred,即组件在需要的时候可以增长或缩减空间,而且会同步进行(同时增长,或同时缩小)。这也是组件在布局类中默认会平均分配空间的原因。

7.4.2 示例:调整按钮的缩放策略

本示例将呈现带有"确定""取消"按钮的窗口。通过调整按钮组件的缩放策略,使"取消"按钮的宽度固定,"确定"按钮的宽度自动扩展。表 7-2 中的策略均可选用。

表 7-2 按钮组件的缩放策略

"确定"按钮	"取消"按钮	备 注
Minimum	Fixed	对"确定"按钮而言,sizeHint 为最小值,它的空间可以扩展;而"取消"按钮用的是固定值,空间不扩展
Expanding	Fixed	"确定"按钮会尽可能的扩展空间,而"取消"按钮保持固定值不变
Minimum	Maximum	"确定"按钮以 sizeHint 为最小值,空间可以扩展;而"取消"按钮以 sizeHint 为最大值,其空间不再扩展

DemoWindow 类的代码如下:

```
class DemoWindow(QWidget):
    def __init__(self, parent: QWidget = None):
        super().__init__(parent)
        # 布局
        layout = QHBoxLayout(self)
        # 两个按钮
        btn1 = QPushButton("确定", self)
        btn2 = QPushButton("取消", self)
        # 修改按钮的缩放策略
        btn1.setSizePolicy(
            QSizePolicy.Policy.Expanding,
            QSizePolicy.Policy.Fixed
        )
        btn2.setSizePolicy(
            QSizePolicy.Policy.Fixed,
            QSizePolicy.Policy.Fixed
        )
        # 将按钮添加到布局
        layout.addWidget(btn1)
        layout.addWidget(btn2)
```

上述代码中,setSizePolicy 方法采用带两个参数的重载,分别指定水平和垂直方向上的缩放策略。本示例只需要考虑水平方向上的策略即可,垂直方向均为 Fixed(使用固定值)。效果如图 7-16 所示。

图 7-16 "确定"按钮沿水平方向扩展空间

7.5 表单布局

表单(QFormLayout)布局也是一种网格布局。它会把网格划分为两列——左列一般使用 QLabel 组件以呈现字段文本,右列则放置可编辑组件(如 QLineEdit)。其用法类似于 HTML 中的<form>元素。

7.5.1 addRow 方法

表单布局调用 addRow 方法添加布局子项，每次添加一行。其中包括左列（说明标签）和右列（用于编辑字段的组件）。addRow 方法有以下重载。

（1）以字符串形式指定字段标签，QFormLayout 会自动生成 QLabel 组件。

```
def addRow(labelText: str, field: QWidget)
def addRow(labelText: str, field: QLayout)
```

第一个重载添加 QWidget 组件来编辑字段，如 QLineEdit；第二个重载添加一个布局对象作为字段内容，布局对象内可包含其他组件。

（2）以 QWidget 组件作为字段的标签。

```
def addRow(label: QWidget, field: QWidget)
def addRow(label: QWidget, field: QLayout)
```

field 参数是字段的内容，与上面两个 addRow 重载相同。而 label 参数则可以使用其他 QWidget 组件（如 QRadioButton）。

（3）只添加单个 QWidget 对象。

```
def addRow(widget: QWidget)
```

由于只添加了一个对象，因此 widget 会跨两列布局。

7.5.2 示例：填写收件人信息

本示例将实现一个填写收件人信息的表单。顶层窗口中包含一个 QVBoxLayout 布局，布局顶部是一个 QLabel 组件，显示表单标题；接着是一个 QFormLayout 布局，里面包含需要用户填写的字段信息；底部是一个 QHBoxLayout 布局，其中包含两个按钮（"提交"和"关闭"）。

具体实现步骤如下。

（1）定义 TopWindow 类，作为应用程序的顶层窗口。

```
class TopWindow(QWidget):
    def __init__(self, parent: QWidget = None):
        super().__init__(parent)
        ......
```

（2）创建 QVBoxLayout 实例，作为窗口的根布局。

```
rootLayout = QVBoxLayout(self)
```

（3）根布局中添加一个 QLabel 组件，显示表单标题。

```
lbCap = QLabel("填写收件人信息", self)
# 设置字体
font = lbCap.font()
font.setPointSize(16)
font.setFamily("楷体")
lbCap.setFont(font)
# 居中对齐
lbCap.setAlignment(Qt.AlignmentFlag.AlignCenter)
# 设置缩放策略
lbCap.setSizePolicy(
    QSizePolicy.Policy.Expanding,
    QSizePolicy.Policy.Maximum
    )
    rootLayout.addWidget(lbCap)
```

上述代码中，QLabel 组件的缩放策略是水平方向上自动扩展，垂直方向上使用 sizeHint 为最大值，即它的高度不会自动扩展。

（4）添加 QFormLayout 布局。

```
myform = QFormLayout()
rootLayout.addLayout(myform)
```

（5）QFormLayout 布局中添加 4 个字段。

```
# 第一个字段
self._edt1 = QLineEdit(self)
myform.addRow("省/市（县）: ", self._edt1)
# 第二个字段
self._edt2 = QLineEdit(self)
myform.addRow("镇/村/街道: ", self._edt2)
# 第三个字段
self._ckb1 = QCheckBox("移动电话: ", self)
self._edt3 = QLineEdit(self)
# 连接 toggled 信号
self._ckb1.toggled.connect(self._edt3.setEnabled)
myform.addRow(self._ckb1, self._edt3)
# 第四个字段
self._ckb2 = QCheckBox("固定电话: ", self)
self._edt4 = QLineEdit(self)
self._ckb2.toggled.connect(self._edt4.setEnabled)
myform.addRow(self._ckb2, self._edt4)
# QCheckBox 默认处于选中状态
self._ckb1.setChecked(True)
self._ckb2.setChecked(True)
```

第三、四个字段的标签部分是 QCheckBox，当 QCheckBox 组件被选中时，右边的 QLineEdit 组件才能输入内容（由 setEnabled 方法设置，通过 QCheckBox.Toggled 信号触发）。

（6）窗口底部放两个按钮。

```
btnLayout = QHBoxLayout()
rootLayout.addLayout(btnLayout)
self.btnOK = QPushButton("确定", self)
btnLayout.addWidget(self.btnOK)
self.btnClose = QPushButton("关闭", self)
# 连接 clicked 信号
self.btnOK.clicked.connect(lambda: QMessageBox.information(self, "提示", "提交完成"))
self.btnClose.clicked.connect(self.close)
btnLayout.addWidget(self.btnClose)
```

（7）以下代码初始化应用程序。

```
if __name__ == '__main__':
    app = QApplication()
    win = TopWindow()
    win.setWindowTitle("Demo")
    win.show()
    QApplication.exec()
```

（8）运行示例程序，结果如图 7-17 所示。

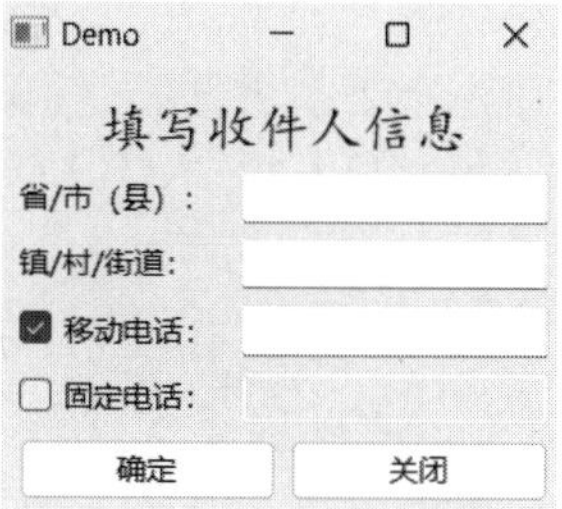

图 7-17　简单的表单布局

7.6 QStackedLayout

QStackedLayout 类所构建的布局类似选项卡页面，每次只能呈现一个组件。以下两个方法成员可用于切换组件。

（1）setCurrentIndex：设置当前活动组件的索引。

（2）setCurrentWidget：设置当前活动的组件。

上述两个方法任选其一调用即可。

修改 stackingMode 属性（通过 setStackingMode 方法）为 StackAll 后，QStackedLayout 会显示所有组件，并且当前活动的组件会显示在最前面。

7.6.1 示例：使用方向按键切换 QStackedLayout 中的组件

本示例使用 QStackedLayout 布局放置三个组件（页面），按键盘上的【→】或【←】键可在各页面中切换。

（1）定义 MyWindow 类，作为顶层窗口。

```python
class MyWindow(QWidget):
    def __init__(self, parent: QWidget = None):
        super().__init__(parent)
        # 布局
        self.rootlayout = QStackedLayout(self)
        # 注册快捷键
        shortcut1 = QShortcut(QKeySequence(Qt.Key.Key_Left), self, self.onLeft)
        shortcut2 = QShortcut(QKeySequence(Qt.Key.Key_Right), self, self.onRight)
        # 创建三个"页面"
        self.makePage1()
        self.makePage2()
        self.makePage3()
        ......
```

QShortcut 类用于创建快捷键，实例化时只要将 QShortcut 对象添加到当前窗口类的 Qt 对象树中即可，以达到自动释放资源的目的。QShortcut 对象设置的快捷键是左、右方向键，被激活时将分别调用 onLeft 和 onRight 方法。

（2）下面的代码实现 onLeft、onRight 方法。

```python
def onLeft(self):
    # 获取 QStackedLayout 的当前索引
    index = self.rootlayout.currentIndex()
    # 减去 1
    index -= 1
    # 判断索引是否小于 0
    if index < 0:
        index = 0
    # 设置当前索引
    self.rootlayout.setCurrentIndex(index)

def onRight(self):
    # 获取当前索引
    i = self.rootlayout.currentIndex()
    # 加 1
    i += 1
    # 判断索引是否超出范围
    if i > self.rootlayout.count()-1:
        i = self.rootlayout.count() - 1
    # 设置当前索引
    self.rootlayout.setCurrentIndex(i)
```

（3）下面三个方法分别用于创建 QStackedLayout 布局中的三个组件。

```python
def makePage1(self):
    panel = QWidget(self)
    # 两个标签
    lb1=QLabel("页面 A", panel)
    lb2=QLabel("你好，世界", panel)
    # 两种字体
    font1 = QFont("隶书", 36)
    font2 = QFont("仿宋", 12)
    lb1.setFont(font1)
    lb2.setFont(font2)
    # 布局
    vlay = QVBoxLayout(panel)
    vlay.addWidget(lb1)
    vlay.addWidget(lb2)
    vlay.addStretch(1)
    self.rootlayout.addWidget(panel)

def makePage2(self):
    lb = QLabel("页面 B", self)
    # 设置字体
    font = QFont("宋体", 36)
    lb.setFont(font)
    self.rootlayout.addWidget(lb)

def makePage3(self):
    wg = QWidget(self)
    wg.setAutoFillBackground(True)
    # 绘制自定义图像
    pxmap = QPixmap(300, 200)
    pxmap.fill(QColor('green'))
    painter = QPainter()
    painter.begin(pxmap)
    # 设置字体
    painter.setFont(QFont("楷体", 36))
    # 设置画笔
    painter.setPen(QPen(QColor("white")))
    # 绘制文本
    painter.drawText(pxmap.rect(), Qt.AlignmentFlag.AlignTop, "页面 C")
    painter.end()
    pal = QPalette()
    # 创建画刷，自定义图像被用作画刷的纹理
    mybrush = QBrush(pxmap)
    # 设置背景画刷
    pal.setBrush(QPalette.ColorRole.Window, mybrush)
    wg.setPalette(pal)
    self.rootlayout.addWidget(wg)
```

（4）运行示例后，默认显示"页面 A"，如图 7-18 所示。

（5）按下【→】键，此时显示"页面 B"，如图 7-19 所示。

图 7-18　显示第一个组件

图 7-19　显示第二个组件

（6）按下【←】键，回到"页面 A"。

7.6.2 示例：使用 QStackedWidget 组件

QStackedWidget 属于 Qt 可视化组件，它的功能与 QStackedLayout 相同，使用方法也相似。本示例将向 QStackedWidget 组件依次添加 QCheckBox、QLabel 和 QPushButton 组件，同一时刻只显示一个组件，通过三个按钮来切换。

下面的代码定义顶层窗口类 DemoWin。

```python
class DemoWin(QWidget):
    def __init__(self, parent: QWidget = None):
        super().__init__(parent)
        # 布局
        rootLayout = QVBoxLayout()
        self.setLayout(rootLayout)
        # 三个按钮
        btn1 = QPushButton("复选按钮", self)
        btn2 = QPushButton("标签", self)
        btn3 = QPushButton("普通按钮", self)
        # 为按钮设置大小调整策略
        sizePolicy = QSizePolicy(
            QSizePolicy.Policy.Fixed,
            QSizePolicy.Policy.Maximum
        )
        btn1.setSizePolicy(sizePolicy)
        btn2.setSizePolicy(sizePolicy)
        btn3.setSizePolicy(sizePolicy)
        # 给按钮分组
        btnGroup = QButtonGroup(self)
        btnGroup.addButton(btn1, 0)
        btnGroup.addButton(btn2, 1)
        btnGroup.addButton(btn3, 2)
        # 为按钮布局
        btnlayout = QHBoxLayout()
        btnlayout.addWidget(btn1)
        btnlayout.addWidget(btn2)
        btnlayout.addWidget(btn3)
        rootLayout.addLayout(btnlayout)
        # 初始化 QStackedWidget 组件
        stackedWg = QStackedWidget(self)
        # 第一页：放一个复选按钮
        stackedWg.addWidget(QCheckBox("这是复选按钮"))
        # 第二页，放一个标签
        stackedWg.addWidget(QLabel("这是标签"))
        # 第三页，放一个普通按钮
        stackedWg.addWidget(QPushButton("这是普通按钮"))
        # 添加到根布局中
        rootLayout.addWidget(stackedWg)
        # 将 QButtonGroup 对象的 idClicked 信号连接到 QStackedWidget 对象的 setCurrentIndex
        # 方法上
        btnGroup.idClicked.connect(stackedWg.setCurrentIndex)
```

与 QStackedLayout 类一样，QStackedWidget 组件也是调用 addWidget 方法添加要布局的组件的。

本示例实现用三个按钮来切换 QStackedWidget 视图的原理是先将三个按钮放到 QButtonGroup 中，再把 QButtonGroup 对象的 idClicked 信号连接到 QStackedWidget 组件的 setCurrentIndex 方法上。只要有 idClicked 信号发出,setCurrentIndex 方法就会被调用,并且按钮的 id 值会传递给 setCurrentIndex 方法的参数,以此指定要呈现组件的索引。

示例运行后,默认显示的是复选按钮(QCheckBox),如图 7-20 所示。

单击"标签"按钮,将显示标签组件,如图 7-21 所示。

图 7-20 显示复选按钮

图 7-21 显示标签组件

## 第 8 章

输 入 组 件

本章要点：
- ➤ QLineEdit 与 QTextEdit 组件；
- ➤ 数值输入组件——QSpinBox 与 QDoubleSpinBox；
- ➤ 日期和时间输入组件——QDateTimeEdit、QDateEdit 与 QTimeEdit。

8.1　QLineEdit

QLineEdit 组件表示单行文本框（不能换行），当输入焦点位于组件上时即可通过键盘输入文本。访问 text 方法可以获取已输入的文本，也可以通过 setText 方法直接设置文本。

下面的示例将创建两个 QLineEdit 实例，单击按钮后会显示输入的内容。

```
# 初始化顶层窗口
window = QWidget()
# 设置窗口标题和大小
window.setWindowTitle("单行文本框")
window.resize(200, 100)
# 布局
layout = QFormLayout()
window.setLayout(layout)
# 第一个输入框
input1 = QLineEdit(window)
layout.addRow("输入文本1: ", input1)
# 第二个输入框
input2 = QLineEdit(window)
layout.addRow("输入文本2: ", input2)
# 按钮
btn = QPushButton("确定", window)
layout.addRow(btn)
# 连接 clicked 信号
def onClicked():
    # 显示输入的文本
    QMessageBox.information(window, "确认信息", f"你输入的内容：\n1、{input1.text()}\n2、
{input2.text()}")
btn.clicked.connect(onClicked)
# 显示窗口
window.show()
```

结果如图 8-1 和图 8-2 所示。

图 8-1　QLineEdit 组件示例

图 8-2　显示输入的内容

8.1.1 setText 方法和 insert 方法的区别

两个方法都能将文本设置到 QLineEdit 组件上,但二者的处理方式不同,主要表现为以下两点。

(1) setText 方法会将 QLineEdit 组件的全部文本替换为新的内容,不管是否存在已选择的文本,也不管插入光标位于何处;insert 方法则会在光标处插入新的内容,旧的内容会保留。

(2) 如果 QLineEdit 组件设置了验证器(QValidator),insert 方法在插入文本时会进行验证。只有验证成功的内容才会插入 QLineEdit 组件的文本中,而 setText 方法并不会验证新内容是否有效。

8.1.2 示例:对比 setText 方法和 insert 方法

本示例将演示分别使用两个方法后产生的不同结果。自定义窗口类的代码如下:

```python
class MainWindow(QWidget):
    def __init__(self, parent:QWidget = None):
        super().__init__(parent)
        # 布局
        rootLayout = QFormLayout(self)
        # 第一组
        self.btnSetText = QPushButton("setText", self)
        self.btnSetText.clicked.connect(self.onSetTextClicked)
        self.lineEdit1 = QLineEdit(self)
        rootLayout.addRow(self.btnSetText, self.lineEdit1)
        # 第二组
        self.btnInsert = QPushButton("insert", self)
        self.btnInsert.clicked.connect(self.onInsertClicked)
        self.lineEdit2 = QLineEdit(self)
        rootLayout.addRow(self.btnInsert, self.lineEdit2)

    def onSetTextClicked(self):
        self.lineEdit1.setText("Sample Text")

    def onInsertClicked(self):
        self.lineEdit2.insert("Sample Text")
```

窗口使用 QFormLayout 布局。第一行左列的按钮被单击后会调用 setText 方法为右列的 QLineEdit 组件设置新文本;第二行左列的按钮将用 insert 方法向右列的 QLineEdit 组件插入文本。

运行程序后,两个文本框中都输入 ABCD,如图 8-3 所示。

在第一个文本框中,把输入光标定位到 B 的后面,再单击 setText 按钮。此时,文本框的全部文本都被清除,变成 Sample Text,如图 8-4 所示。

可见 setText 方法会完全替换原有的内容。对于第二个文本框,也采用相同的测试方法,即输入光标定位在 B 的后面,再单击 insert 按钮。此时,新文本 Sample Text 将插入 B 和 C 之间,变成 ABSample TextCD,如图 8-5 所示。

图 8-3 两个文本框都输入 ABCD

图 8-4 文本被替换为 Sample Text

图 8-5 Sample Text 插入 B 和 C 之间

8.1.3 示例:限制最大字符数

maxLength 属性表示 QLineEdit 组件中能输入的最大字符数。当已输入的字符数量达到该限制条件时,QLineEdit 组件不再接受输入。要设置最大字符数,请调用 setMaxLength 方法。

示例代码如下：

```
myapp = QApplication()
wind = QWidget()
wind.setWindowTitle("最大字符数")
# 水平布局
rootLayout = QHBoxLayout(wind)
# 标签
lb = QLabel("最多输入 10 个字符: ", wind)
# 文本框
txtInput = QLineEdit(wind)
# 设置最大字符数
txtInput.setMaxLength(10)
# 添加到布局
rootLayout.addWidget(lb)
rootLayout.addWidget(txtInput)
# 显示窗口
wind.show()
myapp.exec()
```

本示例限制文本框只能输入 10 个字符。如图 8-6 所示，在 QLineEdit 组件中输入"借问梅花何处落，风吹一夜满关山"，由于有字符数限制，"风吹"后面的内容无法输入。

图 8-6　只能输入 10 个字符

8.1.4　输入掩码

输入掩码是一种简单的格式验证方式。掩码部分将约束输入字符的合法性，非掩码部分能起到提示作用。例如，"＿＿＿省＿＿＿市＿＿＿区＿＿＿街＿＿＿号"，其中，"＿＿＿"设置了掩码，省、市、区、街等信息可输入任意字符，但门牌号通常使用整数值。有效的文本形如：河南省洛阳市洛龙区 AB 街 135 号，其输入掩码为：xxXX 省 xxxXX 市 xxxx 区 xxX 街 009 号;_。

详细的掩码格式请参考表 8-1。

表 8-1　输入掩码格式

掩　码	说　　明	样　　例
A	要求出现字母，即 A～Z、a～z，包含大小写	abcDEF
a	字母，与 A 相同，但字符可选	xyZ
N	要求出现字母或数字，即 A～Z、a～z、0～9	Ydf07d
n	与 N 相同，但字符为可选	x78E
X	要求任何非空字符	12 三 4 五
x	与 X 相同，但字符为可选	xT3p
9	要求出现数字，即 0～9	3215
0	与 9 相同，但字符是可选的	01025
D	数字，但必须大于 0，即 1～9	5125
d	与 D 相同，但字符是可选的	813
#	数字 0～9，可以出现"+"或"-"	100、−45

续表

掩　码	说　　明	样　例
H	十六进制数值符号，即 0~9、A~F、a~f	e6FF2d4
h	与 H 相同，但字符为可选	6e7A
B	二进制数值，即 0~1	1001101
b	与 B 相同，但字符是可选的	1100
>	在 ">" 之后的所有字符要大写	无
<	在 "<" 之后的所有字符要小写	无
!	取消大/小写切换，可以与 "<" ">" 一起使用	无
;c	结束掩码，并设置空白字符的占位符 c	第 00 页;X→第 XX 页

如果要将掩码用作普通字符，需要进行转义，例如：

```
\AAAA;_
```

此掩码的含义是：文本以字母 A 开头（不需要输入），后跟三个字母（需要输入）。空白部分用 "_"
字符填充，即产生的文本为 A_ _ _，有效的输入如 Attt、AbMy 等。掩码中第一个 A 由于做了转义（\A），
变为普通字符，而非掩码，因此受掩码 A 约束的是后面的三个字符。

8.1.5　示例：日期输入掩码

本示例将演示在 QLineEdit 组件中如何通过掩码输入日期。核心代码如下：

```
# 窗口
window = QWidget()
window.setWindowTitle("输入格式化日期")
window.move(600, 385)
# 布局
layout = QFormLayout()
window.setLayout(layout)
# 标签
lb = QLabel("请输入日期：", window)
# 文本框
txtDate = QLineEdit(window)
# 设置格式标记
txtDate.setInputMask("0000 年 00 月 00 日;_")
# 添加到布局
layout.addRow(lb, txtDate)
# 按钮
btn = QPushButton("提交", window)
layout.addRow(btn)
def onClicked():
    print(f'text: {txtDate.text()}')
    print(f'displayText: {txtDate.displayText()}')
# 连接 clicked 信号
btn.clicked.connect(onClicked)
# 显示窗口
window.show()
```

示例中用到的掩码是 "0000 年 00 月 00 日;_"，格式为 "1995 年 5 月 21 日"，或 "2002 年 03 月 15
日"。空白字符由 "_" 填充。

运行后文本框显示的内容如图 8-7 所示。

在输入时，"年""月""日"不需要输入，只要填入相关数字即可，如图 8-8 所示。

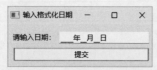

图 8-7　日期的输入掩码

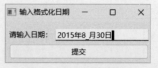

图 8-8　填入日期数字

在响应按钮组件的 clicked 信号的代码中，分别将 text 属性和 displayText 属性的值打印到控制台窗口。单击按钮后，屏幕输出如下文本：

```
text：2015 年 8 月 30 日
displayText：2015 年 8_月 30 日
```

从输出结果可以看到，text 属性返回的文本已删除了占位符，而 displayText 属性返回的则是 QLineEdit 组件上所显示的内容，占位符"_"未被处理。

8.1.6　自动完成

QLineEdit 组件通过 setCompleter 方法可以设置一个 QCompleter 实例，可实现在输入文本时弹出自动补全列表，用户可从中选择一项。被选择的列表项会自动将内容插入文本框中，以提高输入效率。

QCompleter 对象在初始化时需要一个列表模型（QAbstractItemModel 的派生类），但最常用的做法是直接用一个字符串列表来初始化，即调用以下构造函数。

```
def __init__(completions: Sequence[str], parent: Optional[QObject] = ...)
```

8.1.7　示例：自动完成的简单应用

本示例将演示 QCompleter 类的基本用法。示例创建两个 QLineEdit 组件，并用两个字符串列表作为自动完成的数据源。

两个字符串列表如下：

```
completeList1 = [
    "山回路转",
    "山谷之士",
    "山林钟鼎",
    "光怪陆离",
    "光明磊落",
    "开云见日",
    "开宗明义",
    "开源节流",
    "周而复始",
    "周听不蔽",
    "周急济贫",
    "法无二门",
    "法不徇情"
]

completeList2 = [
    "25039",
    "10261",
    "25861",
    "39182",
    "37672",
    "37683",
    "42856"
]
```

下面的代码实现示例窗口。

```
# 窗口
win = QWidget()
win.setWindowTitle("自动完成")
win.setGeometry(505, 480, 280, 165)
# 布局
layout = QVBoxLayout()
win.setLayout(layout)

# 第一个文本框
txtInput1 = QLineEdit(win)
layout.addWidget(txtInput1)
# 设置自动完成列表
completer1 = QCompleter(completeList1, txtInput1)
txtInput1.setCompleter(completer1)

# 第二个文本框
txtInput2 = QLineEdit(win)
layout.addWidget(txtInput2)
# 设置自动完成列表
completer2 = QCompleter(completeList2, txtInput2)
txtInput2.setCompleter(completer2)

# 显示窗口
win.show()
```

实例化 QCompleter 对象时向其构造函数传递字符串列表，以初始化自动完成数据。随后将 QCompleter 对象传递给 QLineEdit 组件的 setCompleter 方法进行关联即可。

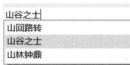

运行示例程序后，当在输入的文本与自动完成列表匹配时，QLineEdit 组件就会弹出列表视图，以供用户选择，如图 8-9 所示。

图 8-9　自动完成列表

8.1.8　CompletionMode

CompletionMode 枚举定义了 QCompleter 对象将以何种方式向用户呈现自动完成列表。各值的含义请参考表 8-2。

表 8-2　CompletionMode 枚举的成员

枚 举 值	说　明
PopupCompletion	以弹出式窗口呈现列表视图
UnfilteredPopupCompletion	以弹出式窗口呈现列表视图，并且不会进行输入筛选，即呈现完整的自动完成列表
InlineCompletion	内联方式自动完成，输入文本的剩余部分将自动追加到内容末尾，并且处于选中状态

下面的示例将演示 CompletionMode 枚举各值的呈现效果。示例程序在窗口上创建三个 QLineEdit 组件，依次使用 CompletionMode 枚举的值。具体的代码如下：

```
# 字符串列表，作为自动完成的数据源
strList = [
    "One",
    "Two",
    "Three",
    "Four",
    "Five",
    "Six",
    "Seven",
    "Eight",
```

```
        "Nine",
        "Ten",
        "Eleven",
        "Twelve",
        "Thirteen"
]

app = QApplication()

window = QWidget()
window.setWindowTitle("自动完成模式")

# 布局
layout = QGridLayout(window)

i = 0
for v in QCompleter.CompletionMode:
    # 标签
    lb = QLabel(v.name, window)
    # 改变缩放策略
    lb.setSizePolicy(
        QSizePolicy.Policy.Maximum,
        QSizePolicy.Policy.Fixed
    )
    layout.addWidget(lb, i, 0)
    # 文本框
    txt = QLineEdit(window)
    # 设置自动完成
    comp = QCompleter(strList, window)
    # 设置列表视图模式
    comp.setCompletionMode(v)
    # 不区分大小写
    comp.setCaseSensitivity(Qt.CaseSensitivity.CaseInsensitive)
    txt.setCompleter(comp)
    layout.addWidget(txt, i, 1)
    i += 1

# 显示窗口
window.show()
```

使用 for 循环可以列举出枚举类型中所定义的成员，name 属性返回成员名称。随后在创建 QCompleter 实例后，调用 setCompletionMode 方法设置自动完成列表的呈现方式。setCaseSensitivity(Qt.CaseSensitivity.CaseInsensitive)表示在自动完成感知时忽略大小写。

当使用 PopupCompletion 模式时，若输入的第一个字符与自动完成列表匹配就会弹出列表视图。视图中显示的项目将根据 QLineEdit 组件中输入的文本进行过滤，不匹配的列表项将隐藏，如图 8-10 所示。

当使用 UnfilteredPopupCompletion 模式时，不管输入的内容是否与列表中的项匹配，列表视图始终显示所有项，如图 8-11 所示。

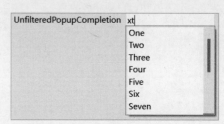

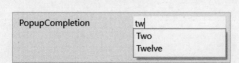

图 8-10　列表项将依据输入内容进行过滤　　　　　图 8-11　自动完成列表不会进行过滤

当使用 InlineCompletion 模式时，不会显示弹出式列表，QCompleter 会根据所输入的内容筛选出最匹配的列表项，自动将剩余的文本追加到 QLineEdit 组件中，并且追加的文本被选中（按【BackSpace】键或【Delete】键可删除自动追加的内容），如图 8-12 所示。

图 8-12　以内联方式自动补全输入

8.2　QTextEdit

QTextEdit 组件既支持编辑多行/多段落文本，也支持设置文本样式，如字体、颜色等。QTextEdit 也可以呈现图像、列表和表格。

QTextEdit 组件可以使用普通文本，或者使用 HTML、Markdown 标记的格式化文本。若文本内容较长，QTextEdit 会自动显示滚动条。

8.2.1　示例：设置文本的颜色

文本颜色分为背景颜色和前景颜色。调用 setTextBackgroundColor 方法设置文本的背景颜色；设置前景颜色则是调用 setTextColor 方法。本示例将实现通过单击按钮修改 QTextEdit 组件中文本的颜色。关键的实现步骤如下。

（1）实例化 QWidget 对象，将作为示例程序的主窗口。

```
window = QWidget()
window.setWindowTitle("修改文本颜色")
```

（2）窗口使用网格布局。

```
layout = QGridLayout(window)
```

（3）实例化 QTextEdit 组件，将其放在网格布局的第一行第二列中，并且跨两行布局。

```
editor = QTextEdit(window)
layout.addWidget(editor, 0, 1, 2, 1)
```

（4）使用 QGroupBox 组件创建组合框。第一个组合框位于网格的第一行第一列所在的单元格内。里面包含 4 个按钮，垂直排列（使用 QVBoxLayout 布局）。

```
g1 = QGroupBox("文本的背景颜色", window)
layout.addWidget(g1, 0, 0)
# 4 个按钮
btnBgcs = QButtonGroup(window)
btnBgcs.addButton(QPushButton("蓝色", window), 1)
btnBgcs.addButton(QPushButton("靛蓝", window), 2)
btnBgcs.addButton(QPushButton("灰色", window), 3)
btnBgcs.addButton(QPushButton("红色", window), 4)

# 按钮被单击时调用的函数
def onSetBgColor(id):
    if id == 1:
        editor.setTextBackgroundColor(QColor("blue"))
    if id == 2:
        editor.setTextBackgroundColor(QColor("indigo"))
    if id == 3:
        editor.setTextBackgroundColor(QColor("gray"))
    if id == 4:
        editor.setTextBackgroundColor(QColor("red"))
btnBgcs.idClicked.connect(onSetBgColor)
# 将按钮放入垂直布局中
```

```
sublayout1 = QVBoxLayout(g1)
for b in btnBgcs.buttons():
    sublayout1.addWidget(b)
```

QGroupBox 将呈现带标题的面板，面板内可以放置 QWidget 对象，也可以使用布局。QGroupBox 组件的功能是给 QWidget 对象分组，使应用程序的界面更加整齐明了。QButtonGroup 对象的 idClicked 信号与 onSetBgColor 函数建立连接，只要有按钮被单击就会调用 onSetBgColor 函数。按钮组件在添加到 QButtonGroup 对象时已指定其 id，所以在 onSetBgColor 函数中可根据 id 的值来判断用户单击了哪个按钮。

（5）第二个 QGroupBox 组件内有三个按钮，用于设置文本的前景颜色。

```
g2 = QGroupBox("文本的前景颜色", window)
layout.addWidget(g2, 1, 0)
# 三个按钮
btnFgcs = QButtonGroup(window)
btnFgcs.addButton(QPushButton("绿色", window), 1)
btnFgcs.addButton(QPushButton("浅灰色", window), 2)
btnFgcs.addButton(QPushButton("金色", window), 3)
# 按钮被单击后调用以下函数
def onSetTextColor(id):
    if id == 1:
        editor.setTextColor(QColor("green"))
    if id == 2:
        editor.setTextColor(QColor("lightgray"))
    if id == 3:
        editor.setTextColor(QColor("gold"))
btnFgcs.idClicked.connect(onSetTextColor)
# 将按钮添加到垂直布局
sublayout2 = QVBoxLayout(g2)
for b in btnFgcs.buttons():
    sublayout2.addWidget(b)
```

（6）显示窗口。

```
window.show()
```

运行示例程序后，可以先在文本框中输入一些内容，然后通过按钮改变颜色。被修改后的颜色将应用到 QTextEdit 组件中被选中的文本，或者插入点之后新输入的文本，如图 8-13 所示。

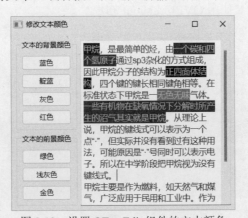

图 8-13　设置 QTextEdit 组件的文本颜色

8.2.2　示例：显示 HTML 内容

本示例将演示在 QTextEdit 组件中呈现 HTML 内容的方法。setHtml 方法可直接设置要呈现的 HTML。HTML 内容以文本形式提供，既可以是完整的 HTML 文档（如包含<html>、<body>等元素），也可以使用 HTML 片段（如<p>、<div>等元素）。

本示例的核心代码如下：

```
editor = QTextEdit()
# 设置窗口标题
editor.setWindowTitle("显示 HTML 内容")
# 设置窗口尺寸
editor.resize(352, 300)

# 示例 HTML 内容
html = """
<html>
    <body>
        <h1>第一级标题</h1>
        <h2>第二级标题</h2>
        <p>普通段落</p>
        <div>
            这是<i>倾斜文本</i>
        </div>
        <p>这是<b>加粗文本</b></p>
        <div>
            <span style="color: blue; display: block">下面是列表项：</span>
            <style>
                li {
                    list-style-type: decimal;
                }
            </style>
            <ol>
                <li>fox</li>
                <li>cat</li>
                <li>goose</li>
                <li>octopus</li>
                <li>weed</li>
            </ol>
        </div>
    </body>
</html>
"""
# 设置 HTML 内容
editor.setHtml(html)
# 显示窗口
editor.show()
```

上述代码直接以 QTextEdit 组件充当顶层窗口（从 QWidget 派生的组件类均可以用作顶层窗口），并设置了包含<h1>、<h2>、<p>、<div>、<ol>（有序列表）等元素。其中，有序列表通过 CSS 属性 list-style-type 将序号设置为普通的十进制数字。

由于 setHtml 方法可以使用不完整的 HTML 文档，因此上述代码中的 HTML 文本可以省略<html>、<body>元素。修改后的代码如下：

```
html = """
<h1>第一级标题</h1>
<h2>第二级标题</h2>
<p>普通段落</p>
<div>
    这是<i>倾斜文本</i>
</div>
<p>这是<b>加粗文本</b></p>
<div>
    <span style="color: blue; display: block">下面是列表项：</span>
```

```
    <style>
        li {
            list-style-type: decimal;
        }
    </style>
    <ol>
        <li>fox</li>
        <li>cat</li>
        <li>goose</li>
        <li>octopus</li>
        <li>weed</li>
    </ol>
</div>
"""
```

示例的运行效果如图 8-14 所示。

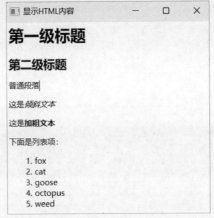

图 8-14　QTextEdit 组件呈现 HTML 内容

8.2.3　示例：通过 HTML 呈现图像

QTextEdit 组件支持 HTML<img>元素，可以加载图像资源。目前并不支持<audio>、<video>等元素，因此不能加载音频和视频资源。

与一般 HTML 文档一样，<img>元素使用 src 特性指定图像文件的位置。也可以使用 width、height 特性指定图像呈现后的宽度和高度。

示例的关键代码如下：

```
editor = QTextEdit()
# 设置窗口标题
editor.setWindowTitle("显示图像")
# HTML 内容
html = """
<div>
    <img src='sample.jpg'/>
</div>
<div>
    陀螺仪
</div>
"""
# 设置 HTML 内容
editor.setHtml(html)
# 显示窗口
editor.show()
```

呈现效果如图 8-15 所示。

图 8-15 在 QTextEdit 组件中加载图像

8.2.4 示例：显示 Markdown 内容

除了 HTML，QTextEdit 组件也支持 Markdown 文本。本示例将演示以下 Markdown 标记。

（1）分级标题（1～4 级），标记为 "# <文本>" "## <文本>" "### <文本>" "#### <文本>"。

（2）文本的倾斜与加粗。倾斜文本的标记为 "*<文本>*"，加粗的标记为 "**<文本>**"，倾斜并加粗的标记为 "***<文本>***"。

（3）表格。使用 "|" 划分列，用三个以上的 "-"（如 "----"）划分表头行与正文行。

（4）无序列表，标记为 "- <文本>"。

（5）代码块（C 语言），标记为 "''' [语言] <代码块> '''"。

具体的实现代码如下：

```
txt = QTextEdit()
# 设置窗口大小
txt.resize(330, 285)
# 设置窗口标题
txt.setWindowTitle("使用 Markdown 标记")
# 设置窗口位置
txt.move(480, 400)

# Markdown 文本
markdown = """
普通段落

# 一级标题
## 二级标题
### 三级标题
#### 四级标题

*倾斜文本*

**加粗文本**

***倾斜并加粗的文本***

下面是表格：

|编号|颜色|单价|
|----|----|----|
|01|红|12.5|
```

```
|02|黑|27.3|

下面是无序列表:
- First
- Second
- Third

下面是C代码:
''' C
#include<stdio.h>

int main(void)
{
    printf("Hello");
    return 0;
}
'''
"""
# 设置 Markdown 文本
txt.setMarkdown(markdown)
# 显示窗口
txt.show()
```

运行结果如图 8-16 所示。

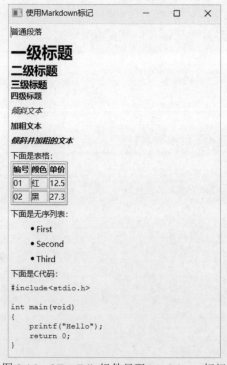

图 8-16　QTextEdit 组件呈现 Markdown 标记

8.2.5　示例：自定义上下文菜单

本示例将演示在 QTextEdit 组件的标准上下文菜单中添加自定义菜单项，可用于设置文本颜色。

实现思路是从 QTextEdit 类派生，然后重写 contextMenuEvent 方法。当用户右击时会发生 ContextMenu 事件，随后会调用 contextMenuEvent 方法。在 contextMenuEvent 方法中，可以创建 QMenu 实例（菜单组件），添加菜单项，最后调用 exec 或 popup 方法显示菜单。以下两种方案均可添加自定义的上下文菜单。

（1）先调用 QTextEdit 组件的 createStandardContextMenu 方法创建标准菜单，再在标准菜单中添加自定义菜单项，最后显示菜单。

（2）不使用标准菜单，直接实例化 QMenu 组件，添加菜单项，最后显示菜单即可。

本示例将在标准菜单的基础上添加设置文本颜色的菜单项。从 QTextEdit 派生出自定义类 CustTextEdit，代码如下：

```
class CustTextEdit(QTextEdit):
    def contextMenuEvent(self, e: QContextMenuEvent):
        # 创建标准菜单
        menu = self.createStandardContextMenu()
        menu.setAttribute(Qt.WidgetAttribute.WA_DeleteOnClose, True)
        # 添加分隔线
        menu.addSeparator()
        # 添加菜单项
        menu.addAction("红", lambda: self.setTextColor(QColor("red")))
        menu.addAction("浅绿", lambda: self.setTextColor(QColor("lightgreen")))
        menu.addAction("粉红", lambda: self.setTextColor(QColor("pink")))
        menu.addAction("橙", lambda: self.setTextColor(QColor("orange")))
        menu.addAction("深蓝", lambda: self.setTextColor(QColor("darkblue")))
        menu.addAction("紫红", lambda: self.setTextColor(QColor("magenta")))
        # 弹出菜单
        menu.popup(e.globalPos())
```

菜单项准备好后，调用 popup 方法显示菜单。e.globalPos 方法可获取鼠标指针的屏幕坐标，用来控制菜单弹出的位置（上下文菜单通常显示在鼠标指针所在的位置）。

下面的代码实例化 CustTextEdit 组件，并以顶层窗口呈现于屏幕上。

```
edit = CustTextEdit()
edit.setWindowTitle("Demo")
edit.resize(300, 270)
edit.show()
```

运行示例程序后，在文本框内输入测试文本。然后选中要改变颜色的文本，右击，从上下文菜单中选择一种颜色，如图 8-17 所示。

图 8-17　自定义的上下文菜单

8.3　数值输入组件

虽然 QLineEdit、QTextEdit 组件也可以输入代表数值的文本，但在获取数值时需要额外的验证（用户可能输入非数字字符）和转换（将字符串转换为 int、float 等类型）工作。因此，使用专为数值输入而设计的组件可提高开发效率。

数值输入组件有两个——QSpinBox 和 QDoubleSpinBox。QSpinBox 组件用于输入整数值（int 类型），QDoubleSpinBox 组件则用于输入浮点数值（float 类型）。

数值输入组件在用户界面上呈现一个文本输入框（与 QLineEdit 相似），输入框旁边附带两个上下排列的按钮，默认显示向上、向下箭头。可通过 setButtonSymbols 方法将按钮上的符号修改为"+""-"。用户可以单击上方按钮来增大数值，或单击下方的按钮来减小数值。也可以通过键盘上的上、下箭头键来控制。

当输入的内容改变后，QSpinBox 和 QDoubleSpinBox 组件都会发出 textChanged、valueChanged 信号。textChanged 信号传递的参数为 str 类型，而 valueChanged 信号所传递的是特定类型的数值。例如，QDoubleSpinBox 组件发送的 valueChanged 信号，它传递的值就是 float 类型。

若要获取用户输入的数值，请访问 value 方法。调用 setValue 方法可以设置组件的数值。调用 text 方法可以获取 QSpnBox 或 QDoubleSpinBox 组件中包含的文本。文本包含输入的数值，以及前缀、后缀文本。

8.3.1　示例：QSpinBox 与 QDoubleSpinBox 的使用

本示例演示的是 QSpinBox 和 QDoubleSpinBox 组件的简单用法。
自定义窗口类的实现代码如下：

```python
class MyWindow(QWidget):
    def __init__(self, parent: QWidget = None):
        super().__init__(parent)
        self.setWindowTitle("数值输入组件")
        # 布局
        rootLayout = QVBoxLayout()
        self.setLayout(rootLayout)
        # 实例化两个数值输入组件
        self.spinBox = QSpinBox(self)
        self.dbSpinBox = QDoubleSpinBox(self)
        # 添加一个按钮
        self.btn = QPushButton("提　交", self)
        # 将组件添加到布局中
        rootLayout.addWidget(self.spinBox)
        rootLayout.addWidget(self.dbSpinBox)
        rootLayout.addStretch(1)
        rootLayout.addWidget(self.btn)
        # 为按钮组件处理 clicked 信号
        self.btn.clicked.connect(self.onClicked)

    def onClicked(self):
        # 获取 QSpinBox 组件中输入的整数值
        intVal = self.spinBox.value()
        # 获取 QDoubleSpinBox 组件中输入的浮点数值
        floatVal = self.dbSpinBox.value()
        # 组织提示消息
        msg = '你输入的整数值：{0}\n你输入的浮点数值：{1}'.format(intVal, floatVal)
        # 弹出消息对话框
        QMessageBox.information(win, "提交数值", msg)
```

上述代码在窗口上使用 QVBoxLayout 布局，分别添加 QSpinBox 和 QDoubleSpinBox 组件。最后添加一个按钮（QPushButton）组件。当按钮被单击后将弹出消息对话框，显示 QSpinBox、QDoubleSpinBox 组件中输入的数值。

运行示例程序后，可使用以下任意一种方法输入数值。

（1）直接在文本框中输入。

（2）单击▲、▼按钮调整。

（3）按键盘上的上、下箭头键。

输入完成后单击"提交"按钮，应用程序会弹出如图 8-18 所示的对话框。

图 8-18　数值输入组件

8.3.2　示例：设置数值的有效范围

QSpinBox 与 QDoubleSpinBox 组件都可以设置数值的最小值和最大值，即有效数值范围（范围包含最小值和最大值）。

以下两种方案均可以设置数值范围。

（1）调用 setMinimum 方法设置最小值，调用 setMaximum 方法最大值。

（2）调用 setRange 方法同时设置最小值和最大值。

本示例将使用 QDoubleSpinBox 组件，并通过 setRange 方法设置数值的有效范围为[500.0, 1000.0]。

下面是 buildUI 函数的实现代码：

```
def buildUI() -> QWidget:
    window = QWidget()
    window.setWindowTitle("设置数值范围")
    # 布局
    layout = QVBoxLayout(window)
    # 标签
    lb = QLabel(window)
    lb.setText('最小值：500.00\n最大值：1000.00')
    layout.addWidget(lb)
    # 浮点数值输入组件
    spbox = QDoubleSpinBox(window)
    # 设置数值范围
    spbox.setRange(500.0, 1000.0)
    layout.addWidget(spbox)
    # 返回窗口对象
    return window
```

buildUI 函数负责创建窗口实例并初始化用户界面，最后将窗口对象返回给函数调用者。以下代码将在应用程序初始化过程中调用 buildUi 函数。

```
app = QApplication()
theWindow = buildUI()
# 显示窗口
theWindow.show()
app.exec()
```

运行效果如图 8-19 所示。此时 QDoubleSpinBox 组件只能输入 500～1000（包含最小值和最大值）的浮点数。

图 8-19　设定 QDoubleSpinBox 组件可输入的数值范围

8.3.3　示例：改变按钮符号

QSpinBox 和 QDoubleSpinBox 默认在按钮上显示上、下箭头，可以通过 setButtonSymbols 方法修改。ButtonSymbols 枚举定义了三种符号样式。

（1）UpDownArrows：显示向上、向下箭头。

（2）PlusMinus：显示 "+" "-" 符号。

（3）NoButtons：不显示按钮，外观与 QLineEdit 相像。

本示例将演示这三种符号的使用，核心代码如下：

```python
QApplication.setStyle("Fusion")
……

window = QWidget()
window.setWindowTitle("按钮的符号")
# 布局
layout = QGridLayout(window)
# 标签
labels =[
    QLabel("上、下箭头: ", window),
    QLabel("+、-符号: ", window),
    QLabel("隐藏按钮: ", window)
]
for lb in labels:
    lb.setSizePolicy(
        QSizePolicy.Policy.Maximum,
        QSizePolicy.Policy.Fixed
    )
# 三个 QSpinBox 组件
spboxes = [
    QSpinBox(window),
    QSpinBox(window),
    QSpinBox(window)
]
# 设置按钮上显示的符号类型
spboxes[0].setButtonSymbols(QSpinBox.ButtonSymbols.UpDownArrows)
spboxes[1].setButtonSymbols(QSpinBox.ButtonSymbols.PlusMinus)
spboxes[2].setButtonSymbols(QSpinBox.ButtonSymbols.NoButtons)
# 将组件添加到布局
layout.addWidget(labels[0], 0, 0)
layout.addWidget(labels[1], 1, 0)
```

```
layout.addWidget(labels[2], 2, 0)
layout.addWidget(spboxes[0], 0, 1)
layout.addWidget(spboxes[1], 1, 1)
layout.addWidget(spboxes[2], 2, 1)

# 显示窗口
window.show()
```

注意：在初始化组件前要修改应用程序的默认样式：

```
QApplication.setStyle("Fusion")
```

这是因为不是所有样式都能在按钮上显示"+""–"。经测试，名为"Fusion"的样式支持该功能。
示例的运行结果如图 8-20 所示。

8.3.4 示例："回旋"数值

"回旋"功能使得 QSpinBox 组件能够循环递增或递减数值。例如，组件设定的有效范围为[0, 10]，
当数值增加到 10 时，如果继续增加，则当前数值会重新回到 0；当数值为 0 时，如果继续减少，那么当
前数值会回到 10，如图 8-21 所示。

图 8-20　QSpinBox 组件上显示不同的按钮符号

图 8-21　回旋数字

要让 QSpinBox 组件支持回旋功能，需要设置 setWrapping(True)。
本示例将使用[0, 5]范围内的数值做演示，核心代码如下：

```
spinBox = QSpinBox()

# 设置有效范围
spinBox.setRange(0, 5)
# 开启回旋功能
spinBox.setWrapping(True)
# 显示组件
spinBox.show()
```

运行示例代码，默认的初始值为 0。此时按键盘上的向下方向键，由于 0 是有效范围内的最小值，无
法再递减，于是就会跳到数值 5；同理，当数值递增到 5 时，继续按向上方向键，数值就跳回 0。

8.3.5 前缀与后缀

不管是 QSpinBox 还是 QDoubleSpinBox 组件，都可以设置前/后缀字符。前缀字符显示在要输入的
数值前面，而后缀字符则显示在数值后面，例如：

```
请输入内存大小：8192 MB
```

其中，前缀字符为"请输入内存大小："，后缀字符为 MB，8192 是用户输入的数值。
要设置前缀字符请调用 setPrefix 方法，设置后缀字符就调用 setSuffix 方法。请考虑下面的代码：

```
spinbox = QDoubleSpinBox()
spinbox.setWindowTitle("前缀与后缀")
# 设置固定宽度
spinbox.setFixedWidth(265)
```

```
# 设置前缀字符
spinbox.setPrefix('长度: ')
# 设置后缀字符
spinbox.setSuffix(" CM")
# 设置有效范围
spinbox.setRange(2.0, 50.0)
# 显示组件
spinbox.show()
```

上述代码使用的是 QDoubleSpinBox 组件，可输入的浮点数范围为[2.0, 50.0]。前缀字符是"长度:"，后缀字符为 CM。最终效果如图 8-22 所示。用户只能编辑浮点数值部分，前/后缀部分将无法修改。

图 8-22　带前缀和后缀的数值输入框

8.3.6　步长值

QSpinBox、QDoubleSpinBox 组件默认的步长值为 1——每次增/减数值的量。例如，输入框中的当前数值为 7，单击一次向上按钮后数值变为 8；若当前值为 10，按键盘上的向下箭头键，数值会变成 9。

调用 setSingleStep 方法可以修改步长。例如，下面的代码设置 QSpinBox 组件的步长值为 5。

```
spinbox = QSpinBox()
spinbox.setWindowTitle("步长值为5")
# 设置有效范围
spinbox.setRange(0, 150)
# 设置步长值
spinbox.setSingleStep(5)
# 设置当前值
spinbox.setValue(25)
# 显示组件
spinbox.show()
```

运行后 QSpinBox 组件默认显示的值是 25，如图 8-23 所示。

按键盘上的向下箭头键，数值会变为 20，如图 8-24 所示。

连续按三次向下箭头键，数值将变为 35（20→25→30→35），如图 8-25 所示。

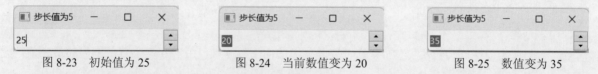

图 8-23　初始值为 25　　　　图 8-24　当前数值变为 20　　　　图 8-25　数值变为 35

8.3.7　QDoubleSpinBox 组件的精度

由于 QDoubleSpinBox 组件操作的是浮点数值，就会涉及小数位精度的问题。组件默认的精度为 2，即保留小数点后两位。要调整浮点数精度，需要调用 setDecimals 方法，参数为整数值，例如：

```
spinBox1.setDecimals(3)
spinBox2.setDecimals(4)
```

上述代码设置第一个 QDoubleSpinBox 组件的精度为 3，第二个的精度则为 4，结果如图 8-26 所示。

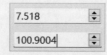

图 8-26　调整 QDoubleSpinBox 组件的精度

8.4 日期和时间

用于输入日期和时间的组件有 QDateTimeEdit、QDateEdit、QTimeEdit。

QDateTimeEdit 类是核心组件，它可同时输入日期和时间。QDateEdit 和 QTimeEdit 是从 QDateTimeEdit 派生的便捷类型，QDateEdit 仅用于输入日期，QTimeEdit 仅用于输入时间。

与 QSpinBox 相似，QDateTimeEdit 组件也可以设置有效范围（最小值、最大值）。相关的方法成员如下。

（1）仅约束日期部分：调用 setMinimumDate 方法设置日期最小值，调用 setMaximumDate 方法设置日期的最大值，也可以调用 setDateRange 方法同时设置最小值和最大值。

（2）仅约束时间部分：调用 setMinimumTime 方法设置时间的最小值，调用 setMaximumTime 方法设置时间最大值，还可以调用 setTimeRange 方法同时设置最小值和最大值。

（3）同时约束日期和时间：调用 setMinimumDateTime 方法设置最小值，调用 setMaximumDateTime 方法设置最大值，或者调用 setDateTimeRange 方法同时设置最小值和最大值。

调用 setDisplayFormat 方法可以设置日期和时间的显示格式，如"yyyy 年 MM 月 dd 日 HH:mm:ss"，显示结果为"2012 年 08 月 12 日 15:23:07"。

当 QDateTimeEdit 组件（包括 QDateEdit 和 QTimeEdit）中输入的值改变时，它会发出以下信号。

（1）dateChanged：发出信号时仅传递日期部分的最新值。

（2）timeChanged：信号只传递时间部分的最新值。

（3）dateTimeChanged：信号传递最新的日期和时间。

8.4.1 示例：获取 QDateTimeEdit 中输入的值

本示例将获取 QDateTimeEdit 组件中输入的日期和时间，并显示在 QLabel 组件上。需要用到的方法成员如下。

（1）date：仅返回日期部分，类型为 QDate。

（2）time：仅返回时间部分，类型为 QTime。

（3）dateTime：返回日期和时间，类型为 QDateTime。

示例程序使用 QGridLayout 布局。第一行第一列放置 QDateTimeEdit 组件，第二列放置一个 QPushButton，该按钮被单击后，会依次访问 QDateTimeEdit 组件的 date、time、dateTime 方法，获取输入的日期和时间。第二行作为空白行，插入 QSpacerItem 对象，其作用是让 QDateTimeEdit 组件所在的行与后面 QLabel 组件所在的行保持一定距离。第三行到第五行放置 6 个 QLabel 组件。第一列中的 3 个 QLabel 组件用于呈现说明文本，第二列中的 3 个 QLabel 组件分别显示 date、time、dateTime 方法返回的值。

具体代码如下：

```
mainWin = QWidget()
mainWin.setWindowTitle("Demo")
mainWin.resize(320, 300)
# 布局
layout = QGridLayout()
mainWin.setLayout(layout)
# DateTime 输入组件
dtinput = QDateTimeEdit(mainWin)
# 设置自定义格式
dtinput.setDisplayFormat("yyyy-MM-dd HH:mm:ss")
```

```
# 设置有效范围
dtinput.setDateTimeRange(
    QDateTime(1990, 1, 1, 0, 0, 0),
    QDateTime(2085, 12, 31, 23, 59, 59)
)
# 添加到布局
layout.addWidget(dtinput, 0, 0)
# 空白行
layout.addItem(QSpacerItem(3, 12), 1, 0)
# 6 个标签
caplabels = [
    QLabel("date() -->", mainWin),
    QLabel("time() -->", mainWin),
    QLabel("dateTime() -->", mainWin)
]
for x in range(0, len(caplabels)):
    caplabels[x].setSizePolicy(
        QSizePolicy.Policy.Maximum,
        QSizePolicy.Policy.Fixed
    )
    layout.addWidget(caplabels[x], x + 2, 0)

vallabels = [
    QLabel(mainWin),
    QLabel(mainWin),
    QLabel(mainWin)
]
for i in range(0, len(vallabels)):
    vallabels[i].setSizePolicy(
        QSizePolicy.Policy.Expanding,
        QSizePolicy.Policy.Fixed
    )
    layout.addWidget(vallabels[i], i + 2, 1)

# 常规按钮
btnOk = QPushButton("确定", mainWin)
layout.addWidget(btnOk, 0, 1)
btnOk.setSizePolicy(
    QSizePolicy.Policy.Maximum,
    QSizePolicy.Policy.Minimum
)
# 按钮被单击时调用
def onClicked():
    # 仅显示日期
    vallabels[0].setText(dtinput.date().toString("yyyy 年 M 月 d 日"))
    # 仅显示时间
    vallabels[1].setText(dtinput.time().toString("HH:mm:ss"))
    # 显示日期和时间
    vallabels[2].setText(dtinput.dateTime().toString("yyyy 年 M 月 d 日 HH:mm:ss"))
btnOk.clicked.connect(onClicked)

# 显示窗口
mainWin.show()
```

　　上述代码中，QLabel 对象是通过列表创建的，再通过 for 循环或索引来访问单个 QLabel 对象。按钮组件的 clicked 信号与 onClicked 函数绑定。在函数体内分别获取 date 等方法的返回值（QDate、QTime、QDateTime 类型），用 toString 方法转换为字符串，再传递给 QLabel 组件的 setText 方法。toString 方法在调用时可以指定自定义的格式，示例中用的是 "yyyy 年 M 月 d 日 HH:mm:ss"，形如 "2011 年 5 月 25 日 12:22:08"。

示例运行后，在 QDateTimeEdit 组件中输入日期和时间，然后单击"确定"按钮，QLabel 组件就会显示输入的值，如图 8-27 所示。

图 8-27 获取输入的日期和时间

8.4.2 示例：使用日历组件

QDateTimeEdit 组件公开 setCalendarWidget 方法，可以与 QCalendarWidget 组件关联。关联后，QDateTimeEdit 组件会在文本框右侧显示一个带有下拉箭头的按钮。单击按钮后，会弹出一个日历组件，用户可以在日历组件上选择日期。

本示例将使用 QDateEdit 组件进行演示。该组件仅用于输入日期。自定义窗口类的代码如下：

```python
class MyWindow(QWidget):
    def __init__(self, parent: QWidget = None):
        super().__init__(parent)
        self.setWindowTitle("使用日历组件")
        self.resize(200, 200)
        self.initUI()
    def initUI(self):
        # 实例化 QDateEdit 组件
        self.dtEdit = QDateEdit(QDate.currentDate(), self)
        # 定位
        self.dtEdit.move(15, 16)
        # 设置有效范围
        self.dtEdit.setDateRange(
            QDate(2000, 2, 1),
            QDate(2055, 11, 30)
        )
        # 设置支持弹出日历组件
        self.dtEdit.setCalendarPopup(True)
        # 设置日历组件
        cld = QCalendarWidget(self)
        self.dtEdit.setCalendarWidget(cld)
        # 标签组件
        self.lbmsg = QLabel(self)
        # 定位
        self.lbmsg.move(15, 45)
        # 当 QDateEdit 组件中输入的日期改变时更新 QLabel 组件中的文本
        self.dtEdit.dateChanged.connect(self.onDateChanged)

    # 以下函数与 QDateEdit.dateChanged 信号关联
    def onDateChanged(self, d: QDate):
        self.lbmsg.setText(f'当前日期：{d.toString("yyyy-MM-dd")}')
        self.lbmsg.adjustSize()
```

下面的代码初始化应用程序，实例化并显示 MyWindow 对象。

```python
myApp = QApplication()
win = MyWindow()
```

```
win.show()
QApplication.exec()
```

运行示例程序，单击 QDateEdit 组件上的下拉按钮，会弹出日历组件，如图 8-28 所示。

8.4.3　独立使用 QCalendarWidget

日历组件（QCalendarWidget）不仅可与 QDateTimeEdit/QDateEdit 组件关联使用，也可以独立使用，显示日历网格。用户可以从中选择日期。如果调用 setDateEditEnabled(True)方法开启编辑功能（此功能默认开启），在选择日期时也会弹出日期编辑器（比 QDateEdit 组件的结构更精简），方便用户直接输入日期——按键盘上的左、右方向键来移动编辑目标（年、月、日），按上、下方向键来增减数值，如图 8-29 所示。

图 8-28　弹出日历组件

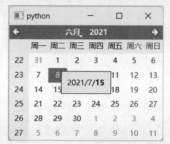

图 8-29　日历中弹出日期编辑器

默认情况下，当用户停止编辑日期 1.5 秒（1500 毫秒）后，日期编辑器会自动确认并关闭。可以调用 setDateEditAcceptDelay 方法修改等待确认时间，单位为毫秒。例如，下面的代码将设置日期编辑器的确认时间为 10 秒。

```
calendar.setDateEditAcceptDelay(10000)
```

调用 selectedDate 方法可以获取当前选中的日期，类型为 QDate。若要手动设置当前选中的日期，请使用 setSelectedDate 方法，例如：

```
calendar.setSelectedDate(QDate(2015, 1, 30))
```

上述代码将日历当前选中的日期设置为 2015 年 1 月 30 日。当前日期更改后，日历组件会发出 selectionChanged 信号。应用代码可以处理此信号，并通过 selectedDate 方法获取最新的日期。

## 第 9 章

容 器 组 件

本章要点：
- ➢ 普通边框（QFrame）；
- ➢ 标签页（QTabWidget）；
- ➢ 分组框（QGroupBox）；
- ➢ 滚动区域（QScrollArea）；
- ➢ 工具箱（QToolBox）。

9.1 将 QWidget 组件作为容器

由于 QWidget 类自身支持相互嵌套来建立对象树，因此原则上从 QWidget 派生的组件类都可以成为容器。Qt 有专门的布局系统（从 QLayout 派生的类，如 QGridLayout），作为容器的组件可以使用布局类型来管理子级组件的位置和大小。

下面的代码创建了 5 个组件。

```
# 顶层容器，将呈现为窗口
com1 = QWidget()
com1.setWindowTitle("组件嵌套")
# 窗口使用布局
layout = QVBoxLayout()
com1.setLayout(layout)

# 第二层是两个 QPushButton 组件
com2 = QPushButton()
com2.setParent(com1)
layout.addWidget(com2)
com3 = QPushButton(com1)
layout.addWidget(com3)

# 第三层是 QLabel 组件，共两个实例
# 分别嵌套在上述两个 QPushButton 内
com4 = QLabel("标签1", com2)
com5 = QLabel("标签2", com3)
```

com1 为 QWidget 类，成为顶层容器，最终会呈现为普通窗口；com2 和 com3 是 QPushButton 组件，嵌套于 com1 内，成为子级组件；com4 是 QLabel 组件，嵌套在 com2 组件内；com5 也是 QLabel 组件，嵌套在 com3 组件内。呈现效果如图 9-1 所示。

5 个组件之间的包含关系如图 9-2 所示。

图 9-1　com1~com5 的呈现结果

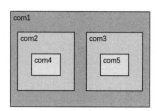

图 9-2　组件嵌套示意图

9.2　示例：自定义容器

本示例将从 QWidget 类派生出一个自定义面板。添加到该面板的组件将沿水平方向排列。在处理子级组件的排列时可以使用 QHBoxLayout 类。

具体的实现步骤如下。

（1）定义 DemoPanel 类，从 QWidget 类派生。

```
class DemoPanel(QWidget):
    ……
```

（2）在 __init__ 方法中，实例化 QHBoxLayout 对象，用于控制子级组件的布局。

```
def __init__(self, parent: QWidget = None):
    super().__init__(parent)
    # 布局对象
    self._layout = QHBoxLayout(self)
    # 默认间隔
    self._layout.setSpacing(5)
```

（3）定义 spacing 和 setSpacing 方法，用于获取或设置子级组件之间的间隙。

```
def spacing(self) -> int:
    return self._layout.spacing()
def setSpacing(self, space: int):
    self._layout.setSpacing(space)
```

（4）定义 addWidget 方法，用来添加子级组件。方法内部调用 QHBoxLayout 对象的 addWidget 方法。

```
def addWidget(self, widget: QWidget):
    self._layout.addWidget(widget)
    # 设置为当前组件的子级
    if widget.parent() is None:
        widget.setParent(self)
```

（5）重写 sizeHint 方法，计算当前组件所需要的空间。方法内部调用了 QHBoxLayout 对象的 sizeHint 方法。

```
def sizeHint(self) -> QSize:
    return self._layout.sizeHint()
```

（6）实例化 QMainWindow 组件，它是 QtWidgets 模块提供的组件，表示应用程序的主窗口。

```
wind = QMainWindow()
wind.setWindowTitle("自定义容器")
```

（7）实例化 DemoPanel 组件。

```
panel = DemoPanel()
panel.setSpacing(10)
```

（8）创建 4 个 QLabel 组件实例，随后添加到 panel 对象中。QLabel 的背景使用随机生成的颜色填充。

```
# 共用调色板
compa = QPalette()
# 4 个 QLabel 对象
lbs = [
    QLabel("A"),
    QLabel("B"),
    QLabel("C"),
    QLabel("D")
]

for l in lbs:
    # 给标签设置随机背景色
    l.setAutoFillBackground(True)
```

```
    compa.setColor(QPalette.ColorRole.Window, QColor(
        randint(0, 255),
        randint(0, 255),
        randint(0, 255)
    ))
    l.setPalette(QPalette(compa))
    # 设置文本对齐
    l.setAlignment(Qt.AlignmentFlag.AlignCenter)
```

（9）将 4 个 QLabel 对象添加到 panel 中。

```
for l in lbs:
    panel.addWidget(l)
```

（10）调用 QMainWindow 对象的 setCentralWidget 方法，让 panel 对象填充主窗口的内容区域。

```
wind.setCentralWidget(panel)
```

（11）显示主窗口。

```
wind.showNormal()
```

示例的运行结果如图 9-3 所示。

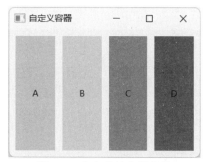

图 9-3　自定义的容器组件

9.3　QFrame

QFrame 组件构建一个带有边框的空白区域，其中可以放置其他可视化组件。QFrame 组件的边框可以是平面效果，也可以是三维效果，这取决于 Shape 和 Shadow 两个枚举的取值。

带三维效果的 QFrame 组件可以制作简单的容器，如面板。主要是在视觉上对组件进行分组，让其区域看起来与周围的组件不同。而平面效果的 QFrame 组件可以用于呈现文本、图像等内容。例如，功能比较简单的标签组件 QLabel 就是从 QFrame 类派生的。结构复杂一些的如 QTextEdit、QScrollArea（提供滚动条，可移动可视区域）等组件也派生自 QFrame 类。

9.3.1　边框形状

边框形状由 QFrame.Shape 枚举的值来指定，其成员如下。

（1）NoFrame：无边框显示。

（2）Box：绘制外框，即常规矩形边框。

（3）Panel：面板，在三维效果下会产生模拟光照投射而形成的阴影。

（4）StyledPanel：面板，但外观会受样式参数的影响。

（5）HLine：只绘制单一的水平线，适用于制作分隔线。

（6）VLine：只绘制单一的垂直线，同样适用于制作分隔线。

（7）WinPanel：此值只用于兼容，一般推荐使用 StyledPanel。使用该值会产生类似 Windows 2000 风格的面板。

以上枚举值在平面效果（Shadow 枚举的值为 Plain）中外观差异不明显（绘制一个平面矩形），但在三维效果（Shadow 枚举的值为 Raised 或 Sunken）中外观差异较大。Box 形状的 4 个边框颜色相同，而 Panel 形状的 4 个边会分成两组外观——左、上边的风格相同，右、下边的风格相同。

9.3.2　阴影效果

阴影效果能控制 QFrame 组件的边框呈现为平面或三维效果。阴影效果由 QFrame.Shadow 枚举来指定，其成员如下。

（1）Plain：平面效果，采用窗口的前景色（QPalette.WindowText 所指定的颜色，也是窗口文本的默认颜色）来绘制边框线条。无三维效果。

（2）Raised：三维效果。使用深浅不一的颜色绘制边框阴影，使其呈现出"凸起"的外形。

（3）Sunken：三维效果。使用深色和浅色画笔绘制出"凹陷"的外形。

9.3.3　示例：Box 与 Panel 形状的区别

本示例主要演示 QFrame 组件在使用三维效果后，Box 与 Panel 形状在视觉上的区别。

下面的代码在窗口中创建网格布局（QGridLayout），第一行放置 QFrame 组件，第二行包含两个 QRadioButton 组件。

```
window = QWidget()

# 布局
rootlayout = QGridLayout(window)

# QFrame 组件
myFrame = QFrame(window)
# 为了便于观察，可以设置较粗的边框
myFrame.setLineWidth(15)
# 设置内容边距
myFrame.setContentsMargins(10,10,10,10)
# 使用"凸起"阴影效果
myFrame.setFrameShadow(QFrame.Shadow.Raised)
# 放到网格布局中
rootlayout.addWidget(myFrame, 0, 0)

# 单选按钮
sublayout = QHBoxLayout()
rootlayout.addLayout(sublayout, 1, 0)
opt1 = QRadioButton("Box", window)
opt2 = QRadioButton("Pannel", window)
sublayout.addWidget(opt1)
sublayout.addWidget(opt2)
```

为了便于观察 QFrame 组件的边框，将其边框宽度设置为 15。本示例中 QFrame 组件的阴影使用"凸起"效果（Raised）。

处理两个 QRadioButton 组件的 toggled 信号，当单选按钮的状态切换时修改 QFrame 组件的边框形状（使用 setFrameShape 方法）。代码如下：

```
def onOpt1Toggled(checked: bool):
    if checked:
        myFrame.setFrameShape(QFrame.Shape.Box)

def onOpt2Toggled(checked: bool):
    if checked:
```

```
        myFrame.setFrameShape(QFrame.Shape.Panel)

opt1.toggled.connect(onOpt1Toggled)
opt2.toggled.connect(onOpt2Toggled)
```

运行示例程序，然后单击 Box 选项，设置 QFrame 组件的边框形状为 Box，如图 9-4 所示。
单击选中 Panel 选项，设置 QFrame 组件的边框形状为 Panel，如图 9-5 所示。

通过对比可知，当 QFrame 组件使用 Box 形状的边框时，只有边框自身呈现出"凸起"效果；而使用 Panel 形状时，在边框内的整个矩形区域都呈现出"凸起"效果。

图 9-4　QFrame 使用 Box 形状的边框

图 9-5　QFrame 组件使用 Panel 形状的边框

9.3.4　示例："凸起"和"凹陷"阴影的区别

本示例主要演示 QFrame 组件中"凸起"和"凹陷"两种阴影的区别。设置阴影风格需要调用 setFrameShadow 方法，例如：

```
setFrameShadow(QFrame.Shadow.Plain)
```

本示例将通过快捷键来切换 QFrame 组件的阴影风格。具体代码如下：

```
frame = QFrame()
......

# 设置边框宽度
frame.setLineWidth(15)
# 设置边框形状为 Box
frame.setFrameShape(QFrame.Shape.Box)

# 添加快捷键
# Ctrl + R：设置"凸起"阴影效果
accKey1 = QShortcut(frame)
accKey1.setKey(QKeySequence("ctrl+R"))
accKey1.setEnabled(True)
accKey1.setContext(Qt.ShortcutContext.WindowShortcut)
accKey1.activated.connect(lambda: frame.setFrameShadow(QFrame.Shadow.Raised))
# Ctrl + S：设置"凹陷"阴影效果
accKey2 = QShortcut(frame)
accKey2.setKey(QKeySequence("ctrl+S"))
accKey2.setEnabled(True)
accKey2.setContext(Qt.ShortcutContext.WindowShortcut)
accKey2.activated.connect(lambda: frame.setFrameShadow(QFrame.Shadow.Sunken))

# 显示组件
frame.show()
```

启用快捷键的流程如下。

（1）实例化 QShortcut 对象，并将其附加到对象树中，父级为 QFrame 组件。

（2）调用 setKey 方法设置按键。它需要一个 QKeySequence 对象来描述快捷键，快捷键可以用字符串来定义，如 ctrl+F，表示在按住【Ctrl】键的同时按下【F】键，即可触发。定义的字符串不区分大小写，ctrl+s 和 Ctrl+S 均有效。

（3）调用 setEnabled 方法使快捷键变为可用状态。此步可以省略，因为快捷键默认处于可用状态。

（4）调用 setContext 方法可以设置快捷键的运用范围。WindowShortcut 表示把快捷键注册为窗口级别，在整个窗口内均可用。也可以使用 ApplicationShortcut 值，使快捷键作用于整个应用程序。

（5）连接 activated 信号。当快捷键被触发时，QShortcut 对象会发出该信号，在本示例中，将调用 setFrameShadow 方法修改 QFrame 组件的阴影风格。

运行示例程序，QFrame 组件默认使用平面效果的阴影，此时按下快捷键【Ctrl+R】，应用"凸起"效果，如图 9-6 所示。

按下快捷键【Ctrl+S】，QFrame 组件的边框阴影将变为"凹陷"效果，如图 9-7 所示。

图 9-6　"凸起"阴影　　　　　　　　　　图 9-7　"凹陷"阴影

通过本示例的对比可知，Raised 阴影使边框看起来高于矩形平面，而 Sunken 阴影则低于矩形平面。

9.3.5　中线（mid-line）

此处中线是指位于外边框与内边框中间的一条线段，如图 9-8 所示。

如果去掉中线（线宽为 0），那么外框线与内框线会粘连在一起，如图 9-9 所示。

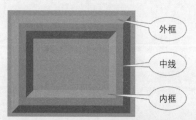　

图 9-8　边框与中线的位置　　　　　　　图 9-9　内外边框的线条粘在一起

要修改中线的宽度，可以调用 setMidLineWidth 方法，例如：

```
frame = QFrame()
frame.setLineWidth(15)
frame.setMidLineWidth(10)
```

9.3.6　setFrameStyle 方法

setFrameStyle 方法是 setFrameShape 和 setFrameShadow 方法的合并版本，可以同时设置边框形状（Shape）和阴影（Shadow）。传递参数时，将两个枚举类型的值用"或"运算符连接。例如，下面的代码指定 QFrame 组件使用 Panel 形状，以及"凹陷"阴影效果。

```
frame.setFrameStyle(
    QFrame.Shape.Panel | QFrame.Shadow.Sunken
)
```

再如，要使用 Box 形状和平面效果，setFrameStyle 方法的调用如下：

```
frame.setFrameStyle(
    QFrame.Shape.Box | QFrame.Shadow.Plain
)
```

9.4　QTabWidget

QTabWidget 组件以"页面"的方式管理子级组件。QTabWidget 组件提供一排标签栏，当用户选择一个标签后，"页面"区域会显示与该标签关联的内容组件，同时发出 currentChanged 信号。QTabWidget 组件的标签栏默认位于页面上方（顶部），可以通过 setTabPosition 方法改变标签栏的位置。

QTabWidget 组件分为两部分，标签栏由 QTabBar 组件负责呈现，而页面部分则由 QStackedWidget 组件呈现，如图 9-10 所示。

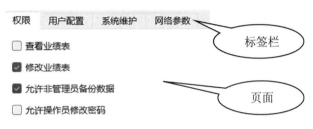

图 9-10　QTabWidget 组件的结构

9.4.1　示例：动态添加页面

本示例演示在运行阶段向 QTabWidget 组件动态添加页面。程序代码需要调用 addTab 方法添加标签页，其声明如下：

```
def addTab(widget: QWidget, label: str) -> int
def addTab(widget: QWidget, icon: Union[QIcon, QPixmap], label: str) -> int
```

widget 参数指定要作为页面内容的可视化组件；label 参数设置要在标签上显示的标题文本；icon 参数设置在标签上显示的图标。返回值是新页面的索引。

另外，如果需要在特定的索引处插入新页面，还可以使用 insertTab 方法：

```
def insertTab(index: int, widget: QWidget, label: str) -> int
def insertTab(index: int, widget: QWidget, icon: Union[QIcon, QPixmap], label: str) -> int
```

index 参数指定要插入新页面的位置，index 之后且已经存在的页面索引会递增。例如，QTabWidget 组件中已有三个页面（索引为 0、1、2），往索引为 1 的位置插入新页面。位于索引 0 处的页面位置不变，但原索引为 1、2 的页面，其索引递增后变为 2、3。

本示例需要定义窗口类，派生自 QTabWidget 类。初始化时默认添加一个页面，并且页面上有一个按钮，单击按钮后，会添加一个新的页面。自定义窗口类的代码如下：

```
class AppWindow(QTabWidget):
    def __init__(self, parent: QWidget = None):
        super().__init__(parent)
        self.resize(350, 300)
        self.setWindowTitle("动态添加 Tab")
        # 初始化时添加第一页
        page = QFrame(self)
        page.setFrameStyle(QFrame.Shape.Panel | QFrame.Shadow.Plain)
        page.setLineWidth(1)
        btn = QPushButton(page)
        btn.setText("添加新页面")
        btn.move(25, 40)
        # 连接 clicked 信号，单击该按钮添加新页面
        btn.clicked.connect(self.onAddPage)
        self.addTab(page, "默认页")
```

为"添加新页面"按钮处理 clicked 信号，连接 onAddPage 方法。该方法的实现代码如下：

```python
def onAddPage(self):
    # 获取页面总数
    count = self.count()
    # 新页面标题
    tabTitle = f"页面-{count + 1}"
    # 页面中显示的组件
    body = QLabel(self)
    # 显示当前时间
    body.setText(f"添加时间: {QTime.currentTime().toString()}")
    # 设置字体大小和颜色
    body.setStyleSheet("font-size: 18pt; color: blue")
    # 添加新页
    self.addTab(body, tabTitle)
```

新页面的内容是 **QLabel** 组件，其中显示的文本为当前时间。

运行示例程序，初始化后如图 9-11 所示。

单击"添加新页面"按钮，添加新的标签页，如图 9-12 所示。

图 9-11　初始页面

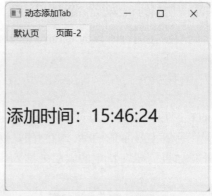

图 9-12　新的标签页

9.4.2　示例：设置标签栏的位置

QTabWidget 组件允许通过 setTabPosition 方法修改标签栏的位置。位置参数由 TabPosition 枚举类型定义（使用地理方位），成员如下。

（1）North：北面，即位于内容页的上方。

（2）South：南面，即位于内容页的下方。

（3）West：西面，即位于内容页的左方。

（4）East：东面，即位于内容页的右方。

下面的代码实例化 QTabWidget 类，并在第一页中放置 4 个按钮，分别对应上述 4 个枚举值。

```python
tabs = QTabWidget()
tabs.setWindowTitle("标签栏的位置")

# 添加第一个页面
_w = QWidget()
# 网格布局
layout = QGridLayout(_w)
# 4 个按钮
btn1 = QPushButton("东", _w)
btn2 = QPushButton("西", _w)
```

```
btn3 = QPushButton("南", _w)
btn4 = QPushButton("北", _w)
layout.addWidget(btn1, 1, 2)
layout.addWidget(btn2, 1, 0)
layout.addWidget(btn3, 2, 1)
layout.addWidget(btn4, 0, 1)
tabs.addTab(_w, "初始页")
```

依次处理 4 个按钮的 clicked 信号，调用 setTabPosition 方法改变标签栏的位置。

```
btn1.clicked.connect(lambda: tabs.setTabPosition(QTabWidget.TabPosition.East))
btn2.clicked.connect(lambda: tabs.setTabPosition(QTabWidget.TabPosition.West))
btn3.clicked.connect(lambda: tabs.setTabPosition(QTabWidget.TabPosition.South))
btn4.clicked.connect(lambda: tabs.setTabPosition(QTabWidget.TabPosition.North))
```

继续添加 4 个页面，内容为空白的 QWidget 对象。

```
tabs.addTab(QWidget(), "第二页")
tabs.addTab(QWidget(), "第三页")
tabs.addTab(QWidget(), "第四页")
tabs.addTab(QWidget(), "第五页")
```

运行示例程序，单击"初始页"上面的按钮改变标签栏的位置，如图 9-13 和图 9-14 所示。

图 9-13　标签栏位于内容页的左侧

图 9-14　标签栏位于内容页的下方

9.4.3　示例：带图标的标签

调用 addTab 方法时可以为新标签指定一个图标。本示例将在 QTabWidget 组件中新建 4 个页面，同时它们的标签上都带有图标。

关键代码如下：

```
tabw = QTabWidget()

# 添加 4 个页面，并且标签上都带有图标
ico1 = QIcon("01.png")
ico2 = QIcon("02.png")
ico3 = QIcon("03.png")
ico4 = QIcon("04.png")

tabw.addTab(QWidget(), ico1, "标签 1")
tabw.addTab(QWidget(), ico2, "标签 2")
tabw.addTab(QWidget(), ico3, "标签 3")
tabw.addTab(QWidget(), ico4, "标签 4")

# 显示组件
tabw.showNormal()
```

图标用 QIcon 类表示，直接从 PNG 格式的图像文件加载数据，然后传递给 addTab 方法。图标将显示在标签文本的左边，如图 9-15 所示。

图 9-15　带有图标的标签

9.4.4　使用快捷键

当 QTabWidget 组件的标签文本中出现"&"字符时，紧跟在"&"之后的字母（不区分大小写）会被视为快捷键。用户只要按下【Alt+<字母>】就能激活文本所在的标签页。

例如，有以下 4 个标签页：

```
tabwindow = QTabWidget()

# 添加 4 个页面
tabwindow.addTab(QWidget(), "Pic&true")
tabwindow.addTab(QWidget(), "Sh&ell")
tabwindow.addTab(QWidget(), "&Markers")
tabwindow.addTab(QWidget(), "&Folders")
```

第一个标签的文本是 Pic&true，"&"之后是字符"t"，因此激活 Picture 标签的快捷键就是【Alt+T】；第二个标签的文本是 Sh&ell，字符"&"之后是字符"e"，因此激活 Shell 标签的快捷键便是【Alt+E】。剩下的 Markers 和 Folders 标签也是同样的规律，它们的快捷键依次是【Alt+M】和【Alt+F】。

当用户按下【Alt】键后，作为快捷键的字母下方会出现短横线（下画线），如图 9-16 所示。

下画线的作用是提示用户该按哪个键。假如按下了快捷键【Alt+F】，Folders 标签就会选中，如图 9-17 所示。

图 9-16　作为快捷键的字母会带有下画线

图 9-17　Folders 标签被选中

9.5　QGroupBox

QGroupBox 组件包含标题文本、边框以及面板。添加的子级组件将呈现在面板区域内。QGroupBox 组件不会自动排列子级组件，因此建议在 QGroupBox 中使用布局类（如 QGridLayout），再往布局对象中添加组件。

可以直接在调用 QGroupBox 类的构造函数时指定标题文本，也可以在实例化 QGroupBox 后再通过 setTitle 方法设置标题，还可以调用 setAlignment 方法设置标题文本的对齐方式，如居中对齐，默认左对齐。

9.5.1　示例：QGroupBox 的基础用法

本示例将演示 QGroupBox 组件的简单用法。下面代码直接创建 QGroupBox 组件的实例作为主窗口，并在 QGroupBox 内部放置 4 个 QCheckBox 组件。

```
gbox = QGroupBox("这里是标题")
```

```
# 使用布局
layout = QVBoxLayout(gbox)
# 往布局上放组件
cb1 = QCheckBox("选项 A")
cb2 = QCheckBox("选项 B")
cb3 = QCheckBox("选项 C")
cb4 = QCheckBox("选项 D")
layout.addWidget(cb1)
layout.addWidget(cb2)
layout.addWidget(cb3)
layout.addWidget(cb4)
layout.addStretch(1)

# 显示组件
gbox.show()
```

QGroupBox 内部可以放置任意 QWidget 组件以及它的子类组件。为了减少排版工作量，最好使用布局类，如本示例中使用了 QVBoxLayout 布局。

最终效果如图 9-18 所示。

图 9-18　QGroupBox 组件的外观

9.5.2　示例：设置标题的对齐方式

QGroupBox 组件的标题默认设置为左对齐，若要改变其对齐方式，需要调用 setAlignment 方法。参数值使用的是 Qt.AlignmentFlag 枚举。

本示例在 QGroupBox 组件中放置 3 个按钮组件（QPushButton），分别控制 QGroupBox 标题文本的对齐方式。具体代码如下：

```
groupBox = QGroupBox()
# 设置标题
groupBox.setTitle("标题文本")
# 使用布局
layout = QVBoxLayout()
groupBox.setLayout(layout)
# 添加 3 个按钮
btnLeft = QPushButton("左对齐")
btnCenter = QPushButton("居中对齐")
btnRight = QPushButton("右对齐")
# 添加到布局中
layout.addWidget(btnLeft)
layout.addWidget(btnCenter)
layout.addWidget(btnRight)
# 响应按钮的 clicked 信号
btnLeft.clicked.connect(lambda: groupBox.setAlignment(Qt.AlignmentFlag.AlignLeft))
btnCenter.clicked.connect(lambda: groupBox.setAlignment(Qt.AlignmentFlag.AlignHCenter))
btnRight.clicked.connect(lambda: groupBox.setAlignment(Qt.AlignmentFlag.AlignRight))
```

```
# 显示组件
groupBox.show()
```

运行示例程序后，单击"居中对齐"按钮，QGroupBox 的标题就会出现在容器的中间位置，如图 9-19 所示。

接着单击"右对齐"按钮，标题文本就会出现在容器的右上方，如图 9-20 所示。

图 9-19　标题居中对齐

图 9-20　标题右对齐

9.5.3　示例：启用分组框的 Check 功能

QGroupBox 组件可以通过 setCheckable 方法开启 Check 功能。开启后，在 QGroupBox 组件的标题前面会显示复选框（类似 QCheckBox）。当复选框被选中后，QGroupBox 组件内的所有子级组件都处于可交互状态（允许用户进行操作）；当复选框取消选择后，QGroupBox 组件内的所有子级组件都被禁用（用户无法操作）。

本示例将在窗口上放置两个 QGroupBox 组件，它们均开启 Check 功能。具体步骤如下。

（1）初始化顶层窗口，并在窗口内放置两个 QGroupBox 组件。

```
window = QWidget()
# 在窗口中放置两个 QGroupBox 组件
rootlayout = QHBoxLayout(window)
grpBox1 = QGroupBox(window)
grpBox2 = QGroupBox(window)
rootlayout.addWidget(grpBox1, 1)
rootlayout.addWidget(grpBox2, 1)
```

（2）分别为两个 QGroupBox 组件设置标题文本。

```
grpBox1.setTitle("第一组")
grpBox2.setTitle("第二组")
```

（3）开启两个 QGroupBox 组件的 Check 功能。

```
grpBox1.setCheckable(True)
grpBox2.setCheckable(True)
```

（4）第一个 QGroupBox 组件中将创建 3 个 QRadioButton 组件。

```
_sublayout1 = QVBoxLayout(grpBox1)
optA = QRadioButton("选项--A", grpBox1)
optB = QRadioButton("选项--B", grpBox1)
optC = QRadioButton("选项--C", grpBox1)
_sublayout1.addWidget(optA)
_sublayout1.addWidget(optB)
_sublayout1.addWidget(optC)
_sublayout1.addStretch(1)
```

（5）第二个 QGroupBox 组件中使用 QFormLayout 类进行布局管理，并添加 3 个字段。

```
_sublayout2 = QFormLayout(grpBox2)
_sublayout2.addRow("字段 1: ", QLineEdit(grpBox2))
```

```
_sublayout2.addRow("字段2: ", QCheckBox("是否启用", grpBox2))
_sublayout2.addRow("字段3: ", QSpinBox(grpBox2))
```

（6）显示窗口。

```
window.show()
```

运行示例代码，QGroupBox 组件的复选框默认为选中状态，因此里面的组件都是可用的，如图 9-21 所示。

单击 QGroupBox 组件标题前面的复选框，使其变为未选中状态。此时，QGroupBox 组件内的所有子级组件都不可用，如图 9-22 所示。

图 9-21　组件均处于可用状态　　　　　　　　图 9-22　所有组件都被禁用

9.6　QScrollArea

QScrollArea 组件提供一个视图区域，当要呈现的内容大于视图区域时，就会出现滚动条。

要为 QScrollArea 设置内容组件，请调用 setWidget 方法。由于 QScrollArea 组件需要根据内容组件的大小来计算是否显示滚动条，以及滚动条滑块的位置，因此程序代码应该为内容组件设置合适的尺寸。如果 QScrollArea 组件的内容是现有的 Qt 组件（如 QLabel），那么可以调用 setMinimumSize 方法设置最小尺寸，或者调用 setFixedSize 方法设置固定尺寸；如果 QScrollArea 的内容是自定义的组件类，那么在实现自定义组件时，可以重写 sizeHint 方法，并返回合适的大小。

默认情况下，QScrollArea 组件将按需显示滚动条。代码可通过 setHorizontalScrollBarPolicy 方法（作用于水平滚动条）或 setVerticalScrollBarPolicy 方法（作用于垂直滚动条）来调整滚动条显示策略。其可选策略由 ScrollBarPolicy 枚举定义。

（1）ScrollBarAsNeeded：按需显示。这是默认值，只有当内容大于 QScrollArea 的视图区域时才会显示滚动条。

（2）ScrollBarAlwaysOff：不管内容是否超出视图区域，都不会显示滚动条。

（3）ScrollBarAlwaysOn：不管内容是否超出视图区域，始终显示滚动条。

9.6.1　示例：在 QScrollArea 中承载自定义组件

本示例先实现自定义组件类，然后将它设置为 QScrollArea 的内容组件。

CustWidget 类的实现代码如下：

```
class CustWidget(QWidget):
    def __init__(self, parent: QWidget = None):
        super().__init__(parent)
        # 默认颜色
        self._fillColor = QColor("blue")

    def __init__(self, fillColor: QColor, parent: QWidget = None):
        super().__init__(parent)
        # 设置颜色
```

```
            self._fillColor = fillColor

        def paintEvent(self, event: QPaintEvent) -> None:
            rect = self.rect()
            painter = QPainter()
            painter.begin(self)
            # 将背景设置为黑色、白色渐变
            # 渐变起点：矩形顶部的中心位置
            # 渐变终点：矩形底部的中心位置
            lg = QLinearGradient(
                QPoint(rect.center().x(), rect.top()),
                QPoint(rect.center().x(), rect.bottom()),
            )
            lg.setColorAt(0.0, QColor("black"))
            lg.setColorAt(1.0, QColor("white"))
            painter.setBackground(lg)
            # 设置绘图的画刷
            painter.setBrush(QBrush(self._fillColor))
            # 先填充背景
            painter.eraseRect(rect)
            # 绘制椭圆
            painter.drawEllipse(rect)
            painter.end()

        def sizeHint(self) -> QSize:
            # 返回该组件所需要的空间
            return QSize(800, 600)
```

该组件在实例化时可以提供 fillColor 值（默认蓝色），随后使用该颜色在组件上绘制椭圆。
CustWidget 类重写了 sizeHint 方法，返回默认需求的大小（800×600 像素）。

初始化 QScrollArea 组件，然后调用 setWidget 方法将 CustWidget 对象设置为内容组件。

```
scroller = QScrollArea()
# 初始化自定义组件
wg = CustWidget(QColor("Gold"))
scroller.setWidget(wg)

# 显示滚动视图
scroller.show()
```

运行示例程序，当 CustWidget 组件的尺寸大于 QScrollArea 组件的视图区域时，会出现水平和垂直
滚动条，如图 9-23 所示。

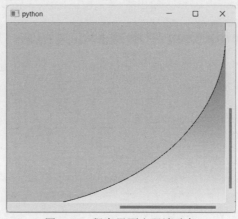

图 9-23　程序界面出现滚动条

9.6.2 示例：设置内容组件的对齐方式

当 QScrollArea 有充足的空间显示内容时，滚动条自动隐藏（默认行为），此时可以用 setAlignment 方法来设置内容组件中 QScrollArea 视图区域中的对齐方式。该方法的参数类型是 Qt.AlignmentFlag 枚举。枚举值可以组合使用，例如 AlignLeft | AlignTop 表示水平方向上左对齐，垂直方向上为顶部对齐，两个值组合后表示对象将对齐到容器的左上角。

本示例将创建 9 个按钮，代表 9 个对齐点——水平方向上的左、中、右，垂直方向上的上、中、下，两者组合起来就产生 9 个对齐点了。通过单击按钮可以设定 QLabel 组件中 QScrollArea 容器中的对齐方式。

具体的实现步骤如下。

（1）创建 QWidget 实例，作为顶层窗口。

```
window = QWidget()
window.setWindowTitle("对齐方式")
```

（2）顶层窗口使用 QHBoxLayout 布局（水平排列）。

```
layout = QHBoxLayout()
window.setLayout(layout)
```

（3）添加子布局 QGridLayout（网格布局），嵌套在 QHBoxLayout 布局内。

```
sublayout = QGridLayout()
sublayout.setAlignment(Qt.AlignmentFlag.AlignTop)
```

（4）向网格布局添加 9 个按钮。

```
# btn1：对齐到左上角
# btn2：对齐到顶部居中位置
# btn3：对齐到右上角
# btn4：对齐到左侧居中位置
# btn5：对齐到中心位置（水平、垂直方向上均居中）
# btn6：对齐到右侧居中位置
# btn7：对齐到左下角
# btn8：对齐到底部居中位置
# btn9：对齐到右下角
btn1 = QPushButton("↖")
btn2 = QPushButton("↑")
btn3 = QPushButton("↗")
btn4 = QPushButton("←")
btn5 = QPushButton("●")
btn6 = QPushButton("→")
btn7 = QPushButton("↙")
btn8 = QPushButton("↓")
btn9 = QPushButton("↘")
# 第一行第一列
sublayout.addWidget(btn1, 0, 0)
# 第一行第二列
sublayout.addWidget(btn2, 0, 1)
# 第一行第三列
sublayout.addWidget(btn3, 0, 2)
# 第二行第一列
sublayout.addWidget(btn4, 1, 0)
# 第二行第二列
sublayout.addWidget(btn5, 1, 1)
# 第二行第三列
sublayout.addWidget(btn6, 1, 2)
# 第三行第一列
sublayout.addWidget(btn7, 2, 0)
```

```
# 第三行第二列
sublayout.addWidget(btn8, 2, 1)
# 第三行第三列
sublayout.addWidget(btn9, 2, 2)
```

（5）9 个按钮的大小统一，均为 30×30 像素。

```
for r in range(0, sublayout.rowCount()):
    for c in range(0, sublayout.columnCount()):
        item = sublayout.itemAtPosition(r, c)
        item.widget().setFixedSize(30, 30)
......
layout.addLayout(sublayout)
```

（6）初始化 QScrollArea 组件。

```
scrollar = QScrollArea(window)
```

（7）呈现图像可以使用 QLabel 组件。

```
img = QPixmap("demo.jpg")
lbimg = QLabel()
lbimg.setPixmap(img)
# 让标签组件根据内容重新调整大小
lbimg.adjustSize()
# 设置滚动视图的内容
scrollar.setWidget(lbimg)
layout.addWidget(scrollar)
```

调用 setPixmap 方法后，可以调用 adjustSize 方法让 QLabel 组件根据呈现的内容自己调整其大小。

（8）连接 9 个按钮的 clicked 信号，为 QScrollArea 组件设置对齐方式。

```
btn1.clicked.connect(
    lambda: scrollar.setAlignment(
        Qt.AlignmentFlag.AlignLeft | Qt.AlignmentFlag.AlignTop
    )
)
btn2.clicked.connect(
    lambda: scrollar.setAlignment(
        Qt.AlignmentFlag.AlignTop | Qt.AlignmentFlag.AlignHCenter
    )
)
btn3.clicked.connect(
    lambda: scrollar.setAlignment(
        Qt.AlignmentFlag.AlignRight | Qt.AlignmentFlag.AlignTop
    )
)
btn4.clicked.connect(
    lambda: scrollar.setAlignment(
        Qt.AlignmentFlag.AlignLeft | Qt.AlignmentFlag.AlignVCenter
    )
)
btn5.clicked.connect(lambda: scrollar.setAlignment(Qt.AlignmentFlag.AlignCenter))
btn6.clicked.connect(
    lambda: scrollar.setAlignment(
        Qt.AlignmentFlag.AlignRight | Qt.AlignmentFlag.AlignVCenter
    )
)
btn7.clicked.connect(
    lambda: scrollar.setAlignment(
        Qt.AlignmentFlag.AlignLeft | Qt.AlignmentFlag.AlignBottom
    )
)
btn8.clicked.connect(
    lambda: scrollar.setAlignment(
```

```
            Qt.AlignmentFlag.AlignHCenter | Qt.AlignmentFlag.AlignBottom
        )
    )
btn9.clicked.connect(
    lambda: scrollar.setAlignment(
        Qt.AlignmentFlag.AlignRight | Qt.AlignmentFlag.AlignBottom
    )
)
```

（9）显示窗口。

```
window.show()
```

运行示例后，适当调整窗口的大小，使呈现的图像有足够的空间完成对齐，然后单击窗口左边的按钮来调整图像的对齐位置。例如，单击"↘"按钮让图像对齐到右下角，如图 9-24 所示。

图 9-24　图像对齐到右下角

9.6.3　示例：拉伸图像

本示例搭配使用 QScrollArea 和 QLabel 组件实现拉伸图像的功能。

要实现拉伸图像的功能，两个组件需要满足以下条件。

（1）设置 QScrollArea 组件的 widgetResizable 属性为 True（通过 setWidgetResizable 方法），使 QScrollArea 组件能够根据视图的变化调整 QLabel 组件的大小。

（2）QLabel 组件需要调用 setScaledContents 方法启用自动缩放内容的功能。

（3）QLabel 组件需要调用 setSizePolicy 方法将水平、垂直方向上的缩放策略修改为 Ignored。否则，当滚动视图小于 QLabel 组件的最小尺寸时，预设的缩放策略会导致 QScrollArea 组件出现滚动条，图像无法拉伸。

示例的核心代码如下：

```
# 创建 QScrollArea 组件
scrollarea = QScrollArea()
# 自动调整内容组件的大小
scrollarea.setWidgetResizable(True)

# 创建 QLabel 组件，显示图像
widget = QLabel()
# 自动缩放内容
widget.setScaledContents(True)
# 忽略缩放策略
widget.setSizePolicy(QSizePolicy.Policy.Ignored, QSizePolicy.Policy.Ignored)
# 设置要加载的图像文件
widget.setPixmap(QPixmap("test.jpg"))

# 设置 QScrollArea 的内容组件
```

```
scrollarea.setWidget(widget)
# 显示组件
scrollarea.show()
```

运行示例程序，直接调整窗口大小即可拉伸图像，如图 9-25 和图 9-26 所示。

图 9-25　横向拉伸图像

图 9-26　纵向拉伸图像

9.7　QToolBox

QToolBox（工具箱组件）中可以添加多个条目（子项），每个条目都包含标题（可以带图标）和内容组件。QToolBox 类似于 TabWidget 组件，每次只显示一个条目的内容，其他条目被折叠。

以下方法成员可以向 QToolBox 组件添加子项。

```
def addItem(widget: QWidget, icon: Union[QIcon, QPixmap], text: str) -> int
def addItem(widget: QWidget, text: str) -> int
```

QToolBox 组件允许将任意 QWidget 对象（包括 QWidget 的子类）添加到子项列表中。text 参数表示工具箱条目的标题文本。icon 是可选参数，用于加载显示在标题文本前面的图标。返回值是新条目的索引。

另外，下面的方法也可以添加条目：

```
def insertItem(index: int, widget: QWidget, icon: Union[QIcon, QPixmap], text: str) -> int
def insertItem(index: int, widget: QWidget, text: str) -> int
```

insertItem 方法用于在指定索引处（index 参数）处插入新条目。

如果工具箱条目的标题不足以描述其用途，还可以使用以下方法为其设置工具提示：

```
def setItemToolTip(self, index: int, toolTip: str)
```

index 参数表示要设置工具提示的条目索引，toolTip 参数表示工具提示文本。当鼠标指针移动到条目标题上并悬浮片刻后，会显示提示文本。

访问 currentIndex 方法可以获得当前被激活的工具箱条目的索引。若要获得当前条目的 QWidget 组件引用，请使用 currentWidget 方法。当工具箱中被激活的条目变更后，QToolBox 组件会发出 currentChanged 信号，并通过 index 参数携带被激活条目的索引。

9.7.1　示例：带图标的工具箱条目

本示例将创建 4 个带图标和标题的工具箱条目。定义 4 个函数，用于为工具箱条目初始化 QWidget（或其子类）对象，代码如下：

```
def makeWidget1():
    w = QWidget()
    # 水平布局
    layout = QHBoxLayout(w)
    # 两个单选按钮
    ra = QRadioButton("Open", w)
    rb = QRadioButton("Close", w)
    rb.setChecked(True)
```

```
        layout.addWidget(ra)
        layout.addWidget(rb)
        return w

def makeWidget2():
    # 列表组件
    w = QListWidget()
    w.addItem("Item 1")
    w.addItem("Item 2")
    w.addItem("Item 3")
    return w

def makeWidget3():
    # 标签组件
    lb = QLabel()
    lb.setText("Game Box")
    return lb

def makeWidget4():
    w = QWidget()
    layout = QGridLayout()
    w.setLayout(layout)
    # 两个按钮
    bA = QPushButton("按钮 1", w)
    bB = QPushButton("按钮 2", w)
    # 滑动条组件
    sld = QSlider(Qt.Orientation.Horizontal, w)
    sld.setMaximum(30)
    sld.setValue(17)
    sld.setTickInterval(2)
    layout.addWidget(bA, 0, 0)
    layout.addWidget(bB, 0, 1)
    layout.addWidget(sld, 1, 0, 1, 2)
    return w
```

实例化 QToolBox 组件，然后调用 addItem 方法添加 4 个条目，代码如下：

```
toolBox = QToolBox()
toolBox.setWindowTitle("我的工具箱")

# 添加工具箱条目
toolBox.addItem(makeWidget1(), QIcon("01.png"), "第一组")
toolBox.addItem(makeWidget2(), QIcon("02.png"), "第二组")
toolBox.addItem(makeWidget3(), QIcon("03.png"), "第三组")
toolBox.addItem(makeWidget4(), QIcon("04.png"), "第四组")
```

QIcon 类用于加载图标，本示例使用了 4 个大小为 16×16 像素的图像文件。"第一组""第二组"等是标题文本。

示例运行结果如图 9-27 所示。注意，QToolBox 组件一次只显示一个条目的内容，可以单击条目标题来切换内容。

图 9-27　带图标的工具箱条目

9.7.2 示例：处理 currentChanged 信号

当 QToolBox 组件中当前选中的条目改变后会发出 currentChanged 信号，并提供最新被选中的条目索引。本示例将处理 currentChanged 信号，根据索引获取当前条目的标题文本，并显示在 QLabel 组件中。以下代码初始化顶层窗口。

```python
window = QWidget()
# 布局
layout = QVBoxLayout()
window.setLayout(layout)
```

窗口使用垂直排列布局。下面的代码初始化 QToolBox 组件，添加 5 个条目。

```python
toolbox = QToolBox(window)
# 添加条目
lb1 = QLabel("礼、乐、射、御、书、数")
toolbox.addItem(lb1, "六艺")
lb2 = QLabel("初伏、中伏、末伏")
toolbox.addItem(lb2, "三伏")
lb3 = QLabel("金、石、土、木、丝、革、匏、竹")
toolbox.addItem(lb3, "八音")
lb4 = QLabel("春、夏、秋、冬")
toolbox.addItem(lb4, "四时")
lb5 = QLabel("黄帝、颛顼、帝喾、唐尧、虞舜")
toolbox.addItem(lb5, "五帝")
layout.addWidget(toolbox, 1)
```

连接 currentChanged 信号，将当前条目的标题显示在名为 lbMsg 的 QLabel 组件中。

```python
def onCurrentChenged(index: int):
    # 获取标题
    title = toolbox.itemText(index)
    lbMsg.setText(f"当前标题：{title}")

toolbox.currentChanged.connect(onCurrentChenged)
```

运行示例后，单击当前某个工具箱条目的标题，该条目便处于选中状态。同时，窗口底部的标签组件会显示该条目的标题，如图 9-28 所示。

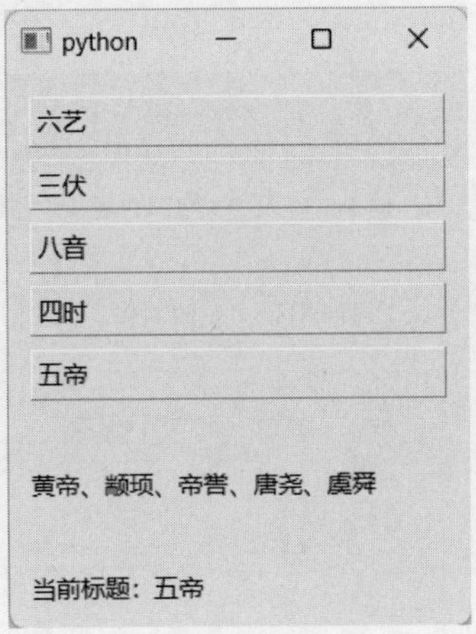

图 9-28　标签显示当前选中的标题

## 第 10 章

菜单栏、工具栏与状态栏

本章要点：
- ➢ 菜单栏；
- ➢ 工具栏；
- ➢ 状态栏；
- ➢ 上下文菜单；
- ➢ 快捷键。

10.1　QMenu

QMenu 表示菜单组件，用户通过菜单来选择需要执行的命令。将 QMenu 组件插入 QMenuBar 组件（菜单栏）中，用户可以用单击鼠标或按快捷键的方式激活菜单。QMenu 组件也可以独立使用，如上下文菜单。上下文菜单默认不可见，需要右击才能激活。

菜单项使用 QAction 类封装。它表示一个可触发的用户命令，不仅能添加到 QMenu 中成为菜单项，还可以添加到 QToolBar 中成为命令按钮。

使用 QAction 类封装命令的优点是可以重复使用——菜单栏与工具栏中经常出现功能相同的命令。例如，"复制"命令，它既可以出现在菜单栏中，也可以出现在工具栏上。

当 QMenu 中有菜单项被选择后，它会发出 triggered 信号，同时传递被选中命令相关联的 QAction 对象，而 QAction 类自身也会发出 triggered 信号。因此，如果已连接 QAction 类的 triggered 信号并且实现了命令功能，那么在连接 QMenu 类的 triggered 信号时就不需要重复实现了。

QMenu 组件可以调用 addMenu 方法将其他 QMenu 组件添加到子菜单。当它被用于菜单栏时，单击菜单标题后会自动弹出菜单项；独立使用 QMenu 组件时，可以调用 exec 或 popup 方法来显示菜单。exec 方法是同步打开菜单，即菜单显示之后，事件处理队列会被阻塞，直到用户做出选择或关闭菜单。popup 方法是异步打开菜单，事件处理队列不会被阻塞，在菜单打开期间，应用程序仍可以处理其他事件。因此，popup 方法调用后会立即返回，无须等待用户做出选择。

10.1.1　示例：两种添加 QAction 的方案

QMenu.addAction 方法有多个重载，在调用时需要考虑两种情况。

（1）QAction 对象仅在当前菜单使用，可以调用 addAction 方法的便捷版本，QMenu 组件会自动实例化 QAction 对象并将其返回。同时，QMenu 组件会接管该 QAction 对象，在释放内存资源时将自动删除该 QAction 对象。

（2）QAction 对象为共享对象（例如，同时在菜单栏和工具栏中使用），需要先创建 QAction 实例，完成初始化后再调用 QMenu.addAction 方法添加为菜单项。

本示例将演示上述两种方案。示例窗口中有一个按钮组件，单击后会在按钮的右下角弹出菜单。初始化 QMenu 和 QAction 对象的代码写在与按钮组件 clicked 信号连接的方法成员中。

自定义窗口 AppWindow 的实现代码如下：

```python
class AppWindow(QWidget):
    def __init__(self):
        super().__init__(None)
        self.resize(380, 300)
        # 创建按钮组件
        self.btn = QPushButton(self)
        self.btn.setText("单击这里显示菜单")
        self.btn.move(45, 30)
        # 连接信号
        self.btn.clicked.connect(self.onClicked)

    def onClicked(self):
        # 构建菜单
        menu = QMenu(self)
        # 第一种方法，先创建 QAction 实例
        theAction = QAction("选项-1", self)
        # 连接 triggered 信号
        theAction.triggered.connect(
            lambda: QMessageBox.information(self, "提示", "你选择了"选项1"")
        )
        menu.addAction(theAction)

        # 第二种方法，调用 addAction 的便捷版重载，返回 QAction 实例
        theAction = menu.addAction("选项-2")
        # 再连接 QAction.triggered 信号
        theAction.triggered.connect(
            lambda: QMessageBox.information(self, "提示", "你选择了"选项2"")
        )

        # 显示菜单
        menu.popup(self.btn.mapToGlobal(self.btn.rect().bottomRight()))
```

本示例已分别处理两个 QAction 对象的 triggered 信号，因此 QMenu 组件的 triggered 信号不需要处理。popup 方法需要提供一个坐标点，表示菜单弹出的位置。由于菜单显示在单独的窗口中，所以提供给 popup 方法的 QPoint 实例应当是全局坐标。

要让菜单显示在按钮的右下角，需要先调用 rect().bottomRight()方法获得按钮右下角的相对坐标（相对父窗口），然后用 mapToGlobal 将坐标转换为屏幕坐标。

运行示例，单击按钮后弹出菜单，如图 10-1 所示。

单击选择一个菜单项，将执行关联的代码，如图 10-2 所示。

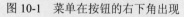

图 10-1　菜单在按钮的右下角出现

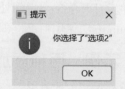

图 10-2　响应 QAction 的 triggered 信号

10.1.2　示例：处理 QMenu 的 triggered 信号

如果 QAction 对象仅在某个 QMenu 组件实例中使用，不与其他容器共享，那么连接 QMenu 组件的 triggered 信号会比逐个处理 QAction 对象的 triggered 信号的效率更高。QMenu 组件在发出 triggered 信号时会传递当前被选择的 QAction 引用。

本示例的主窗口上有一个按钮组件（QPushButton）、一个标签组件（QLabel）。单击按钮后，会弹出菜单。当选择菜单项后，标签组件将显示操作结果。代码如下：

```
......
# 按钮
button = QPushButton("单击弹出菜单", window)
# 标签
label = QLabel(window)
layout.addWidget(button)
layout.addWidget(label)
```

初始化菜单（QMenu）组件，并添加 4 个 QAction 对象。

```
menu = QMenu(window)
# 菜单项
action1 = QAction("前进", window)
action2 = QAction("后退", window)
action3 = QAction("左转", window)
action4 = QAction("右转", window)
menu.addAction(action1)
menu.addAction(action2)
menu.addAction(action3)
menu.addAction(action4)
```

连接 QMenu 组件的 triggered 信号，并判断哪个 QAction 对象被触发。在 QLabel 组件中显示操作结果。代码如下：

```
def onTriggered(action: QAction):
    if action == action1:
        label.setText("你选择了【前进】")
    if action == action2:
        label.setText("你选择了【后退】")
    if action == action3:
        label.setText("你选择了【左转】")
    if action == action4:
        label.setText("你选择了【右转】")

menu.triggered.connect(onTriggered)
```

连接 QPushButton 组件的 clicked 信号，弹出菜单。

```
def onClicked():
    # 获取按钮下方的坐标
    pt = button.rect().bottomLeft()
    # 换算全局坐标
    pt = button.mapToGlobal(pt)
    # 弹出菜单
    menu.popup(pt)

button.clicked.connect(onClicked)
```

运行示例程序，单击按钮，在弹出的菜单中随机选择一项，如图 10-3 所示。窗口右边会显示被选项，如图 10-4 所示。

图 10-3　弹出的菜单

图 10-4　显示选择结果

10.1.3 示例：exec 方法和 popup 方法的区别

在显示菜单时，exec 方法是同步呈现菜单，必须等到用户从菜单中选择一项或关闭菜单后，exec 方法才返回；而 popup 方法是异步呈现，调用后马上返回。本示例分别在调用 exec 和 popup 方法后通过 print 函数向控制台打印文本内容。这样可以很直观地看出两者的区别。

下面的代码将初始化菜单组件。

```
menu = QMenu(window)
menu.addAction("复制")
menu.addAction("移动")
```

下面的代码初始化两个按钮组件，然后连接它们的 clicked 信号。

```
btn1 = QPushButton(window)
btn2 = QPushButton(window)
......
# 设置文本
btn1.setText("调用 exec 方法弹出菜单")
btn2.setText("调用 popup 方法弹出菜单")

# 连接 clicked 信号
def btn1Clicked():
    menu.exec(btn1.mapToGlobal(btn1.rect().bottomRight()))
    print("从 exec 方法返回")
btn1.clicked.connect(btn1Clicked)

def btn2Clicked():
    menu.popup(btn2.mapToGlobal(btn2.rect().bottomRight()))
    print("从 popup 方法返回")
btn2.clicked.connect(btn2Clicked)
```

运行示例程序后，先单击"调用 exec 方法弹出菜单"按钮，菜单打开后，控制台并没有文本输出；关闭菜单后，控制台才输出"从 exec 方法返回"。

接着，单击"调用 popup 方法弹出菜单"按钮。此时读者会发现，菜单打开后控制台马上就输出"从 popup 方法返回"。这表明，popup 方法不会等菜单关闭，调用后马上返回，而 exec 方法要等到菜单关闭才能返回。

10.2　菜单栏

菜单栏（对应的组件是 QMenuBar 类）是一种专用容器，包含一系列菜单。通常，菜单栏会显示顶层菜单的标题文本，菜单被激活时会向下弹出菜单项列表。

不需要为 QMenuBar 组件配置布局参数，因为该组件会自动完成。当 QMenuBar 组件被添加到父级组件后，它会自动调整大小，并且定位于父级组件的顶部。如果使用了布局类，可以调用布局对象的 setMenuBar 方法来引用 QMenuBar 组件，布局对象会自动将菜单栏放在父容器的顶部。

向菜单栏添加菜单时可以使用两种方案。

（1）调用返回 QMenu 实例的 addMenu 方法。QMenuBar 组件会自动创建 QMenu 实例，并且接管它的生命周期——释放资源时会自动删除 QMenu 实例。

（2）先初始化 QMenu 实例，再传递给 addMenu 方法。此时，QMenuBar 组件不会接管 QMenu 实例。在不需要 QMenu 实例时，程序代码可以手动删除它的实例，或者将 QMenu 实例添加到其 Qt 对象树中（如当前窗口），由父级对象负责删除实例。

10.2.1　示例：向菜单栏添加菜单

本示例将向菜单栏添加"文件""编辑""产品"三个菜单。每个菜单下会包含若干菜单项。
核心代码如下：

```
# 创建菜单栏
menuBar = QMenuBar(window)

# ---------- 添加菜单 ----------
# 【文件】菜单
fileMenu = menuBar.addMenu("文件")
fileMenu.addAction("新建")
fileMenu.addAction("保存")
fileMenu.addAction("打开")
fileMenu.addAction("关闭")
# 【编辑】菜单
editMenu = menuBar.addMenu("编辑")
editMenu.addAction("复制")
editMenu.addAction("剪切")
editMenu.addAction("粘贴")
editMenu.addAction("查找")
editMenu.addAction("字符转码")
# 【产品】菜单
productMenu = menuBar.addMenu("产品")
productMenu.addAction("获取说明书")
productMenu.addAction("关于产品")
```

本示例在向 QMenuBar 组件添加菜单时，调用的是返回 QMenu 对象的重载。QMenu 实例由 QMenuBar 组件负责创建，并从 addMenu 方法返回。获得 QMenu 实例的引用后，再用 addAction 方法添加菜单项。

示例的运行结果如图 10-5 所示。

图 10-5　下拉菜单

10.2.2　示例：在布局中使用菜单栏

调用布局类的 setMenuBar 方法可以将 QMenuBar 对象与布局关联。布局类会将菜单栏放到父容器的顶部，并自动调整菜单栏的大小。

本示例使用 QGridLayout 类进行布局，布局中添加 4 个 QLabel 组件。最后让 QGridLayout 对象与 QMenuBar 对象关联。具体实现步骤如下。

（1）创建顶层窗口，并使用 QGridLayout 布局。

```
window = QWidget()
layout = QGridLayout()
window.setLayout(layout)
```

（2）在 QGridLayout 布局内放置 4 个 QLabel 组件。

```
label1 = QLabel("第1行，第1列", window)
layout.addWidget(label1, 0, 0)
label2 = QLabel("第1行，第2列", window)
layout.addWidget(label2, 0, 1)
label3 = QLabel("第2行，第1列", window)
layout.addWidget(label3, 1, 0)
label4 = QLabel("第2行，第2列", window)
layout.addWidget(label4, 1, 1)
```

（3）实例化菜单栏，然后添加"用户"和"模块"菜单。

```
menuBar = QMenuBar(window)
# 添加菜单
menu1 = QMenu("用户", window)
menu1.addAction("修改密码")
menu1.addAction("新建用户")
menu1.addAction("导出用户")
menu1.addAction("管理用户")
menuBar.addMenu(menu1)
menu2 = QMenu("模块", window)
menu2.addAction("财务")
menu2.addAction("招聘")
menu2.addAction("仓储")
menu2.addAction("生产")
menu2.addAction("培训")
menuBar.addMenu(menu2)
```

（4）将菜单栏与布局对象关联。

```
layout.setMenuBar(menuBar)
```

（5）显示窗口。

```
window.show()
```

示例的运行结果如图 10-6 所示。

图 10-6   菜单栏与 QGridLayout 布局

10.2.3   示例：子菜单

QMenuBar 组件调用 addMenu 方法添加的是顶层菜单，若需要嵌套菜单（子菜单），可以先创建 QMenu 对象的实例作为顶层菜单，然后调用 QMenu 对象的 addMenu 添加子菜单，最后把顶层菜单添加到菜单栏。

本示例将在菜单栏中添加"文件"菜单，"文件"菜单包含子菜单"导出"。"导出"菜单包含 3 个菜单项。

示例的关键代码如下：

```
# 创建菜单栏
menubar = QMenuBar(window)
# 创建菜单
filemenu = QMenu("文件")
```

```
filemenu.addAction("新建")
filemenu.addAction("打开")
filemenu.addAction("保存")
# 创建子菜单
exportmenu = filemenu.addMenu("导出")
exportmenu.addAction("PNG 格式")
exportmenu.addAction("JPG 格式")
exportmenu.addAction("BMP 格式")
# 将菜单添加到菜单栏
menubar.addMenu(filemenu)
```

最终效果如图 10-7 所示。

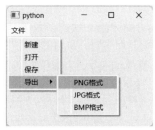

图 10-7　子菜单

子菜单可以多级嵌套，但尽量避免创建层次过多的子菜单。菜单结构过于复杂会增加用户使用程序的难度，影响体验。

10.2.4　示例：添加带图标的菜单

QMenu 类的 addAction 方法包含可以使用 QIcon 类来加载图标的重载：

```
def addAction(icon: Union[QIcon, QPixmap], text: str) -> QAction
```

本示例将创建 4 个带有图标的菜单项，核心代码如下：

```
# 创建顶层窗口
myWindow = QWidget()
myWindow.resize(285, 260)

# 创建菜单
menu = QMenu("Demo", myWindow)
# 添加菜单项
menu.addAction(QIcon("a.png"), "菜单 1")
menu.addAction(QIcon("b.png"), "菜单 2")
menu.addAction(QIcon("c.png"), "菜单 3")
menu.addAction(QIcon("d.png"), "菜单 4")
# 将菜单添加到菜单栏
menuBar = QMenuBar(myWindow)
menuBar.addMenu(menu)
......
```

效果如图 10-8 所示。

图 10-8　带图标的菜单

10.2.5　带 check 标记的菜单

菜单项也可以像 QCheckBox 组件那样显示 check 标记。让菜单项支持 check 功能的核心是 QAction 类——调用 QAction 对象的 setCheckable 方法可以设置菜单项（也适用于工具栏按钮）是否具有 check 功能。

QAction 对象发出的 triggered 信号带有布尔类型的 checked 参数。在接收此消息的代码中可以用 checked 参数来判断菜单项的当前状态。当菜单项开启了 check 功能后，在 check 状态切换后还会发出 toggled 信号。同样，toggled 信号也带有 checked 参数，用于判断菜单项是否处于 checked 状态。

triggered 与 toggled 信号是有区别的，具体表现如下。

（1）通过用户操作（如单击鼠标、按下快捷键等）切换 check 状态：triggered 与 toggled 信号都会发出。

（2）调用 setChecked 或 toggle 方法切换 check 状态：仅发出 toggled 信号，triggered 信号不会发出。

因此，对于启用 check 功能的菜单项，处理 toggled 信号比较合适。

下面的示例将在菜单栏中添加一个菜单组件，菜单组件包含两个菜单项。两个菜单项都开启 check 功能。第一个菜单项处理的是 triggered 信号，第二个菜单项处理的是 toggled 信号。

菜单栏与菜单的初始化代码如下：

```python
# 窗口
mainWindow = QWidget()

# 菜单栏
menuBar = QMenuBar(mainWindow)

# 添加菜单
menu = menuBar.addMenu("主菜单")
# 第一个菜单项
actionA = QAction("自动刷新", menu)
actionA.setCheckable(True)
menu.addAction(actionA)
# 第二个菜单项
actionB = QAction("自动下载", menu)
actionB.setCheckable(True)
menu.addAction(actionB)
```

actionA 连接 triggered 信号，actionB 连接 toggled 信号，代码如下：

```python
def onTriggeredA(checked: bool):
    if checked:
        msg = "已开启自动刷新"
    else:
        msg = "已关闭自动刷新"
    QMessageBox.information(mainWindow, "提示", msg)
actionA.triggered.connect(onTriggeredA)

def onToggledB(checked: bool):
    if checked:
        msg = "已开启自动下载"
    else:
        msg = "已关闭自动下载"
    QMessageBox.information(mainWindow, "提示", msg)
actionB.toggled.connect(onToggledB)
```

此时，通过鼠标依次单击菜单项，它们都会弹出消息对话框。

接下来，在窗口中添加两个按钮组件，调用 toggle 方法来修改菜单项的 check 状态。代码如下：

```python
btn1 = QPushButton("切换"自动刷新"菜单", mainWindow)
```

```
btn1.clicked.connect(lambda: actionA.toggle())
btn2 = QPushButton("切换"自动下载"菜单", mainWindow)
btn2.clicked.connect(lambda: actionB.toggle())
# 设置两个按钮的坐标
btn1.move(22, 35)
btn2.move(22, 65)
```

单击切换“自动刷新”菜单按钮虽然能改变 actionA 的 check 状态，但不会弹出消息对话框。这是因为未发出 triggered 信号；单击切换“自动下载”菜单按钮后，actionB 的 check 状态会更新，同时会弹出消息对话框。这是因为 toggle 方法会触发 toggled 信号。

10.3　工具栏

工具栏（QToolBar）包含若干工具按钮，用户通过单击按钮来执行某项操作。与菜单栏（QMenuBar）类似，工具栏也是通过 QAction 类添加工具按钮的。

10.3.1　图标大小与样式

调用 setIconSize 方法可以自定义图标的呈现大小，参数类型为 QSize，例如：

```
setIconSize(QSize(20, 20))
```

上述代码设置工具栏按钮的图标尺寸为 20×20 像素，而图标样式则由 Qt.ToolButtonStyle 枚举来定义。具体说明可参考表 10-1。

表 10-1　工具栏按钮的图标样式

样　式	说　明	效　果
ToolButtonIconOnly	只显示图标	
ToolButtonTextOnly	只显示文本	保存
ToolButtonTextBesideIcon	文本出现在图标的旁边	保存
ToolButtonTextUnderIcon	文本在图标的下面	保存
ToolButtonFollowStyle	跟随组件样式	保存

10.3.2　示例：工具栏的基础用法

本示例将演示含有 6 个命令按钮的工具栏。其用法与 QMenu 组件相同，通过 addAction 方法添加 QAction 对象（一个 QAction 对象表示一个命令按钮）。

首先创建 QToolBar 实例，接着设置图标大小以及命令按钮的样式。代码如下：

```
toolBar = QToolBar(window)
# 设置图标大小
toolBar.setIconSize(QSize(24, 24))
# 设置按钮样式
toolBar.setToolButtonStyle(Qt.ToolButtonStyle. ToolButtonTextUnderIcon)
```

调用 addAction 方法添加 6 个命令按钮，如下面的代码所示：

```
actCopy = toolBar.addAction(QIcon("copy.png"), "复制")
actCut = toolBar.addAction(QIcon("cut.png"), "剪贴")
actPaste = toolBar.addAction(QIcon("paste.png"), "粘贴")
actOpen = toolBar.addAction(QIcon("open.png"), "打开")
actNew = toolBar.addAction(QIcon("new.png"), "新建")
actSave = toolBar.addAction(QIcon("save.png"), "保存")
```

本示例直接处理 QToolBar 组件的 actionTriggered 信号。当用户单击工具栏中任一按钮后，QToolBar 组件都会发出 actionTriggered 信号，并且附带一个 QAction 类型的参数，表示被选择的 QAction 对象。下面代码将调用 print 函数打印出被选中的命令按钮文本：

```python
def onActionTriggered(action: QAction):
    text = action.text()
    print(f"你执行了{text}命令")


toolBar.actionTriggered.connect(onActionTriggered)
```

运行示例程序，效果如图 10-9 所示。

图 10-9 工具栏示例

10.3.3 示例：在 QMainWindow 中使用工具栏

QMainWindow 派生自 QWidget 类，它更适合作为应用程序的主窗口。QMainWindow 类对菜单栏、工具栏的布局比较友好。本示例将在 QMainWindow 类中创建两个工具栏，并分别停靠在窗口的左、右边沿。

QMainWindow 类调用 addToolBar 方法来添加 QToolBar 对象。同时，可通过 Qt.ToolBarArea 枚举设置工具栏的停靠位置。该枚举包含以下定义。

（1）LeftToolBarArea：停靠于窗口左边沿。

（2）RightToolBarArea：停靠于窗口右边沿。

（3）TopToolBarArea：停靠在窗口的上边沿。

（4）BottomToolBarArea：停靠在窗口的下边沿。

注意，向 addToolBar 方法传递 NoToolBarArea 和 AllToolBarAreas 都会导致错误。如果某个工具栏组件未添加到主窗口中，那么调用 QMainWindow.toolBarArea 方法将返回 NoToolBarArea。

本示例将从 QMainWindow 派生出自定义类型——MyMainWindow。在类的 __init__ 方法中创建两个 QToolBar 实例，然后添加到主窗口中，分别停靠于窗口的左、右边沿。MyMainWindow 类的完整代码如下：

```python
class MyMainWindow(QMainWindow):
    def __init__(self):
        super().__init__(None)
        # 创建两个工具栏
        self.toolbar1 = QToolBar(self)
        self.toolbar2 = QToolBar(self)
        # 设置图标大小
        self.toolbar1.setIconSize(QSize(16, 16))
        self.toolbar2.setIconSize(QSize(16, 16))
        # 设置命令按钮的样式
        self.toolbar1.setToolButtonStyle(Qt.ToolButtonStyle.ToolButtonIconOnly)
        self.toolbar2.setToolButtonStyle(Qt.ToolButtonStyle.ToolButtonIconOnly)
```

```python
        # 第一个工具栏添加三个命令按钮
        self.actTool = QAction(QIcon("01.png"), "Tool", self)
        self.actPack = QAction(QIcon("02.png"), "Pack", self)
        self.actPin = QAction(QIcon("03.png"), "Pin", self)
        self.toolbar1.addAction(self.actTool)
        self.toolbar1.addAction(self.actPack)
        self.toolbar1.addAction(self.actPin)
        # 第二个工具栏也添加三个命令按钮
        self.actWood = QAction(QIcon("04.png"), "Wood", self)
        self.actDrink = QAction(QIcon("05.png"), "Drink", self)
        self.actToy = QAction(QIcon("06.png"), "Toy", self)
        self.toolbar2.addAction(self.actWood)
        self.toolbar2.addAction(self.actDrink)
        self.toolbar2.addAction(self.actToy)
        # 将工具栏与主窗口关联
        self.addToolBar(Qt.ToolBarArea.LeftToolBarArea, self.toolbar1)
        self.addToolBar(Qt.ToolBarArea.RightToolBarArea, self.toolbar2)
```

运行效果如图 10-10 所示。

默认情况下，工具栏的位置并非锁定的，鼠标左键按住工具栏操作手柄可以将其拖动到窗口的任意位置，如图 10-11 所示。

图 10-10　停靠于窗口左右两侧的工具栏

图 10-11　通过拖动调整工具栏的位置

10.4　contextMenu 事件

QWidget 类定义了 contextMenuEvent 方法，用于处理 contextMenu 事件——当用户右击或按下键盘上的【Menu】键时，会在鼠标指针的当前位置弹出上下文菜单。QWidget.contextMenuEvent 方法的默认实现已忽略 contexMenu 事件，因此若需要创建并显示上下文菜单，派生类必须重写 contextMenuEvent 方法。

10.4.1　QContextMenuEvent 类

contextMenuEvent 方法被调用时会接收一个 QContextMenuEvent 类型的事件参数。通过该类，程序代码可以获取到右击时的屏幕坐标（全局坐标）或相对于当前 QWidget 组件的坐标（本地坐标），具体请参考表 10-2。

表 10-2　获取右击坐标的方法成员

	方 法 成 员	说　　明
全局坐标	globalPos	返回鼠标指针的全局坐标，类型为 QPoint
	globalX	返回全局坐标中的 X 坐标
	globalY	返回全局坐标中的 Y 坐标

续表

	方 法 成 员	说　　明
	pos	返回鼠标指针相对于当前 QWidget 的坐标，类型为 QPoint
本地坐标	x	返回相对于当前 QWidget 的 X 坐标
	y	返回相对于当前 QWidget 的 Y 坐标

10.4.2　示例：用上下文菜单改变窗口颜色

本示例将重写 QWidget 类的 contextMenuEvent 方法，创建并显示上下文菜单。菜单项所使用的图标将通过代码绘制。菜单的功能是改变窗口的背景颜色。

具体的实现步骤如下。

（1）定义 MyWindow 类，派生自 QWidget。

```
class MyWindow(QWidget):
    ......
```

（2）在 MyWindow 类中定义 drawIcon 方法。方法通过输入参数所提供的颜色，在 QPixmap 对象中填充矩形区域，并返回 QPixmap 对象的引用。

```
def drawIcon(self, color: QColor) -> QPixmap:
    px = QPixmap(QSize(16, 16))
    painter = QPainter()
    painter.begin(px)
    # 用参数提供的颜色填充矩形区域
    painter.fillRect(px.rect(), color)
    painter.end()
    return px
```

（3）重写基类的 contextMenuEvent 方法，创建 QMenu 实例，添加 3 个菜单项。

```
def contextMenuEvent(self, event: QContextMenuEvent):
    # 创建菜单实例
    menu = QMenu(self)
    # 添加菜单项
    action1 = menu.addAction(QIcon(self.drawIcon(QColor("blue"))), "蓝色")
    action1.setData("BLUE")
    action2 = menu.addAction(QIcon(self.drawIcon(QColor("green"))), "绿色")
    action2.setData("GREEN")
    action3 = menu.addAction(QIcon(self.drawIcon(QColor("gray"))), "灰色")
    action3.setData("GRAY")
    # 连接信号
    menu.triggered.connect(self.onActionTriggered)
    # 弹出菜单
menu.popup(event.globalPos())
```

setData 方法可以传递任何类型的对象引用（QAction 对象的 data 属性）。该对象将作为 QAction 对象的自定义数据，连接到 QMenu.triggered 信号的代码中，调用 data 方法能获取到该对象。该对象的作用是区分哪一个 QAction 对象被触发。假设"蓝色"菜单项被选中，那么从 triggered 信号传递的 QAction 对象的 data 属性就会读出"BLUE"。

（4）定义并实现 onActionTriggered 方法。它与 QMenu.triggered 信号连接。

```
def onActionTriggered(self, action: QAction):
    # 通过 QAction.data 返回的值来判断被激活的菜单项
    data = action.data()
    # 根据 data 的值修改调色板
```

```
        palette = QPalette(self.palette())
        if data == "BLUE":
            palette.setColor(QPalette.ColorRole.Window, QColor("blue"))
        if data == "GREEN":
            palette.setColor(QPalette.ColorRole.Window, QColor("green"))
        if data == "GRAY":
            palette.setColor(QPalette.ColorRole.Window, QColor("gray"))
        # 更新调色板
self.setPalette(palette)
```

上述代码通过更改调色板的方式修改窗口的背景（修改 ColorRole.Window 角色的颜色值）。

（5）实例化并显示 MyWindow 窗口。

```
win = MyWindow()
win.resize(250, 200)
win.show()
```

运行示例程序后，右击窗口的可视区域，会弹出自定义菜单。从菜单中选择一种颜色以改变窗口背景，如图 10-12 所示。

图 10-12　通过上下文菜单修改窗口的背景色

10.5　状态栏

状态栏（QStatusBar）常用来显示状态信息或者程序功能提示信息。例如，文档编辑工具可以在状态栏显示已输入的字符数量、当前选定文本的字体等。

QMainWindow 类通过 setStatusBar 方法可以为主窗口设置状态栏。QStatusBar 组件将自动定位于窗口底部。访问 statusBar 方法可以获取已设置的状态栏引用。如果主窗口未设置状态栏，statusBar 方法将创建一个新的 QStatusBar 实例并返回给调用者。也可以像普通组件一样，将 QStatusBar 放在布局对象中（如 QGridLayout），但整体效果会比放在 QMainWindow 组件中稍差。

在状态栏中显示文本信息，应调用 showMessage 方法。此信息在状态栏中是临时的，因此调用 showMessage 方法可以指定过期时间。例如，过期时间设定为 1000 毫秒，文本信息显示 1 秒后自动消失。如果过期时间设置为 0，表示消息会一直显示，必须调用 clearMessage 方法来清除信息，或者调用 showMessage 方法设置新的文本信息。

10.5.1　addWidget 与 addPermanentWidget 方法

两种方法都可以将 QWidget 对象添加到状态栏。addPermanentWidget 方法添加的组件将从状态栏的最右边开始排列，并且这些组件是"持久"的（相对于临时信息而言）。使用 addPermanentWidget 方法添加的组件不会被其他组件覆盖。

调用 addWidget 方法添加的组件总是放在 addPermanentWidget 方法所添加组件的左边。当状态栏空间不够时，addWidget 方法所添加的组件会被其他组件遮挡。当调用 showMessage 方法显示文本信息时，addWidget 方法添加的组件会暂时隐藏，直到文本信息被清除。

10.5.2 示例：状态栏实时显示窗口的大小

本示例将实现在 QVBoxLayout 布局中放置 QStatusBar 组件。通过重写 QWidget.resizeEvent 方法，在处理代码中调用 showMessage 方法在状态栏上显示窗口的当前大小。具体的实现步骤如下。

（1）定义 MyWindow 类，派生自 QWidget 类。

```
class MyWindow(QWidget):
    ......
```

（2）窗口布局使用 QVBoxLayout。

```
self.layout = QVBoxLayout(self)
# 设置内容边距为 0
self.layout.setContentsMargins(0, 0, 0, 0)
self.layout.addStretch(1)
```

调用 setContentsMargins 方法将所有边距（上、下、左、右）都设置为 0，消除布局与内容组件之间的空隙，这样能让状态栏更贴近窗口的底部边沿。

（3）创建并初始化 QStatusBar 组件。

```
self.statusBar = QStatusBar(self)
self.layout.addWidget(self.statusBar)
# 不显示大小调整手柄
self.statusBar.setSizeGripEnabled(False)
```

状态栏默认会在右下角显示操作手柄，拖动手柄可以调整窗口的大小。由于顶层窗口默认也支持大小调整，因此为了避免出现重复的功能，需要调用 setSizeGripEnabled(False)隐藏状态栏的手柄。

（4）向状态栏添加两个 QLabel 组件。调用的是 addPermanentWidget 方法，即添加为持久性的组件。

```
lbIcon1 = QLabel(self)
lbIcon1.setPixmap(QPixmap("01.png"))
lbIcon2 = QLabel(self)
lbIcon2.setPixmap(QPixmap("02.png"))
self.statusBar.addPermanentWidget(lbIcon1)
self.statusBar.addPermanentWidget(lbIcon2)
```

（5）重写 QWidget 类的 resizeEvent 方法。该方法在窗口大小被改变后会被调用。在代码中调用 showMessage 方法让状态栏实时显示窗口的大小。

```
def resizeEvent(self, event: QResizeEvent):
    newSize = event.size()
    msg = f"当前大小: {newSize.width()}×{newSize.height()}"
    # 显示状态信息
    self.statusBar.showMessage(msg)
    # 调用基类的成员
    super().resizeEvent(event)
```

（6）初始化应用程序。

```
if __name__ == "__main__":
    # 创建应用程序对象的实例
    app = QApplication()
    # 实例化自定义窗口
    win = MyWindow()
    # 调整窗口大小
    win.resize(300, 250)
    # 显示窗口
    win.showNormal()
    # 进入事件循环
    QApplication.exec()
```

运行应用程序。此时，通过拖动改变窗口的大小，调整结束后，状态栏会提示窗口的大小，如图 10-13 所示。

图 10-13　状态栏显示窗口大小

10.5.3　示例：在 QMainWindow 中使用状态栏

本示例将演示在主窗口类（QMainWindow）中使用状态栏。QMainWindow 类可以调用 setStatusBar 方法设置 QStatusBar 引用，然后用 statusBar 方法获取。如果未设置 QStatusBar 实例，则 QMainWindow 对象会自动创建新的 QStatusBar 实例，并从 statusBar 方法返回。

具体步骤如下。

（1）创建 QMainWindow 实例。

```
mainWin = QMainWindow()
```

（2）调用 statusBar 方法，返回新的 QStatusBar 实例。

```
statusBar = mainWin.statusBar()
statusBar.setStyleSheet("background-color: pink")
```

setStyleSheet 方法为状态栏设置自定义样式表。上述代码将设置状态栏的背景颜色。

（3）向状态栏添加一个下拉列表组件（QComboBox）。

```
combList = QComboBox()
combList.addItem("Item 1")
combList.addItem("Item 2")
combList.addItem("Item 3")
# 禁用编辑功能
combList.setEditable(False)
statusBar.addWidget(combList)
```

（4）向状态栏添加 QCheckBox 组件。

```
checkbox = QCheckBox()
checkbox.setText("Fullscreen")
statusBar.addPermanentWidget(checkbox)
```

（5）显示主窗口。

```
mainWin.show()
```

运行示例程序，效果如图 10-14 所示。

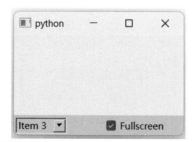

图 10-14　QMainWindow 窗口中的状态栏

10.6 快捷键

快捷键可以使用 QKeySequence 类来构造，它表示一个按键序列。按键序列可能是一个按键，也可能是多个按键的组合。

构造 QKeySequence 对象最简单的方法是使用"可读性"字符串来描述快捷按键。如 Ctrl+D 表示在按住 Ctrl 键的同时按下 D 键，或同时按下 Ctrl 和 D 键。描述字符串不区分大小写，即 Alt+W 和 alt+w 的含义相同。下面是一些例子：

```
seqKey1 = QKeySequence("Shift+K")
seqKey2 = QKeySequence("Alt+F")
seqKey3 = QKeySequence("M")
```

也可以结合 Qt.Key 和 Qt.KeyboardModifier 两个枚举类型来构建按键序列，例如：

```
# Shift+Y
seqKey4 = QKeySequence(Qt.KeyboardModifier.ShiftModifier | Qt.Key.Key_Y)

# Ctrl+Alt+G
seqKey5 = QKeySequence(
    Qt.KeyboardModifier.ControlModifier | Qt.KeyboardModifier.AltModifier | Qt.Key.Key_G
```

快捷键序列构建之后，需要传递给 QAction 对象。当用户按下的键与 QAction 对象所指定的按键序列匹配时，QAction 就会触发，从而发出 triggered 信号。由于 QKeySequence 对象是与 QAction 对象关联的，所以不管是菜单栏中的菜单项还是工具栏中的命令按钮，都可以共享相同的快捷键。

10.6.1 示例：使用快捷键

本示例将演示 QKeySequence 类的基本用法。QAction 对象需要调用 setShortcut 方法来引用 QKeySequence 对象。

示例程序的主窗口派生自 QMainWindow 类。在__init__方法中，初始化 4 个 QAction 对象，每个 QAction 对象都设置了快捷。代码如下：

```
class MainWindow(QMainWindow):
    def __init__(self):
        super().__init__(None)
        # 先创建 QAction 对象，菜单栏与工具栏共用
        # "查找"命令
        self.actFind = QAction(QIcon("find.png"), "查找")
        # 快捷键：Alt + F
        self.actFind.setShortcut(QKeySequence("Alt+F"))
        # 连接信号
        self.actFind.triggered.connect(
            lambda: QMessageBox.information(self, "提示", "执行了"查找"命令")
        )

        # "修改"命令
        self.actModify = QAction(QIcon("pen.png"), "修改")
        # 快捷键：Ctrl + E
        self.actModify.setShortcut(QKeySequence("Ctrl+E"))
        # 连接信号
        self.actModify.triggered.connect(
            lambda: QMessageBox.information(self, "提示", "执行了"修改"命令")
        )
```

```
                # "取消"命令
                self.actCancel = QAction(QIcon("cancel.png"), "取消")
                # 快捷键: Shift + Alt + C
                self.actCancel.setShortcut(QKeySequence("Shift+Alt+C"))
                # 连接信号
                self.actCancel.triggered.connect(
                    lambda: QMessageBox.information(self, "提示", "执行了"取消"命令")
                )

                # "移动"命令
                self.actMove = QAction(QIcon("move.png"), "移动")
                # 快捷键: Alt + M
                self.actMove.setShortcut(QKeySequence("Alt+M"))
                # 连接信号
                self.actMove.triggered.connect(
                    lambda: QMessageBox.information(self, "提示", "执行了"移动"命令")
                )
```

接着，创建菜单栏和工具栏。代码如下：

```
# 创建菜单栏
self.menuBar = self.menuBar()
menu = self.menuBar.addMenu("程序")
menu.addAction(self.actFind)
menu.addAction(self.actModify)
menu.addAction(self.actCancel)
menu.addAction(self.actMove)
# 创建工具栏
self.toolBar = QToolBar(self)
# 显示图标和文本
self.toolBar.setToolButtonStyle(Qt.ToolButtonStyle.
ToolButtonTextUnderIcon)
self.toolBar.addAction(self.actFind)
self.toolBar.addAction(self.actModify)
self.toolBar.addAction(self.actCancel)
self.toolBar.addAction(self.actMove)
self.addToolBar(Qt.ToolBarArea.TopToolBarArea, self.toolBar)
```

菜单栏和工具栏使用相同的 QAction 对象。运行示例后，按下快捷键 Alt+M，应用程序会弹出消息对话框，表示"移动"命令已经触发，如图 10-15 所示。

图 10-15　快捷键激活"移动"命令

10.6.2 标准快捷键

QKeySequence.StandardKey 枚举类型定义常用的标准快捷键，如 Ctrl+C、Ctrl+P、F5 等。使用标准快捷键可以方便地创建 QKeySequence 实例。

标准快捷键仅定义了按键序列，并不包括实际功能。例如，Ctrl+C 快捷键常用于复制功能，应用程序既可以实现复制行为，也可以实现其他行为。毕竟，快捷键的最终行为取决于程序代码如何处理 QAction.triggered 信号。

下面的示例将使用标准快捷键 ZoomIn 和 ZoomOut 来调整 QLabel 组件的字体大小。具体代码如下：

```python
class Window(QWidget):
    def __init__(self):
        super().__init__(None)
        self.setWindowTitle("Demo")
        self.setGeometry(340, 400, 325, 295)
        # 布局
        rootLayout = QHBoxLayout(self)
        # 标签组件
        self.lb = QLabel("示例文本", self)
        rootLayout.addWidget(self.lb)
        # 菜单栏
        menuBar = QMenuBar(self)
        rootLayout.setMenuBar(menuBar)
        # 创建 QAction 对象
        action1 = QAction("增大字号", menuBar)
        action1.setShortcut(QKeySequence(QKeySequence.StandardKey.ZoomIn))
        action1.triggered.connect(self.onFontSizeUp)
        action2 = QAction("减小字号", menuBar)
        action2.setShortcut(QKeySequence(QKeySequence.StandardKey.ZoomOut))
        action2.triggered.connect(self.onFontSizeDown)
        # 添加菜单
        menu = menuBar.addMenu("操作")
        menu.addAction(action1)
        menu.addAction(action2)

    def onFontSizeUp(self):
        # 获取当前字体对象
        curFont = self.lb.font()
        # 修改字号
        curSize = curFont.pixelSize()
        if curSize < 0:
            curSize = 10
        curSize += 2
        # 判断字号是否过大
        if curSize > 60:
            curSize = 60
        curFont.setPixelSize(curSize)
        self.lb.setFont(curFont)

    def onFontSizeDown(self):
        # 获取当前字体对象
        curFont = self.lb.font()
        # 修改字号
        curSize = curFont.pixelSize()
        if curSize < 0:
            curSize = 10
```

```
    curSize -= 2
    # 判断字号是否过小
    if curSize < 12:
        curSize = 12
    curFont.setPixelSize(curSize)
    self.lb.setFont(curFont)
```

在修改字体大小时，需要先获取 QFont 对象的引用，然后调用 setPixelSize 方法设置字体的字号（单位：像素，若以点为单位，请调用 setPointSize 方法）。最后调用 setFont 方法将 QFont 对象重新设置到 QLabel 组件上。

ZoomIn 的快捷键是 Ctrl++（Ctrl 与加号键），ZoomOut 的快捷键是 Ctrl+-（Ctrl 与减号键）。运行示例后，可以通过上述两个快捷键来调整字体的大小，如图 10-16 和图 10-17 所示。

图 10-16　字号变大

图 10-17　字号变小

10.7　QWidgetAction

QWidgetAction 是 QAction 的派生类，该类支持将自定义 QWidget 对象呈现在菜单或工具栏按钮上。

QWidgetAction 类可以直接使用，也可以子类化后再使用。如果直接使用 QWidgetAction 类，程序代码应该调用 setDefaultWidget 方法设置自定义组件；如果从 QWidgetAction 类派生，那么子类需要重写 createWidget 方法，手动创建自定义组件并将其返回。当 QWidgetAction 对象被添加到容器（如菜单、工具栏）时会调用 createWidget 方法。

当 QWidgetAction 实例从容器（如菜单）删除时，会调用 deleteWidget 方法。该方法的默认实现是调用 QObject.deleteLater 方法来删除组件实例。若需要处理自定义的删除行为，则需要重写 deleteWidget 方法。

10.7.1　示例：在菜单中显示滑动条组件

本示例将通过 QWidgetAction 类实现在菜单中显示 QSlider 组件。

定义 MyWindow 类，从 QMainWindow 类派生。在 __init__ 方法中，创建菜单栏。先添加三个普通菜单项，最后用 QWidgetAction 对象封装 QSlider 组件，让它可以显示在菜单列表中。具体代码如下：

```
class MyWindow(QMainWindow):
    def __init__(self):
        super().__init__()
        # 菜单栏
        menubar = self.menuBar()
        # 添加菜单
        menu = menubar.addMenu("程序")
        # 添加普通菜单项
```

```
        menu.addAction("新建")
        menu.addAction("保存")
        menu.addAction("关闭")
        # 添加包含 QSlider 组件的菜单项
        slider = QSlider(Qt.Orientation.Horizontal)
        # 设置刻度条的显示位置
        slider.setTickPosition(QSlider.TickPosition.TicksBothSides)
        # 设置滑块的刻度范围
        slider.setRange(0, 40)
        # 实例化 QWidgetAction 类
        widgetaction = QWidgetAction(menu)
        # 设置默认的自定义组件
        widgetaction.setDefaultWidget(slider)
        # 将 action 添加到菜单中
        menu.addAction(widgetaction)
```

运行效果如图 10-18 所示。

图 10-18　显示在菜单列表中的滑动条

10.7.2　示例：在上下文菜单中使用自定义组件

本示例将从 QWidgetAction 类派生子类型，并重写 createWidget 方法，生成自定义的组件。自定义的组件包含 6 个按钮，单击按钮后，会向编辑框组件插入字符。

具体实现步骤如下。

（1）定义 CustAction 类，基类是 QWidgetAction。

```
class CustAction(QWidgetAction):
    ......
```

（2）在 __init__ 方法中定义两个字段。_char 表示用户已选择的字符，_preChars 表示可供用户选择的字符，本示例设定为 6 个字符。

```
def __init__(self, parent: QObject):
    super().__init__(parent)
    # 被选中的字符
    self._char = ""
    # 供用户选择的字符
    self._preChars = ["♪", "∅", "◇", "‰", "ŵ", "⊤"]
```

（3）用 char 方法封装_char 字段。

```
def char(self):
    return self._char
```

（4）重写 createWidget 方法，创建自定义的组件实例，并返回给调用者。

```
def createWidget(self, parent: QWidget) -> QWidget:
    container = QWidget(parent)
```

```
    # 布局
    layout = QGridLayout()
    container.setLayout(layout)
    # 按钮分组
    btnGroup = QButtonGroup(container)
    # 添加按钮
    for i in range(len(self._preChars)):
        btnGroup.addButton(QPushButton(self._preChars[i], container), i)
    btnGroup.idClicked.connect(self.onIdClicked)
    # 将按钮添加到布局
    btns = btnGroup.buttons()
    for x in range(int(len(btns) / 3)):
        layout.addWidget(btns[3 * x], x, 0)
        layout.addWidget(btns[3 * x + 1], x, 1)
        layout.addWidget(btns[3 * x + 2], x, 2)
    # 设置单元格之间的空隙
    layout.setSpacing(0)
    layout.setSizeConstraint(QLayout.SizeConstraint.SetFixedSize)
    # 返回自定义组件
    return container
def onIdClicked(self, _id: int):
    self._char = self._preChars[_id]
    self.trigger()
```

自定义组件使用 QGridLayout 布局，6 个按钮与_preChars 字段中的字符对应。6.个按钮都包含在 QButtonGroup 对象中。当按钮被单击后，QButtonGroup 对象发出 idClicked 信号，与信号连接的 onIdClicked 方法被调用。

在 onIdClicked 方法中，将当前选择的字符赋值给_char 字段，然后调用 trigger 方法，使 CustAction 对象发出 triggered 信号，即手动激活 CustAction。

（5）定义 CustTextEdit 类，基类是 QTextEdit 类。

```
class CustTextEdit(QTextEdit):
    ......
```

（6）在_ _init_ _方法中，实例化 CustAction，并作为 CustTextEdit 实例的字段成员。

```
def __init__(self, parent: QWidget = None):
    super().__init__(parent)
    # 自定义 action
    self.myaction = CustAction(self)
    self.myaction.triggered.connect(
        lambda: self.insertPlainText(self.myaction.char())
    )
```

（7）重写 QTextEdit 类的 contextMenuEvent 方法，在标准菜单的前面插入 CustAction 对象。

```
def contextMenuEvent(self, e: QContextMenuEvent):
    # 创建标准菜单
    menu = self.createStandardContextMenu()
    # 将自定义项插入菜单列表的头部
    firstAction = menu.actions()[0]
    menu.insertAction(firstAction, self.myaction)
    # 显示菜单
    menu.exec(e.globalPos())
```

（8）创建 CustTextEdit 实例，并显示其界面。

```
win = CustTextEdit()
win.show()
```

运行示例后，在输入框内右击，弹出的上下文菜单中就会出现自定义的 6 个按钮。单击按钮可以输入对应的字符，如图 10-19 所示。

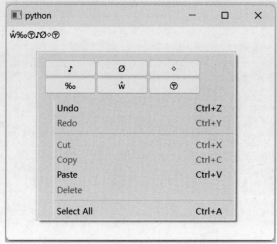

图 10-19　上下文菜单中的自定义组件

## 第 11 章

主 窗 口

本章要点：

➢ QMainWindow 类；

➢ 停靠窗口（QDockWidget）；

➢ 多文档接口（MDI）。

11.1　QMainWindow

作为标准的应用程序主窗口，QMainWindow 类搭建了用户界面的基础框架。QMainWindow 类既可以像 QWidget 类那样创建简单（空白客户区域，无菜单栏、状态栏等组件）的顶层窗口，也可以构建功能相对完整的 SDI（单窗体应用程序）或 MDI（多窗体应用程序）窗口。

调用 setLayout 方法会破坏 QMainWindow 的布局，因为 QMainWindow 类拥有专用布局，这些布局使其能够管理菜单栏、工具栏、状态栏以及 Dock 窗口停靠栏。图 11-1 出自 Qt 的官方文档，它描述了 QMainWindow 类的布局。

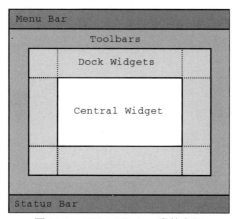

图 11-1　QMainWindow 类的布局

Central Widget 是 QMainWindow 的内容区域（客户区域），可以设置为 QWidget 对象或从 QWidget 类派生的对象。

11.1.1　示例：设置主窗口的内容组件

本示例将演示如何使用 setCentralWidget 方法为 QMainWindow 设置内容组件。若要获取内容组件，可以调用 centralWidget 方法。

示例的核心代码如下：

```
# 初始化主窗口
mainWindow = QMainWindow()
mainWindow.setWindowTitle("My App")
```

```
mainWindow.resize(350, 320)
# 初始化 QFrame 组件
frame = QFrame()
# 创建布局
layout = QGridLayout(frame)
# 创建 4 个按钮组件
btnA = QPushButton("按钮1", frame)
btnB = QPushButton("按钮2", frame)
btnC = QPushButton("按钮3", frame)
btnD = QPushButton("按钮4", frame)
# 将按钮放入布局中
layout.addWidget(btnA, 0, 0)
layout.addWidget(btnB, 0, 1)
layout.addWidget(btnC, 1, 0)
layout.addWidget(btnD, 1, 1)
# 将 QFrame 对象设置为主窗口的内容组件
mainWindow.setCentralWidget(frame)

# 显示主窗口
mainWindow.showNormal()
```

当调用 setCentralWidget 方法设置内容组件后，QMainWindow 类自动把目标组件纳入子级对象列表中，并且会自动删除目标组件实例。因此，在本示例中，QFrame 类在实例化时不需要指定父级对象。
示例程序的运行效果如图 11-2 所示。

图 11-2　主窗口的内容组件

11.1.2　示例：构建较复杂的主窗口

在菜单栏和工具栏的示例中，读者已了解过 menuBar、addToolBar 等方法的使用。本示例将在 QMainWindow 中创建菜单栏、工具栏和状态栏，并且设置内容组件。构建一个较为完整的应用程序窗口。
示例的实现步骤如下。
（1）初始化主窗口。

```
window = QMainWindow()
# 设置窗口标题
window.setWindowTitle("示例程序")
```

（2）创建 QAction 对象，可在菜单栏与工具栏之间共享。

```
actionOpen = QAction(QIcon("open.png"), "打开", window)
actionClose = QAction(QIcon("close.png"), "关闭", window)
actionSave = QAction(QIcon("save.png"), "保存", window)
actionZoomIn = QAction(QIcon("zoom-in.png"), "放大", window)
actionZoomOut = QAction(QIcon("zoom-out.png"), "缩小", window)
```

```
actionPlay = QAction(QIcon("play.png"), "播放", window)
actionStop = QAction(QIcon("stop.png"), "停止", window)
```

（3）初始化菜单栏。

```
menubar = window.menuBar()
# "文件"菜单
filemenu = menubar.addMenu("文件")
filemenu.addAction(actionOpen)
filemenu.addAction(actionClose)
filemenu.addAction(actionSave)
# "控制"菜单
controlmenu = menubar.addMenu("控制")
controlmenu.addAction(actionZoomIn)
controlmenu.addAction(actionZoomOut)
controlmenu.addAction(actionPlay)
controlmenu.addAction(actionStop)
```

（4）初始化工具栏。本示例创建了两个工具栏实例。

```
# 第一个工具栏
toolbar1 = QToolBar()
toolbar1.addAction(actionOpen)
toolbar1.addAction(actionSave)
toolbar1.addAction(actionClose)
window.addToolBar(toolbar1)
# 第二个工具栏
toolbar2 = QToolBar()
toolbar2.addAction(actionZoomIn)
toolbar2.addAction(actionZoomOut)
toolbar2.addAction(actionPlay)
toolbar2.addAction(actionStop)
window.addToolBar(toolbar2)
```

（5）初始化状态栏。

```
statusbar = window.statusBar()
# 添加到状态栏的组件
label = QLabel()
img = QPixmap("info.png")
# 调整图标大小
img = img.scaled(16, 16)
label.setPixmap(img)
statusbar.addPermanentWidget(label)
# 添加文本消息
statusbar.showMessage("准备就绪")
```

（6）创建主窗口的内容组件。

```
# # 创建文本编辑组件
edit = QPlainTextEdit(window)
# 去除边框
edit.setFrameShape(QFrame.Shape.NoFrame)
# 设置主窗口的内容组件
window.setCentralWidget(edit)
```

上述代码创建了 QPlainTextEdit 组件实例，它与 QTextEdit 组件类似，用于输入/编辑普通文本内容。调用 setFrameShape（NoFrame）的作用是去除边框，使 QPlainTextEdit 组件的整体外观与主窗口更协调。

（7）显示应用程序窗口。

```
window.show()
```

示例程序的运行结果如图 11-3 所示。

图 11-3　比较完整的应用程序窗口

11.1.3　示例：在运行阶段添加或删除工具栏

addToolBar 方法可向主窗口添加工具栏，removeToolBar 方法则用于删除主窗口中指定的工具栏。removeToolBar 方法在删除工具栏时仅仅是将其隐藏，并没有删除 QToolBar 实例。本示例将演示通过 QCheckBox 组件添加或删除工具栏。

下面是 MyMainWindow 类的实现代码。

```python
class MyMainWindow(QMainWindow):
    def __init__(self):
        super().__init__()
        # 创建 action 对象
        self.action1 = QAction(QIcon("bus1.png"), "Bus A")
        self.action2 = QAction(QIcon("bus2.png"), "Bus B")
        self.action3 = QAction(QIcon("bus3.png"), "Bus C")
        self.action4 = QAction(QIcon("bus4.png"), "Bus D")
        self.action5 = QAction(QIcon("bus5.png"), "Bus E")
        self.action6 = QAction(QIcon("bus6.png"), "Bus F")
        # 两个工具栏
        self.toolbar1 = QToolBar()
        self.toolbar1.addAction(self.action1)
        self.toolbar1.addAction(self.action2)
        self.toolbar1.addAction(self.action3)
        self.toolbar2 = QToolBar()
        self.toolbar2.addAction(self.action4)
        self.toolbar2.addAction(self.action5)
        self.toolbar2.addAction(self.action6)
        # 创建内容组件
        content = QFrame(self)
        content.setFrameShape(QFrame.Shape.Panel)
        # 布局
        layout = QVBoxLayout()
        content.setLayout(layout)
        # 两个 checkbox 组件
        ckbToolbar1 = QCheckBox("显示工具栏 1", content)
        ckbToolbar2 = QCheckBox("显示工具栏 2", content)
        layout.addWidget(ckbToolbar1)
        layout.addWidget(ckbToolbar2)
        self.setCentralWidget(content)
```

```
        # 连接 toggled 信号
        ckbToolbar1.toggled.connect(self.onToggled1)
        ckbToolbar2.toggled.connect(self.onToggled2)

    def onToggled1(self, checked: bool):
        if checked:
            self.addToolBar(self.toolbar1)
            if not self.toolbar1.isVisible():
                self.toolbar1.show()
        else:
            self.removeToolBar(self.toolbar1)

    def onToggled2(self, checked: bool):
        if checked:
            self.addToolBar(self.toolbar2)
            if not self.toolbar2.isVisible():
                self.toolbar2.show()
        else:
            self.removeToolBar(self.toolbar2)
```

　　上述代码在__init__方法中创建 6 个 QAction 对象,分别由两个 QToolBar 对象使用。两个 QCheckBox 组件用于控制添加或删除工具栏操作。toggled 信号分别与 onToggled1、onToggled2 方法连接。

　　由于用户可以通过 QCheckBox 组件反复添加和删除工具栏,并且在删除工具栏时 QMainWindow 类会把工具栏隐藏。因此,为了确保工具栏被添加到主窗口后能够正常显示,在调用 addToolBar 方法之后需要判断一下工具栏的 isVisible 方法是否返回 False。如果返回 False 表示工具栏已隐藏,此时要调用 show 方法将它显示出来。

　　运行示例程序,选中窗口上的复选框,即可显示工具栏,如图 11-4 所示。

　　取消复选框,工具栏就会删除,如图 11-5 所示。

图 11-4　已添加工具栏

图 11-5　工具栏已删除

11.2　QDockWidget

　　QDockWidget 组件(停靠窗口)既可以停靠在主窗口(QMainWindow)内,也可以作为顶层窗口浮动于桌面上。当 QDockWidget 停靠在 QMainWindow 内部时,它会显示标题栏、关闭按钮和浮动按钮;单击 QDockWidget 组件的浮动按钮,就会切换到独立窗口状态,成为顶层窗口。浮动窗口上显示标题栏以及关闭按钮。

　　QDockWidget 组件可以通过以下构造函数设置标题文本:

```
def __init__(self, title: str, parent: Optional[QWidget] = ..., flags: Qt.WindowType = ...)
```

　　title 参数可以指定停靠窗口的标题。如果在调用构造函数时未指定标题文本,还可以通过 setWindowTitle 方法来设置。若需要自定义整个标题栏,可以使用 setTitleBarWidget 方法。该方法直接将 QWidget 对象设置为停靠窗口的标题栏,但标题文本、关闭按钮等元素需要开发人员自己完成。

　　QDockWidget 组件默认只显示标题栏,不显示内容,需要调用 setWidget 方法设置一个内容组件。

QDockWidget 组件初始化完成后，可以调用 QMainWindow.addDockWidget 方法将它添加到主窗口内。如果主窗口有工具栏，那么停靠窗口将位于工具栏和 CentralWidget（主窗口的内容组件）之间，如图 11-6 所示。

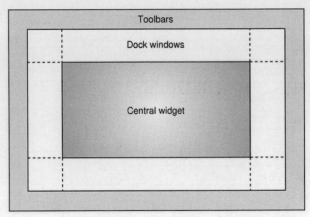

图 11-6　停靠窗口与工具栏的布局关系

11.2.1　DockWidgetArea

Qt.DockWidgetArea 枚举定义了 QDockWidget 组件在主窗口内的停靠位置，它的成员如下（该枚举值可以组合使用）。

（1）NoDockWidgetArea：无停靠区域。

（2）LeftDockWidgetArea：停靠区域为主窗口的左侧。

（3）RightDockWidgetArea：停靠区域为主窗口的右侧。

（4）TopDockWidgetArea：停靠区域为主窗口的顶部。

（5）BottomDockWidgetArea：停靠区域为主窗口的底部。

（6）AllDockWidgetAreas：所有停靠区域。

需要注意的是，调用 QMainWindow.addDockWidget 方法时，NoDockWidgetArea 和 AllDockWidgetAreas 无效。

11.2.2　示例：简单的 Dock 窗口

本示例将初始化 3 个 QDockWidget 实例，依次停靠于主窗口的左侧、底部和右侧，具体实现步骤如下。

（1）初始化主窗口。

```
win = QMainWindow()
# 设置主窗口标题
win.setWindowTitle("Dock Widgets Demo")
```

（2）实例化 3 个 QDockWidget 对象。

```
dock1 = QDockWidget("项目")
dock2 = QDockWidget("数据库")
dock3 = QDockWidget("性能测试")
```

（3）分别设置 3 个 QDockWidget 对象的内容组件。

```
dock1.setWidget(QLabel("停靠在左边"))
dock2.setWidget(QLabel("停靠在底部"))
dock3.setWidget(QLabel("停靠在右边"))
```

（4）将 3 个 QDockWidget 对象添加到主窗口中。

```
win.addDockWidget(Qt.DockWidgetArea.LeftDockWidgetArea, dock1)
win.addDockWidget(Qt.DockWidgetArea.BottomDockWidgetArea, dock2)
win.addDockWidget(Qt.DockWidgetArea.RightDockWidgetArea, dock3)
```

（5）设置主窗口的内容组件。

```
content = QLabel("内容区域")
# 设置文本居中对齐
content.setAlignment(Qt.AlignmentFlag.AlignCenter)
# 修改文本字号
font = content.font()
font.setPixelSize(18)
content.setFont(font)
# 设置边框形状
content.setFrameShape(QFrame.Shape.Box)
win.setCentralWidget(content)
```

（6）显示主窗口。

```
win.show()
```

运行示例程序，效果如图 11-7 所示。

用鼠标左键按住停靠窗口的标题栏，然后进行拖动，可以调整停靠窗口的位置。如图 11-8 所示，拖动"数据库"窗口到主窗口的顶部区域，主窗口会显示可停靠提示。

图 11-7　停靠窗口的呈现效果

图 11-8　正在拖动停靠窗口

松开鼠标左键，原本位于主窗口底部的"数据库"窗口就被移动到顶部区域了，如图 11-9 所示。

图 11-9　停靠窗口的位置已改变

11.2.3　allowedAreas 属性

该属性（包含 allowedAreas 和 setAllowedAreas 方法）用于设置 QDockWidget 允许的停靠区域。此设置仅限制用户在拖动窗口时的可用区域，对 QMainWindow.addDockWidget 方法所指定的停靠区域没有影响。

假设 QDockWidget.setAllowedAreas 方法指定的值是 RightDockWidgetArea，而 QMainWidget.addDockWidget 方法指定 QDockWidget 对象的停靠位置为 TopDockWidgetArea。那么在应用程序运行后，QDockWidget 对象的初始位置是主窗口的顶部。当用户拖动 QDockWidget 对象后，由于受到 allowedAreas 属性的约束，用户只能把 QDockWidget 对象拖放到主窗口的右侧区域，其他区域均失效。

上述内容可通过以下示例来验证。

```python
# 创建主窗口
window = QMainWindow()
# 设置主窗口的内容组件
content = QLabel("内容区域")
content.setAlignment(Qt.AlignmentFlag.AlignCenter)
window.setCentralWidget(content)
# 初始化 QDockWidget
dock = QDockWidget("停靠窗口")
# 设置允许的停靠区域
dock.setAllowedAreas(
    Qt.DockWidgetArea.TopDockWidgetArea | Qt.DockWidgetArea.BottomDockWidgetArea
)
# 初始化时将 dock 放在左侧区域
window.addDockWidget(Qt.DockWidgetArea.LeftDockWidgetArea, dock)
# 显示主窗口
window.showNormal()
```

上述代码将 QDockWidget 对象的有效停靠区域限制为主窗口的顶部或底部，但在添加到主窗口时设定的位置是窗口左侧。应用程序运行后，QDockWidget 对象位置窗口左侧，如图 11-10 所示。

按住鼠标左键拖动停靠窗口的标题栏，并在主窗口内部移动。此时，只有窗口的顶部和底部区域能接受停靠窗口，如图 11-11 所示。

图 11-10　停靠窗口的初始位置

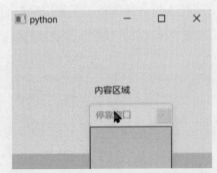

图 11-11　只有主窗口的顶部和底部能停靠

11.2.4　示例：QDockWidget 与菜单栏

默认情况下，如果主窗口中包含菜单栏或工具栏，其上下文菜单中会自动添加所有 QDockWidget 窗口的标题选项。通过上下文菜单可以显示或关闭 QDockWidget 窗口。但是，如果主窗口不包含菜单栏和工具栏，当所有 QDockWidget 窗口都关闭后，就无法重新打开（除非重新运行应用程序）。本示例将演示如何通过菜单栏重新打开 QDockWidget 窗口。

QDockWidget 类公开 toggleViewAction 方法，返回与当前 QDockWidget 关联的 QAction 对象。该 QAction 对象可以直接添加到菜单中，Qt 已实现显示/关闭 QDockWidget 窗口的功能。

本示例创建了自定义类 MyWindow，它派生自 QMainWindow 类，具体代码如下：

```python
class MyWindow(QMainWindow):
    def __init__(self):
        super().__init__()
        # 初始化两个 Dock 窗口
        self.dock1 = QDockWidget("窗口 1")
        self.dock1.setWidget(QLabel("窗口视图"))
        self.dock1.setAllowedAreas(
            Qt.DockWidgetArea.LeftDockWidgetArea | Qt.DockWidgetArea.RightDockWidgetArea
        )
        self.dock2 = QDockWidget("窗口 2")
        self.dock2.setWidget(QLabel("窗口视图"))
        self.dock2.setAllowedAreas(
            Qt.DockWidgetArea.LeftDockWidgetArea | Qt.DockWidgetArea.RightDockWidgetArea
        )
        self.dock1.setStyleSheet(custstyle)
        self.dock2.setStyleSheet(custstyle)
        self.addDockWidget(Qt.DockWidgetArea.LeftDockWidgetArea, self.dock1)
        self.addDockWidget(Qt.DockWidgetArea.RightDockWidgetArea, self.dock2)
        # 创建菜单栏
        menubar = self.menuBar()
        menu = menubar.addMenu("窗口")
        # 将 Dock 窗口的 Action 添加到菜单中
        menu.addAction(self.dock1.toggleViewAction())
        menu.addAction(self.dock2.toggleViewAction())
        # 设置内容区域
        central = QLabel("内容区域")
        central.setStyleSheet("background-color: lightgreen")
        central.setAlignment(Qt.AlignmentFlag.AlignCenter)
        self.setCentralWidget(central)
```

上述代码中主窗口中先创建两个 QDockWidget 实例，接着初始化菜单栏。最后访问 toggleViewAction 方法，分别将两个 QDockWidget 实例相关的 QAction 对象添加到菜单栏中。

运行示例程序后，将窗口左、右两侧的停靠窗口关闭，然后执行菜单"窗口"→"窗口 1"重新显示"窗口 1"，如图 11-12 所示。

重新显示"窗口 2"的方法也一样。另外，在菜单栏的空白区域右击，也可以使用上下文菜单来显示或关闭停靠窗口。这是 Qt 内部已实现的功能。

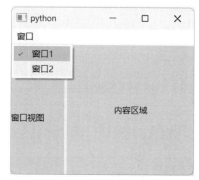

图 11-12 显示"窗口 1"

11.3 MDI

MDI（Multiple Document Interface，多文档界面）应用程序可以同时打开多个文档，如 Web 浏览器的标签页能在同一时间加载不同的页面。MDI 应用程序在未打开任何文档时仅显示主窗口；当打开文档时，MDI 应用程序会创建子窗口，并在子窗口中加载文档。子窗口同样具备标题栏、最大化、最小化、关闭按钮以及窗口框架。虽然子窗口在形制上与普通窗口一样，但它们只能在 MDI 主窗口内活动，不能放置到主窗口外。

与 MDI 应用程序相对应的是 SDI（Single Document Interface，单文档界面）应用程序。SDI 应用程序在同一时间只能打开一个文档，一般只有主窗口，不具备子窗口。

要在 QMainWindow 成为 MDI 主窗口，需要使用 QMdiArea 类。该类派生自 QAbstractScrollArea，在 QMdiArea 的构造函数中已禁用滚动条，因此 MDI 区域默认是不会显示滚动条的。调用 QMainWindow.setCentralWidget 方法将 QMdiArea 设置为内容组件后，就可以呈现 MDI 子窗口了。

11.3.1　添加子窗口

子窗口由 QMdiSubWindow 类封装，包含子窗口的基础框架和标题栏，其内容区域由自定义的 QWidget 对象组成。QMdiArea 的子级对象必须是 QMdiSubWindow 类型。

调用 QMdiArea 类的 addSubWindow 方法可以添加子窗口。该方法的声明如下：

```
def addSubWindow(widget: QWidget, flags: Qt.WindowType = ...) -> QMdiSubWindow
```

如果 widget 参数引用的是 QMdiSubWindow 类型的组件，那么直接添加到子窗口列表中；如果 widget 参数是 QWidget 或其他自定义组件类型，那么需要先创建 QMdiSubWindow 实例，再将 widget 设置为 QMdiSubWindow 实例的内容组件，最后才将 QMdiSubWindow 实例添加到子窗口列表中。要从 QMdiArea 中删除某个子窗口，请调用 removeSubWindow 方法。

在调用 QMdiSubWindow 类的构造函数时将 QMdiArea 对象传递给 parent 参数，也可以添加子窗口，即将 QMdiArea 对象作为新 QMdiSubWindow 实例的父级对象，如下面的代码所示：

```
mdicontainer = QMdiArea()
subwindow = QMdiSubWindow(mdicontainer)
subwindow.setWidget(…)
```

11.3.2　示例：简单的 MDI 应用程序

本示例将演示一个简单的 MDI 应用程序。主窗口的工具栏上有 3 个按钮，分别用于新建子窗口、删除活动窗口、关闭所有子窗口。

具体的实现步骤如下。

（1）定义 CustContentWidget 类，基类是 QWidget，该类将用作子窗口的内容组件。

```
class CustContentWidget(QWidget):
    def __init__(self, parent: QWidget = None):
        super().__init__(parent)
        # 创建标签组件
        self.lb = QLabel(self)
        # 设置文本颜色
        palette = QPalette(self.lb.palette())
        palette.setColor(QPalette.ColorRole.WindowText, QColor("blue"))
        self.lb.setPalette(palette)

    def setContentText(self, str):
        self.lb.setText(str)
```

上述内容组件中包含一个标签（QLabel），通过 setContentText 方法为 QLabel 对象设置文本。

（2）定义 MyWindow 类，从 QMainWindow 类派生。

```
class MyWindow(QMainWindow):
    ……
```

（3）在 __init__ 方法中初始化 QMdiArea 组件。

```
self.mdiarea = QMdiArea()
self.setCentralWidget(self.mdiarea)
```

创建 QMdiArea 实例后，还需要调用 QMainWindow 类的 setCentralWidget 方法将 QMdiArea 对象设置为内容组件。

（4）调用 setToolButtonStyle 方法修改工具栏按钮的呈现方式为图标和文本，且文本位于图标的下方。

```
self.setToolButtonStyle(Qt.ToolButtonStyle.ToolButtonTextUnderIcon)
```

在 QMainWindow 实例上调用 setToolButtonStyle 方法会修改整个主窗口内所有工具栏的按钮呈现方式。若操作只针对某个工具栏，那么应当调用 QToolBar 实例的 setToolButtonStyle 方法。

（5）初始化工具栏，其中包含 3 个 QAction 对象。

```
# 创建工具栏
toolbar = self.addToolBar("test")
# 禁止移动工具栏
toolbar.setMovable(False)
# 新建子窗口命令
actNew = QAction(QIcon("new-window.png"), "新建窗口", self)
toolbar.addAction(actNew)
# 删除活动子窗口命令
actDel = QAction(QIcon("remove.png"), "删除活动窗口", self)
toolbar.addAction(actDel)
# 关闭所有子窗口命令
actClose = QAction(QIcon("close.png"), "关闭所有窗口", self)
toolbar.addAction(actClose)
```

（6）处理每个 QAction 对象的 triggered 信号，以实现工具栏按钮的功能。

```
actNew.triggered.connect(self.onNewWindow)
actDel.triggered.connect(self.onRemoveWindow)
actClose.triggered.connect(self.mdiarea.closeAllSubWindows)
```

对于关闭所有子窗口的 QAction 对象，它的 triggered 信号可以直接与 QMdiArea 对象的 closeAllSubWindows 方法连接。

（7）实现 onNewWindow 方法，实现创建子窗口的功能。

```
def onNewWindow(self):
    subwidget = CustContentWidget()
    subwidget.setContentText("我是子窗口")
    subwin = self.mdiarea.addSubWindow(subwidget)
    # 设置子窗口标题
    subwin.setWindowTitle("new window")
    # 设置子窗口的大小
    subwin.resize(240, 180)
    # 显示子窗口
    subwin.show()
```

先实例化 CustContentWidget 对象，然后把它传递给 QMdiArea.addSubWindow 方法来创建新的子窗口。QMdiSubWindow 实例创建后，其界面不可见，需要调用 show 方法以显示窗口。

（8）实现 onRemoveWindow 方法，从 MDI 容器中删除活动的窗口。

```
def onRemoveWindow(self):
    activeWin = self.mdiarea.activeSubWindow()
    if activeWin is not None:
        self.mdiarea.removeSubWindow(activeWin)
```

先调用 QMdiArea 对象的 activeSubWindow 方法，查看是否有处于活动状态的子窗口。如果有，就通过 removeSubWindow 方法将其移除。

（9）实例化并显示主窗口。

```
win = MyWindow()
# 调整窗口大小
```

```
win.resize(450, 400)
# 显示主窗口
win.show()
```

运行示例程序，单击工具栏上的"新建窗口"按钮，添加新的子窗口，如图 11-13 所示。

单击工具栏上的"关闭所有窗口"按钮，刚刚添加的所有子窗口全部关闭，如图 11-14 所示。

图 11-13　新建子窗口

图 11-14　已关闭所有子窗口

11.3.3　示例：打开多个文本文件

本示例将演示在 MDI 窗口中打开文件，每打开一个文件，就会创建新的子窗口来显示文件内容。程序菜单栏中有两组菜单："文件"菜单包含"打开文件"和"退出"命令；"窗口"菜单下将显示打开的子窗口列表。

示例的实现步骤如下。

（1）定义 MyWindow 类，它派生自 QMainWindow 类。

```
class MyWindow(QMainWindow):
    ......
```

（2）定义 initMenuBar 方法，功能是初始化菜单栏。

```
def initMenuBar(self):
    menubar = self.menuBar()
    # "文件"菜单
    filemenu = menubar.addMenu("文件")
    actOpen = filemenu.addAction(QIcon("open.png"), "打开...")
    actOpen.triggered.connect(self.onFileOpen)
    actExit = filemenu.addAction("退出")
    actExit.triggered.connect(QApplication.quit)
    # "窗口"菜单
    self.windowmenu = menubar.addMenu("窗口")
    self.windowmenu.triggered.connect(self.onWindowMenuAction)
    self.windowmenu.aboutToShow.connect(self.updateWindowMenu)
```

"退出"菜单的 triggered 信号直接与 QApplication.quit 方法连接即可，当命令被触发时，调用 quit 方法，退出应用程序。

（3）定义 initMdiArea 方法，初始化 QMdiArea 组件。

```
def initMdiArea(self):
    self.mdiarea = QMdiArea()
    self.setCentralWidget(self.mdiarea)
```

（4）在 MyWindow 类的 __init__ 方法中调用上述两个初始化方法。

```
def __init__(self):
    super().__init__()
```

```
    self.initMenuBar()
    self.initMdiArea()
```

（5）实现 onFileOpen 方法，它与"打开…"菜单的触发信号连接，功能是弹出打开文件对话框让用户选择文本文件。在用户做出选择后，就创建子窗口，加载用户所选的文件。

```
def onFileOpen(self):
    filename, _ = QFileDialog.getOpenFileName(self, "选择文本文件", "", "文本文件(*.txt)")
    if len(filename) > 0:
        fileobj = QFile(filename)
        if not fileobj.open(QIODeviceBase.OpenModeFlag.ReadOnly):
            return
        # 加载文件
        textstream = QTextStream(fileobj)
        # 读取所有文本
        filecontent = textstream.readAll()
        # 关闭文件
        fileobj.close()
        # 创建子窗口
        textWidget = QPlainTextEdit()
        textWidget.setPlainText(filecontent)
        # 设置为只读
        textWidget.setReadOnly(True)
        subwindow = self.mdiarea.addSubWindow(textWidget)
        # 子窗口标题为文件名
        info = QFileInfo(filename)
        subwindow.setWindowTitle(info.fileName())
        # 设置子窗口大小
        subwindow.resize(245, 185)
        # 显示子窗口
        subwindow.show()
```

QFileDialog.getOpenFileName 方法的原型如下：

```
@staticmethod
def getOpenFileName(
        parent: QWidget,
        caption: Optional[str] = ...,
        dir: str = ...,
        filter: str = ...,
        selectedFilter: str = ...,
        options: QFileDialog.Option = ...) -> Tuple[str, str]
```

parent 参数指定对话框的父窗口，通常是当前应用程序窗口，该参数可以为 None。caption 参数指定文件对话框的标题文本，如"打开一个文件"。dir 参数指定打开对话框时的初始目录，此参数可以为空，对话框默认选择应用程序的当前目录。filter 参数用于筛选文件类型，只有符合条件的文件才会显示，如上述代码中的"本文件(*.txt)"，即只显示后缀为.txt 的文件。当 filter 参数指定了多个文件类型筛选器时，selectedFilter 参数指定默认的筛选器。options 参数是 QFileDialog 组件相关的选项。本示例省略 selectedFilter 和 options 参数。

getOpenFileName 方法返回两个字符串对象：第一个是用户选择的文件路径，第二个是与该文件相关的筛选器（filter）。

读取文件时先创建 QFile 实例，然后调用 open 方法打开文件，否则无法读写。使用 QTextStream 类以文本流的方式读出文件中的文本，readAll 方法读取文件中所有文本。

在子窗口中，使用 QPlainTextEdit 组件来加载已读取的文本内容。

（6）"窗口"菜单的 aboutToShow 信号在菜单项弹出之前发出。连接此信号，可以在显示菜单前添加子窗口列表。以下是 updateWindowMenu 方法的实现代码。

```
def updateWindowMenu(self):
    # 清空现有的菜单命令
```

```
        for a in self.windowmenu.actions():
            self.windowmenu.removeAction(a)
        # 添加菜单项
        for wind in self.mdiarea.subWindowList():
            act = self.windowmenu.addAction(wind.windowTitle())
            act.setData(wind)
```

上述代码先清除"窗口"菜单中所有命令，然后根据已打开的子窗口来创建菜单命令。在添加 QAction 对象时，将子窗口的引用关联到 QAction 对象的用户数据中（调用 setData 方法）。当与子窗口对应的菜单命令被触发时，可以从 data 中获取 QMdiSubWindow 对象的引用。

（7）实现 onWindowMenuAction 方法。当"窗口"菜单下的命令被触发时会调用 onWindowMenuAction 方法。

```
        def onWindowMenuAction(self, action: QAction):
            window: QMdiSubWindow = action.data()
            if window is not None:
                self.mdiarea.setActiveSubWindow(window)
```

在向菜单添加 QAction 对象时，已将子窗口引用设置到 data 属性中，因此访问 QAction 对象的 data 方法可以得到 QMdiSubWindow 对象的引用。最后调用 QMdiArea 对象的 setActiveSubWindow 方法使子窗口处理活动状态。

运行示例程序，单击"文件"→"打开…"菜单，在打开文件对话框中选择文本文件，打开后文本内容将显示在子窗口中，如图 11-15 所示。

单击"窗口"菜单，可以从中选择要激活的窗口，如图 11-16 所示。

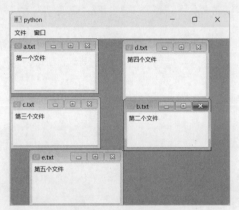

图 11-15 打开的文件

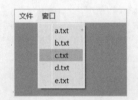

图 11-16 列出所有子窗口

11.3.4 示例：排列子窗口

本示例将演示在 QMdiArea 中排列子窗口的方法，主要用到 cascadeSubWindows 和 tileSubWindows 方法。具体实现步骤如下。

（1）定义 MyWindow 类，基类是 QMainWindow。

```
class MyWindow(QMainWindow):
    ......
```

（2）定义__init__方法。

```
def __init__(self):
    super().__init__()    # 调用基类的构造函数
    ......
```

（3）初始化 QMdiArea 组件。

```
self.mdiArea = QMdiArea()
self.setCentralWidget(self.mdiArea)
```

（4）添加 4 个子窗口。

```python
comp1 = CustWidget()
comp1.setFillColor(QColor("green"))
comp1.setStrokeColor(QColor("gray"))
comp1.setStrokeWidth(2.0)
subwin1 = self.mdiArea.addSubWindow(comp1)
subwin1.resize(100, 80)
subwin1.show()
comp2 = CustWidget()
comp2.setFillColor(QColor("red"))
comp2.setStrokeColor(QColor("darkblue"))
comp2.setStrokeWidth(2.5)
subwin2 = self.mdiArea.addSubWindow(comp2)
subwin2.resize(90, 85)
subwin2.show()
comp3 = CustWidget()
comp3.setFillColor(QColor("#EE653A"))
comp3.setStrokeColor(QColor("red"))
comp3.setStrokeWidth(2.5)
subwin3 = self.mdiArea.addSubWindow(comp3)
subwin3.resize(135, 50)
subwin3.show()
comp4 = CustWidget()
comp4.setFillColor(QColor(15, 200, 18))
comp4.setStrokeColor(QColor(50, 25, 195))
comp4.setStrokeWidth(1.5)
subwin4 = self.mdiArea.addSubWindow(comp4)
subwin4.resize(115, 95)
subwin4.show()
```

子窗口的内容组件使用的是 CustWidget 类，它的实现代码如下：

```python
class CustWidget(QWidget):
    def __init__(self, parent: QWidget = None):
        super().__init__(parent)
        self._fillColor = QColor('yellow')
        self._strokeColor = QColor('black')
        self._strokeWidth = 1.0

    def setFillColor(self, color: QColor):
        self._fillColor = color

    def setStrokeWidth(self, width: float):
        self._strokeWidth = width

    def setStrokeColor(self, color: QColor):
        self._strokeColor = color

    def paintEvent(self, event: QPaintEvent) -> None:
        painter = QPainter(self)
        # 设置填充颜色
        painter.setBrush(self._fillColor)
        # 设置笔
        pen = QPen(self._strokeColor, self._strokeWidth)
        painter.setPen(pen)
        # 绘制区域
        rect = self.rect()
        painter.drawRect(rect)
        painter.end()
```

setFillColor 方法用于设置图形的填充颜色，setStrokeColor 方法用于设置图形轮廓的颜色，setStrokeWidth 方法设置轮廓线条的宽度。

CustWidget 类重写了 paintEvent 方法，在组件的客户区域内绘制矩形。

（5）初始化工具栏。在工具栏上放入两个 QPushButton 组件。它们的 clicked 信号分别连接到 QMdiArea 对象的 cascadeSubWindows 和 tileSubWindows 方法。

```
toolbar = self.addToolBar("标准")
# 添加按钮组件
btn1 = QPushButton("层叠排列")
btn1.clicked.connect(self.mdiArea.cascadeSubWindows)
toolbar.addWidget(btn1)
btn2 = QPushButton("平铺排列")
btn2.clicked.connect(self.mdiArea.tileSubWindows)
toolbar.addWidget(btn2)
```

cascadeSubWindows 方法会以层叠方式排列子窗口，所有子窗口将被折叠，并按 Z 次序排列。tileSubWindows 方法将以平铺方式排列子窗口，窗口的大小相等，并在 MDI 容器的有效空间内自动排列。

（6）实例化 MyWindow 窗口，并显示于屏幕上。

```
window = MyWindow()
window.resize(400,300)
window.show()
```

运行应用程序，单击工具栏上的"层叠排列"按钮，所有子窗口被折叠，如图 11-17 所示。单击"平铺排列"按钮，子窗口将平均分配 MDI 容器的空间，如图 11-18 所示。

图 11-17　层叠窗口

图 11-18　平铺窗口

虽然平铺窗口使所有子窗口处于可见状态，但同一时间只能有一个活动窗口。

11.3.5　示例：标签页视图

QMdiArea.setViewMode 方法可以切换 MDI 的视图，默认值是 SubWindowView，即子窗口视图。若要切换到标签页视图，应当调用 setViewMode 方法，参数值为 TabbedView。

另外，还有几个辅助方法成员。

（1）setTabsClosable：标签是否呈现关闭按钮。若为 True，标签文本右侧会出现"×"按钮，单击后可关闭子窗口。

（2）setTabsMovable：标签是否可移动。若为 True，拖动标签可以调整其排序。

（3）setTabPosition：设置标签栏的位置——在窗口视图的上、下、左、右。与 QTabWidget 组件一样，方位使用东、西、南、北。

（4）setTabShape：设置标签形状，与 QTabWidget 组件相同。

本示例将在 MDI 容器中创建 3 个子窗口，视图模式改为标签页。核心代码如下：

```
# 初始化 MDI 容器
mdiArea = QMdiArea()
window.setCentralWidget(mdiArea)
# 设置以 Tab 方式显示子窗口
mdiArea.setViewMode(QMdiArea.ViewMode.TabbedView)
# 标签允许关闭
mdiArea.setTabsClosable(True)
# 标签允许移动
mdiArea.setTabsMovable(True)

# 创建 3 个子窗口
for i in range(3):
    lbcontent = QLabel(f'窗口{i+1}的内容')
    subwindow = mdiArea.addSubWindow(lbcontent)
    # 设置子窗口的标题
    subwindow.setWindowTitle(f'窗口-{i+1}')
    # 显示子窗口
    subwindow.show()
```

示例程序的运行结果如图 11-19 所示。

图 11-19　标签页视图

## 第 12 章

交 互 组 件

本章要点：
➢ 进度条（QProgressBar）；
➢ 滑动条（QSlider）和仪表盘（QDial）；
➢ 系统托盘图标；
➢ 工具提示。

12.1 进度条

QProgressBar 组件的功能是显示当前正在运行的任务进度，用户可以根据已处理的进度来决定继续等待还是取消任务。进度条常用的方案有大文件下载、数据压缩等。

进度条默认是水平呈现的，可通过 setOrientation 方法修改为垂直呈现。为了让进度条能按照应用需求呈现进度，QProgressBar 组件一般要设置 3 个整数值。

（1）最大值：通过 setMaximum 方法设置，例如 100。

（2）最小值：通过 setMinimum 方法设置，例如 0。

（3）当前值：当前进度，通过 setValue 方法设置，如 50。

如果当前进度超出最大值或最小值，QProgressBar 组件就会重置，变为无进度显示状态。调用 setRange 方法可以同时设置最大值和最小值，例如：

```
progressBar.setRange(0, 800)
```

上述代码设置 QProgressBar 的最大值为 800，最小值为 0。

12.1.1 示例：水平和垂直进度条

本示例将演示 QProgressBar 组件的两个呈现方向。默认水平呈现，可通过编程方式改为垂直呈现。核心代码如下：

```
# 窗口
window = QWidget()
# 设置窗口大小
window.resize(420, 380)
# 设置布局
layout = QFormLayout()
window.setLayout(layout)

# 第一个进度条, 水平方向
pb1 = QProgressBar(window)
# 最大值 100, 最小值 0
pb1.setRange(0, 100)
# 设置当前值
pb1.setValue(67)

# 第二个进度条, 垂直方向
```

```
pb2 = QProgressBar(window)
# 最大值 40，最小值 1
pb2.setMaximum(40),
pb2.setMinimum(1)
# 设置当前值
pb2.setValue(13)
# 修改方向
pb2.setOrientation(Qt.Orientation.Vertical)

# 将进度条组件添加到布局中
layout.addRow("水平进度条：", pb1)
layout.addRow("垂直进度条：", pb2)

# 显示窗口
window.show()
```

示例窗口使用 QFormLayout 类进行布局，第一行显示水平方向的进度条，第二行将显示垂直方向的进度条。最终效果如图 12-1 所示。

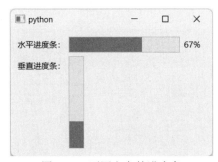

图 12-1　不同方向的进度条

12.1.2　示例：模拟耗时任务

本示例将模拟一个需要长时间运行的任务，并使用 QProgressBar 组件实时显示任务的进度。通常，耗时任务应放在新线程上执行（非主线程），并通过信号来报告进度。

示例的实现步骤如下。

（1）模拟任务将运行在独立的线程上，需要从 QThread 派生一个自定义类。本示例将命名为 MyThread。

```
class MyThread(QThread):
    ……
```

（2）在 MyThread 类中定义 reportProgress 信号，用于向主线程实时报告进度。该信号包含一个整型值，表示当前处理进度。

```
reportProgress = Signal(int)
```

（3）定义 setData 方法，用于接收来自主线程的数据（进度的最小值和最大值）。

```
def setData(self, min: int, max: int):
    self._max = max
    self._min = min
```

（4）重写 run 方法，实现模拟的耗时任务。

```
def run(self):
    if not getattr(self, '_max'):
        self._max = 100
    if not getattr(self, '_min'):
        self._min = 0
    # 模拟长时间运行的任务
```

```
        current = self._min
        while current <= self._max:
            QThread.msleep(100)
            # 报告进度
            self.reportProgress.emit(current)
            current += 1
```

（5）定义窗口类 MyWindow，派生自 QWidget 类。

```
class MyWindow(QWidget):
    ......
```

（6）定义 sendData 信号，与 MyThread 类的 setData 方法连接后，可以实现向新线程传递数据。

```
sendData = Signal(int, int)
```

该信号带有两个参数，分别是进度条的最小值与最大值。

（7）在 __init__ 方法中初始化窗口。

```
def __init__(self):
    super().__init__()
    self.resize(280, 160)
    # 布局
    layout = QVBoxLayout()
    self.setLayout(layout)
    # 进度条
    self.pb = QProgressBar(self)
    # 设置最大值、最小值
    self.pb.setRange(0, 80)
    layout.addWidget(self.pb)
    # 按钮
    self.btn = QPushButton("启动任务", self)
    layout.addWidget(self.btn)
    ......
```

（8）实例化 MyThread 类。

```
self.theThread = MyThread(self)
```

（9）建立当前窗口的 sendData 信号与 MyThread 对象的 setData 方法的连接。

```
self.sendData.connect(self.theThread.setData)
```

（10）MyThread 对象的 reportProgress 信号连接到当前窗口的 setProgress 方法。

```
self.theThread.reportProgress.connect(self.setProgress)
```

（11）实现 setProgress 方法，更新 QProgressBar 组件的当前进度值。

```
def setProgress(self, p: int):
    self.pb.setValue(p)
```

（12）与 MyThread 对象的 started、finished 信号（从 QThread 类继承）信号连接。在新线程启动或完成时改变 QPushButton 组件的可用状态（任务执行过程中禁用按钮，任务完成后恢复）。

```
self.theThread.started.connect(self.onStarted)
self.theThread.finished.connect(self.onFinished)
......
def onStarted(self):
    self.btn.setEnabled(False)
def onFinished(self):
    self.btn.setEnabled(True)
    self.pb.reset()        # 重配进度条
```

（13）连接 QPushButton 组件的 clicked 信号，在按钮被单击后启动耗时任务。

```
self.btn.clicked.connect(self.onBtnClicked)
```

```
......
def onBtnClicked(self):
    # 发出 sendData 信号，告知新线程进度的最小值和最大值
    self.sendData.emit(self.pb.minimum(), self.pb.maximum())
    # 启动新线程
    self.theThread.start()
```

（14）初始化和显示窗口。

```
wind = MyWindow()
wind.show()
```

运行示例程序，然后单击"启动任务"按钮，模拟的耗时任务开始执行。此时 QProgressBar 组件的进度会实时更新，如图 12-2 所示。

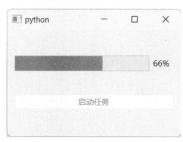

图 12-2　实时更新进度条

12.1.3　示例：设置进度文本的格式

调用 QProgressBar 组件的 setFormat 方法可以修改进度文本的显示格式。格式文本是通过替换占位符的方式实现的。三种占位符及其含义如下。

（1）%p：表示当前进度的百分比，字符串末尾不包含百分号（%）。

（2）%v：表示当前进度值，即 QProgressBar 的 value 方法返回的值。

（3）%m：表示总进度值，即 maximum-minimum。

假设进度条的最大值为 80，最小值为 0，当前值为 20，那么

```
%p: 25
%v: 20
%m: 80
```

若 setFormat 方法设置的格式字符串为"已完成%v 步，共%m 步"，最后呈现出来的结果是"已完成 20 步，共 80 步"。

本示例将在窗口中放置 3 个按钮，单击它们可以切换 QProgressBar 组件的显示格式。关键代码如下：

```
# 窗口
window = QWidget()
window.resize(360, 100)
window.setWindowTitle("Demo")
# 布局
layout = QGridLayout(window)
# 进度条
pb = QProgressBar(window)
layout.addWidget(pb, 0, 0, 1, 3)
# 让文本显示在进度条中间
pb.setAlignment(Qt.AlignmentFlag.AlignCenter)
# 设置最小值
pb.setMinimum(0)
# 设置最大值
pb.setMaximum(120)
```

```
# 设置当前值
pb.setValue(48)

# 3 个按钮
btn1 = QPushButton("格式 1", window)
btn2 = QPushButton("格式 2", window)
btn3 = QPushButton("格式 3", window)
layout.addWidget(btn1, 1, 0)
layout.addWidget(btn2, 1, 1)
layout.addWidget(btn3, 1, 2)

# 连接信号
btn1.clicked.connect(lambda: pb.setFormat("当前百分比：%p%"))
btn2.clicked.connect(lambda: pb.setFormat("真实进度值：%v"))
btn3.clicked.connect(lambda: pb.setFormat("%v / %m"))

# 显示窗口
window.show()
```

运行示例程序，Qt 默认显示当前进度的百分比。单击"格式 2"按钮，将显示实际进度值，如图 12-3 所示。

单击"格式 3"按钮，将呈现当前进度和总进度，如图 12-4 所示。

图 12-3　实际进度值

图 12-4　当前进度和总进度

12.2　滑动条

QSlider 组件允许用户拖动滑块来输入整数值。该组件适用于有范围限制的数值，如表示颜色的 R、G、B 值，就可以使用 QSlider 组件进行输入，其范围为[0,255]。

QSlider 组件默认是垂直显示的，若需要水平呈现，可以调用 setOrientation 方法进行修改。与 QProgressBar 组件相似，QSlider 组件也通过 setMaximum、setMinimum 和 setRange 方法设置最大值与最小值（这几个方法继承自 QAbstractSlider 类）。

setValue 方法可设置滑块的当前值。当用户设置了新的值，QSlider 组件会发出 valueChanged 信号。该信号带有一个整型参数，表示最新设置的值。

QSlider 组件默认不显示刻度，可以通过 setTickPosition 方法进行设置。该方法的参数为 TickPosition 枚举，它定义的值如下。

（1）NoTicks：不显示刻度。

（2）TicksAbove：刻度仅显示在滑动条的上方。

（3）TicksLeft：刻度仅显示在滑动条的左侧。

（4）TicksBelow：刻度仅显示在滑动条的下方。

（5）TicksRight：刻度仅显示在滑动条的右侧。

（6）TicksBothSides：刻度同时显示在滑动条的两边。

当 QSlider 组件水平呈现时，应使用 TicksAbove、TicksBelow；当 QSlider 组件垂直呈现时，应使用 TicksLeft 和 TicksRight。

12.2.1　示例：处理 valueChanged 信号

修改 QSlider 组件的值有多种方法，例如鼠标拖动滑块、鼠标滚轮、键盘上的方向键。不管用户以何种方式与 QSlider 组件交互，QSlider 组件都会发出 valueChanged 信号，以指示数值已更新。将代码与该信号连接，可以获取 QSlider 组件最新的值。

本示例将通过 QLabel 组件来实时显示 QSlider 组件的值。示例窗口使用 QVBoxLayout 布局，布局内包含 QSlider 组件和 QLabel 组件。关键代码如下：

```
window = QWidget()
# 布局
layout = QVBoxLayout()
window.setLayout(layout)
# 滑动条
slider = QSlider(window)
layout.addWidget(slider)
# 改为水平方向
slider.setOrientation(Qt.Orientation.Horizontal)
# 设置最大值和最小值
slider.setRange(0, 40)
# 标签
label = QLabel(window)
layout.addWidget(label)
```

QSlider 组件默认是垂直显示的，因此需要调用 setOrientation(Qt.Orientation.Horizontal)改为水平显示。

建立 valueChanged 信号与 onValChanged 函数的连接，更新 QLabel 组件的文本内容。

```
def onValChanged(val: int):
    label.setText(f"当前值: {val}")

slider.valueChanged.connect(onValChanged)
```

运行示例程序，拖动滑块来调整 QSlider 组件的值，QLabel 组件实时显示最新的数值，如图 12-5 所示。

图 12-5　显示 QSlider 组件的值

12.2.2　示例：设置刻度的显示位置

本示例主要演示 setTickPosition 方法的使用。示例窗口使用 QGridLayout 布局，第一行有 4 个 QLabel 组件，用于显示说明文本；第二行有 4 个 QSlider 组件，代表 4 种刻度显示方式。

示例的具体实现步骤如下。

（1）实例化 QWidget 对象，作为程序主窗口。

```
win = QWidget()
```

（2）为窗口设置布局对象。

```
layout = QGridLayout()
win.setLayout(layout)
```

（3）布局的第一行是 4 个 QLabel 组件。

```
lb1 = QLabel(win)
lb1.setText("无刻度")
layout.addWidget(lb1, 0, 0, Qt.AlignmentFlag.AlignHCenter)

lb2 = QLabel(win)
lb2.setText("刻度在左侧")
layout.addWidget(lb2, 0, 1, Qt.AlignmentFlag.AlignHCenter)

lb3 = QLabel(win)
lb3.setText("刻度在右侧")
layout.addWidget(lb3, 0, 2, Qt.AlignmentFlag.AlignHCenter)

lb4 = QLabel(win)
lb4.setText("两侧都有刻度")
layout.addWidget(lb4, 0, 3, Qt.AlignmentFlag.AlignHCenter)
```

（4）布局的第二行是 4 个 QSlider 组件。

```
sld1 = QSlider(win)
sld1.setRange(0, 20)
sld1.setTickPosition(QSlider.TickPosition.NoTicks)
layout.addWidget(sld1, 1, 0, Qt.AlignmentFlag.AlignHCenter)

sld2 = QSlider(win)
sld2.setRange(0, 20)
sld2.setTickPosition(QSlider.TickPosition.TicksLeft)
layout.addWidget(sld2, 1, 1, Qt.AlignmentFlag.AlignHCenter)

sld3 = QSlider(win)
sld3.setRange(0, 20)
sld3.setTickPosition(QSlider.TickPosition.TicksRight)
layout.addWidget(sld3, 1, 2, Qt.AlignmentFlag.AlignHCenter)

sld4 = QSlider(win)
sld4.setRange(0, 20)
sld4.setTickPosition(QSlider.TickPosition.TicksBothSides)
layout.addWidget(sld4, 1, 3, Qt.AlignmentFlag.AlignHCenter)
```

4 个 QSlider 组件的区别是调用 setTickPosition 方法所设置的刻度位置。

（5）显示窗口。

```
win.show()
```

运行示例程序，结果如图 12-6 所示。

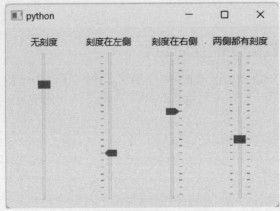

图 12-6　刻度的 4 种显示方式

12.2.3 步长

在按下键盘上的方向键时，QSlider 组件数值的变化量称为步长。setSingleStep 和 setPageStep 方法都可以设置步长值。

setSingleStep 方法是设置每次按下方向键（上、下、左、右箭头）后数值的变化量。假设 QSlider 组件是水平呈现的，当前值是 7，调用 setSingleStep(2)，那么按下 "→" 键后，QSlider 的值会增加 2，变成 9。再按一下 "←" 键，QSlider 组件的值减去 2，变回 7。

setPageStep 方法用于设置 Page Up 和 Page Down 按键所产生的步长值。假设 QSlider 组件是垂直显示的，当前值是 10，若调用 setPageStep(5)，那么按下 Page Up 键，QSlider 组件的值就变为 15。

12.2.4 示例：设置 QSlider 组件的步长

本示例定义的主窗口类为 MyWindow，派生自 QMainWindow。窗口左侧是 QDockWidget 组件，其中包含 4 个 QSpinBox 组件，分别用于修改 QSlider 组件的最大值、最小值、单步步长以及页面步长。单步步长调用 setSingleStep 方法设置，页面步长使用 setPageStep 方法设置。

示例的具体实现步骤如下。

（1）在 MyWindow 类中实现 initCentral 方法。为主窗口创建内容区域。内容区域包括 QSlider 和 QLabel 组件。QLabel 组件用于显示 QSlider 组件的值。

```python
def initCentral(self):
    frame = QFrame()
    frame.setFrameShape(QFrame.Shape.Box)
    layout = QBoxLayout(QBoxLayout.Direction.TopToBottom)
    frame.setLayout(layout)
    # 滑动条
    self.slider = QSlider(frame)
    layout.addWidget(self.slider, 1, Qt.AlignmentFlag.AlignHCenter)
    # 标签
    lb = QLabel(frame)
    layout.addWidget(lb, 0)
    self.slider.valueChanged.connect(lambda v: lb.setText(f'当前值: {v}'))
    self.setCentralWidget(frame)
```

（2）实现 initDockWindows 方法，初始化停靠在主窗口左侧的 DockWidget 组件。该 QDockWidget 的内容区域包括 4 个 QSpinBox 组件。

（3）下面两个 QSpinBox 组件用于设置 QSlider 组件的最大值和最小值。

```python
spboxMax = QSpinBox(content)
spboxMax.setRange(20, 200)
# valueChanged 信号连接到 QSlider 组件的 setMaximum 方法
spboxMax.valueChanged.connect(self.slider.setMaximum)
layout.addRow("最大值: ", spboxMax)
spboxMin = QSpinBox(content)
spboxMin.setRange(0, 100)
spboxMin.valueChanged.connect(self.slider.setMinimum)
layout.addRow("最小值: ", spboxMin)
```

（4）下面两个 QSpinBox 组件用于设置 QSlider 组件的单步步长和页面步长。

```python
spboxSingleStep = QSpinBox(content)
spboxSingleStep.setRange(1, 10)
# 连接信号
```

```
spboxSingleStep.valueChanged.connect(self.slider.setSingleStep)
layout.addRow("单步步长: ", spboxSingleStep)
spboxPageStep = QSpinBox(content)
spboxPageStep.setRange(3, 20)
# 连接信号
spboxPageStep.valueChanged.connect(self.slider.setPageStep)
layout.addRow("页面步长: ", spboxPageStep)
```

（5）initDockWindows 方法的完整代码如下：

```
def initDockWindows(self):
    self.dock = QDockWidget("基本参数", self)
    self.dock.setFeatures(QDockWidget.DockWidgetFeature.
NoDockWidgetFeatures)
    # Dock 窗口的内容组件
    content = QFrame()
    content.setFrameShape(QFrame.Shape.Panel)
    layout = QFormLayout()
    content.setLayout(layout)
    # 下面两个组件用于设置滑动条的最大值和最小值
    spboxMax = QSpinBox(content)
    spboxMax.setRange(20, 200)
    # valueChanged 信号连接到 QSlider 组件的 setMaximum 方法
    spboxMax.valueChanged.connect(self.slider.setMaximum)
    layout.addRow("最大值: ", spboxMax)
    spboxMin = QSpinBox(content)
    spboxMin.setRange(0, 100)
    spboxMin.valueChanged.connect(self.slider.setMinimum)
    layout.addRow("最小值: ", spboxMin)
    layout.addItem(QSpacerItem(0, 20))
    # 以下 QSpinBox 用于设置步长
    spboxSingleStep = QSpinBox(content)
    spboxSingleStep.setRange(1, 10)
    # 连接信号
    spboxSingleStep.valueChanged.connect(self.slider.setSingleStep)
    layout.addRow("单步步长: ", spboxSingleStep)
    spboxPageStep = QSpinBox(content)
    spboxPageStep.setRange(3, 20)
    # 连接信号
    spboxPageStep.valueChanged.connect(self.slider.setPageStep)
    layout.addRow("页面步长: ", spboxPageStep)
    # 为 QSpinBox 设置默认值
    spboxMax.setValue(60)
    spboxMin.setValue(0)
    spboxSingleStep.setValue(2)
    spboxPageStep.setValue(5)
    self.dock.setWidget(content)
    # 将 Dock 窗口添加到主窗口中
    self.addDockWidget(Qt.DockWidgetArea.LeftDockWidgetArea, self.dock)
```

4 个 QSpinBox 的 valueChanged 信号依次连接到 QSlider 组件的 setMaximum、setMinimum、setSingleStep 和 setPageStep 方法。上述方法在 QSpinBox 组件被修改后会自动调用。

（6）初始化并显示主窗口。

```
win = MyWindow()
win.show()
```

运行示例程序，在窗口左侧的 Dock 窗口中，设置 QSlider 组件的最大值为 80，最小值为 10，单步步长值为 2，页面步长值为 5，如图 12-7 所示。

此时，滑动条（QSlider 组件）的最小值是 10，按下 Page Up 键，QSlider 组件的值变为 15；再按一次 Page Up 键，QSlider 组件的值就变为 20，如图 12-8 所示。

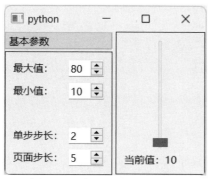

图 12-7　设置 QSlider 的步长

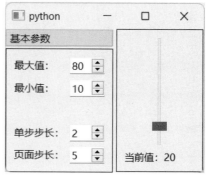

图 12-8　QSlider 组件的最新值

12.3　仪表盘

仪表盘组件（QDial）的外观为正方形，用户通过旋转表针来设置当前数值。QDial 的基类是 QAbstractSlider，因此它的使用方法和 QSlider 相似，也支持使用键盘上的方向键或 Page Up 键、Page Down 键来旋转表针。

12.3.1　示例：使用 QDial 组件

本示例将在窗口上创建一个 QDial 组件和一个 QLabel 组件，通过 QDial 组件的 valueChanged 信号让 QLabel 组件实时更新。

关键代码如下：

```
# 应用程序窗口
window = QWidget()
# 布局
layout = QVBoxLayout()
window.setLayout(layout)

# QDial 组件
dial = QDial(window)
# 设置最大值和最小值
dial.setRange(0, 100)
layout.addWidget(dial, 1)

# QLabel 组件
lb = QLabel(window)
layout.addWidget(lb, 0)

# 连接 valueChanged 信号
dial.valueChanged.connect(lambda val: lb.setText(f"当前数值: {val}"))

# 显示窗口
window.show()
```

和 QSlider 组件一样，设置数值范围时既可以用 setRange 方法，也可以使用 setMaximum、setMinimum 方法。

运行示例程序后，通过单击和拖动鼠标，就能调整 QDial 组件的值，如图 12-9 所示。

图 12-9　QDial 组件的当前数值

12.3.2　示例：显示刻度线

QDial 组件的刻度线默认是隐藏的，若要显示，则需要调用 setNotchesVisible 方法，并将 visible 参数设置为 True。还可以调用 setNotchTarget 方法来调节刻度线的密集程度，参数值表示刻度线之间的像素距离。默认为 3.7 像素。

本示例将演示带刻度线的 QDial 组件。关键代码如下：

```python
# 程序窗口
window = QWidget()
window.resize(330, 350)
# 布局
layout = QGridLayout()
window.setLayout(layout)

# QDial 组件
dial = QDial(window)
layout.addWidget(dial, 0, 0)
layout.setRowStretch(0, 1)
# 设置范围
dial.setMaximum(200)
dial.setMinimum(1)
# 显示刻度
dial.setNotchesVisible(True)
# 设置刻度线之间的距离
dial.setNotchTarget(2.5)

# QLabel 组件
lbVal = QLabel(window)
layout.addWidget(lbVal, 1, 0)
layout.setRowStretch(1, 0)

# 连接信号
def onValChanged(value: int):
    # 设置 QLabel 组件的文本
    lbVal.setText("当前数值: {val}".format(val = value))
dial.valueChanged.connect(onValChanged)

# 显示窗口
window.showNormal()
```

setNotchesVisible(True)表示开启显示刻度线功能，刻度线之间的距离设置为 2.5 像素。

运行效果如图 12-10 所示。

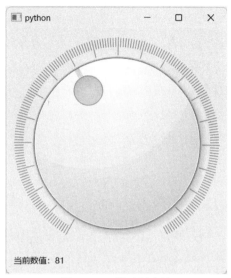

图 12-10　显示刻度线

注意调整窗口尺寸。如果窗口过小，QDial 组件的刻度线会显示不全。

12.3.3　wrapping 属性

使用 setWrapping 方法可以修改 wrapping 属性，当设置为 True 时，QDial 组件刻度线的起点与终点相连，表针可以朝任意方向旋转。通过下面的代码可以直观地对比出开启与未开启 wrapping 属性的区别：

```
# QDial 组件
dial = QDial(window)
# 最大值
dial.setMaximum(100)
# 最小值
dial.setMinimum(0)
# 显示刻度
dial.setNotchesVisible(True)
......
# QCheckBox 组件
ckbWrapping = QCheckBox(window)
ckbWrapping.setText("Set wrapping enabled")
......

# 连接信号
ckbWrapping.toggled.connect(dial.setWrapping)
```

上述代码将 QCheckBox 组件的 toggled 信号连接到 QDial 组件的 setWrapping 方法。当 QCheckBox 的状态改变后会自动修改 wrapping 属性。

如图 12-11 所示，当 wrapping 属性为 False 时，QDial 组件的表盘底部会留出一段空白，以区分刻度的起点与终点。

选中"Set wrapping enabled"后，QDial 组件刻度的起点与终点连在一起，表针可以任意旋转，如图 12-12 所示。

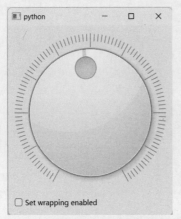

图 12-11　QDial 的 wrapping 属性为 False

图 12-12　QDial 的 wrapping 属性为 True

12.4　QLCDNumber

QLCDNumber 组件模拟 LCD 屏幕，可以显示数字以及少量的字母和符号（如 A、C、H、L、Y、g、-等）。如果传递给 QLCDNumber 组件的内容中包含不支持的字符，将以空格替代。

要设置 QLCDNumber 组件的显示内容，应调用 display 方法，该方法有以下 3 个重载：

```
def display(num: float)
def display(num: int)
def display(str: str)
```

前两个重载分别向参数传递整型和浮点数值，第 3 个重载向参数传递的是字符串内容。字符串内容中如果存在不支持的字符，QLCDNumber 组件将用空格替代。

12.4.1　示例：显示整数和浮点数

本示例将创建两个 QLCDNumber 实例，分别用于显示整数值和浮点数值。核心代码如下：

```
win = QWidget()
layout = QFormLayout()
win.setLayout(layout)

lcd1 = QLCDNumber(win)
# 显示整数
lcd1.display(1234)
layout.addRow("显示整数：", lcd1)

lcd2 = QLCDNumber(win)
# 显示浮点数
lcd2.display(0.25)
layout.addRow("显示浮点数：", lcd2)
……
```

上述代码的运行结果如图 12-13 所示。

图 12-13　显示整数和浮点数

12.4.2　示例：切换进制

QLCDNumber 组件默认显示十进制数值，调用 setMode 方法可以设置为二进制、八进制或十六进制，也可以使用以下便捷方法来切换进制。

```
setBinMode          # 二进制
setHexMode          # 十六进制
setOctMode          # 八进制
setDecMode          # 十进制
```

本示例将使用 QLCDNumber 组件来显示整数值 36，并且支持切换不同进制的数值。DemoWindow 类的实现代码如下：

```python
class DemoWindow(QWidget):
    def __init__(self):
        super().__init__()
        self.initUI()

    def initUI(self):
        # 布局
        layout = QGridLayout()
        self.setLayout(layout)
        # QLCDNumber 组件
        self.lcdNum = QLCDNumber(self)
        # 设置显示位数
        self.lcdNum.setDigitCount(10)
        # 设置数值
        self.lcdNum.display(36)
        layout.addWidget(self.lcdNum, 0, 0, 1, 4)
        # 4 个按钮，用于切换 4 种进制
        self.btnDec = QPushButton("十进制", self)
        self.btnBin = QPushButton("二进制", self)
        self.btnOct = QPushButton("八进制", self)
        self.btnHex = QPushButton("十六进制", self)
        layout.addWidget(self.btnDec, 1, 0)
        layout.addWidget(self.btnBin, 1, 1)
        layout.addWidget(self.btnOct, 1, 2)
        layout.addWidget(self.btnHex, 1, 3)
        # 连接 clicked 信号
        self.btnDec.clicked.connect(self.lcdNum.setDecMode)
        self.btnBin.clicked.connect(self.lcdNum.setBinMode)
        self.btnOct.clicked.connect(self.lcdNum.setOctMode)
        self.btnHex.clicked.connect(self.lcdNum.setHexMode)
```

在实例化 QLCDNumber 组件后，调用 setDigitCount 方法设置该组件能显示的最大数位。此处设置为 10，能显示 10 个字符。由于默认的位数是 5，无法容纳 36 的二进制值（100100）。4 个 QPushButton 组件分别用于切换 4 种进制，它们的 clicked 信号依次连接到 setDecMode、setBinMode、setOctMode 和 setHexMode 方法。单击某个按钮后，与 clicked 信号连接的方法就会被调用。

运行示例程序，默认显示十进制数值 36，如图 12-14 所示。

单击"二进制"按钮，就会显示为二进制数值，如图 12-15 所示。

图 12-14　显示十进制数值

图 12-15　显示二进制数值

12.5　托盘图标

许多桌面环境都有一个特殊的区域叫"系统托盘"（或"通知区域"），应用程序可以向系统托盘区域添加自己的图标。应用程序可以隐藏主窗口长期运行，并通过系统托盘中的图标与用户交互。例如，托盘图标可以在需要时向用户发出提示信息，也可以在图标上添加上下文菜单，用户通过菜单命令执行常用任务。

应用程序可以通过 QSystemTrayIcon 类显示、隐藏系统托盘图标，或设置上下文菜单。由于不需要呈现窗口部件，QSystemTrayIcon 并不从 QWidget 类派生，而是从 QObject 派生。但 QSystemTrayIcon 实例可以与 QWidget 对象建立对象树关系——QWidget 对象是 QSystemTrayIcon 对象的父级。

12.5.1　示例：显示和隐藏托盘图标

要在系统托盘中显示图标，需要调用 QSystemTrayIcon 类的 show 方法；相反地，调用 hide 方法可以隐藏图标。

本示例在程序窗口上垂直放置两个按钮。第一个按钮的功能是显示托盘图标，第二个按钮的功能是隐藏图标。程序代码如下：

```
win = QWidget()
# 窗口标题
win.setWindowTitle("显示或隐藏系统托盘图标")
# 窗口大小
win.resize(200, 160)

# 垂直布局
layout = QVBoxLayout()
win.setLayout(layout)
# 两个按钮
btnShow = QPushButton("显示托盘图标", win)
btnHide = QPushButton("隐藏托盘图标", win)
layout.addWidget(btnShow)
layout.addWidget(btnHide)

# 初始化图标
sysTray = QSystemTrayIcon(QIcon("clock.png"), win)

# 连接按钮的 clicked 信号
def showIcon():
    # 显示图标
    sysTray.show()
def hideIcon():
    # 隐藏图标
    sysTray.hide()
btnShow.clicked.connect(showIcon)
btnHide.clicked.connect(hideIcon)
......
```

运行示例程序，单击窗口上的"显示托盘图标"按钮，桌面的系统托区域就会多出一个图标（当前应用程序）；单击"隐藏托盘图标"按钮后，系统托盘区域将移除刚刚设置的图标。

以下静态方法可用于检测当前环境是否支持系统托盘图标。

（1）isSystemTrayAvailable：系统托盘当前是否可用。若可用则返回 True，否则返回 False。

（2）supportsMessages：系统托盘是否支持显示消息通知。返回 True 表示技持，False 表示不支持。

12.5.2　示例：添加上下文件菜单

本示例将演示在托盘图标上添加上下文菜单，用户右击系统托盘上的图标即可调出上下文菜单。

在初始化 QSystemTrayIcon 实例后，创建 QMenu 实例，再通过 addAction 方法添加菜单项。本示例会添加三个菜单："显示/隐藏主窗口""命令 1""命令 2"。代码如下：

```
trayIco = QSystemTrayIcon(QIcon("icon.png"), window)
# 添加上下文菜单
menu = QMenu(window)
action1 = menu.addAction("显示/隐藏主窗口")
action1.setCheckable(True)
# 连接信号
action1.toggled.connect(window.setVisible)
# 另外两个菜单项
action2 = menu.addAction("命令 1")
action2.triggered.connect(lambda: QMessageBox.information(window, "提示", "执行【命令 1】"))
action3 = menu.addAction("命令 2")
action3.triggered.connect(lambda: QMessageBox.information(window, "提示", "执行【命令 2】"))
trayIco.setContextMenu(menu)
# 显示图标
trayIco.show()
# 默认显示窗口
action1.setChecked(True)
```

第一个菜单项（"显示/隐藏主窗口"）要使用 setCheckable 方法打开 check 功能，然后 QAction 对象的 toggled 信号连接到窗口对象的 setVisible 方法。这样就可以实现用菜单项的 check 状态来控制窗口的显示或隐藏。另外两个菜单项均处理 triggered 信号，并用消息对话框显示文本信息。

在初始化上下文菜单后，必须调用 QSystemTrayIcon 对象的 setContextMenu 方法进行关联，否则托盘图标无法显示菜单。

当示例程序运行后，在桌面的系统托盘中会看到应用程序设置的图标，右击图标，会弹出上下文菜单，如图 12-16 所示。

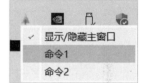

图 12-16　托盘图标的上下文菜单

12.5.3　示例：发送"气球"消息

系统托盘图标可以向用户展示"气球"消息，消息的出现位置一般在托盘图标上方或系统通知栏附近（如 Windows 11）。调用以下方法即可发送消息：

```
def showMessage(title: str, msg: str, icon: QSystemTrayIcon.MessageIcon = ..., msecs:
int = ...)
def showMessage(title: str, msg: str, icon: Union[QIcon, QPixmap], msecs: int = ...)
```

title 参数指定消息的标题，msg 参数指定消息的内容。icon 参数指定显示的图标，该参数有两种使用方案。

（1）使用系统图标。由 QSystemTrayIcon.MessageIcon 枚举的值来指定。Information 表示普通信息通知，Warning 为警告消息，Critical 的严重程度较高，表示错误信息。

（2）使用自定义的图标。类型为 QIcon 对象或 QPixmap 对象。

msecs 参数指定消息的持续时间，单位是毫秒，默认为 10000。

本示例的主界面允许输入消息标题和内容，以及选择消息持续时间。4 个按钮代表 4 种系统图标——NoIcon、Information、Warning 和 Critical。

MyWindow 类的实现代码如下：

```
class MyWindow(QWidget):
```

```python
    def __init__(self):
        super().__init__()
        layout = QFormLayout()
        self.setLayout(layout)
        # 消息标题
        self.titleEdit = QLineEdit(self)
        layout.addRow("标题：", self.titleEdit)
        # 消息内容
        self.bodyEdit = QLineEdit(self)
        layout.addRow("内容：", self.bodyEdit)
        # 消息持续时间
        self.slidOn = QSlider(Qt.Orientation.Horizontal, self)
        # 范围：2~10 秒
        self.slidOn.setRange(2, 10)
        layout.addRow("持续时间：", self.slidOn)
        # 按钮组
        self.btnGroup = QButtonGroup(self)
        self.btnGroup.addButton(QPushButton("无图标", self), 0)
        self.btnGroup.addButton(QPushButton("信息", self), 1)
        self.btnGroup.addButton(QPushButton("警告", self), 2)
        self.btnGroup.addButton(QPushButton("错误", self), 3)
        # 连接信号
        self.btnGroup.idClicked.connect(self.onButtonClicked)
        # 布局按钮
        btnlayout = QHBoxLayout()
        for b in self.btnGroup.buttons():
            btnlayout.addWidget(b)
        layout.addRow(btnlayout)
        # 托盘图标
        self.trayIco = QSystemTrayIcon(QIcon("wel.png"), self)
        # 图标可见
        self.trayIco.setVisible(True)


    # QButtonGroup.idClicked 信号连接到此方法
    def onButtonClicked(self, id: int):
        title = self.titleEdit.text()
        content = self.bodyEdit.text()
        # 确定所使用的图标
        icon = QSystemTrayIcon.MessageIcon.NoIcon if id == 0 else QSystemTrayIcon.
MessageIcon.Information if id == 1 else QSystemTrayIcon.MessageIcon.Warning if id == 2 else
QSystemTrayIcon.MessageIcon.Critical if id == 3 else QSystemTrayIcon.MessageIcon.NoIcon
        # 显示提示消息
        self.trayIco.showMessage(title, content, icon, self.slidOn.value())
```

4 个按钮（QPushButton）组件由 QButtonGroup 对象管理，idClicked 信号连接 onButtonClicked 方法，然后根据 id 的值来确定显示消息时所使用的系统图标。

示例运行效果如图 12-17 所示。

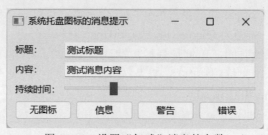

图 12-17 设置"气球"消息的参数

12.6 工具提示

工具提示将呈现一个短暂的小窗口，用于说明某个组件的功能。工具提示一般使用简单的文本，如有特殊需求，也可以使用 HTML 标记。

12.6.1 示例：使用 setToolTip 方法

QWidget 类公开了 setToolTip 方法，设置工具提示非常方便。调用该方法时直接传递提示文本即可。

本示例将在窗口上创建两个按钮组件，然后调用 setToolTip 方法为按钮组件设置工具提示。详细的代码如下：

```
# 程序窗口
window = QWidget()
# 窗口标题
window.setWindowTitle("工具提示")
# 布局
layout = QVBoxLayout()
window.setLayout(layout)
# 两个按钮
btn1 = QPushButton("开 始", window)
btn2 = QPushButton("停 止", window)
layout.addWidget(btn1)
layout.addWidget(btn2)
# 为按钮设置工具提示
btn1.setToolTip("单击此按钮开始游戏")
btn2.setToolTip("单击此按钮结束游戏")
# 显示窗口
window.show()
```

运行应用程序后，将鼠标指针移动到按钮上并停留片刻，就会看到提示信息了，如图 12-18 所示。

图 12-18 按钮上的工具提示

12.6.2 示例：拦截 ToolTip 事件

本示例将演示通过事件过滤器（Event Filter）拦截 ToolTip 事件，然后调用 QToolTip 类的 showText 方法显示提示文本。showText 是静态方法，可直接调用。

应用程序窗口中有 3 个 QRadioButton 组件。代码如下：

```
class CustWindow(QWidget):
    def __init__(self):
        super().__init__()
        # 布局
        layout = QVBoxLayout()
        self.setLayout(layout)
        lbDisplay = QLabel("请选择一种模式：", self)
        layout.addWidget(lbDisplay)
        # 3 个单选按钮
```

```
        self.rd1 = QRadioButton("模式-1", self)
        self.rd2 = QRadioButton("模式-2", self)
        self.rd3 = QRadioButton("模式-3", self)
        layout.addWidget(self.rd1, 0, Qt.AlignmentFlag.AlignHCenter)
        layout.addWidget(self.rd2, 0, Qt.AlignmentFlag.AlignHCenter)
        layout.addWidget(self.rd3, 0, Qt.AlignmentFlag.AlignHCenter)
        layout.addStretch(1)
......
```

3 个 QRadioButton 组件都安装事件过滤器。代码如下：

```
    self.rd1.installEventFilter(self)
    self.rd2.installEventFilter(self)
    self.rd3.installEventFilter(self)
```

在窗口类中重写 eventFilter 方法。如果遇到 ToolTip 事件，就设置工具提示。

```
def eventFilter(self, watched: QObject, event: QEvent) -> bool:
    # 判断事件类型，只处理 ToolTip 事件
    if event.type() == QEvent.Type.ToolTip:
        # 事件参数是 QHelpEvent 类型
        helpev: QHelpEvent = event
        # 被监听对象是 QRadioButton 类型
        rdButton: QRadioButton = watched
        # 提示文本
        tipText = "Nonthing"
        # 看看被拦截的是哪个 QRadioButton 实例
        if rdButton is self.rd1:
            tipText = "模式 1：仅睡眠，不关机"
        if rdButton is self.rd2:
            tipText = "模式 2：进入关机状态，但电源未切断"
        if rdButton is self.rd3:
            tipText = "模式 3：关机，并且切断电源"
        # 显示提示信息
        QToolTip.showText(helpev.globalPos(), tipText)
    # 返回值交给基类处理
    return super().eventFilter(watched, event)
```

由于 eventFilter 方法拦截的是 3 个 QRadioButton 组件的事件，因此 watched 参数可能是 rd1，也可能是 rd2 或 rd3。需要用 if 语句判断当前被拦截的是哪个 QRadioButton 组件，以便设置不同的提示文本。

```
    if rdButton is self.rd1:
        ......
    if rdButton is self.rd2:
        ......
    if rdButton is self.rd3:
        ......
```

手动显示工具提示需要调用 QToolTip.showText 静态方法。该方法的声明如下：

```
    def showText(pos: QPoint, text: str, w: Optional[QWidget] = ..., rect: QRect = ...,
msecShowTime: int = ...)
```

pos 参数是提示信息显示的位置，需要指定全局坐标（屏幕坐标）。text 参数是要显示的文本。

w 和 rect 参数需要一起使用。w 指的是要显示提示信息的对象，在本示例中是 QRadioButton。rect 是 w 内的某个矩形区域。这两个参数的含义是：当鼠标指针移出 rect 所指定的区域后，工具提示就会隐藏。w 和 rect 参数都是可选的，调用 showText 方法时可以忽略。

msecShowTime 参数指定提示信息显示的时间，单位是毫秒。默认为 -1，表示显示时间由提示文本的长度决定。文本内容越多，显示的时间越长。计算方法可以参考下面的 C++源代码：

```
qsizetype time = 10000 + 40 * qMax(0, textLength - 100);
```

时长以 10000 毫秒（即 10 秒）为基础，当文本长度超过 100 字符时，每个字符延长 40 毫秒。

示例程序的运行结果如图 12-19 所示。

图 12-19　QRadioButton 的提示信息

12.6.3　示例：在工具提示中使用 HTML

Qt 的工具提示文本支持使用 HTML。本示例将创建一个包含 3 个字段的表单窗口，其中"货号"和"数量"字段的输入框设置了工具提示。

3 个 QLineEdit 组件将通过 QFormLayout 对象布局，代码如下：

```
layout = QFormLayout()
window.setLayout(layout)
# 第一行
txtNo = QLineEdit(window)
layout.addRow("货号: ", txtNo)
# 第二行
txtQty = QLineEdit(window)
layout.addRow("数量: ", txtQty)
# 第三行
txtRem = QLineEdit(window)
layout.addRow("备注: ", txtRem)
......
```

为前两个 QLineEdit 组件设置工具提示文本，采用 HTML 格式。代码如下：

```
html = '''
<p>格式: <i>[品类]-[日期]-[序号]</i></p>
<table>
    <tr>
        <td>[品类]: </td>
        <td>用两个字母表示货物类型. 如服装类货物就使用"FZ", 工艺品类就用"GY"</td>
    </tr>
    <tr>
        <td>[日期]: </td>
        <td>进货日期, 格式为 yyyyMMdd, 如 20190524</td>
    </tr>
    <tr>
        <td>[序号]: </td>
        <td>入库序号, 用四位数字表示. 如 0001、0057</td>
    </tr>
</table>
<p>
    例如: <span style="color:blue">FZ-20221028-0073</span>
</p>
'''
txtNo.setToolTip(html)

html = '''
<p>填写货物数量, 包含单位</p>
```

```
    <p>
        例如: <span style="color: navy;">15 条</span>、<span style="color: orangered;">
100 张</span>、<span style="color: green;">97 套</span>等
    </p>
    '''
    txtQty.setToolTip(html)
```

运行示例程序,然后将鼠标指针移动到"货号"字段的文本输入框内,稍等片刻,就会出现如图 12-20 所示的提示信息。

将鼠标指针移到"数量"字段的输入框内,就会看到如图 12-21 所示的工具提示。

图 12-20 "货号"字段的提示文本

图 12-21 "数量"字段的工具提示

12.6.4 示例:修改调色板

在 Qt 应用程序内部,工具提示是由 QLabel 组件呈现的,因此通过修改调色板相关参数,可以自定义工具提示的文本以及背景颜色。QToolTip 类提供了获取和设置调色板的静态方法:palette 方法返回正在使用的调色板,setPalette 方法则用于设置新的调色板对象(QPalette 类的实例)。

本示例通过调色板对象,将工具提示的文本设置为白色,背景为黑色。自定义窗口类的代码如下:

```
class DemoWindow(QWidget):
    def __init__(self):
        super().__init__()
        # 布局
        rootLayout = QVBoxLayout()
        self.setLayout(rootLayout)
        # 选项 1
        self.chBox1 = QCheckBox(self)
        self.chBox1.setText("启动时加载历史记录")
        rootLayout.addWidget(self.chBox1)
        # 选项 2
        self.chBox2 = QCheckBox(self)
        self.chBox2.setText("下载元数据")
        rootLayout.addWidget(self.chBox2)
        # 选项 3
        self.chBox3 = QCheckBox(self)
        self.chBox3.setText("关闭时备份")
        rootLayout.addWidget(self.chBox3)
        # 设置工具提示
        self.chBox1.setToolTip("程序启动时读取上一次的阅读记录")
        self.chBox2.setToolTip("自动下载正在阅读的资料的最新消息")
        self.chBox3.setToolTip("程序退出时保存资料的阅读记录")
        ......
```

修改工具提示的调色板需要在初始化窗口之前完成。由于某些系统主题会导致工具提示的调色板失效(例如"WindowsVista"主题),所以需要先修改应用程序的默认主题。代码如下:

```
app = QApplication()
```

```
app.setStyle("Fusion")
```

如果想知道当前系统环境支持哪些主题名称，可以使用下面的代码将它们打印到屏幕上：

```
print(QStyleFactory.keys())
```

下面代码先从 QToolTip 类中获取现有的调色板，然后修改文本和背景颜色，最后调用 setPalette 方法设置新的调色板。

```
palette = QToolTip.palette()
# 修改颜色
palette.setColor(QPalette.ColorGroup.Inactive,
                QPalette.ColorRole.ToolTipBase,
                QColor("black"))
palette.setColor(QPalette.ColorGroup.Inactive,
                QPalette.ColorRole.ToolTipText,
                QColor("white"))
# 设置调色板
QToolTip.setPalette(palette)
```

工具提示所在的颜色分组是 Inactive（非活动窗口），颜色角色分别是 ToolTipBase（工具提示窗口的背景颜色）和 ToolTipText（工具提示窗口的文本颜色）。

示例程序运行后的效果如图 12-22 所示。

图 12-22　自定义工具提示的外观

## 第 13 章

对 话 框

本章要点：

➢ 对话框的公共基类 QDialog；

➢ QInputDialog；

➢ QFontDialog 与 QColorDialog；

➢ 文件对话框 QFileDialog；

➢ 向导 QWizard；

➢ 消息对话框 QMessageBox。

13.1　QDialog

　　对话框用于完成与用户的短暂会话，例如打开文件、选择颜色、输入比较简单的信息等。对话框也属于桌面环境中的顶层窗口，因此它具备标题栏、边框等外观。

　　QDialog 作为对话框的公共基类，实现了一部分通用功能，包括以下方法成员。

　　（1）exec：该方法将以模态窗口的方式打开对话框。exec 方法调用后不会立即返回，除非对话框关闭，因此对话框在打开期间会阻断用户与其他窗口的交互。如果对话框是应用程序级别的，那么同一个应用程序中的其他窗口将无法使用，直到对话框关闭；如果对话框与某个窗口关联（该窗口成为对话框的父级），那么只有当前窗口的交互行为被阻止，不会影响其他窗口的运行。

　　（2）open：该方法是异步的，调用后立即返回。要获取对话框的操作结果，可以连接 finished，或者 accepted、rejected 信号。

　　（3）accept：对话框接受用户输入并隐藏。调用该方法会发出 accepted 信号。

　　（4）reject：拒绝当前输入结果并隐藏对话框。调用该方法会发出 rejected 信号。

　　（5）done：隐藏对话框并设置对话框的操作结果。调用该方法会使 QDialog 对象发出 finished 信号。如果表示操作结果的整数值与 QDialog.DialogCode 枚举的某个成员相等，那么调用 done 方法后也会发出 accepted 或 rejected 信号。

13.1.1　示例：实现自定义对话框

　　由于 QDialog 类已实现对话框的基础功能，而且 QDialog 也是 QWidget 的子类，因此要实现自定义的对话框，只需从 QDialog 类派生即可，其界面的布局方法与 QWidget 类相同。

　　本示例将实现一个使用 QSpinBox 组件输入整数值的对话框。具体步骤如下。

　　（1）定义 CustDialog 类，以 QDialog 为基类。

```
class CustDialog(QDialog):
    def __init__(self, parent: QWidget = None):
        super().__init__(parent)
        # 布局
        layout = QGridLayout()
        self.setLayout(layout)
```

```
        # 标签
        lb = QLabel(self)
        lb.setText("请输入: ")
        layout.addWidget(lb, 0,0)
        # 数字输入框
        self.spinBox = QSpinBox(self)
        self.spinBox.setRange(0, 300)
        layout.addWidget(self.spinBox, 0, 1)
        # 两个按钮
        self.btnOK = QPushButton("确定", self)
        self.btnCancel = QPushButton("取消", self)
        btnLayout = QHBoxLayout()
        btnLayout.addWidget(self.btnOK)
        btnLayout.addWidget(self.btnCancel)
        layout.addLayout(btnLayout,1,0,1,2,Qt.AlignmentFlag.AlignCenter)
        # 连接信号
        self.btnOK.clicked.connect(self.accept)
        self.btnCancel.clicked.connect(self.reject)

    # 用于获取已输入的整数值
    def getInput(self) -> int:
        return self.spinBox.value()
```

getInput 方法公开给外部代码调用，用于获取 QSpinBox 组件中输入的整数值。"确定""取消"按钮的主要功能是设置对话框结果，因此将它们的 clicked 信号分别与 accept 和 reject 方法连接即可，当按钮被单击时会自动调用这些方法。

（2）创建应用程序窗口（通过 QWidget 类），界面上添加一个按钮组件（QPushButton）和标签组件（QLabel）。

```
window = QWidget()
window.resize(280, 160)
# 布局
rootLayout = QVBoxLayout()
window.setLayout(rootLayout)
# 按钮
btn = QPushButton("输入整数值", window)
rootLayout.addWidget(btn)
# 标签
lbRes = QLabel(window)
rootLayout.addWidget(lbRes)
```

（3）实例化 CustDialog 对话框类。

```
dlg = CustDialog(window)
```

（4）"输入整数值"按钮的 clicked 信号与 onClicked 函数连接。在 onClicked 函数中打开自定义对话框，并获取输入的整数值。

```
def onClicked():
    result = dlg.exec()
    # 只有返回码为 Accepted 才表明对话框已接受输入
    if (result == QDialog.DialogCode.Accepted):
        lbRes.setText(f"输入的值: {dlg.getInput()}")

btn.clicked.connect(onClicked)
```

（5）显示程序窗口。

```
window.show()
```

运行示例程序后，单击窗口上的"输入整数值"按钮，将弹出如图 13-1 所示的对话框。

输入整数后，单击"确定"按钮隐藏对话框，返回到应用程序窗口，标签组件就会显示输入的值，如图 13-2 所示。

图 13-1　自定义对话框

图 13-2　已输入的整数值

13.1.2　示例：异步对话框

open 方法在打开对话框后会立即返回，应用程序可以通过连接相应的信号来获取用户的操作结果。例如，当对话框接受输入（如单击"确定"按钮）后会发出 accepted 信号。应用程序可以连接该信号，并做出响应。如果需要对操作结果进行复杂处理，可以连接 finished 信号。该信号带有一个 int 类型的参数，以表示操作结果。该值可以是 DialogCode 枚举所定义的 Accepted 和 Rejected，也可以是开发者自定义的数值。

当 QDialog 类默认的信号（finished、accepted、rejected）不能满足开发需求时，可以从 QDialog 类派生出自定义类型，然后添加自定义处理，使应用程序能够从对话框中获取更多数据，例如用户选择的字体。

本示例将演示一个自定义对话框。对话框内允许用户输入姓名和年龄，当用户单击"确定"按钮后，对话框除发出默认的 finished 等事件外，还会发出自定义的 dataReady 信号。dataReady 信号将传递用户输入的姓名和年龄。

CustDialog 类的实现代码如下：

```python
class CustDialog(QDialog):
    # 自定义信号
    dataReady = Signal(str, int)

    def __init__(self, parent: QWidget = None):
        super().__init__(parent)
        self._layout = QFormLayout()
        self.setLayout(self._layout)
        # 单行文本输入组件
        self._edtName = QLineEdit(self)
        # 设置长度限制
        self._edtName.setMaxLength(15)
        # 数字输入组件
        self._spAge = QSpinBox(self)
        # 设置范围
        self._spAge.setRange(10, 65)
        self._layout.addRow("姓名: ", self._edtName)
        self._layout.addRow("年龄: ", self._spAge)
        # 按钮
        _subLayout = QHBoxLayout()
        self._okBtn = QPushButton("确定", self)
        self._ccBtn = QPushButton("取消", self)
        _subLayout.addWidget(self._okBtn)
        _subLayout.addWidget(self._ccBtn)
        self._layout.addRow(_subLayout)
        # 连接按钮的 clicked 信号
        self._okBtn.clicked.connect(self.accept)
```

```
            self._ccBtn.clicked.connect(self.reject)

        def done(self, res: int):
            # 如果确认输入，就发出 dataReady 信号
            if res == QDialog.DialogCode.Accepted:
                self.dataReady.emit(self._edtName.text(), self._spAge.value())
            # 调用基类的 done 方法
            super().done(res)
```

dataReady 是自定义的信号，它带有两个参数——字符串类型和整数类型。为了实现在对话框确认时发出 dataReady 信号，上述代码重写了 done 方法。如果对话框的操作结果是 Accepted，就发出 dataReady 信号，同时传递 QLineEdit 和 QSpinBox 组件的值。

下面的代码初始化应用程序窗口和自定义对话框。

```
# 初始化窗口
window = QWidget()
window.resize(275, 200)
# 布局
layout = QVBoxLayout()
window.setLayout(layout)
# 按钮
btn = QPushButton("输入信息", window)
layout.addWidget(btn)
# 标签
lbResult = QLabel(window)
layout.addWidget(lbResult)
# 初始化对话框
dialog = CustDialog(window)
# 连接信号
def onData(name: str, age: int):
    s = f'姓名：{name}，年龄：{age}'
    lbResult.setText(s)
dialog.dataReady.connect(onData)
btn.clicked.connect(dialog.open)
# 显示窗口
window.showNormal()
```

应用程序窗口包含一个按钮和一个标签组件。按钮被单击后显示 CustDialog 对话框，当对话框隐藏后，在标签组件中显示输入的数据。

运行示例程序，单击窗口上的"输入信息"按钮，打开如图 13-3 所示的对话框。

输入姓名与年龄后，单击"确定"按钮隐藏对话框，回到应用程序窗口。标签组件将显示已输入的内容，如图 13-4 所示。

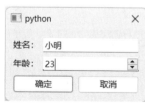

图 13-3 自定义对话框

图 13-4 输入的内容

13.2 QInputDialog

QInputDialog 类提供一个可输入单个值的简易的对话框，支持的类型有浮点数、整数、字符串。QInputDialog 类通过 InputMode 枚举来确定输入模式，该枚举定义了以下成员。

（1）TextInput：输入的内容是字符串类型。

（2）IntInput：输入整数值。

（3）DoubleInput：输入的值是浮点数值。

QInputDialog 类的公共成员可以依据 InputMode 枚举的值进行分组，详见表 13-1。

表 13-1　QInputDialog 类的公共成员分组

InputMode 的值	成员名称	说明
TextInput	textValue	获取或设置字符串内容
	setTextValue	
	textEchoMode	获取或设置字符的显示方式，即 QLineEdit 类的 EchoMode 枚举类型，如 Password 可以让输入的字符显示为掩码
	setTextEchoMode	
IntInput	intValue	获取或设置输入的整数值
	setIntValue	
	intMaximum	获取或设置整数的最大值
	setIntMaximum	
	intMinimum	获取或设置整数的最小值
	setIntMinimum	
	setIntRange	设置整数值的范围（最大值和最小值）
	intStep	获取或设置 QInputDialog 类所使用的 QSpinBox 组件的步长值
	setIntStep	
DoubleInput	doubleValue	获取或设置输入的浮点数值
	setDoubleValue	
	doubleDecimals	获取或设置 QInputDialog 类内部所使用的 QDoubleSpinBox 组件的精度（保留小数位，默认为 2）
	setDoubleDecimals	
	doubleMaximum	获取或设置浮点数的最大值
	setDoubleMaximum	
	doubleMinimum	获取或设置浮点数的最小值
	setDoubleMinimum	
	setDoubleRange	设置浮点数值的范围（最大值和最小值）
	doubleStep	获取或设置 QInputDialog 类内部使用的 QDoubleSpinBox 组件的步长
	setDoubleStep	

另外，以下三个方法可以自定义对话框上显示的文本信息。

（1）setLabelText：设置对话框内的输入提示文本，如"请输入用户名"。

（2）setOkButtonText：为 OK 按钮设置自定义文本，如"确定"。该按钮使对话框返回 Accepted 操作结果。

（3）setCancelButtonText：设置 Cancel 按钮所显示的文本，如"关闭"。该按钮会使对话框返回 Rejected 操作结果。

13.2.1　示例：QInputDialog 的基本用法

本示例会在窗口中创建三个按钮，对应 QInputDialog 对话框的三种输入模式。当用户输入结束并单击"确定"按钮后，对话框将隐藏，并在窗口上显示所输入的内容。具体的实现步骤如下：

（1）初始化程序窗口（使用 QWidget 类）。

```
window = QWidget()
window.setWindowTitle("输入对话框")
window.resize(240, 130)

# 布局
layout = QGridLayout()
window.setLayout(layout)
```

（2）程序窗口使用网格布局，第一列的三个行放置按钮组件。

```
btnDouble = QPushButton("输入 double 数值", window)
btnInt = QPushButton("输入 int 数值", window)
btnText = QPushButton("输入文本", window)
layout.addWidget(btnDouble, 0, 0)
layout.addWidget(btnInt, 1, 0)
layout.addWidget(btnText, 2, 0)
```

（3）第二列的三个行放置三个标签组件。

```
lbDoubleValue = QLabel(window)
lbIntValue = QLabel(window)
lbTextValue = QLabel(window)
layout.addWidget(lbDoubleValue, 0, 1)
layout.addWidget(lbIntValue, 1, 1)
layout.addWidget(lbTextValue, 2, 1)
```

（4）初始化 QInputDialog 对话框。

```
dialog = QInputDialog(window)
# 对于 double 类型的值，设置最大值和最小值
dialog.setDoubleRange(1.0, 1000.0)
# 设置浮点数精度
dialog.setDoubleDecimals(3)
# 对于 int 类型的值，设置最大值与最小值
dialog.setIntRange(0, 150)
# 设置标签文本
dialog.setLabelText("请输入：")
# 设置按钮文本
dialog.setOkButtonText("确定")
dialog.setCancelButtonText("取消")
# 设置对话框标题
dialog.setWindowTitle("用户输入")
```

在初始化时，可以为整数、浮点数和字符串类型的输入值设置对应的参数（如 setIntRange 方法设置整数值的有效范围，setDoubleRange 方法设置浮点数值的范围）。整数值的输入使用的是 QSpinBox 组件，浮点数值的输入使用的是 QDoubleSpinBox 组件，文本内容则用 QLineEdit 组件输入。

（5）分别连接三个按钮的 clicked 信号，通过 setInputMode 方法切换 QInputDialog 对话框的输入模式，然后显示对话框等待用户输入，最后显示输入的内容。

```
def onClickedDouble():
    # 修改输入模式
    dialog.setInputMode(QInputDialog.InputMode.DoubleInput)
    result = dialog.exec()
    # 显示输入的值
    if result == QDialog.DialogCode.Accepted:
        lbDoubleValue.setText(f"{dialog.doubleValue()}")

btnDouble.clicked.connect(onClickedDouble)

def onClickedInt():
```

```
    # 修改输入模式
    dialog.setInputMode(QInputDialog.InputMode.IntInput)
    result = dialog.exec()
    # 显示输入的值
    if result == QDialog.DialogCode.Accepted:
        lbIntValue.setText(f"{dialog.intValue()}")
btnInt.clicked.connect(onClickedInt)

def onClickedText():
    # 改变输入模式
    dialog.setInputMode(QInputDialog.InputMode.TextInput)
    res = dialog.exec()
    # 显示输入的文本
    if res == QDialog.DialogCode.Accepted:
        lbTextValue.setText(dialog.textValue())
btnText.clicked.connect(onClickedText)
```

需要注意的是，切换输入模式，即调用 setInputMode 方法一定要在 exec 方法调用之前完成。

（6）显示程序窗口。

```
window.showNormal()
```

运行示例程序，如图 13-5 所示。

单击"输入 int 数值"按钮，QInputDialog 对话框打开，如图 13-6 所示。

输入整数值，然后单击"确定"按钮，回到主窗口。输入的内容会显示在按钮右边的标签组件上，如图 13-7 所示。

图 13-5　QInputDialog 示例程序的主窗口

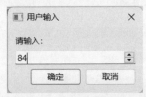

图 13-6　输入对话框

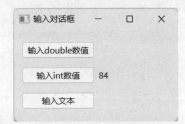

图 13-7　显示输入的内容

13.2.2　QInputDialog 的信号

除了从 QDialog 类继承的信号（如 accepted、rejected），QInputDialog 类也定义了 3 组信号。

（1）doubleValueChanged 与 doubleValueSelected：当输入模式为浮点数值时使用。

（2）intValueChanged 与 intValueSelected：当输入模式为整数值时使用。

（3）textValueChanged 与 textValueSelected：当输入模式为文本时使用。

*ValueChanged 信号表示对话框处于活动状态时，输入的内容改变时发出；而 *ValueSelected 信号表示对话框已经提交，用户最终输入的内容。

例如，以整数输入模式打开 QInputDialog 对话框。当用户输入 3 时，intValueChanged 信号发出，参数值为 3；接着用户输入 0，即 QSpinBox 组件内的现有值是 30，此时 intValueChanged 信号参数值为 30；用户继续输入 0，此时 intValueChanged 信号的参数值为 300。若此时用户输入完成，单击"确定"按钮，intValueSelected 信号发出，参数值为 300。

13.2.3　示例：实时显示输入内容

本示例通过连接 textValueChanged 和 textValueSelected 信号，在程序主窗口上实时显示对话框中正在输入的内容。具体步骤如下。

（1）初始化程序窗口。在窗口中添加一个按钮组件和一个标签组件。

```
window = QWidget()
window.setWindowTitle("Demo")
window.resize(270, 220)

# 布局
layout = QVBoxLayout()
window.setLayout(layout)

# 按钮
btn = QPushButton("请输入文本", window)
layout.addWidget(btn)
# 标签
lb = QLabel(window)
layout.addWidget(lb)
layout.addStretch(1)
```

（2）初始化输入对话框，输入模式为文本。

```
dialog = QInputDialog(window)
# 文本输入模式
dialog.setInputMode(QInputDialog.InputMode.TextInput)
```

（3）连接按钮的 clicked 信号，调用 open 方法显示对话框。

```
def onClicked():
    dialog.open()
btn.clicked.connect(onClicked)
```

（4）连接 QInputDialog 组件的 textValueChanged 信号，更新标签组件上的文本，实时显示输入的内容。

```
def onTextValChanged(txt: str):
    lb.setText("正在输入: " + txt)
dialog.textValueChanged.connect(onTextValChanged)
```

（5）连接 textValueSelected 信号，输入完毕后获取最终的文本。

```
def onTextSelected(txt: str):
    lb.setText("输入完毕\n 文本内容: " + txt)
dialog.textValueSelected.connect(onTextSelected)
```

（6）连接 rejected 信号，当输入取消后清空标签组件的文本。

```
def onRejected():
    lb.clear()
dialog.rejected.connect(onRejected)
```

运行示例程序后，单击"请输入文本"按钮，打开输入对话框。在文本框中先输入"天"，此时会看到主窗口上显示"正在输入：天"，如图 13-8 所示。

接着输入"南"，主窗口上显示"正在输入：天南"，如图 13-9 所示。

随后输入"海北"，单击 OK 按钮完成输入，主窗口显示"输入完毕 文本内容：天南海北"，如图 13-10 所示。

图 13-8　输入第一个字符

图 13-9　输入第二个字符

图 13-10　输入结束

13.2.4　示例：使用下拉列表框完成文本输入

在文本输入模式下，除了用键盘敲入内容，也可以从下拉列表中选择一项作为输入的文本。若希望用下拉列表框代替文本框，需要调用 setComboBoxItems 方法设置一个字符串列表，作为下拉列表框的数据来源。

本示例将实现：单击窗口上的按钮，打开输入对话框，然后从下拉列表框中选择一项作为输入的文本，最后输入文本显示在主窗口上。实现步骤如下。

（1）初始化程序窗口。

```
win = QWidget()
win.setWindowTitle("Demo")
# 垂直布局
layout = QVBoxLayout()
win.setLayout(layout)
```

（2）在布局对象中添加一个按钮组件和一个标签组件。

```
# 按钮
btn = QPushButton("请选择房间面积", win)
layout.addWidget(btn)
# 标签
lbMsg = QLabel(win)
layout.addWidget(lbMsg)
```

（3）初始化输入对话框。

```
inputDialog = QInputDialog(win)
# 文本输入模式
inputDialog.setInputMode(QInputDialog.InputMode.TextInput)
# 设置对话框标题
inputDialog.setWindowTitle("选择面积")
# 设置提示文本
inputDialog.setLabelText("请选择你的卧室面积：")
# 设置按钮文本
inputDialog.setOkButtonText("提交")
inputDialog.setCancelButtonText("放弃")
```

（4）调用 setComboBoxItems 方法设置下拉列表。

```
list = ["3~5平方米", "6~8平方米", "9~10平方米", "11~15平方米", "15平方米以上"]
inputDialog.setComboBoxItems(list)
```

（5）连接按钮组件的 clicked 信号。显示输入对话框，待完成输入后显示已输入文本。

```
def onClicked():
    # 显示对话框
    res = inputDialog.exec()
    # 获取输入文本
    if res == QInputDialog.DialogCode.Accepted:
        lbMsg.setText(f"你的卧室面积大约为{inputDialog.textValue()}")
btn.clicked.connect(onClicked)
```

运行示例程序，单击"请选择房间面积"按钮，打开输入对话框。从下拉列表框中选择一个选项，如图 13-11 所示。

单击"确定"按钮，回到程序窗口，显示输入的文本如图 13-12 所示。

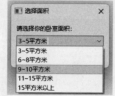

图 13-11　从下拉列表中选择

图 13-12　显示输入文本

13.2.5　便捷方法

QInputDialog 类提供了一组静态方法成员，可以直接调用，不需要创建 QInputDialog 类的实例。不同输入模式对应着不同的方法成员。

（1）对于整数输入模式，应调用 getInt 方法，它的声明如下：

```
@staticmethod
def getInt(
        parent: QWidget,
        title: str,
        label: str,
        value: int = ...,
        minValue: int = ...,
        maxValue: int = ...,
        step: int = ...,
        flags: Qt.WindowType = ...)
    -> Tuple[int, bool]
```

parent 参数指定对话框的父级窗口。title 参数指定对话框的标题栏文本。label 参数设置对话框上的说明文本。value 参数设置初始值（默认为 0）。minValue 参数指定最小值，maxValue 参数指定最大值。step 参数指定内部 QSpinBox 组件的步长值，默认值为 1。flags 参数设置窗口标志（Qt.WindowType）。value、minValue、maxValue、step、flags 参数可以省略。

getInt 方法返回两个值：第一个值是输入的内容；第二个是 bool 类型的值，表示对话框是否确认输入，如单击"确定"按钮则返回 True。

（2）对于浮点数输入模式，应调用 getDouble 方法，其声明如下：

```
@staticmethod
def getDouble(
        parent: QWidget,
        title: str,
        label: str,
        value: float = ...,
        minValue: float = ...,
        maxValue: float = ...,
        decimals: int = ...,
        flags: Qt.WindowType = ...,
        step: float = ...)
    -> Tuple[float, bool]
```

parent、title、label 等参数的含义与 getInt 方法相同，decimals 参数指定浮点数值的精度（保留小数位），默认是 2。

（3）对于文本输入模式，应调用 getText 方法，它的声明如下：

```
@staticmethod
def getText(
        parent: QWidget,
        title: str,
        label: str,
        echo: QLineEdit.EchoMode = ...,
        text: str = ...,
        flags: Qt.WindowType = ...,
        inputMethodHints: Qt.InputMethodHint = ...)
    -> Tuple[str, bool]
```

echo 参数指定文本的呈现方式，默认为 Normal。text 参数设置初始文本，默认为空字符串。inputMethodHints 设置输入法的附加选项，默认为 ImhNone，表示无须设置。例如，要禁止输入法自动切换英文大小写，可以指定 ImhNoAutoUppercase。

另外，在文本输入模式下如果希望使用下拉列表框完成输入，还可以使用 getItem 方法：

```
@staticmethod
def getItem(
    parent: QWidget,
    title: str,
    label: str,
    items: Sequence[str],
    current: int = ...,
    editable: bool = ...,
    flags: Qt.WindowType = ...,
    inputMethodHints: Qt.InputMethodHint = ...)
  -> Tuple[str, bool]
```

items 参数指定一个字符串列表，作为下拉列表框的数据来源。current 参数指定下拉列表框中默认选择的项（索引）。editable 参数指定下拉列表框是否允许编辑，如果允许，则用户可以手动输入内容；若禁止编辑，用户只能从列表中选择一项。其他参数的含义与 getText 方法相同。

13.2.6 示例：使用便捷方法打开输入对话框

本示例将演示 getInt 和 getText 方法的使用。窗口上有两个按钮组件，单击后分别调用 getInt 和 getText 方法打开输入对话框。输入结束后，通过标签组件显示输入内容。核心代码如下：

```python
# 两个按钮
btnInt = QPushButton("输入整数", window)
btnText = QPushButton("输入文本", window)
......
# 两个标签
lbInt = QLabel(window)
lbText = QLabel(window)
......

# 连接信号
def onBtnIntClicked():
    # 显示输入对话框
    val, ok = QInputDialog.getInt(
        window,
        "对话框",
        "请输入一个整数值: ",
        1,
        0,
        100
    )
    # 显示结果
    if ok:
        lbInt.setText(f"输入的整数值: {val}")

btnInt.clicked.connect(onBtnIntClicked)

def onBtnTextClicked():
    # 显示输入对话框
    val, ok = QInputDialog.getText(
        window,
        "对话框",
        "请输入文本内容: "
    )
    # 显示结果
    if ok:
        lbText.setText(f"输入的文本内容：{val}")

btnText.clicked.connect(onBtnTextClicked)
```

getInt 方法返回的第一个值是用户输入的内容,第二个值表示输入是否被确认。因此,在显示输入结果时,需要判断第二个返回值是否为 True。

运行示例程序,单击"输入整数"按钮,打开输入对话框。输入一个整数值后并确认,返回程序窗口,显示的输入结果如图 13-13 所示。

"输入文本"按钮的测试方法类似,此处不再赘述。

图 13-13 显示已输入的整数值

13.3 QColorDialog

QColorDialog 提供用于选择颜色的对话框,返回 QColor 类型的对象。该对话框包含两个与用户当前选择的颜色相关的成员。

(1)currentColor:返回当前被选中的颜色,调用 setCurrentColor 方法能以编程方式修改当前选定的颜色。

(2)selectedColor:用户最终选择的颜色,前提是当用户已单击"确定"等按钮确认。

currentColor 方法与 selectedColor 方法所返回的颜色值可能相同,但含义不同。用户在确认对话框之前可能会选择红色,但在提交前发现选错了,于是又选择了蓝色。因此,在整个会话中,currentColor 所返回的值由红色变成蓝色,而 selectedColor 方法返回的是用户最终选择的颜色。

currentColor 的值改变后,QColorDialog 对象会发出 currentColorChanged。当用户提交选择后,会发出 colorSelected 信号。

13.3.1 示例:设置文本颜色

本示例将使用 QColorDialog 对话框为 QLabel 组件设置文本颜色。代码如下:

```python
# 窗口
window = QWidget()
......
# 按钮
btn = QPushButton("选择颜色", window)
layout.addWidget(btn)
# 标签
lb = QLabel("示例文本", window)
# 修改字体大小
font = lb.font()
font.setPixelSize(32)
lb.setFont(font)
lb.setAlignment(Qt.AlignmentFlag.AlignCenter)
layout.addWidget(lb)

# 选择颜色对话框
dialog = QColorDialog(Qt.GlobalColor.blue, window)
# 设置对话框标题
dialog.setWindowTitle("选择颜色")

# 连接信号
def onClicked():
    dialog.open()
btn.clicked.connect(onClicked)

def onColorSelected(color: QColor):
    # 获取标签组件的调色板
    palette = lb.palette()
```

```
    # 改变颜色
    palette.setColor(QPalette.ColorRole.WindowText, color)
    # 重新设置调色板
    lb.setPalette(palette)

dialog.colorSelected.connect(onColorSelected)

# 显示窗口
window.show()
```

窗口中创建了一个按钮组件和一个标签组件。单击按钮后打开颜色对话框，确认选择后通过调色板修改标签组件的文本颜色。先调用 palette 方法获取原来的调色板数据，然后调用 setColor 修改颜色（QLabel 组件默认的颜色角色是 WindowText）。修改后调用 setPalette 方法重新设置调色板。

运行示例程序，单击"选择颜色"按钮，打开选择颜色对话框，如图 13-14 所示。

选择好颜色后，单击 OK 按钮确认，QLabel 组件的文本颜色就会发生改变，如图 13-15 所示。

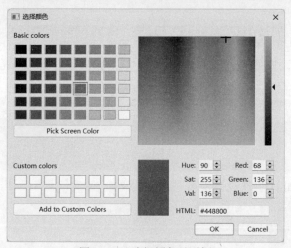

图 13-14　选择颜色对话框

图 13-15　标签文本的颜色已更新

13.3.2　自定义颜色区域

颜色对话框在标准颜色之外提供了一个自定义颜色区域，如图 13-16 所示。用户可以将从取色器中

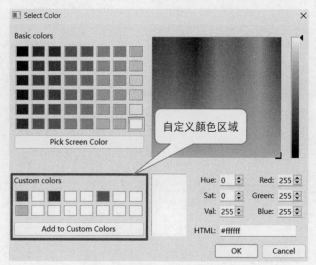

图 13-16　自定义颜色的区域

选定的颜色添加到这个区域。自定义颜色区域的设置在多个 QColorDialog 实例之间共享，用户可以通过这个自定义区域快速选择自己所需的颜色。开发人员也可以通过 QColorDialog 类公开的方法以编程方式操作自定义颜色区域。

由于自定义颜色在 QColorDialog 实例之间共享，所以与自定义颜色区域相关的成员都是静态的。要往自定义区域添加颜色，请调用 setCustomColor 方法，其声明如下：

```
def setCustomColor(
    index: int,
    color: QColor | QRgba64 | Any | GlobalColor | str | int
)
```

index 参数指的是自定义区域中颜色位置索引，第一个位置为 0，第二个为 1，等等。color 参数设置颜色。如果要往自定义区域中所有位置设定颜色，最好先知道系统允许的颜色数量，避免 index 参数的值超出有效范围。customCount 方法能获取到系统允许的自定义颜色数量，例如：

```
count = QColorDialog.customCount()
print(f'支持的自定义颜色数量：{count}')
```

代码执行的结果为：

```
支持的自定义颜色数量：16
```

表明当前系统允许设置 16 个自定义颜色。

下面的代码将设置 4 个自定义颜色：

```
QColorDialog.setCustomColor(0, QColor("red"))
QColorDialog.setCustomColor(1, QColor("lightblue"))
QColorDialog.setCustomColor(2, QColor("green"))
QColorDialog.setCustomColor(3, QColor("#3E64A5"))
```

当打开 QColorDialog 对话框时，会看到如图 13-17 所示的界面。

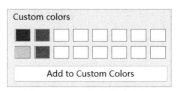

图 13-17　4 个自定义颜色

13.3.3　示例：使用便捷方法

QColorDialog 类也公开了静态的 getColor 方法，不需要实例化 QColorDialog 类即可打开颜色对话框。getColor 方法的声明如下：

```
def getColor(
    initial: QColor | QRgba64 | Any | GlobalColor | str | int = ...,
    parent: QWidget | None = ...,
    title: str = ...,
    options: ColorDialogOption = ...
)
```

initial 参数设置打开对话框时的初始颜色，默认为白色。title 参数指定对话框的标题，parent 参数指定父级对象（一般是程序主窗口）。options 参数指定对话框选项，一般可以忽略。返回值为 QColor 对象，如果用户放弃选择，那么 QColor 对象的 isValid 方法就会返回 False。

本示例的核心代码如下：

```
# 程序窗口
window = QWidget()
......
```

```
# 按钮
button = QPushButton("选择颜色", window)
layout.addWidget(button)
# 容器组件
frame = QFrame(window)
frame.setFrameShape(QFrame.Shape.Box)
# 一定要设置 autoFillBackground
frame.setAutoFillBackground(True)
layout.addWidget(frame)

# 连接 clicked 信号
def clickHandler():
    color = QColorDialog.getColor(
        QColor("black"),              # 初始颜色
        window,                       # 父对象
        "选择颜色"                     # 对话框标题
    )
    if color.isValid():
        # 修改背景色
        p = frame.palette()
        p.setColor(QPalette.ColorRole.Window, color)
        frame.setPalette(p)

button.clicked.connect(clickHandler)
......
```

QPushButton 组件被单击后，通过 getColor 方法打开
颜色对话框。最后用选择的颜色填充 QFrame 组件的背景。
注意 QFrame 组件要调用 setAutoFillBackground 方法并将
参数设置为 True，否则无法呈现背景色。

运行示例程序，然后单击"选择颜色"按钮，打开颜
色对话框。确认选择后，QFrame 组件的背景色会改变，如
图 13-18 所示。

图 13-18　修改 QFrame 组件的背景色

13.4　QFileDialog

QFileDialog 类提供可以选择文件或目录的对话框。该对话框的工作模式可以通过 setFileMode 方法
设置，参数的值由 FileMode 枚举定义。

（1）AnyFile：不管文件是否已经存在都可以选择，此模式常用于保存文件对话框。

（2）ExistingFile：选择单个文件，此文件必须是存在的。

（3）Directory：可以选择目录和文件。在 Windows 系统中，选择目录的对话框中不支持文件选择。

（4）ExistingFiles：选择多个已存在的文件。

当用户选择文件并确认对话框后，QFileDialog 对象会发出 fileSelected（单个文件）和 filesSelected
（多个文件）信号。

13.4.1　示例：切换文件选择模式

本示例将实现单文件、多文件选择模式的切换。具体实现步骤如下。

（1）初始化程序窗口，窗口使用网格布局。

```
window = QWidget()
# 布局
layout = QGridLayout()
window.setLayout(layout)
```

（2）添加 QPushButton、QLabel、QCheckBox 组件。QLabel 组件用于显示已选择的文件。

```
btnOpen = QPushButton("打开...", window)
layout.addWidget(btnOpen, 0, 0)

lb = QLabel(window)
layout.addWidget(lb, 1, 0, 1, 2)

ckbMulti = QCheckBox("选择多个文件", window)
layout.addWidget(ckbMulti, 0, 1)
```

（3）初始化 QFileDialog 对话框。

```
fileDialog = QFileDialog()
# 过滤器
fileDialog.setNameFilter("Music Files(*.mp3 *.ape *.wav);;Video Files(*mkv *.mp4 *.avi)")
```

setNameFilter 方法用于设置文件类型过滤器。过滤器可以筛选出哪些文件会显示在选项列表中。多个文件扩展名用空格分隔，多个过滤器之间用两个英文的分号分隔。过滤器前面的文本用于描述文件类型，如上述代码中的 "Music Files"，括号中指定要显示在列表中的文件扩展名，如*.wav、*.mp3。

也可以使用 setNameFilter 方法，以列表方式添加过滤器。代码如下：

```
filters = [
    "Music Files(*.mp3 *.ape *.wav)",
    "Video Files(*mkv *.mp4 *.avi)"
]
fileDialog.setNameFilters(filters)
```

（4）连接 QPushButton 组件的 clicked 信号，显示文件对话框。

```
def onClicked():
    fileDialog.open()

btnOpen.clicked.connect(onClicked)
```

（5）连接 QCheckBox 组件的 toggled 信号。调用 QFileDialog 对象的 setFileMode 方法，根据 QCheckBox 的选择状态修改文件选择模式。

```
def onToggled(checked):
    if checked:
        # 单文件模式
        fileDialog.setFileMode(QFileDialog.FileMode.ExistingFiles)
    else:
        # 多文件模式
        fileDialog.setFileMode(QFileDialog.FileMode.ExistingFile)

ckbMulti.toggled.connect(onToggled)
```

（6）连接 QFileDialog 组件的 fileSelected 信号。只有在单文件选择模式下才会发出。

```
def onSelectedFile(filename: str):
    lb.setText(f"已选择的文件：{filename}")

fileDialog.fileSelected.connect(onSelectedFile)
```

（7）连接 QFileDialog 组件的 filesSelected 信号。当选择模式为多文件时发出。

```
def onSelectedFiles(list):
    s = '已选择的文件：\n'
    for f in list:
        s += f+"\n"
    lb.setText(s)

fileDialog.filesSelected.connect(onSelectedFiles)
```

多文件选择模式下，参数 list 是一个字符串列表，包含被选择文件的路径。

运行示例程序，当"选择多个文件"复选框处于未选中状态时，单击"打开"按钮，此时文件对话框只能选择一个文件；当"选择多个文件"复选框处于选中状态时，文件对话框可以同时选择多个文件。

13.4.2 示例：选择目录

本示例实现目录选择功能。调用 setFileMode 方法并向参数赋值 FileMode.Directory 后，QFileDialog 对话框允许选择目录对象（在 Windows 下，目录模式不显示文件）。

DemoWindow 类的实现代码如下：

```python
class DemoWindow(QWidget):
    def __init__(self):
        super().__init__()
        # 布局
        layout = QVBoxLayout()
        self.setLayout(layout)
        # 按钮
        btnOpen = QPushButton("浏览目录...", self)
        layout.addWidget(btnOpen)
        # 标签
        self.lbDisplay = QLabel(self)
        layout.addWidget(self.lbDisplay)
        # 连接信号
        btnOpen.clicked.connect(self.onClicked)

    def onClicked(self):
        # 创建文件对话框实例
        dialog = QFileDialog()
        # 设置对话框标题
        dialog.setWindowTitle("浏览目录")
        # 设置为目录选择模式
        dialog.setFileMode(QFileDialog.FileMode.Directory)
        # 设置初始目录
        dialog.setDirectory(QStandardPaths.standardLocations(QStandardPaths.
StandardLocation.DocumentsLocation)[0])
        # 显示对话框
        if dialog.exec() == QDialog.DialogCode.Accepted:
            pathList = dialog.selectedFiles()
            # 显示所选目录的路径
            self.lbDisplay.setText("目录: " + pathList[0])
```

调用 setFileMode 方法设置为目录模式后，可以使用 setDirectory 方法设置一个默认目录——本示例默认选择用户文档目录。通过 QStandardPaths.StandardLocation.DocumentsLocation 可以得到文档目录的列表。列表中一般只包含一个路径（如果设置多个文档路径，会包含多个路径）。

运行示例程序后，单击"浏览目录"按钮，打开文件对话框，如图 13-19 所示，此时已自动选择"文档"目录。

选择一个目录，然后单击"选择文件夹"按钮，回到程序窗口，窗口上就会显示被选目录的路径，如图 13-20 所示。

13.4.3 便捷方法

QFileDialog 与 QColorDialog 等类型一样，提供了一个静态方法，可直接调用。QFileDialog 类的便捷方法如下。

（1）选择文件。主要有两个方法：getOpenFileName 与 getOpenFileNames。

图 13-19　目录列表

图 13-20　显示被选择的目录

getOpenFileName 方法用于选择单个文件，其声明如下：

```
@staticmethod
def getOpenFileName(
        parent: QWidget,
        caption: Optional[str] = ...,
        dir: str = ...,
        filter: str = ...,
        selectedFilter: str = ...,
        options: QFileDialog.Option = ...)
    -> Tuple[str, str]
```

caption 参数设置对话框的标题，dir 参数设置初始目录，filter 参数设置过滤器，selectedFilter 参数设置默认选择的过滤器，options 参数设置对话框选项。该方法的返回值是包含两个元素的元组，第一个元素代表被选文件的路径，第二个元素代表选择文件时所使用的过滤器。

getOpenFileName 方法的使用示例如下：

```
file, filter = QFileDialog.getOpenFileName(
    window,
    "选择文件",
    "E:\\",
    "任意文件(*.*)"
)
# 显示文件路径
msg = f'文件：{file}'
msg += f'\n过滤器：{filter}'
......
```

另一个方法是 getOpenFileNames，其声明如下：

```
@staticmethod
def getOpenFileNames(
        parent: QWidget,
        caption: Optional[str] = ...,
        dir: str = ...,
        filter: str = ...,
        selectedFilter: str = ...,
        options: QFileDialog.Option = ...)
    -> Tuple[List[str], str]
```

各参数的含义与 getOpenFileName 方法相同，但 getOpenFileNames 方法可以选择多个文件，其返回值也是包含两个元素的元组。第一个元素是字符串列表，表示被选文件；第二个元素是当前使用的过滤器。

getOpenFileNames 方法的示例代码如下：

```
files, filter = QFileDialog.getOpenFileNames(
    window,
    "选择文件",
    "E:\\",
    "任意文件(*.*)"
)
# 显示文件路径
msg = '文件列表: \n'
for f in files:
    msg += f'{f}\n'
msg += f'\n 过滤器: {filter}'
......
```

（2）选择目录。比较常用的是 getExistingDirectory 方法，声明如下：

```
@staAticmethod
def getExistingDirectory(
        parent: Optional[QWidget] = ...,
        caption: str = ...,
        dir: str = ...,
        options: QFileDialog.Option = ...)
    -> str
```

各参数的含义与 getOpenFileName 相似，该方法返回目录的路径。使用示例如下：

```
selectedDir = QFileDialog.getExistingDirectory(
    window,
    "选择目录",
    "E:\\",
)
# 显示目录路径
msg = '目录: {0}'.format(selectedDir)
......
```

（3）保存文件。主要是 getSaveFileName 方法，其声明如下：

```
@staticmethod
def getSaveFileName(
        parent: QWidget,
        caption: Optional[str] = ...,
        dir: str = ...,
        filter: str = ...,
        selectedFilter: str = ...,
        options: QFileDialog.Option = ...)
    -> Tuple[str, str]
```

参数和返回值与 getOpenFileName 方法相同，但 getSaveFileName 方法获取的是保存文件的路径，该路径通常是不存在的新文件。因此，getSaveFileName 方法允许选择不存在的文件路径。

getSaveFileName 方法的使用示例如下：

```
saveFile, theFilter = QFileDialog.getSaveFileName(
    window,
    "选择目录",
    "E:\\",
    "文本文件(*.txt);;HTML 页面文件(*.html *.htm);;XML 文件(*.xml)",
    "XML 文件(*.xml)"
)
# 显示文件路径
msg = f'文件: {saveFile}\n'
msg += f'过滤器: {theFilter}'
......
```

上述代码中定义了三个过滤器（文本文件、HTML 页面文件和 XML 文件），默认选择 XML 文件，即选择的文件名默认追加.xml 扩展名。

13.5　QFontDialog

QFontDialog 类提供一个允许用户选择字体的对话框。在初始化时，可以通过以下重载的构造函数设置默认字体（通过 initial 参数）。

```
def __init__( initial: QFont, parent: Optional[QWidget] = ...)
```

currentFont 方法返回的是用户当前选择（并不表示最终选择）的字体。调用 setCurrentFont 方法可以以编程方式设置当前字体，同时 QFontDialog 对象会发出 currentFontChanged 信号。

当用户确认选择后，可以访问 selectedFont 方法获取最终被选择的字体，同时会发出 fontSelected 信号。对于调用 open 方法打开对话框的方案，可以连接 fontSelected 信号来获取被选择的字体。

13.5.1　示例：使用新增的 open 方法

QFontDialog 类除了从 QDialog 类继承的 open 方法，还新增了一个重载版本，其声明如下：

```
def open(
    receiver: QObject,
    member: bytes
)
```

receiver 参数表示接收消息的对象，一般可以指定程序窗口。member 参数指定与 fontSelected 信号连接的方法。方法调用后会自动建立 fontSelected 信号与 member 之间的连接；当 QFontDialog 对话框确认后会自动解除与 fontSelected 信号的连接。

member 参数以字符串的形式指定方法成员的名称（包括参数的类型），同时需要 SLOT 函数进行转化，例如：

```
SLOT('someMethod(int)')
```

本示例将定义名为 TestWindow 的窗口类。窗口上添加 QLabel 和 QPushButton 组件。当单击按钮时，初始化 QFontDialog 对象，用户确认后改变 QLabel 组件的字体。

TestWindow 类的实现代码如下：

```
class TestWindow(QWidget):
    def __init__(self):
        super().__init__()
        self.setWindowTitle("Demo")
        self.resize(265, 180)
        # 布局
        layout = QVBoxLayout()
        self.setLayout(layout)
        # 标签
        self.lbText = QLabel("示例文本", self)
        layout.addWidget(self.lbText)
        # 按钮
        btn = QPushButton("选择字体...", self)
        layout.addWidget(btn)
        # 连接信号
        btn.clicked.connect(self.onBtnClicked)

    def onBtnClicked(self):
        # 实例化对话框
        dialog = QFontDialog(self)
        # 调用 open 方法，自动连接信号
```

```
        dialog.open(self, SLOT('onFontSelected(QFont)'))

    @Slot(QFont)
    def onFontSelected(self, font: QFont):
        # 应用已选择的字体
        self.lbText.setFont(font)
```

onFontSelected 方法与 QFontDialog 对象的 fontSelected 信号建立连接。作为槽（Slot）方法，需要在声明方法时加上@Slot 装饰器。

示例程序运行后，单击"选择字体"按钮，打开字体对话框，如图 13-21 所示。

单击 OK 按钮关闭对话框，QLabel 组件的文本将应用被选择的字体，如图 13-22 所示。

图 13-21　字体对话框

图 13-22　应用被选择的字体

13.5.2　示例：使用便捷方法

QFontDialog 类也公开了静态的便捷方法 getFont，直接调用可打开字体对话框并等待用户选择。getFont 方法的声明如下：

```
@staticmethod
def getFont(
        initial: Union[QFont, str, Sequence[str]],
        parent: Optional[QWidget] = ...,
        title: str = ...,
        options: QFontDialog.FontDialogOption = ...)
    -> Tuple[bool, QFont]

@staticmethod
def getFont(
        parent: Optional[QWidget] = ...
    )
    -> Tuple[bool, QFont]
```

initial 参数指定默认的字体。parent 参数指定父级对象，通常是程序窗口。title 参数设置对话框标题。options 参数设置对话框选项。

getFont 方法的返回值包含两个元素。第一个元素为 bool 类型，若为 True 表示用户已确认选择，否则用户已放弃选择。第二个元素是所选择的字体对象，类型为 QFont。

DemoWindow 是本示例自定义的窗口类，其完整代码如下：

```
class DemoWindow(QWidget):
    def __init__(self):
        super().__init__()
```

```
        self.resize(250, 200)
        # 布局
        layout = QGridLayout()
        self.setLayout(layout)
        # 按钮
        button = QPushButton("字体...", self)
        layout.addWidget(button, 0, 0)
        # 文本编辑器
        self.editor = QTextEdit(self)
        layout.addWidget(self.editor, 1, 0)
        # 连接 clicked 信号
        button.clicked.connect(self.onClicked)

    def onClicked(self):
        # 打开字体对话框并等待选择
        ok, font = QFontDialog.getFont(
            "宋体",                          # 默认字体
            self,                           # 父级对象
            "选择字体"                       # 对话框标题
        )
        # 如果用户已确认选择，修改文本编辑器中选定内容的字体
        if ok:
            self.editor.setCurrentFont(font)
```

getFont 方法的 initial 参数既可以使用 QFont 实例，也可以直接用字体名称，如本示例中的 "宋体"。

运行示例程序后，在编辑框中输入测试内容，然后选中部分字符。单击 "字体" 按钮打开字体对话框。选择好字体后确认，编辑器中选定的字符就会应用新的字体了，如图 13-23 所示。

图 13-23　设置选定文本的字体

13.6　QDialogButtonBox

QDialogButtonBox 组件提供一个承载按钮列表的容器，将它布局在自定义对话框中，可以更方便地创建按钮组。

QDialogButtonBox 组件内部有两种排列按钮的方式——水平或垂直。可通过向构造函数传递 Qt.Orientation 枚举的值来指定按钮排列方向。如果 QDialogButtonBox 对象已经实例化，也可以调用 setOrientation 方法修改。

13.6.1　按钮角色

实例化 QDialogButtonBox 类后，可以调用 addButton 方法添加按钮。按钮角色由 ButtonRole 枚举定义，用来描述按钮在对话框中的功能。该枚举的成员如下。

（1）InvalidRole：表示按钮不可用。使用该值会导致按钮被隐藏。

（2）AcceptRole：表示接受对话框中的内容。

（3）RejectRole：表示拒绝对话框中的内容。

（4）DestructiveRole：舍弃状态，如"放弃"按钮，表示用户放弃当前在编辑的内容。

（5）ActionRole：表示执行某项操作，这些操作可能会修改对话框中某些组件的值。

（6）HelpRole：表示帮助按钮。

（7）YesRole：代表"是"、Yes、Ok 等按钮，表示用户接受对话框的内容，与 Accept 角色相似。

（8）NoRole：代表"否"、No 等按钮，表示用户拒绝对话框的内容，与 Reject 角色相似。

（9）ResetRole：表示重置对话框中的组件状态，通常是清空文本框内的文本。

（10）ApplyRole：代表"应用"、Apply 等按钮。

ButtonRole 枚举仅定义了按钮的角色，并未做任何处理。开发者需要根据实际情况响应其行为。QDialogButtonBox 组件中任何按钮被单击后都会发出 clicked 信号。该信号带有一个 QAbstractButton 类型的参数，表示被单击的按钮引用。程序代码可以与 clicked 信号连接，然后根据按钮的角色来完成各自的功能。不过，QDialogButtonBox 类在发出 clicked 信号后，会分析按钮的角色，做出特殊处理——发送额外的信号，具体如下。

（1）如果遇到 AcceptRole、YesRole 角色的按钮，会发出 accepted 信号。

（2）如果遇到 RejectRole、NoRole 角色的按钮，会发出 rejected 信号。

（3）如果遇到 HelpRole 角色的按钮，会发出 helpRequested 信号。

13.6.2　示例：使用按钮角色

本示例将演示按钮角色在 QDialogButtonBox 中的运用。

自定义对话框中的 QDialogButtonBox 对象包含 Yes 和 No 按钮，对应的是 accepted 和 rejected 信号。具体代码如下：

```
class CustDialog(QDialog):
    def __init__(self, parent: QWidget = None):
        super().__init__(parent)
        # 对话框标题
        self.setWindowTitle("对话框")
        # 对话框窗口大小
        self.resize(300, 120)
        # 布局
        layout = QVBoxLayout()
        self.setLayout(layout)
        # 标签
        lbtxt = QLabel("请单击下方的按钮", self)
        layout.addWidget(lbtxt, 1, Qt.AlignmentFlag.AlignCenter)
        # 对话框按钮
        dialogBtns = QDialogButtonBox(self)
        layout.addWidget(dialogBtns, 0, Qt.AlignmentFlag.AlignRight)
        # 添加按钮
        dialogBtns.addButton("Yes", QDialogButtonBox.ButtonRole.YesRole)
        dialogBtns.addButton("No", QDialogButtonBox.ButtonRole.NoRole)
        # 连接主号
        dialogBtns.accepted.connect(self.accept)
        dialogBtns.rejected.connect(self.reject)
```

Yes 按钮使用的角色是 YesRole，No 按钮使用的角色是 NoRole。Yes 按钮被单击后会使 QDialogButtonBox 对象发出 accepted 信号，将该信号与对话框的 accept 方法连接后才能发挥作用。同理，No 按钮会发出 rejected 信号，该信号也要与对话框的 reject 方法连接。

下面的代码实现程序窗口。

```python
class MyWindow(QWidget):
    def __init__(self):
        super().__init__()
        self.setWindowTitle("Demo")
        self.resize(220, 100)
        self._layout = QGridLayout()
        self.setLayout(self._layout)
        # 标签组件
        self._lb = QLabel(self)
        self._layout.addWidget(self._lb, 0, 0)
        # 按钮组件
        self._btn = QPushButton("显示对话框", self)
        self._layout.addWidget(self._btn, 1, 0)
        # 连接信号
        self._btn.clicked.connect(self.onClicked)

    def onClicked(self):
        dialog = CustDialog(self)
        result = dialog.exec()
        if result == QDialog.DialogCode.Accepted:
            self._lb.setText("你单击了 Yes 按钮")
        else:
            self._lb.setText("你单击了 No 按钮")
```

运行示例程序，单击"显示对话框"按钮，打开自定义的对话框，如图 13-24 所示。
单击任一按钮，关闭对话框。程序窗口将显示操作结果，如图 13-25 所示。

图 13-24　对话框中的 Yes 和 No 按钮

图 13-25　显示对话框结果

13.6.3　标准按钮

标准按钮将自动套用系统默认定义的文本和角色，由 StandardButton 枚举定义，它的成员如下。

（1）NoButton：表示"否"（No）按钮，对应的按钮角色是 NoRole。

（2）Yes：表示"是"（Yes）按钮，对应的按钮角色是 YesRole。

（3）Ok：表示"确定"按钮，对应 AcceptRole。

（4）Open：表示"打开"（Open）按钮，对应 AcceptRole。

（5）Save：表示"保存"（Save）按钮，对应的角色是 AcceptRole。

（6）Cancel：表示"取消"（Cancel）按钮，对应 RejectRole。

（7）Close：表示"关闭"（Close）按钮，对应的角色是 RejectRole。

（8）Discard：表示"放弃"（Discard）按钮，对应的角色是 DestructiveRole。

（9）Apply：表示"应用"（Apply）按钮，对应的角色是 ApplyRole。

（10）Reset：表示"重置"（Reset）按钮，对应 ResetRole。

（11）RestoreDefaults：表示"恢复默认"（Restore Defaults）按钮，对应 ResetRole。

（12）Help：表示"帮助"（Help）按钮，对应的角色是 HelpRole。

（13）SaveAll：表示"全部保存"（Save All）按钮，对应的角色是 AcceptRole。

（14）YesToAll：表示"全部都是"（Yes to All）按钮，对应的角色是 YesRole。

（15）NoToAll：表示"全部都否"（No to All）按钮，对应 NoRole 角色。

（16）Abort：表示"退出"（Abort）按钮，对应的角色是 RejectRole。

（17）Retry：表示"重试"（Retry）按钮，对应 AcceptRole 角色。

（18）Ignore：表示"忽略"（Ignore）按钮，对应 AcceptRole 角色。

（19）NoButton：表示无效按钮，将被隐藏。

在初始化 QDialogButtonBox 类时，可以用以下重载的 __init__ 方法设置标准按钮：

```
def __init__(
        buttons: QDialogButtonBox.StandardButton,
        orientation: Qt.Orientation,
        parent: Optional[QWidget] = ...)


def __init__(
        buttons: QDialogButtonBox.StandardButton,
        parent: Optional[QWidget] = ...)
```

创建 QDialogButtonBox 实例后，还可以调用 setStandardButtons 方法来设置标准按钮。

13.6.4 示例：展示所有标准按钮

本示例主要是让读者直观地看到各标准按钮的呈现效果。具体代码如下：

```
app = QApplication()
# 滚动视图组件成为主窗口
w = QScrollArea()
dialogbtns = QDialogButtonBox(
    QDialogButtonBox.StandardButton.Ok |
    QDialogButtonBox.StandardButton.Cancel |
    QDialogButtonBox.StandardButton.Yes |
    QDialogButtonBox.StandardButton.No |
    QDialogButtonBox.StandardButton.YesToAll |
    QDialogButtonBox.StandardButton.NoToAll |
    QDialogButtonBox.StandardButton.Reset |
    QDialogButtonBox.StandardButton.RestoreDefaults |
    QDialogButtonBox.StandardButton.Open |
    QDialogButtonBox.StandardButton.Close |
    QDialogButtonBox.StandardButton.Save |
    QDialogButtonBox.StandardButton.SaveAll |
    QDialogButtonBox.StandardButton.Abort |
    QDialogButtonBox.StandardButton.Retry |
    QDialogButtonBox.StandardButton.Ignore |
    QDialogButtonBox.StandardButton.Apply |
    QDialogButtonBox.StandardButton.Discard |
    QDialogButtonBox.StandardButton.Help,
    # 垂直方向
    Qt.Orientation.Vertical,
    w
)

w.setWidget(dialogbtns)
w.show()
QApplication.exec()
```

由于 NoButton 会使按钮隐藏（不可见），因此上述代码未包含 NoButton 的值。

运行示例后，就能看到所有的标准按钮了，如图 13-26 所示。

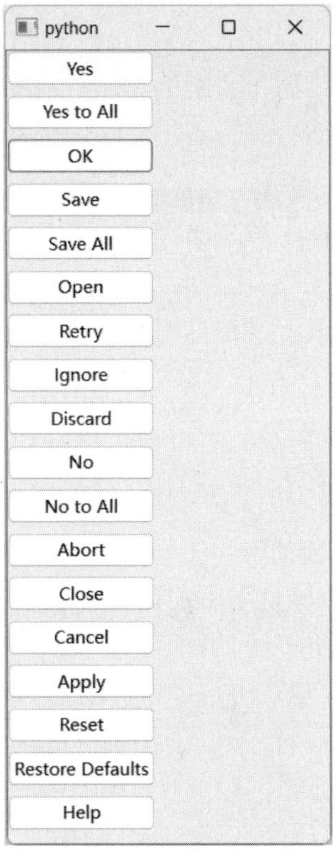

图 13-26 标准按钮列表

13.6.5 示例：标准按钮与 clicked 信号

当 QDialogButtonBox 组件中的某个按钮被单击后，QDialogButtonBox 组件会发出 clicked 信号，同时传递被单击按钮的引用。

在处理 QDialogButtonBox 组件所发出的 clicked 信号时，可以通过 standardButton 方法获得与按钮对应的 StandardButton 值，接着分析 StandardButton 值就能确定被单击的是哪个标准按钮了。

本示例将演示如何在 clicked 信号的处理代码中判断被触发的标准按钮。自定义对话框类 CustDialog 的实现代码如下：

```python
class CustDialog(QDialog):
    def __init__(self, parent: QWidget = None):
        super().__init__(parent)
        # 对话框标题
        self.setWindowTitle("示例对话框")
        # 布局
        layout = QHBoxLayout()
        self.setLayout(layout)
        # 标签
        self.lb = QLabel("请单击右边的按钮", self)
        layout.addWidget(self.lb, 2)
        # 对话框按钮
        self.dialogButtons = QDialogButtonBox(
            QDialogButtonBox.StandardButton.Apply | QDialogButtonBox.StandardButton.
Reset | QDialogButtonBox.StandardButton.Ignore, Qt.Orientation.Vertical, # 垂直方向
            self
        )
```

```
        layout.addWidget(self.dialogButtons, 1)
        # 连接信号
        self.dialogButtons.clicked.connect(self.onBtnClicked)

    def onBtnClicked(self, button: QAbstractButton):
        # 分析哪个按钮被单击
        stdBtn = self.dialogButtons.standardButton(button)
        if QDialogButtonBox.StandardButton.Apply in stdBtn:
            self.lb.setText("Apply 按钮被触发")
        if QDialogButtonBox.StandardButton.Reset in stdBtn:
            self.lb.setText("Reset 按钮被触发")
        if QDialogButtonBox.StandardButton.Ignore in stdBtn:
            self.lb.setText("Ignore 按钮被触发")
```

在初始化应用程序时，可以将 CustDialog 对话框作为程序的主窗口。

```
app = QApplication()
dialog = CustDialog()
dialog.open()
QApplication.exec()
```

运行示例程序，如图 13-27 所示。

单击 Apply 按钮，QLabel 组件会显示相关信息，如图 13-28 所示。

图 13-27　自定义对话框

图 13-28　Apply 按钮被单击后

13.6.6　示例：用户注册对话框

本示例将实现一个用户注册对话框（UserRegDialog），对话框底部的按钮由 QDialogButtonBox 组件来完成。在该对话框中，需要输入用户名、密码和 E-mail。单击"注册"按钮后回到程序主窗口，并显示新用户信息。对话框输入的用户信息将保存到字典类型（dict）的对象中。

UserRegDialog 类的完整代码如下：

```
class UserRegDialog(QDialog):
    def __init__(self, parent: QWidget = None):
        super().__init__(parent)
        # 保存输入的内容
        self._data = dict()
        # 设置标题
        self.setWindowTitle("注册新用户")
        # 布局
        layout = QFormLayout()
        self.setLayout(layout)
        # 用户名字段
        self.edtName = QLineEdit(self)
        layout.addRow("用户名: ", self.edtName)
        # 密码字段
        self.edtPass1 = QLineEdit(self)
        # 显示掩码
        self.edtPass1.setEchoMode(QLineEdit.EchoMode.Password)
```

```
        layout.addRow("密码: ", self.edtPass1)
        # 确认密码字段
        self.edtPass2 = QLineEdit(self)
        self.edtPass2.setEchoMode(QLineEdit.EchoMode.Password)
        layout.addRow("确认密码: ", self.edtPass2)
        # 电子邮箱字段
        self.edtEmail = QLineEdit(self)
        layout.addRow("E-mail: ", self.edtEmail)

        # 对话框按钮
        self.dialogButtons = QDialogButtonBox(Qt.Orientation.Horizontal, self)
        layout.addRow(self.dialogButtons)
        # 添加"注册"按钮
        self.btnOK = self.dialogButtons.addButton("注册", QDialogButtonBox.ButtonRole.
ActionRole)
        # 添加"取消"按钮
        self.btnCancel = self.dialogButtons.addButton("取消", QDialogButtonBox.ButtonRole.
ActionRole)

        # 连接信号
        self.dialogButtons.clicked.connect(self.onButtonClicked)

    def onButtonClicked(self, button: QAbstractButton):
        # 如果单击的是"注册"按钮
        if button is self.btnOK:
            # 验证用户名是否输入
            userName = self.edtName.text()
            passWord = self.edtPass1.text()
            passWord2 = self.edtPass2.text()
            email = self.edtEmail.text()
            if len(userName) < 3:
                QMessageBox.warning(self, "警告", "请输入有效的用户名")
                return
            if len(passWord) < 5:
                QMessageBox.warning(self, "警告", "请输入有效的密码")
                return
            if passWord != passWord2:
                QMessageBox.warning(self, "警告", "两个密码不一致")
                return
            # 设置数据
            self._data['username'] = userName
            self._data['password'] = passWord
            self._data['email'] = email
            # 对话框结果: 接受
            self.accept()
        # 如果单击的是"取消"按钮
        elif button is self.btnCancel:
            # 对话框结果: 拒绝
            self.reject()

    # 获取输入的数据
    def userData(self) -> dict:
        return self._data
```

密码字段使用了两个 QLineEdit 组件，即需要两次输入的密码一致才能通过验证。如果用户单击了"注册"按钮，先对各字段输入的值进行验证。如果验证成功，将数据存入_data 字段。最后调用对话框基类的 accept 方法接受输入；如果单击的是"取消"按钮，则调用对话框基类的 reject 方法拒绝输入。

下面的代码创建程序窗口，并由"新增用户"按钮的 clicked 信号处理代码负责显示对话框。当用户信息完成输入后，在标签组件中显示用户信息。代码如下：

```python
window = QWidget()
window.setWindowTitle("Demo")
window.resize(235, 210)
# 布局
layout = QVBoxLayout()
window.setLayout(layout)
# 按钮
btn = QPushButton("新增用户", window)
layout.addWidget(btn)
# 标签
lbmsg = QLabel(window)
layout.addWidget(lbmsg)
# 连接信号
def onClicked():
    dialog = UserRegDialog(window)
    res = dialog.exec()
    if res == QDialog.DialogCode.Accepted:
        # 显示用户信息
        user = dialog.userData()
        msg = f"用户名: {user['username']}\n"
        msg += f"密码: {user['password']}\n"
        msg += f"E-mail: {user['email']}"
        lbmsg.setText(msg)
btn.clicked.connect(onClicked)
# 显示窗口
window.show()
```

示例程序运行后，单击"新增用户"按钮，打开输入用户信息的对话框，如图 13-29 所示。单击"注册"按钮，回到主窗口，显示新用户信息，如图 13-30 所示。

图 13-29　注册用户对话框

图 13-30　显示用户信息

程序界面不应该直接显示用户密码，此处仅用于演示。

13.7　QWizard

QWizard 类派生自 QDialog，它是一种特殊的对话框。QWizard 组件呈现为向导对话框，用户可以通过"返回"（Back）、"下一步"（Next）、"完成"（Finish）等按钮在页面之间导航。

单个向导页由 QWizardPage 类表示。它是 QWidget 的子类，因此可以像普通 QWidget 一样使用，如添加布局和子级组件。不过，QWizardPage 类增加了额外的界面元素：title（标题）、subTitle（副标题）、pixmap（显示在页面上的各样图标）。初始化 QWizard 组件后，需要调用 addPage 方法添加页面。调用 exec 或 open 方法显示向导对话框。

13.7.1　示例：创建简单的向导对话框

本示例主要演示 QWizard 类与 QWizardPage 类的使用。示例将为向导创建两个页面，以下两个函数分别初始化并返回向导页面。

```python
# 初始化第一个页面
def createPage1(parent: QWidget):
    page = QWizardPage(parent)
    # 设置标题
    page.setTitle("第一页")
    # 设置副标题
    page.setSubTitle("第一页副标题")
    # 组件
    lbcontent = QLabel("第一页的内容", page)
    # 设置布局
    layout = QVBoxLayout()
    layout.addWidget(lbcontent)
    page.setLayout(layout)
    return page

# 初始化第二个页面
def createPage2(parent: QWidget):
    page = QWizardPage(parent)
    # 设置标题与副标题
    page.setTitle("第二页")
    page.setSubTitle("第二页副标题")
    lbbody = QLabel("第二页的内容", page)
    layout = QVBoxLayout()
    layout.addWidget(lbbody)
    page.setLayout(layout)
    return page
```

实例化 QWizard 组件，添加上述两个方法所返回的向导页。

```python
wz = QWizard()
wz.setWindowTitle("向导示例")
# 添加页面
wz.addPage(createPage1(wz))
wz.addPage(createPage2(wz))
```

调用 open 方法以异步方式显示向导对话框。

```python
wz.open()
```

运行示例程序，如图 13-31 所示。

单击 Next 按钮，将跳转到第二页，如图 13-32 所示。

图 13-31　向导对话框的第一个页面

图 13-32　向导对话框的第二个页面

此时，单击 Finish 按钮可关闭对话框；单击 Back 按钮可以回到第一页。

13.7.2　WizardButton 枚举

该枚举定义了 QWizard 组件中的按钮。

（1）BackButton："返回"按钮。

（2）NextButton："下一步""继续"按钮。

（3）CommitButton："确认"按钮。

（4）FinishButton："完成"按钮。

（5）CancelButton："取消"按钮。

（6）HelpButton："帮助"按钮。

（7）CustomButton1：第一个自定义按钮。

（8）CustomButton2：第二个自定义按钮。

（9）CustomButton3：第三个自定义按钮。

（10）Stretch：不表示按钮，而是向布局插入空格。此空格会占用剩余的布局空间。

其中包含三个自定义按钮，可以由开发人员自行实现。

13.7.3　示例：设置按钮的文本

本示例将演示如何修改向导对话框中的按钮文本，调用的是 setButtonText 方法，它的声明如下：

```
def setButtonText(
    which: WizardButton,
    text: str
)
```

参数 which 的类型是 WizardButton 枚举，指定要修改显示文本的按钮，text 参数指定新的文本。

CustPage 从 QWizardPage 类派生，通过构造函数可以直接设置新页面的标题、副标题以及页面内容。具体代码如下：

```
class CustPage(QWizardPage):
    def __init__(
        self,
        title: str,            # 标题
        subtitle: str,         # 副标题
        body: str,             # 页面内容
        parent: QWidget = None
    ):
        super().__init__(parent)
        # 设置标题和副标题
        self.setTitle(title)
        self.setSubTitle(subtitle)
        # 添加布局
        layout = QHBoxLayout()
        self.setLayout(layout)
        # 添加文本编辑组件
        editor = QTextEdit(self)
        editor.setText(body)
        # 设置为只读
        editor.setReadOnly(True)
        layout.addWidget(editor)
```

页面的内容文本用 QTextEdit 组件显示。由于此处 QTextEdit 组件的功能是显示文本，因此可以用 setReadOnly 方法设置为只读。

实例化 QWizard 组件，用 CustPage 类创建 3 个页面。

```
wizard = QWizard()
# 设置窗口标题
wizard.setWindowTitle("向导示例")
# 添加页面
wizard.addPage(CustPage("页面A", "页面A的副标题", "页面A的内容", wizard))
wizard.addPage(CustPage("页面B", "页面B的副标题", "页面B的内容", wizard))
wizard.addPage(CustPage("页面C", "页面C的副标题", "页面C的内容", wizard))
```

调用 setButtonText 方法，修改 Back、Next、Finish、Cancel 按钮的文本。

```
# 修改 Back 按钮的文本
wizard.setButtonText(
    QWizard.WizardButton.BackButton,
    "后退"
)
# 修改 Next 按钮的文本
wizard.setButtonText(
    QWizard.WizardButton.NextButton,
    "下一页"
)
# 修改 Finish 按钮的文本
wizard.setButtonText(
    QWizard.WizardButton.FinishButton,
    "完成"
)
# 修改 Cancel 按钮的文本
wizard.setButtonText(
    QWizard.WizardButton.CancelButton,
    "取消"
)
```

由于 QWizard 类继承了 QDialog 类的成员，所以可以连接 QWizard 对象的 accepted、rejected 信号，以便在向导对话框关闭后进行相关的处理。本示例仅调用 print 函数向控制台输出文本内容。

```
wizard.accepted.connect(lambda: print("向导已完成"))
wizard.rejected.connect(lambda: print("向导被取消"))
```

运行示例程序，按钮文本如图 13-33 所示。

图 13-33　修改后的按钮文本

13.7.4　示例：重写 nextId 方法

不管是 QWizard 类还是 QWizardPage 类，都有 nextId 方法，该方法会返回下一个页面的编号。默认实现是返回比当前页面更大的编号。addPage 方法添加页面后会返回页面编号，此编号默认是按添加的顺序递增的。例如，第一个页面的编号是 0，第二个页面的编号是 1……

如果调用 setPage 方法来添加页面，则可以自定义页面编号。然后重写 nextId 方法，返回下一个页面的编号。QWizard 和 QWizardPage 类都可以重写 nextId 方法。本示例将重写 QWizardPage 类的 nextId 方法，实现在单击"Next"按钮后跳过"输入注册码"页面。

示例的实现步骤如下。

（1）定义 3 个变量，代表 3 个页面的编号。

```
PAGE_1 = 0
PAGE_2 = 1
PAGE_3 = 2
```

（2）定义 Page1 类，实现"欢迎"页面。

```python
class Page1(QWizardPage):
    def __init__(self, parent: QWidget = None):
        super().__init__(parent)
        # 设置标题
        self.setTitle("欢迎")
        # 组件
        self.lb = QLabel("是否填写注册码？", self)
        self.rd1 = QRadioButton("前往下一页填写注册码", self)
        self.rd2 = QRadioButton("跳过填写注册码", self)
        self.rd1.setChecked(True)
        # 布局
        layout = QVBoxLayout()
        layout.addWidget(self.lb)
        layout.addWidget(self.rd1)
        layout.addWidget(self.rd2)
        layout.addStretch()
        self.setLayout(layout)

    def nextId(self) -> int:
        if self.rd1.isChecked():
            return PAGE_2
        elif self.rd2.isChecked():
            return PAGE_3
        return PAGE_2
```

该页面包含两个 QRadioButton 组件，将在重写 nextId 方法时使用。如果第一个 QRadioButton 被选择，就返回编号为 PAGE_2 的页面；如果第二个 QRadioButton 被选中，就返回编号为 PAGE_3 的页面（跳过了 PAGE_2）。

（3）定义 Page2 类，这是第二个页面，用于输入注册码。

```python
class Page2(QWizardPage):
    def __init__(self, parent: QWidget = None):
        super().__init__(parent)
        # 设置标题
        self.setTitle("填写注册码")
        # 组件
        edtName = QLineEdit(self)
        edtRegCode = QLineEdit(self)
        # 布局
        layout = QFormLayout()
        layout.addRow("用户：", edtName)
        layout.addRow("注册码：", edtRegCode)
```

```
        self.setLayout(layout)

    def nextId(self) -> int:
        return PAGE_3
```

重写 nextId 方法，直接返回第三个页面的编号 PAGE_3。

（4）定义 Page3 类，这是第三个页面。

```
class Page3(QWizardPage):
    def __init__(self, parent: QWidget = None):
        super().__init__(parent)
        # 设置标题
        self.setTitle("完成")
        # 组件
        lb = QLabel("恭喜你，所有操作已完成.", self)
        # 布局
        layout = QVBoxLayout()
        layout.addWidget(lb)
        self.setLayout(layout)

    def nextId(self) -> int:
        # -1 表示当前页是最后一页
        return -1
```

重写 nextId 方法，返回 -1，表示没有下一个页面了。

（5）初始化 QWizard 对象。

```
wizard = QWizard()
wizard.setWindowTitle("示例向导")
# 设置选项，隐藏副标题
wizard.setOption(QWizard.WizardOption.IgnoreSubTitles, True)
```

由于本示例中 3 个页面都未使用副标题，因此可以设置 WizardOption.IgnoreSubTitles 选项以忽略副标题。

（6）将 3 个页面添加到 QWizard 对象中。由于本示例事先定义了 3 个页面的编号，所以添加页面时应调用 setPage 方法，而不是 addPage 方法。

```
wizard.setPage(PAGE_1, Page1(wizard))
wizard.setPage(PAGE_2, Page2(wizard))
wizard.setPage(PAGE_3, Page3(wizard))
```

（7）显示向导对话框可以用 exec、open 方法，也可以调用从 QWidget 类继承的 show 方法。

```
wizard.show()
```

运行示例后，"欢迎"页面有两个选项。若选择"前往下一页填写注册码"，单击 Next 按钮后，会跳转到"填写注册码"页面，如图 13-34 所示。

图 13-34　跳转到"填写注册码"页面

若选择的是"跳过填写注册码",单击 Next 按钮后,会跳转到"完成"页面,如图 13-35 所示。

图 13-35 直接跳转到"完成"页面

13.7.5 示例:共享页面数据

QWizard 类提供 field 和 setField 方法。field 方法用于读取数据,setField 方法用于写入数据。数据可以是任何类型,需要指定唯一的字段名称。这些数据可以在各页面之间共享。例如,X 页面写入的数据,可以在 Y 页面读取。QWizardPage 类也提供了 field 和 setField 方法,实际上其内部调用了 QWizard 类的 field 和 setField 方法。

本示例将在 QWizard 组件中添加两个页面。第一个页面需要在 3 个文本框中输入内容(公司名称、公司电话和公司主页),跳转到第二页时,显示在第一页中输入的内容。

具体实现步骤如下。

(1)定义 PageA 类,派生自 QWizardPage,作为向导的第一个页面。

```python
class PageA(QWizardPage):
    def __init__(self):
        super().__init__()
        # 设置标题
        self.setTitle("A 页")
        # 设置副标题
        self.setSubTitle("收集信息")
        # 布局
        layout = QFormLayout()
        # 组件
        edtTel = QLineEdit(self)
        edtComp = QLineEdit(self)
        edtSite = QLineEdit(self)
        layout.addRow("公司名称: ", edtComp)
        layout.addRow("公司电话: ", edtTel)
        layout.addRow("公司主页: ", edtSite)
        self.setLayout(layout)
        # 注册字段
        self.registerField("comp_name", edtComp)
        self.registerField("comp_tel", edtTel)
        self.registerField("comp_site", edtSite)
```

上述代码的最后调用 registerField 方法注册了 3 个字段名,并且分别与 3 个 QLineEdit 组件关联。关联之后 QWizard 组件会自动将 QLineEdit 组件中输入的文本保存为共享数据。

(2)实现 PageB 类,它是向导的第二个页面。

```python
class PageB(QWizardPage):
    def __init__(self):
        super().__init__()
```

```
      # 设置标题
      self.setTitle("B页")
      # 设置副标题
      self.setSubTitle("显示信息")
      # 组件
      self.lbInfo = QLabel(self)
      # 布局
      layout = QVBoxLayout()
      layout.addWidget(self.lbInfo)
      self.setLayout(layout)
      # 允许文本换行
      self.lbInfo.setWordWrap(True)

  def initializePage(self):
      # 获取字段值
      compName = self.field("comp_name")
      compTel = self.field("comp_tel")
      compSite = self.field("comp_site")
      self.lbInfo.setText(f"公司名称：{compName}\n" +
                          f"公司电话：{compTel}\n" +
                          f"公司主页：{compSite}")
```

需要注意的是，调用 field 方法获取共享数据的代码不能写在 __init__ 方法中（会读不到数据），应当重写 QWizardPage 类的 initializePage 方法（页面初始化过程中会调用该方法），并在该方法内进行读取。

（3）初始化 QWizard 组件。

```
wizard = QWizard()
wizard.setWindowTitle("Demo")
# 向导风格
wizard.setWizardStyle(QWizard.WizardStyle.ModernStyle)
```

（4）添加向导页。

```
wizard.addPage(PageA())
wizard.addPage(PageB())
```

（5）显示向导对话框。

```
wizard.show()
```

运行示例程序后，在第一个页面上输入文本，如图 13-36 所示。

单击 Next 按钮跳转到第二个页面，显示上一个页面中输入的内容，如图 13-37 所示。

图 13-36　输入内容

图 13-37　显示上一个页面中输入的内容

13.7.6　向导风格与图标

WizardStyle 枚举为 QWizard 组件定义了以下 4 种风格。

（1）ClassicStyle：Windows 传统风格。

（2）ModernStyle：Windows 现代风格。

（3）AeroStyle：Windows 的 Aero 风格（Windows Vista/7 以上版本）。

（4）MacStyle：MacOS 风格。

同时，WizardPixmap 枚举定义了 QWizard 组件的各部位的图标。这些图标是否呈现将受到 WizardStyle 的影响，不同风格的向导对话框在外观上有所差异。

WizardPixmap 枚举的成员如下。

（1）WatermarkPixmap：显示在页面左侧的图像，在 ClassicStyle 和 ModernStyle 风格下可见。

（2）BannerPixmap：显示在页面顶部的横幅。仅在 ModernStyle 下可见。

（3）LogoPixmap：显示在页面右上角的小图标，在 ClassicStyle 和 ModernStyle 下可见。

（4）BackgroundPixmap：背景图，仅在 MacStyle 下可见。

QWizard 组件可以调用 setWizardStyle 方法设置向导风格，调用 setPixmap 方法设置图标。在 QWizard 组件上设置的图标会应用到所有页面上，如果要为某个页面单独设置图标，可以调用 QWizardPage 类的 setPixmap 方法。

13.7.7　示例：为向导设置图标

本示例将演示如何为向导对话框设置图标。示例将使用 ModernStyle 风格，并分别为 WatermarkPixmap、LogoPixmap 和 BannerPixmap 设置图标。

自定义一个页面类 CustPage，通过构造函数的参数来设置页面的标题、副标题和正文内容。代码如下：

```python
class CustPage(QWizardPage):
    def __init__(self, title: str, subtitle: str, body: str):
        super().__init__()
        # 设置标题和副标题
        self.setTitle(title)
        self.setSubTitle(subtitle)
        # 标签组件
        lbtext = QLabel(body, self)
        lbtext.setWordWrap(True)
        # 布局
        layout = QGridLayout(self)
        layout.addWidget(lbtext, 0, 0)
```

随后初始化 QWizard 组件，代码如下：

```python
wizard = QWizard()
wizard.setWindowTitle("Demo")
# 设置风格
wizard.setWizardStyle(QWizard.WizardStyle.ModernStyle)
```

用 CustPage 类为向导组件添加两个页面。

```python
wizard.addPage(CustPage(
    "页面-1",
    "欢迎使用本向导",
    "本向导会帮助你完成所有设置工作."
))
wizard.addPage(CustPage(
    "页面-2",
    "完设置",
    "恭喜！所有设置已就绪."
))
```

下面的代码为向导设置图标：

```
# 左侧图像
img = QPixmap("01.jpg")
wizard.setPixmap(
    QWizard.WizardPixmap.WatermarkPixmap,
    img.scaled(120, 240)
)
# 顶部横幅
img = QPixmap("02.png")
wizard.setPixmap(
    QWizard.WizardPixmap.BannerPixmap,
    img.scaled(450, 75)
)
# 右上角的图标
logo = QIcon("03.png")
wizard.setPixmap(
    QWizard.WizardPixmap.LogoPixmap,
    logo.pixmap(64)
)
```

QWizardPage 类在呈现页面时并不会自动缩放图标，因此如果图像的尺寸比较大，最好调用 scaled 方法进行缩放处理。QIcon 对象可以用 pixmap 方法返回指定大小的图像数据，上述代码中的 64 表示生成 64×64 大小的图标。

示例的运行效果如图 13-38 所示。

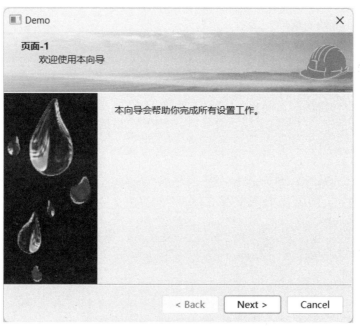

图 13-38　自定义向导的图标

13.7.8　示例：使用自定义按钮

QWizard 组件允许添加 3 个自定义按钮，由 WizardButton 枚举的 3 个成员定义，即 CustomButton1、CustomButton2 和 CustomButton3。应用程序可以为这 3 个按钮添加自定义的处理代码。自定义按钮被单击后，QWizard 组件会发出 customButtonClicked 信号。信号带有一个整型参数，是 WizardButton 枚举的成员值，该值用来区分哪个按钮被单击。

3 个自定义按钮不一定要同时启用，可以通过组合 WizardOption 枚举的成员来控制要启用的按钮。例如，下面的组合表示启用第一、二个自定义按钮。

```
WizardOption.HaveCustomButton1 | WizardOption.HaveCustomButton2
```

本示例将启用全部自定义按钮，具体步骤如下。

（1）定义 createPage 函数，用来创建向导页面，返回 QWizardPage 实例。

```
def createPage():
    page = QWizardPage()
    # 设置标题
    page.setTitle("示例页")
    # 设置副标题
    page.setSubTitle("这是副标题")
    # 组件
    edit = QTextEdit(page)
    edit.setText("这是页面内容。")
    # 设置为只读
    edit.setReadOnly(True)
    # 布局
    layout = QHBoxLayout()
    page.setLayout(layout)
    layout.addWidget(edit)
    # 返回页面实例
    return page
```

（2）实例化 QWizard 组件。

```
wizard = QWizard()
```

（3）设置 QWizard 组件的选项，启用 3 个自定义按钮。

```
oldOptions = wizard.options()
newOptions = oldOptions | QWizard.WizardOption.HaveCustomButton1 |
QWizard.WizardOption.HaveCustomButton2 | QWizard.WizardOption.HaveCustomButton3
wizard.setOptions(newOptions)
```

先调用 options 方法返回 QWizard 组件现有的选项值，然后再与 HaveCustomButton1、HaveCustomButton2 等值进行 "或" 运算（合并新、旧值），最后调用 setOptions 方法重新设置选项值。这样做可以确保现有的选项不会丢失。

（4）添加页面。

```
wizard.addPage(createPage())
```

（5）连接 customButtonClicked 信号，分析被单击的自定义按钮，并用 print 函数输出到屏幕。

```
def buttonClicked(index):
    if index == QWizard.WizardButton.CustomButton1.value:
        print("你单击了第一个自定义按钮")
    if index == QWizard.WizardButton.CustomButton2.value:
        print("你单击了第二个自定义按钮")
    if index == QWizard.WizardButton.CustomButton3.value:
        print("你单击了第三个自定义按钮")

wizard.customButtonClicked.connect(buttonClicked)
```

（6）为 3 个自定义按钮设置显示文本。

```
wizard.setButtonText(QWizard.WizardButton.CustomButton1, "自定义 1")
wizard.setButtonText(QWizard.WizardButton.CustomButton2, "自定义 2")
wizard.setButtonText(QWizard.WizardButton.CustomButton3, "自定义 3")
```

（7）显示向导对话框。

```
wizard.show()
```

示例的运行结果如图 13-39 所示。依次单击 3 个自定义按钮，控制台窗口会输出相关文本。

图 13-39　自定义按钮

13.8　无按钮对话框

许多常用对话框组件（如 QFontDialog）都包含一个 NoButtons 选项，启用该选项后，对话框不会显示如 Ok、Cancel 等控制按钮。按钮隐藏后，用户不需要单击按钮来接受或拒绝对话框结果，关闭对话框后，所做的修改将自动生效。

控制按钮隐藏后，不再需要连接 colorSelected、fontSelected 等信号来获取数据了，而是连接 currentColorChanged、currentFontChanged、doubleValueChanged 等信号，实时获取最新数据。

接下来以 QFontDialog 和 QColorDialog 为例进行演示：单击"字体"按钮打开字体对话框，只要在对话框中修改了相关参数，主窗口中的文本会立刻更新其字体；同理，当单击"颜色"按钮打开颜色对话框后，只要在对话框中修改颜色，主窗口上的文本颜色也会实时更新。

示例的大致步骤如下。

（1）定义 CustWindow 类，从 QWidget 类派生，作为程序的主窗口。

```
class CustWindow(QWidget):
    ……
```

（2）实现 initUi 方法，负责实例化要用到的可视化组件。

```
def initUi(self):
    # 标签组件
    self._lb = QLabel("诚实守信", self)
    # 文本居中
    self._lb.setAlignment(Qt.AlignmentFlag.AlignCenter)
    # 设置字体大小
    theFont = self._lb.font()
    theFont.setPixelSize(36)
    self._lb.setFont(theFont)
    # 两个按钮组件
    self._btnFont = QPushButton("字体...", self)
    self._btnColor = QPushButton("颜色...", self)
    # 根布局
    self._rootLayout = QVBoxLayout()
    # 按钮布局
    self._btnLayout = QHBoxLayout()
```

```
    self._rootLayout.addWidget(self._lb, 1)
    self._btnLayout.addWidget(self._btnFont)
    self._btnLayout.addWidget(self._btnColor)
    self._rootLayout.addLayout(self._btnLayout, 0)
    self.setLayout(self._rootLayout)
    # 对话框
    self._fontDialog = QFontDialog(self)
    self._colorDialog = QColorDialog(self)
```

两个按钮组件的功能是打开 QFontDialog 和 QColorDialog 对话框。标签组件的文本字体和文本本颜色将通过相应的对话框实时更新。

（3）在_ _init_ _方法中调用 initUi 方法，然后设置对话框选项，隐藏控制按钮。

```
def __init__(self):
    super().__init__()
    # 初始化 UI 组件
    self.initUi()
    # 对话框隐藏按钮
    self._fontDialog.setOption(QFontDialog.FontDialogOption.NoButtons,
True)
    self._colorDialog.setOption(QColorDialog.ColorDialogOption.NoButtons,
True)
    ……
```

（4）连接按钮的 clicked 信号，打开相应的对话框。

```
# 连接两个按钮的 clicked 信号
self._btnFont.clicked.connect(self.onFontBtnClicked)
self._btnColor.clicked.connect(self.onColorBtnClicked)
……

def onFontBtnClicked(self):
    self._fontDialog.open()

def onColorBtnClicked(self):
    self._colorDialog.open()
```

（5）连接 QFontDialog 组件的 currentFontChanged 信号，实时修改标签组件的字体。

```
self._fontDialog.currentFontChanged.connect(self.onFontChanged)

def onFontChanged(self, font: QFont):
    self._lb.setFont(font)
```

（6）连接 QColorDialog 组件的 currentColorChanged 信号，实时改变标签文本的颜色。

```
self._colorDialog.currentColorChanged.connect(self.onColorChanged)

def onColorChanged(self, color: QColor):
    # 获取当前调色板
    palette = self._lb.palette()
    # 修改颜色
    palette.setColor(QPalette.ColorRole.WindowText, color)
    # 重新设置调色板
    self._lb.setPalette(palette)
```

（7）实例化并显示 CustWindow 窗口。

```
window = CustWindow()
# 设置窗口大小
window.resize(285, 210)
# 显示窗口
window.show()
```

运行示例程序，单击"颜色"按钮，打开颜色对话框。此时，只要改变选定的颜色，标签组件的文本会自动改变颜色，如图 13-40 所示。

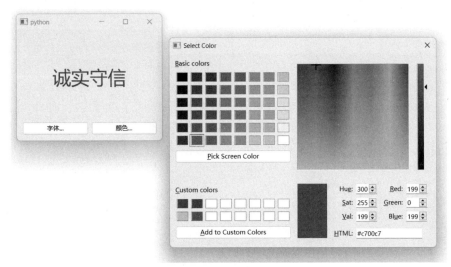

图 13-40　文本颜色同步更新

确定需要的颜色后，直接关闭对话框即可。

13.9　QMessageBox

QMessageBox 组件的功能是向用户展示消息框，主要作用是发出通知。与 QDialogButtonBox 类相似，QMessageBox 类也定义了代表按钮角色的 ButtonRole 枚举，以及代表标准按钮的 StandardButton 枚举。

13.9.1　示例：使用标准按钮

当在 QMessageBox 类中使用标准按钮（使用 StandardButton 枚举添加的按钮）后，exec 方法返回 StandardButton 中的某个值，以表示被单击的按钮。

本示例将在窗口中创建一个按钮组件，单击后弹出 QMessageBox 对话框。对话框关闭后在标签组件中显示被单击的按钮。实现步骤如下。

（1）以 QWidget 对象为主窗口，使用垂直布局。

```
window = QWidget()
# 布局
layout = QVBoxLayout()
window.setLayout(layout)
```

（2）添加按钮和标签组件。

```
# 按钮
button = QPushButton("显示消息")
layout.addWidget(button)
# 标签
label = QLabel()
layout.addWidget(label)
```

（3）初始化 QMessageBox 组件。

```
msgBox = QMessageBox()
# 消息主文本
```

```
msgBox.setText("你确定要退出程序？")
# 附加文本
msgBox.setInformativeText("退出程序后，所有数据将丢失")
# 设置标准按钮
msgBox.setStandardButtons(
    QMessageBox.StandardButton.Yes |
    QMessageBox.StandardButton.No
)
```

本示例的消息对话框将显示 Yes（是）和 No（否）按钮。

setText 方法设置对话框的主要消息文本，一般采用简短明了的文字，便于用户迅速阅读；setInformativeText 方法设置补充文本，用于解释主要消息文本，以帮助用户做出选择。

（4）连接按钮的 clicked 信号，调用 exec 方法显示消息对话框。对话框关闭后显示被单击的按钮。

```
def onclicked():
    result = msgBox.exec()
    # 判断用户单击了哪个按钮
    if result == QMessageBox.StandardButton.Yes:
        label.setText("你单击了【Yes】按钮")
    if result == QMessageBox.StandardButton.No:
        label.setText("你单击了【No】按钮")

button.clicked.connect(onclicked)
```

（5）显示程序窗口。

```
window.show()
```

运行示例程序，单击窗口上的"显示消息"按钮，打开如图 13-41 所示的消息框。

单击对话框中的 Yes（是）按钮，回到程序窗口，标签组件显示的文本如图 13-42 所示。

图 13-41　消息对话框

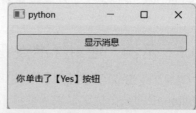

图 13-42　显示消息框中被单击的按钮

13.9.2　示例：使用标准图标

QMessageBox.Icon 枚举定义了几种标准的图标。

（1）NoIcon：不显示图标。

（2）Information：普通消息。

（3）Warning：警告消息，一般用于发生错误但不严重的情况。

（4）Question：询问消息，需要用户做出选择，如"是否要保存文件？"。

（5）Critical：级别比较严重的错误，会导致程序无法继续运行。

QMessageBox 组件调用 setIcon 方法可以设置标准图标。如果希望使用自定义的图标，可以调用 setIconPixmap 方法并提供 QPixmap 对象。

本示例将创建 4 个按钮，对应 Information、Question、Warning 和 Critical 图标。单击按钮后，会使用对应的标准图标弹出 QMessageBox 对话框。核心代码如下：

```
btnInfo = QPushButton("普通消息", window)
btnWarn = QPushButton("警告消息", window)
```

```
btnQuest = QPushButton("询问消息", window)
btnCriti = QPushButton("错误消息", window)
……
msgBox = QMessageBox(window)

# 连接按钮的 clicked 信号
def onInfoBtnClicked():
    # 设置消息文本
    msgBox.setText("这是一般的消息")
    # 设置标准按钮
    msgBox.setStandardButtons(QMessageBox.StandardButton.Ok)
    # 设置图标
    msgBox.setIcon(QMessageBox.Icon.Information)
    # 显示对话框
    msgBox.exec()

btnInfo.clicked.connect(onInfoBtnClicked)


def onQuestBtnClicked():
    # 设置消息文本
    msgBox.setText("这是一条询问消息")
    # 设置图标
    msgBox.setIcon(QMessageBox.Icon.Question)
    # 设置标准按钮
    msgBox.setStandardButtons(QMessageBox.StandardButton.Yes |
QMessageBox.StandardButton.No)
    # 显示对话框
    msgBox.exec()

btnQuest.clicked.connect(onQuestBtnClicked)


def onWarnBtnClicked():
    # 设置消息文本
    msgBox.setText("这是一个警告消息")
    # 设置图标
    msgBox.setIcon(QMessageBox.Icon.Warning)
    # 设置标准按钮
    msgBox.setStandardButtons(QMessageBox.StandardButton.Ok)
    # 显示对话框
    msgBox.exec()

btnWarn.clicked.connect(onWarnBtnClicked)


def onCriticalBtnClicked():
    # 设置消息文本
    msgBox.setText("这是一条错误消息")
    # 设置图标
    msgBox.setIcon(QMessageBox.Icon.Critical)
    # 设置标准按钮
    msgBox.setStandardButtons(QMessageBox.StandardButton.Ok)
    # 显示对话框
    msgBox.exec()

btnCriti.clicked.connect(onCriticalBtnClicked)
```

运行示例代码，然后分别单击窗口上的 4 个按钮，就能看到各图标的外观了，具体可参考表 13-2。

表 13-2　消息框的标准图标

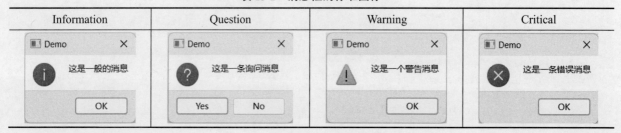

Information	Question	Warning	Critical

13.9.3　静态成员

QMessageBox 类主要用于向用户呈现消息，如果每次使用都要实例化 QMessageBox 类，会非常不方便。因此，QMessageBox 类提供了一组静态方法，在需要弹出消息对话框时可直接调用。

（1）information 方法。显示常规的消息，该方法有两个重载。

```
@staticmethod
def information(
     parent: QWidget,
     title: str,
     text: str,
     button0: QMessageBox.StandardButton,
     button1: QMessageBox.StandardButton = ...)
  -> QMessageBox.StandardButton

@staticmethod
def information(
     parent: QWidget,
     title: str,
     text: str,
     buttons: QMessageBox.StandardButton = ...,
     defaultButton: QMessageBox.StandardButton = ...)
  -> QMessageBox.StandardButton
```

parent 参数指定对话框的父窗口。title 参数指定对话框的标题，text 参数指定消息内容。button0、button1 参数指定对话框中的第一、第二按钮（对话框只显示两个按钮）。buttons 参数可以通过或运算指定多个标准按钮。defaultButton 参数指定一个标准按钮，当用户按下【Enter】键时会自动触发（如果为 NoButton，则由 QMessageBox 类自动选择默认按钮）。

（2）question 方法。显示询问消息框，带有问号图标。它的两个重载如下：

```
@staticmethod
def question(
     parent: QWidget,
     title: str,
     text: str,
     button0: QMessageBox.StandardButton,
     button1: QMessageBox.StandardButton)
  -> int

@staticmethod
def question(
     parent: QWidget,
     title: str,
     text: str,
     buttons: QMessageBox.StandardButton = ...,
     defaultButton: QMessageBox.StandardButton = ...)
  -> QMessageBox.StandardButton
```

各参数的含义与 information 方法一致。

（3）warning 方法。弹出警告消息，呈现感叹号图标。该方法也有两个重载。

```
@staticmethod
def warning(
        parent: QWidget,
        title: str,
        text: str,
        button0: QMessageBox.StandardButton,
        button1: QMessageBox.StandardButton)
    -> int

@staticmethod
def warning(
        parent: QWidget,
        title: str,
        text: str,
        buttons: QMessageBox.StandardButton = ...,
        defaultButton: QMessageBox.StandardButton = ...)
    -> QMessageBox.StandardButton
```

各参数的含义也与 information 方法相同。

（4）critical。显示错误消息，该方法也有两个重载。

```
@staticmethod
def critical(
        parent: QWidget,
        title: str,
        text: str,
        button0: QMessageBox.StandardButton,
        button1: QMessageBox.StandardButton)
    -> int

@staticmethod
def critical(
        parent: QWidget,
        title: str,
        text: str,
        buttons: QMessageBox.StandardButton = ...,
        defaultButton: QMessageBox.StandardButton = ...)
    -> QMessageBox.StandardButton
```

各参数的含义与 information 方法相同。

13.9.4　示例：使用静态方法

本示例将演示使用 question 静态方法来打开消息对话框。程序窗口为 QMainWindow 类，包含菜单栏。菜单栏中添加了"应用程序"菜单，"应用程序"菜单下包含"退出"命令。具体的代码如下：

```
# 窗口
mainWindow = QMainWindow()
mainWindow.setWindowTitle("Demo")
mainWindow.resize(300, 260)

# 添加菜单栏
menuBar = mainWindow.menuBar()
# 添加菜单
menu = menuBar.addMenu("应用程序")
# 添加菜单项
exitAction = menu.addAction("退出")
```

连接 exitAction 的 triggered 信号，在"退出"命令触发时询问用户是否退出应用程序。

```
def onTriggered():
```

```
    # 询问用户是否退出
result = QMessageBox.question(
    mainWindow,
    "退出程序",
    "确定要退出应用程序吗？",
    QMessageBox.StandardButton.Yes,
    QMessageBox.StandardButton.No
)
    # 如果是 Yes，就退出当前程序
if result == QMessageBox.StandardButton.Yes:
    QApplication.quit()

# 连接信号
exitAction.triggered.connect(onTriggered)
```

消息对话框显示 Yes 和 No 按钮，如果用户单击了 Yes 按钮，就调用 QApplication 类的 quit 方法退出程序。quit 方法是静态成员，可以直接调用。

示例代码执行后，依次执行 "应用程序" → "退出"，就会弹出消息框询问是否要退出，如图 13-43 所示。

图 13-43 询问是否退出应用程序

## 第 14 章

列表模型与视图

本章要点：
- ➢ 常见的列表模型类；
- ➢ QStringListModel 和 QStandardItemModel；
- ➢ QFileSystemModel；
- ➢ QListWidget；
- ➢ QTableWidget；
- ➢ QTreeWidget。

14.1　模型的抽象基类

列表模型（Item Model）是应用数据与界面视图之间的桥梁，掌控着数据的呈现方式。列表模型采用二维表结构，可通过行号、列号来索引数据，如图 14-1 所示。

行、列编号从 0 开始，例如图 14-1 中 B 的行号为 1，列号为 2。由于每个数据项都包含父节点，因此对于顶层数据来说，它也包含一个隐藏的根节点。

如果数据是一维列表（如 array、list），那么它的模型布局只有一列，每个元素为一行，如图 14-2 所示。

另一种比较复杂的模型是树形结构，数据项存在"父子"关系，如图 14-3 所示。

图 14-1　二维表结构

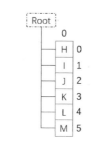

图 14-2　一维数据模型

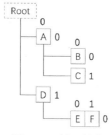

图 14-3　树形结构

A 所在的行号为 0，列号为 0。由于 B 是 A 的子节点，它的编号要重新计算，因此 B 的行号和列号也是 0。

QAbstractItemModel 类是列表模型的抽象基类。作为公共接口，不能直接实例化，开发人员需要创建 QAbstractItemModel 的派生类，然后才能与视图组件一起使用。

对于只读模型（仅获取和显示数据，不可编辑），只要实现以下方法即可。

（1）columnCount：返回某个父节点所包含的列数。

（2）rowCount：返回某个父节点下包含的行数。

（3）parent：获取给定索引的父节点，返回父节点的索引。

（4）index：获取列表项的索引。

（5）data：返回给定索引处的基础数据（原始数据）。

如果要视图支持编辑功能，并且希望列表模型能够将已修改的数据更新到原始数据，那就要实现以下方法。

（1）setData：用新值更新原始数据。注意，当数据更新后，需要发出 dataChanged 信号。

（2）flags：返回的值中必须包含 ItemIsEditable（Qt.ItemFlag 枚举定义的成员）。

14.1.1　ItemDataRole

Qt.ItemDataRole 枚举定义了一组成员，描述了数据项在列表模型中的用途，即视图组件在绘制各部分界面元素时所需要的数据类型，可称为"数据角色"。ItemDataRole 枚举定义的成员如下。

（1）DisplayRole：显示在视图中的文本，字符串类型。

（2）DecorationRole：装饰元素，例如列表项前面的小图标，其类型可以是 QIcon，也可以是 QPixmap 和 QColor。

（3）EditRole：数据处于编辑状态，例如在文本框中修改内容。

（4）ToolTipRole：返回字符串数据，显示在工具提示中。

（5）StatusTipRole：返回的文本将显示在状态栏上。

（6）WhatsThisRole：文本将显示在"这是什么"帮助信息中。

（7）SizeHintRole：返回 QSize 类型的数据，表示列表项要占用空间的大小（宽度和高度）。

（8）FontRole：应返回 QFont 类型的对象，用来绘制视图中的内容。

（9）TextAlignmentRole：返回 Qt.AlignmentFlag 枚举的值，用于设置文本的对齐方式。

（10）BackgroundRole：返回的数据类型为 QBrush，用来绘制列表项的背景。

（11）ForegroundRole：也是返回 QBrush 类型的数据，表示文本的颜色。

（12）CheckStateRole：返回 CheckState 枚举的值，用于指定复选框的状态。

（13）InitialSortOrderRole：列表头的排序方式，返回 SortOrder 枚举的值，即升序或降序。

（14）AccessibleTextRole：返回字符串类型的数据，用于设置辅助提示的主文本，例如"屏幕朗读"功能。

（15）AccessibleDescriptionRole：返回辅助提示的描述信息。

实现 QAbstractItemModel 类的 data 和 setData 方法都需要对 ItemDataRole 的值进行分析，从而返回或设置对应类型的值。

14.1.2　示例：整数列表模型

本示例将自定义一个提供整数类型的列表模型。该模型所使用的原始数据是一个 list 对象，其元素结构为单个维度——只有一列，每行表示一个元素。然后通过该模型将整数列表呈现在 QListView 组件中。

具体实现步骤如下。

（1）定义 CustItemModel 类，它派生自 QAbstractItemModel。

```
class CustItemModel(QAbstractItemModel):
    ......
```

（2）为 CustItemModel 类实现__init__方法。该方法有两个重载，包含 data 参数的可以直接指定原始数据（内部存储字段是_myData）。

```
def __init__(self, parent: QObject = None):
    super().__init__(parent)
    # 引用数据源
    self._myData = []

def __init__(self, data: list, parent: QObject = None):
    super().__init__(parent)
    self._myData = data
```

（3）如果在构造类实例时未指定原始数据，可以通过 setSourceData 方法设置。其他代码可以通过 sourceData 方法获取原始数据。

```
def sourceData(self):
    return self._myData

def setSourceData(self, data: list):
    self._myData = data
```

（4）重写 parent 方法，返回指定索引的父级。

```
def parent(self, index: QModelIndex) -> QModelIndex:
    # 此模型没有真正的父级，应返回无效的索
    return QModelIndex()
```

本示例所处理的数据只有一个层级，数据项之间不存在父子关系。因此，不需要返回特定的索引，而应返回无效的索引，调用 QModelIndex 类的默认构造函数即可。无效索引的行号和列号都是 -1。

（5）重写 index 方法，返回指定行、列处的索引。

```
def index(self, row: int, column: int, parent: QModelIndex = QModelIndex ()) -> QModelIndex:
    return self.createIndex(row, column)
```

外部代码不能直接访问 QModelIndex 类的成员，但可以通过 createIndex 方法来创建索引。本示例不需要考虑父级索引。

（6）重写 rowCount 方法，返回数据的行数。在本示例中，行数就是列表的元素个数。

```
def rowCount(self, parent: QModelIndex = QModelIndex()) -> int:
    # 由于该模型表示的是一维列表，列表项没有子级
    # 因此，如果 parent 是有效索引，就要返回 0
    if parent.isValid():
        return 0
    # 返回数据源的元素个数
    return len(self._myData)
```

（7）重写 columnCount 方法，返回数据包含的列数。本示例所处理的数据是普通列表，只有一列。

```
def columnCount(self, parent: QModelIndex = QModelIndex()) -> int:
    if parent.isValid():
        return 0
    # 列表始终只有一列
    return 1
```

（8）重写 data 方法，返回特定索引处的数据项。

```
def data(self, index: QModelIndex, role: int = Qt.ItemDataRole.
DisplayRole) -> Any:
    if role == Qt.ItemDataRole.DisplayRole:
        # 只需要获取行号
        rowIndex = index.row()
        return self._myData[rowIndex]
    # 返回默认值
    return None
```

本示例只实现显示数据，未实现编辑（修改）数据，因此不需要重写 setData 方法。无论是获取还是设置数据项的值，都应注意 role 参数，毕竟所返回的数据类型不适用所有的数据角色。此处所返回的数据是用于呈现在用户界面上的，所以只有当 role 参数是 DisplayRole 时才返回数据，其他情况一律返回 None。

（9）实例化一个视图组件，本示例使用的是 QListView。该组件适用于简单的列表项。

```
lv = QListView()
```

（10）初始化原始数据（一个整数序列）。

```
intList = [105, 17, 915, 400, 3020, 840]
```

（11）实例化自定义模型类。

```
model = CustItemModel(intList, lv)
```

调用 CustItemModel 类的构造函数时传递原始数据。如果未传递原始数据，可以稍后调用 setSourceData 方法设置，例如：

```
model.setSourceData(intList)
```

（12）调用视图组件的 setModel 方法关联列表模型。

```
lv.setModel(model)
```

示例的运行效果如图 14-4 所示。

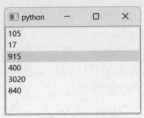

图 14-4　呈现整数列表

14.1.3　推荐的基础模型

尽管直接从 QAbstractItemModel 类派生可以实现自定义模型，但由于该类过于抽象，派生时需要重写的成员较多，开发效率不高。如果原始数据的结构比较明确，建议继承 QAbstractListModel 类或者 QAbstractTableModel 类。

QAbstractListModel 表示一维列表模型，如一维数组。其处理的数据由多行单列构成。因此，只需要重写 rowCount 方法即可，不需要重写 columnCount 方法。QabstractTableModel 模型则是面向二级表结构的数据，包含多行多列。由于二维表由行、列组成，因此继承 QabstractTableModel 类时需要实现 rowCount 和 columnCount 方法。

从 QAbstractListModel、QAbstractTableModel 类派生时都要重写 data 方法以返回指定的数据项，或重写 setData 方法以支持数据编辑。

14.1.4　示例：学生表

本示例将创建一个二维表模型，视图结构为 5 行 4 列。通过该模型和 QTableView 组件显示一组学生信息。具体实现步骤如下。

（1）构建原始数据，稍后用于填充模型。

```
init_data = [
    ["小许", 19, "13205445202", "671_jtx@163.com"],
    ["小赵", 21, "18927274113", "wixef8@huwan.net"],
    ["小马", 25, "13609210500", "p23k-el@21cn.com"],
    ["小易", 27, "15530048951", "1812643@qq.com"],
    ["小何", 30, "47300125336", "doxROW@dzhome.cn"]
]
```

上述数据样本是一个嵌套列表。列表中的顶层元素为学生记录，一条学生记录包含 4 个元素，代表姓名、年龄、联系电话和电子邮箱。

（2）定义模型类 StudentItemModel，基类是 QabstractTableModel。

```
class StudentItemModel(QAbstractTableModel):
    ......
```

（3）在 __init__ 方法中传递基础数据（initData 参数）。

```
def __init__(self, initData, parent: QObject = None):
```

```
        super().__init__(parent)
        self._theData = initData
```

（4）重写 rowCount 方法，返回数据表的行数。

```
def rowCount(self, parent: QModelIndex = QModelIndex()) -> int:
    if parent.isValid():
        return 0
    return len(self._theData)
```

二维表结构中的行一般没有父/子节点，所以如果 parent 参数是有效索引，应当返回 0，如果索引是无效值，表明正在访问的是顶层数据，此时应返回原始数据的元素个数。

（5）重写 columnCount 方法，返回二维表的列数，本示例是固定值 4。

```
def columnCount(self, parent: QModelIndex = QModelIndex()) -> int:
    if parent.isValid():
        return 0
    return 4
```

（6）重写 data 方法，返回指定索引处的数据项。

```
def data(self, index: QModelIndex, role: int = Qt.ItemDataRole.
DisplayRole) -> Any:
    if role == Qt.ItemDataRole.DisplayRole:
        # 获取行号和列号
        rowIdx = index.row()
        colIdx = index.column()
        # 返回数据项
        return self._theData[rowIdx][colIdx]
    # 其他情况返回 None
    return None
```

处理 data 方法时一定要注意 role 参数，当其值为 DisplayRole 时才返回用于视图呈现的数据。

（7）重写 headerData 方法，返回显示在视图中的列标题。

```
def headerData(self, section: int, orientation: Qt.Orientation, role: int
= Qt.ItemDataRole.DisplayRole) -> Any:
    # 列表头用于界面显示
    if role == Qt.ItemDataRole.DisplayRole:
        # 如果是水平方向，返回列标题
        if orientation == Qt.Orientation.Horizontal:
            if section == 0:
                return "姓名"
            if section == 1:
                return "年龄"
            if section == 2:
                return "联系电话"
            if section == 3:
                return "电子邮箱"
        # 如果是垂直方向，返回行编号
        if orientation == Qt.Orientation.Vertical:
            return section + 1
    # 其他情况返回 None
    return None
```

orientation 参数表示的是排列方向，水平方向代表的是列标题，垂直方向则是行标题。在上述代码中，列标题为"姓名""年龄"等，行标题显示行编号。

section 参数表示从 0 开始的编号。如果方向是水平，那么 section=0 表示第一列，section=2 表示第三列；如果方向是垂直，那么 section=0 是第一行，section=1 是第二行。由于 section 是从 0 开始计算的，为了兼顾人们的阅读习惯，返回行号时使用 section+1。这样可以确保第一行的标头显示"1"，第二行的标头显示"2"。

（8）二维表数据应使用 QTableView 组件来显示。下面代码初始化 QTableView 组件和 StudentItemModel 模型。

```
view = QTableView()
view.setWindowTitle("学生信息")
# 创建模型实例
model = StudentItemModel(init_data, view)
# 为视图组件设置模型
view.setModel(model)
# 显示组件
view.show()
```

示例运行效果如图 14-5 所示。

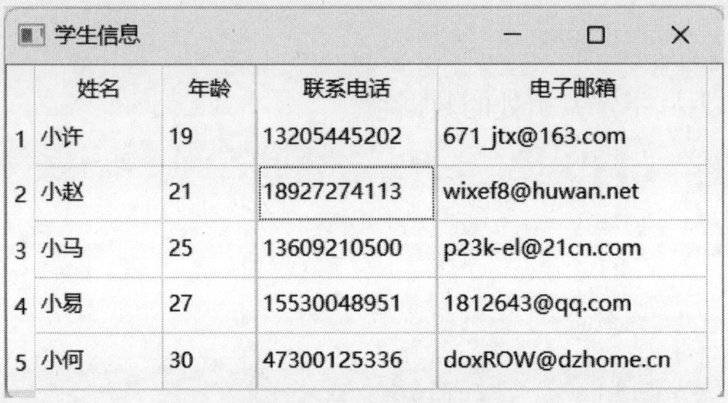

图 14-5　表格视图

14.1.5　示例：突出显示销量高于平均值的行

本示例模拟一个月度销售表，在视图呈现时，如果某行数据的销量高于平均值，该行文本就显示为蓝色。

在重写 data 方法时，当列表项需要绘制显示文本时，role 参数的值是 DisplayRole；当需要根据数据来获取绘制文本的颜色时，role 参数的值为 ForegroundRole。将当前记录的销量与整体销量的平均值比较，若销量大于或等于平均值，就返回 QColor("blue")。

具体实现步骤如下。

（1）准备示例数据。

```
sourceData = [
    ['F302011', '热缩管', 1823],
    ['L281055', '元器件', 890],
    ['Q490084', '面包板', 442],
    ['T348192', '二极管', 2058],
    ['E419001', '导线', 1679],
    ['G780357', '三极管', 1315],
    ['K853692', 'LED 灯珠', 4089],
    ['U160928', '热敏电阻', 2146]
]
```

（2）调用 mean 函数求得销量的平均值。

```
evg = mean([x[2] for x in sourceData])
```

示例数据是嵌套的列表类型，子项也是列表。其中，子项的第三个元素为销量（索引是 2）。

（3）定义项目模型类 CustItemModel，派生自 QabstractTableModel 类。

```
class CustItemModel(QAbstractTableModel):
    ……
```

（4）在_ _init_ _方法中通过 data 参数传递示例数据。

```
def __init__(self, data, parent: QWidget = None):
    super().__init__(parent)
    self._data = data
```

（5）重写 rowCount 方法，返回数据表的行数。

```
def rowCount(self, parent = QModelIndex) -> int:
    if parent.isValid():
        return 0
    return len(self._data)
```

（6）重写 columnCount 方法，返回数据表的列数。

```
def columnCount(self, parent = QModelIndex()) -> int:
    if parent.isValid():
        return 0
    return len(self._data[0])
```

（7）重写 headerData 方法，返回列标题和行序号。

```
def headerData(self, section: int, orientation: Qt.Orientation, role: int
= Qt.ItemDataRole.DisplayRole) -> Any:
    if role == Qt.ItemDataRole.DisplayRole:
        # 水平方向返回列标题
        if orientation == Qt.Orientation.Horizontal:
            if section == 0:
                return "分类码"
            if section == 1:
                return "品名"
            if section == 2:
                return "销量"
        # 否则返回行号
        return section + 1
    return None
```

（8）重写 data 方法，返回指定索引处的数据。

```
def data(self, index: QModelIndex, role: int = Qt.ItemDataRole.
DisplayRole) -> Any:
    # 如果数据用于视图显示
    if role == Qt.ItemDataRole.DisplayRole:
        # 行索引
        rowIndex = index.row()
        # 列索引
        colIndex = index.column()
        # 返回数据
        return self._data[rowIndex][colIndex]
    # 如果数据用于文本颜色
    if role == Qt.ItemDataRole.ForegroundRole:
        # 获取销售量
        q = self._data[index.row()][2]
        # 如果销量在平均数之上，显示为蓝色
        if q >= evg:
            return QColor("blue")
    # 其他情况返回 None
    return None
```

（9）实例化 QTableView 组件。

```
table = QTableView()
table.setWindowTitle("月度销售额")
```

（10）为 QTableView 组件设置模型。

```
# 实例化模型
model = CustItemModel(sourceData, table)
# 为视图设置模型
table.setModel(model)
# 显示组件
table.show()
```

运行示例程序，效果如图 14-6 所示。

	分类码	品名	销量
1	F302011	热缩管	1823
2	L281055	元器件	890
3	Q490084	面包板	442
4	T348192	二极管	2058
5	E419001	导线	1679
6	G780357	三极管	1315
7	K853692	LED灯珠	4089
8	U160928	热敏电阻	2146

图 14-6　模拟销售表

14.2　QStringListModel

QStringListModel 派生自 QAbstractListModel 类，是 Qt 提供的便捷模型类。该模型以字符串列表为基础数据。该类可直接使用，开发人员不需要派生新类。

在实例化 QStringListModel 类时，可以通过构造函数参数传递字符串列表，例如：

```
# 字符串列表
strs = ["夏", "商", "周", "秦", "汉"]
# 实例化模型并传递字符串列表
myModel = QStringListModel(strs)
```

或者先创建 QStringListModel 实例，再通过 setStringList 方法设置字符串列表，例如：

```
# 字符串列表
strs = ["夏", "商", "周", "秦", "汉"]
# 实例化模型
myModel = QStringListModel()
# 设置基础数据
myModel.setStringList(strs)
```

QStringListModel 模型类实例化后可以直接用于视图组件。演示代码如下：

```
# 字符串列表
strList = ["桃子", "梨子", "李子", "柚子", "瓜子"]
# 实例化模型
model = QStringListModel()
# 设置基础数据
model.setStringList(strList)
......
listview = QListView()
```

```
# 设置模型
listview.setModel(model)
# 显示视图组件
listview.show()
```

上述代码的执行结果如图 14-7 所示。

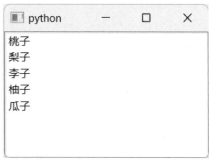

图 14-7　字符串列表视图

14.3　QStandardItemModel

QStandardItemModel 也是 Qt 提供的便捷模型类。该类可通用于各种数据源，简单一维列表、二维列表、树形列表等数据模型均适用。

列表项由 QStandardItem 类表示。每个 QStandarItem 对象都拥有一个二维表结构的子项列表，并且支持构建多层次结构的数据模型。调用 setChild 方法可以将子项设置到指定的行和列中。需要注意的是，只有 QTreeView 组件才支持树形结构的数据，QTableView、QListView 等组件不会显示子项。

要为 QStandarItem 设置数据可以调用 setData 方法，如果数据是字符串类型，调用 setText 方法会更简单。setText 方法内部调用了 setData 方法。

QStandardItemModel 类通过 item 和 setItem 方法在指定行和列获取/设置 QStandardItem 对象。如果模型用于 QTableView 组件，还可以用 setHorizontalHeaderLabels 方法设置列标题，用 setVerticalHeaderLabels 方法设置行标题。或者使用 setHorizontalHeaderItem 和 setVerticalHeaderItem 方法，这两个方法可以针对某一行或某一列来设置标题。

14.3.1　示例：员工信息表

本示例将演示 QStandardItemModel 与 QStandardItem 类的基本用法。示例将构建一个 4 列 3 行的员工信息表。具体步骤如下。

（1）实例化 QTableView 和 QStandardItemModel 类，代码如下：

```
# 创建视图组件实例
view = QTableView()
view.setWindowTitle("员工信息")
# 创建模型实例
stdModel = QStandardItemModel(view)
```

（2）调用 setHorizontalHeaderLabels 方法设置列标题。

```
stdModel.setHorizontalHeaderLabels(["员工ID", "姓名", "年龄", "部门"])
```

（3）向模型添加数据。

```
#------ 第一行 ------
stdModel.setItem(
    0,
    0,
```

```
        QStandardItem("1213")
)
stdModel.setItem(
    0,
    1,
    QStandardItem("小张")
)
stdModel.setItem(
    0,
    2,
    QStandardItem("27")
)
stdModel.setItem(
    0,
    3,
    QStandardItem("法务部")
)
#------ 第二行 ------
stdModel.setItem(
    1,
    0,
    QStandardItem("1456")
)
stdModel.setItem(
    1,
    1,
    QStandardItem("小李")
)
stdModel.setItem(
    1,
    2,
    QStandardItem("30")
)
stdModel.setItem(
    1,
    3,
    QStandardItem("财务部")
)
#------ 第三行 ------
stdModel.setItem(
    2,
    0,
    QStandardItem("6825")
)
stdModel.setItem(
    2,
    1,
    QStandardItem("小陈")
)
stdModel.setItem(
    2,
    2,
    QStandardItem("35")
)
stdModel.setItem(
    2,
    3,
    QStandardItem("人力资源部")
)
```

（4）将模型对象设置到 **QTableView** 组件中，显示数据。

```
view.setModel(stdModel)
# 显示视图
view.show()
```

示例程序的运行效果如图 14-8 所示。

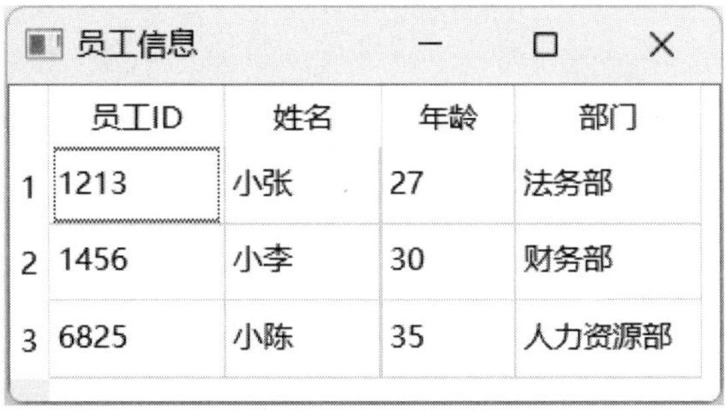

图 14-8　员工信息视图

14.3.2　示例：显示图标

本示例将演示在标准列表模型中显示图标的方法。**QStandardItem** 类存在可接受 **QIcon** 对象的构造
函数：

```
def __init__(icon: Union[QIcon, QPixmap], text: str)
```

即在实例化 **QStandardItem** 类时可以将已加载的图标资源传递给 icon 参数。另外，如果在实例化时未传
递图标资源，也可以通过以下方法设置：

```
def setIcon(icon: Union[QIcon, QPixmap])
```

本示例将使用一维列表，向模型添加 4 个子项，每个子项都带有小图标。核心代码如下：

```
# 初始化视图组件
theView = QListView()
# 创建标准模型实例
model = QStandardItemModel(theView)
# 一级列表只有一列
model.setColumnCount(1)
# 加载图标
icon1 = QIcon("01.png")
icon2 = QIcon("02.png")
icon3 = QIcon("03.png")
icon4 = QIcon("04.png")
# 创建标准项
item1 = QStandardItem(icon1, "object 1")
item2 = QStandardItem(icon2, "object 2")
item3 = QStandardItem(icon3, "object 3")
item4 = QStandardItem(icon4, "object 4")
# 向模型添加数据项
model.appendRow(item1)
model.appendRow(item2)
model.appendRow(item3)
model.appendRow(item4)
# 为视图组件设置项目模型
theView.setModel(model)
# 显示组件
theView.show()
```

由于示例数据只有一列，可以调用 setColumnCount 方法设置总列数为 1。列表视图的呈现效果如图 14-9 所示。

图 14-9　带小图标的列表项

14.3.3　示例：树形视图

要构造树形视图，QStandardItem 对象需要调用 setChild 方法添加子节点。该方法有两个重载：

```
def setChild(row: int, column: int, item: QStandardItem)
def setChild(row: int, item: QStandardItem)
```

row、column 参数指定在何处放置子节点（行号和列号），item 参数是子节点的数据项。对于简单的树形结构，可以认为子节点均放在第一列，每个子节点占一行。

以下是本示例所构建的数据项。

```
# 顶层节点
top1 = QStandardItem("文件")
top2 = QStandardItem("编辑")
top3 = QStandardItem("格式")
# 第一个顶层节点的子节点
top1.setChild(0, QStandardItem("打开"))
top1.setChild(1, QStandardItem("新建"))
top1.setChild(2, QStandardItem("关闭"))
# 第二个顶层节点的子节点
top2.setChild(0, QStandardItem("复制"))
top2.setChild(1, QStandardItem("剪切"))
top2.setChild(2, QStandardItem("粘贴"))
top2.setChild(3, QStandardItem("查找"))
# 第三个顶层节点的子节点
top3.setChild(0, QStandardItem("增加缩进量"))
top3.setChild(1, QStandardItem("减少缩进量"))
# 第二层子节点
subitem = QStandardItem("对齐")
# 添加第三层子节点
subitem.setChild(0, QStandardItem("左"))
subitem.setChild(1, QStandardItem("中"))
subitem.setChild(2, QStandardItem("右"))
top3.setChild(2, subitem)
```

要显示树形结构的数据，需要用 **QTreeView** 组件。设置标准模型的代码如下：

```
treeview = QTreeView()
# 隐藏标头
treeview.setHeaderHidden(True)
# 实例化标准模型
model = QStandardItemModel(treeview)
# 添加数据项
model.appendRow(top1)
model.appendRow(top2)
model.appendRow(top3)
```

top1、top2 和 top3 属性顶层数据项，直接添加到 QStandardItemModel 对象中即可。由于本示例未设置列或行的标题，所以应当调用 setHeaderHidden(True)来隐藏标头区域。呈现结果如图 14-10 所示。

图 14-10 树形视图

14.3.4 示例：多列树形视图

本示例将实现具有多个列的树形数据表。用到的仍然是 QTreeView 组件和 QStandardItemModel 类。一般树形视图的子节点只有一列，而实现多列视图的原理就是在调用 setChild 方法时同时指定行号和列号。不过，QTreeView 组件只有第一列才支持树形结构，因此在建立列表项的层级关系时仅需考虑第一列即可。

本示例将构建一个值班人员表。顶层节点是工作人员所在的分组，子节点才是值班信息。具体实现步骤如下。

（1）QStandardItem 类默认是允许编辑、check 等操作。本示例所构建的数据模型是只读的，不允许修改。因此，从 QStandardItem 派生出 MyStandarItem 类，在初始化过程中默认将编辑、拖放等功能禁用。这样做可避免每次创建标准项都要手动禁用一次。

```
class MyStandarItem(QStandardItem):
    def __init__(self):
        super().__init__()
        self._set_init()

    def __init__(self, text: str):
        super().__init__(text)
        self._set_init()

    def _set_init(self):
        # 禁用编辑
        self.setEditable(False)
        # 禁用拖放
        self.setDragEnabled(False)
        self.setDropEnabled(False)
        # 禁用 check 功能
        self.setCheckable(False)
```

（2）创建标准列表模型实例。

```
model = QStandardItemModel()
```

```
# 设置列标题
model.setHorizontalHeaderLabels(["姓名", "性别", "值班时间"])
```

（3）准备示例数据。

```
# 添加列表项
group1 = MyStandarItem("新闻组")
group1.setChild(0, 0, MyStandarItem("小徐"))
group1.setChild(0, 1, MyStandarItem("男"))
group1.setChild(0, 2, MyStandarItem("上午"))
group1.setChild(1, 0, MyStandarItem("小钱"))
group1.setChild(1, 1, MyStandarItem("男"))
group1.setChild(1, 2, MyStandarItem("下午"))
group2 = MyStandarItem("漫画组")
group2.setChild(0, 0, MyStandarItem("小罗"))
group2.setChild(0, 1, MyStandarItem("女"))
group2.setChild(0, 2, MyStandarItem("上午"))
group2.setChild(1, 0, MyStandarItem("小高"))
group2.setChild(1, 1, MyStandarItem("男"))
group2.setChild(1, 2, MyStandarItem("晚上"))
group3 = MyStandarItem("广播组")
group3.setChild(0, 0, MyStandarItem("小曾"))
group3.setChild(0, 1, MyStandarItem("男"))
group3.setChild(0, 2, MyStandarItem("下午"))
group3.setChild(1, 0, MyStandarItem("小郭"))
group3.setChild(1, 1, MyStandarItem("女"))
group3.setChild(1, 2, MyStandarItem("中午"))
group3.setChild(2, 0, MyStandarItem("小付"))
group3.setChild(2, 1, MyStandarItem("男"))
group3.setChild(2, 2, MyStandarItem("下午"))
model.setItem(0, 0, group1)
model.setItem(1, 0, group2)
model.setItem(2, 0, group3)
```

（4）初始化 QTreeView 组件。

```
treeview = QTreeView()
treeview.setWindowTitle("值班安排")
```

（5）为视图组件设置列表模型。

```
treeview.setModel(model)
```

（6）显示组件。

```
treeview.show()
```

示例的运行结果如图 14-11 所示。

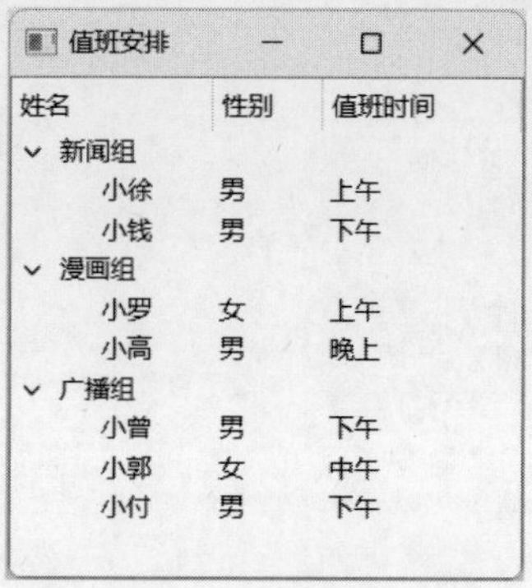

图 14-11　分组的值班人员表

14.4　QFileSystemModel

QFileSystemModel 类是 Qt 提供的列表模型，支持对本地文件系统的访问。如 QTreeView 等视图组件可以借助该类显示文件和目录结构。另外，QFileSystemModel 类还提供了以下方法，可以方便地进行一些常用操作。

（1）mkdir：创建新目录。

（2）rmdir：删除目录。

（3）remove：删除文件。

（4）setNameFilters：过滤文件名。

（5）setFilter：为目录设置过滤方式。

QFileSystemModel 模型类在实例化后，需要调用 setRootPath 方法设置一个根目录。调用该方法并不意味着模型只提取根目录下的内容，而是为了激活后台线程上的文件扫描操作。如果不调用 setRootPath 方法，QFileSystemModel 模型中将读取不到目录和文件信息。因此，调用 setRootPath 方法时也可以传递空白字符串，不会影响目录和文件信息的提取。

14.4.1　示例：显示目录和文件

QFileSystemModel 类通常与 QTreeView 组件一起使用，实现以树形结构显示目录和文件列表。本示例将显示 C:\Windows 目录下的目录和文件。核心代码如下：

```
# 实例化视图组件
treeview = QTreeView()
treeview.setWindowTitle("目录和文件")
# 实例化模型类
model = QFileSystemModel()
model.setRootPath("")
# 为视图组件设置模型
treeview.setModel(model)
# 设置要显示的根目录
treeview.setRootIndex(model.index("C:\\Windows"))
# 显示窗口
treeview.show()
```

调用 QTreeView 组件的 setRootIndex 方法后才会显示指定路径下的内容。若不调用 setRootIndex 方法，默认会显示分区/磁盘列表（如 C:、D:）。setRootIndex 方法的参数要求传递列表项索引，可以通过 QFileSystemModel 类的 index 方法获取。

上述代码的运行结果如图 14-12 所示。

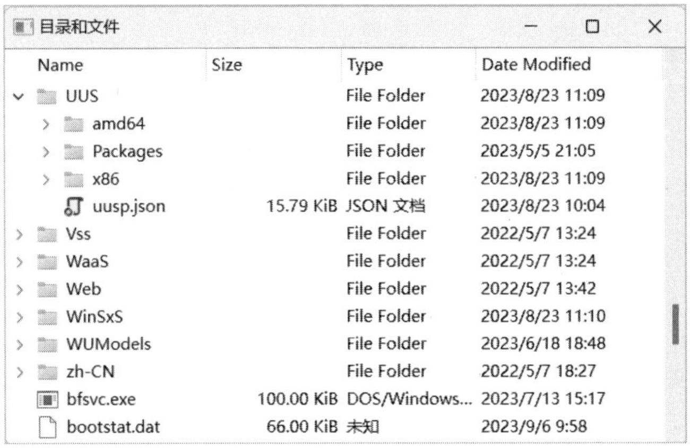

目录和文件			— □ ×
Name	Size	Type	Date Modified
∨ 📁 UUS		File Folder	2023/8/23 11:09
> 📁 amd64		File Folder	2023/8/23 11:09
> 📁 Packages		File Folder	2023/5/5 21:05
> 📁 x86		File Folder	2023/8/23 11:09
📄 uusp.json	15.79 KiB	JSON 文档	2023/8/23 10:04
> 📁 Vss		File Folder	2022/5/7 13:24
> 📁 WaaS		File Folder	2022/5/7 13:24
> 📁 Web		File Folder	2022/5/7 13:42
> 📁 WinSxS		File Folder	2023/8/23 11:10
> 📁 WUModels		File Folder	2023/6/18 18:48
> 📁 zh-CN		File Folder	2022/5/7 18:27
📄 bfsvc.exe	100.00 KiB	DOS/Windows...	2023/7/13 15:17
📄 bootstat.dat	66.00 KiB	未知	2023/9/6 9:58

图 14-12　目录与文件列表

14.4.2　示例：使用过滤器

调用下面的方法成员，可以为 QFileSystemModel 设置文件名过滤器（也称"筛选器"）：

```
def setNameFilters(filters: Sequence[str])
```

filters 参数是字符串序列，表明该方法可以设置多个过滤条件，例如：

```
setNameFilters(["*.doc", "*.vob"])
```

上述代码表示只有扩展名为.doc 和.vob 的文件有效。

本示例的窗口顶部有一个 QLineEdit 组件，可通过键盘输入过滤条件。单击"确定"按钮后应用过滤器。QTreeView 组件用于显示文件列表。

自定义窗口 DemoWindow 类的完整代码如下：

```python
class DemoWindow(QWidget):
    def __init__(self):
        super().__init__()
        # 窗口顶部布局
        _topLayout = QHBoxLayout()
        self._txtFilter = QLineEdit(self)
        _topLayout.addWidget(self._txtFilter, 1)
        _btn = QPushButton("确定", self)
        _topLayout.addWidget(_btn)
        # 连接 clicked 信号
        _btn.clicked.connect(self.onClicked)
        # 实例化模型类
        self._model = QFileSystemModel(self)
        self._model.setRootPath("E:\\")
        # 实例化视图组件
        self._view = QTreeView(self)
        # 设置模型引用
        self._view.setModel(self._model)
        # 设置根节点
        self._view.setRootIndex(self._model.index("E:\\test"))
        # 窗口整体布局
        _layout = QVBoxLayout()
        self.setLayout(_layout)
        # 将上述各对象添加到布局
        _layout.addLayout(_topLayout)
        _layout.addWidget(self._view, 1)


    def onClicked(self):
        # 获取输入的过滤关键字
        s = self._txtFilter.text()
        if len(s) == 0:
            return
        # 拆分字符串
        filters = s.split(';')
        # 应用过滤
        self._model.setNameFilters(filters)
```

上述代码设定要显示文件的目录为 E:\test（读者可以根据实际情况改为其他路径），必须保证此目录已存在，且里面有相应的文件。如果目录不存在，QTreeView 组件默认显示分区列表。

"确定"按钮的 clicked 信号连接到 onClicked 方法。本示例允许输入多个过滤条件，条件之间用分号（;）隔开。应用过滤器时通过 split 将输入的字符串拆分为字符串列表，再传递给 setNameFilters 方法。

示例运行结果如图 14-13 所示。

在文本框中输入"*.txt"，单击"确定"按钮。此时，扩展名为.txt 以外的文件变为禁用状态，文本呈现为灰色，并且不能选中，如图 14-14 所示。

应用多个过滤器，例如输入"*.zip;*.mp3;*.tar"，单击"确定"按钮后，只有扩展名为.zip、.mp3、.tar 的文件有效。

通常人们更习惯于将不符合过滤条件的文件隐藏，而不是变为禁可用状态。要实现此效果需要调用 setNameFilterDisables 方法，并向参数赋值 False。代码如下：

```
self._model.setNameFilterDisables(False)
```

修改后再次进行过滤，未符合条件的文件就不再显示了，如图 14-15 所示。

图 14-13　未使用过滤器的文件列表

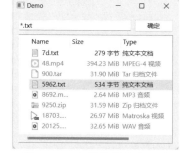

图 14-14　应用单个过滤器后

图 14-15　只显示符合条件的文件

14.4.3　示例：创建和删除目录

本示例将使用 mkdir 方法创建新目录，使用 rmdir 方法删除选中的目录。示例程序窗口使用 QGridLayout 布局，第一行放置 QTreeView 组件，第二行放置两个 QPushButton 组件。具体代码如下：

```
# 程序窗口
window = QWidget()
# 设置标题
window.setWindowTitle("创建和删除目录")
# 设置窗口大小
window.resize(325, 287)
# 布局
layout = QGridLayout()
window.setLayout(layout)
# 实例化 QTreeView 组件
treeview = QTreeView(window)
layout.addWidget(treeview, 0, 0, 1, 2)
# 创建两个按钮组件
btnMakeDir = QPushButton("创建目录", window)
btnRemoveDir = QPushButton("删除目录", window)
layout.addWidget(btnMakeDir, 1, 0)
layout.addWidget(btnRemoveDir, 1, 1)
layout.setRowStretch(0, 1)
```

下面的代码初始化 QFileSystemModel 对象：

```
# 实例化 QFileSystemModel 类
theModel = QFileSystemModel(window)
# 当前目录
currIndex = theModel.setRootPath(QDir.currentPath())
# 视图组件与模型关联
treeview.setModel(theModel)
treeview.setRootIndex(currIndex)
```

QDir.currentPath 静态方法返回当前目录的路径（默认是应用程序所在的目录）。setRootPath 调用后会返回根目录在模型中的索引，随后可以将该索引用于 QTreeView 组件的 setRootIndex 方法。

连接"创建目录""删除目录"按钮的 clicked 信号，处理代码如下：

```python
def onMkDirClicked():
    # 让用户输入新目录的名称
    newDirName, ok = QInputDialog.getText(
        window,
        "输入",
        "新目录的名称: "
    )
    if ok:
        # 创建目录
        theModel.mkdir(currIndex, newDirName)

def onRmDirClicked():
    # 获取当前选定的项
    selIndex = treeview.currentIndex()
    if theModel.isDir(selIndex):
        # 删除目录
        theModel.rmdir(selIndex)

btnMakeDir.clicked.connect(onMkDirClicked)
btnRemoveDir.clicked.connect(onRmDirClicked)
```

一般情况下，currentIndex 方法返回的是 QTreeView 中被选择的索引，然后要用 isDir 方法判断被选项是否为目录（本示例仅删除目录）。如果选中的是目录，就用 rmdir 方法删除。

运行示例程序，单击"创建目录"按钮，弹出输入对话框。在对话框中输入新目录名称，例如"Winderful"，如图 14-16 所示。

确认输入后，Winderful 目录被创建，QTreeView 组件自动刷新，如图 14-17 所示。

图 14-16　输入新目录名

图 14-17　视图自动刷新

在 QTreeView 组件中选中刚才创建的 Winderful 目录，再单击"删除目录"按钮将其删除。

14.5　编辑功能

列表模型要实现编辑功能，需要重写 setData 方法。该方法声明如下：

```python
def setData(
    index: QModelIndex,
    value: Any,
    role: int = ...
) -> bool
```

index 参数代表正在被编辑的数据项索引。value 参数传递的是数据项对应的值。role 参数是

Qt.ItemDataRole 枚举的值，通常为 EditRole。setData 方法内需要完成将 value 传递到基础数据，并替换旧的值。如果此过程顺利完成则返回 True，若失败则返回 False。

另外，为了表明模型支持编辑，需要重写 flags 方法，返回的 Qt.ItemFlag 枚举值中必须包含 ItemIsEditable。

若需要对数据列表进行追加、插入、删除等操作，则重写 insertRows、insertColumns 方法。

14.5.1 示例：可编辑列表

本示例将从 QAbstractListModel 类派生出自定义的模型类，实现一维列表的编辑功能。具体实现步骤如下。

（1）定义 CustModel，基类是 QAbstractListModel。

```
class CustModel(QAbstractListModel):
    ......
```

（2）在 __init__ 方法中通过 data 参数传递原始数据。

```
def __init__(self, data: list, parent: QObject = None):
    super().__init__(parent)
    self._data = data
```

（3）定义两个方法，用于获取和设置原始（基础）数据。

```
def sourceList(self):
    return self._data
def setSourceList(self, list: list):
    self._data = list
```

（4）重写 rowCount 方法，返回列表中的元素数量。

```
def rowCount(self, parent: QModelIndex = QModelIndex()) -> int:
    if parent.isValid():
        return 0
    return len(self._data)
```

（5）重写 data 方法，返回指定索引处的数据。

```
def data(self, index: QModelIndex, role: int = Qt.ItemDataRole.
DisplayRole) -> Any:
    if role == Qt.ItemDataRole.DisplayRole or role == Qt.ItemDataRole.
EditRole:
        # 获取行号
        i = index.row()
        # 如果索引无效，返回 None
        if self.hasIndex(i, 0) == False:
            return None
        # 返回数据
        return self._data[i]
    return None
```

上述代码满足 role 参数为 DisplayRole 或 EditRole 时返回数据，保证在正常显示和正在编辑两种状态下都能呈现数据。如果仅在 DisplayRole 前提下返回数据，那么在用户界面上编辑数据时，输入文本框的初始内容就是空白字符串。这不太符合人们的使用习惯，通常在编辑数据时，文本框应默认显示原有的数据。

（6）重写 setData 方法，实现在用户完成编辑后更新原始数据。

```
def setData(self, index: QModelIndex, value: Any, role: int = Qt.
ItemDataRole.EditRole) -> bool:
    if role == Qt.ItemDataRole.EditRole:
        # 获取索引
```

```
        i = index.row()
        # 设置数据
        self._data[i] = value
        # 重要: 一定要发出 dataChanged 信号
        self.dataChanged.emit(index, index, [role])
        return True
    return False
```

当数据被更新后，必须发出 dataChanged 信号，使得连接该信号的视图组件能及时刷新显示。setData 方法如果更改数据失败，要返回 False。

（7）重写 flags 方法，返回包含 ItemIsEditable 的标志值。

```
def flags(self, index: QModelIndex) -> Qt.ItemFlag:
    # 获取基类设置的标志
    f = super().flags(index)
    # 加上可编辑标志
    f = f | Qt.ItemFlag.ItemIsEditable
    return f
```

ItemFlag 枚举支持使用"或"运算符组合多个值。

（8）构建测试数据。

```
srcList = ['白菜', '卷心菜', '芥菜', '萝卜', '绿花菜', '芹菜']
```

（9）创建自定义的模型实例。

```
model = CustModel(srcList)
```

（10）构建用户界面。

```
# 程序窗口
win = QWidget()
# 布局
layout = QGridLayout()
win.setLayout(layout)
# 按钮
btn = QPushButton("显示数据", win)
layout.addWidget(btn, 1, 0)
# 标签
lb = QLabel(win)
lb.setWordWrap(True)
layout.addWidget(lb, 1, 1)
layout.setColumnStretch(0, 0)
layout.setColumnStretch(1, 1)

# 列表视图
listview = QListView(win)
listview.setModel(model)
layout.addWidget(listview, 0, 0, 1, 2)
```

程序窗口使用网格布局。第一行跨两列放一个 QListView 组件，用来显示数据。第二行放置一个按钮和一个标签组件。按钮被单击后会在标签上显示原始数据列表。此做法是为了验证数据是否被成功修改。

（11）连接按钮的 clicked 信号，显示原始数据。

```
def onBtnClicked():
    s = '、'.join(model.sourceList())
    lb.setText(s)

btn.clicked.connect(onBtnClicked)
```

运行示例程序后，先单击"显示数据"按钮，确认原始数据和视图呈现的数据一致，如图 14-18 所示。

在 QListView 组件上选择要编辑的项，双击或者按快捷键 F2，使其进入编辑状态。例如，将"绿花菜"改为"白花菜"，如图 14-19 所示。

按【Enter】键或在 QListView 组件的其他空白区域单击一下鼠标，结束编辑状态。再次单击"显示数据"按钮，可以看到，原始数据也被更新了，如图 14-20 所示。

图 14-18　初始数据

图 14-19　输入"白花菜"

图 14-20　原始数据已更新

14.5.2　插入和删除数据

让列表模型支持插入、删除操作需要重写以下方法。

```python
def insertRows(
        row: int,
        count: int,
        parent: QModelIndex = ...)
    -> bool


def insertColumns(
        column: int,
        count: int,
        parent: QModelIndex = ...)
    -> bool


def removeRows(
        row: int,
        count: int,
        parent: QModelIndex = ...)
    -> bool


def removeColumns(
        column: int,
        count: int,
        parent: QModelIndex = ...)
    -> bool
```

对于 insert*方法，row、column 参数指定新行（新列）的插入点索引，新的数据项会在指定索引之前插入。假设有 A、B、C 三列，在 B 的索引处插入 D，B、C 列将向后移一位，变成 A、D、B、C。要把数据项插入列表的开头，可以指定 row=0 或 column=0；若要把数据项追加到列表的末尾，可以指定 row=rowCount()或 column=columnCount()。其中，rowCount 方法返回当前列表的行数，columnCount 方法返回当前列表的列数。parent 参数指定新插入的行或列所属的父级节点，对于普通列表或表格视图，直接使用 QModelIndex()即可。count 参数指定要插入的行数（或列数）。

remove*方法的参数含义与 insert*方法相同。无论是插入新数据项，还是删除现有数据项，如果操作成功，则方法应返回 True，失败就返回 False。

在重写 insert*方法时，插入新数据项前必须调用 beginInsertRows 或 beginInsertColumns 方法。完成

后还要调用 endInsertRows 或 endInsertColumns 方法。重写 remove*方法的原理相同，删除数据前要调用 beginRemoveRows 或 beginRemoveColumns 方法，处理完毕后要调用 endRemoveRows 或 endRemoveColumns 方法。这样做是为了能及时通知与模型关联的视图组件，以应对模型数据的变化。

14.5.3　示例：新增/删除图书信息

本示例通过自定义模型实现新增和删除图书信息的功能。模型类名为 BookModel，派生自 QabstractTableModel 类，实现过程如下。

（1）构造函数内初始化一个列表对象，用于存放图书信息。

```python
def __init__(self, parent: QObject = None):
    super().__init__(parent)
    # 内部数据，存放图书信息
    self._books = []
```

（2）重写 columnCount 方法，返回表格的列数。本示例直接返回 2，表示表格有两列。

```python
def columnCount(self, parent: QModelIndex = QModelIndex()) -> int:
    if parent.isValid():
        return 0
    # 本模型只有两列：书名、作者
    return 2
```

（3）重写 rowCount 方法，返回表格的行数。

```python
def rowCount(self, parent: QModelIndex = QModelIndex()) -> int:
    if parent.isValid():
        return 0
    return len(self._books)
```

（4）重写 flags 方法，返回相关的标志位。本示例的模型不需要编辑功能，因此返回的值中不包含 ItemIsEditable。

```python
def flags(self, index: QModelIndex) -> Qt.ItemFlag:
    # ItemIsEnabled: 可交互
    # ItemIsSelectable: 允许选择
    # ItemNeverHasChildren: 列表项无子项
    f = Qt.ItemFlag.ItemIsEnabled | Qt.ItemFlag.ItemIsSelectable | Qt.ItemFlag.ItemNeverHasChildren
    return f
```

（5）重写 headerData 方法，返回行、列标题。

```python
def headerData(self, section: int, orientation: Qt.Orientation, role: int = Qt.ItemDataRole.DisplayRole) -> Any:
    if role == Qt.ItemDataRole.DisplayRole:
        if orientation == Qt.Orientation.Horizontal:
            # 列标题
            if section == 0:
                return "书名"
            if section == 1:
                return "作者"
        elif orientation == Qt.Orientation.Vertical:
            # 行标题
            return f'{section + 1}'
    return None
```

（6）重写 data 方法，返回指定索引处的数据项。

```python
def data(self, index: QModelIndex, role: int = Qt.ItemDataRole.
```

```
DisplayRole) -> Any:
    if role == Qt.ItemDataRole.DisplayRole:
        # 获取行号和列号
        ri = index.row()
        ci = index.column()
        if not self.hasIndex(ri, ci):
            return None
        return self._books[ri][ci]
    return None
```

（7）重写 insertRows 方法，向表格的指定索引处插入若干行。

```
def insertRows(self, row: int, count: int, parent: QModelIndex =
QModelIndex()) -> bool:
    if parent.isValid():
        return False
    if row < 0 or count < 1 or row > self.rowCount():
        return False
    # 统计已添加的数量
    n = 0
    # 插入新项的索引
    idx = row
    # 开始写入
    self.beginInsertRows(parent, row, row + count - 1)
    while n < count:
        item = ['<未知书名>', '<未知作者>']
        # 插入新项
        self._books.insert(idx, item)
        # 计数增加
        n = n + 1
        # 索引增加
        idx = idx + 1
    self.endInsertRows()
    return True
```

在处理添加新数据项操作前，必须调用 beginInsertRows 方法，在完成新增数据项后必须调用 endInsertRows 方法。beginInsertRows 方法的参数与 insertRows 方法不同。insertRows 方法的 row 参数是插入点索引，count 参数是要插入的行数。而 beginInsertRows 方法的声明如下：

```
def beginInsertRows(
    parent: QModelIndex,
    first: int,
    last: int
)
```

该方法是用 first 参数表示新行的开始索引，用 last 参数表示新行的结束索引。例如，这样调用 inserRows 方法：

```
insertRows(2, 3)
```

它表示索引 2 处为插入点，连续插入 3 行。在调用 beginInsertRows 方法时要转换一下，即 first=2，last=2+(3-1)=4。也就是说，插入后 3 个行的索引是 2、3、4。

在 beginInsertRows 与 endInsertRows 之间是逻辑代码，实现向_books 字段添加新元素。在本示例中，新添加的元素默认值为 "<未知书名>" 和 "<未知作者>"。

由于本示例不需要在模型中插入新列，因此没有重写 insertColumns 方法。

（8）重写 removeRows 方法，从索引 row 处开始，删除 count 行。

```
def removeRows(self, row: int, count: int, parent: QModelIndex =
QModelIndex()) -> bool:
    if parent.isValid():
```

```
            return False
        if row < 0 or row > self.rowCount() - 1 or count < 1:
            return False
        # 此变量负责计数
        n = 0
        # 要删除的项索引
        idx = row
        # 开始移除
        self.beginRemoveRows(parent, row, row + count - 1)
        while n < count and len(self._books) > 0:
            # 删除
            del self._books[idx]
            # 计数增加
            n = n + 1
            # 索引增加
            idx = idx + 1
        self.endRemoveRows()
        return True
```

removeRows 方法的实现与 inserRows 方法相似。在删除数据前，必须调用 beginRemoveRows 方法，删除数据后调用 endRemoveRows 方法。

insertRows、removeRows 方法均返回 bool 值，如果成功就返回 True，否则返回 False。

（9）定义 appendBook 方法，可以方便追加图书信息。

```
# bookName: 书名
# author:     作者
def appendBook(self, bookName, author):
    # 新行号
    newRow = self.rowCount()
    if self.insertRow(newRow):
        # 更新数据
        item = self._books[newRow]
        item[0] = bookName
        item[1] = author
```

追加记录是把数据项插入列表的末尾，因此新的行号总是等于 rowCount 方法的返回值。

插入图书信息时仅设置了默认值，在插入成功后需要更新数据。此处直接修改_books 字段即可，不需要重写 setData 方法来更新数据，因为 BookModel 没有编辑功能。

（10）定义 removeBook 方法，删除指定索引的行。

```
def removeBook(self, index: QModelIndex):
    self.removeRow(index.row())
```

完成模型类的编写后，将构建视图界面进行验证。CustWindow 类表示应用程序窗口，里面包含显示数据用的 QTableView 组件，两个 QLineEdit 组件用来输入图书信息，最后是两个操作按钮——添加和删除图书信息。具体代码如下：

```
class CustWindow(QWidget):
    def __init__(self):
        super().__init__()
        # 整体布局
        self.rootLayout = QVBoxLayout()
        self.setLayout(self.rootLayout)
        # 表格视图
        self.tableView = QTableView(self)
        # 只能选择一项
        self.tableView.setSelectionMode(QAbstractItemView.SelectionMode.
        SingleSelection)
```

```
        # 显示网格线
        self.tableView.setShowGrid(True)
        # 只能选择一整行
        self.tableView.setSelectionBehavior(QAbstractItemView.SelectionBehavior.
SelectRows)
        self.rootLayout.addWidget(self.tableView, 1)
        # 子布局
        self.subLayout = QFormLayout()
        # 输入框
        self.edtBookname = QLineEdit(self)
        self.edtAuthor = QLineEdit(self)
        # 两个按钮
        self.btnLayout = QHBoxLayout()
        self.btnNewItem = QPushButton("添加新书", self)
        self.btnDelItem = QPushButton("删除书籍", self)
        self.btnLayout.addWidget(self.btnNewItem)
        self.btnLayout.addWidget(self.btnDelItem)
        self.subLayout.addRow(self.btnLayout)
        self.subLayout.addRow("书名: ", self.edtBookname)
        self.subLayout.addRow("作者: ", self.edtAuthor)
        # 添加到根布局
        self.rootLayout.addLayout(self.subLayout)

        # 连接按钮的 clicked 信号
        self.btnNewItem.clicked.connect(self.onNewItem)
        self.btnDelItem.clicked.connect(self.onDelItem)

        # 数据模型
        self.model = BookModel(self)
        self.tableView.setModel(self.model)


    def onNewItem(self):
        # 获取输入的内容
        bookname = self.edtBookname.text()
        author = self.edtAuthor.text()
        if len(bookname) == 0 or len(author) == 0:
            return
        # 调用快捷方法添加新项
        self.model.appendBook(bookname, author)
        # 添加新项后清除输入框
        self.edtBookname.clear()
        self.edtAuthor.clear()

    def onDelItem(self):
        # 获取表格视图中被选项的索引
        indexes = self.tableView.selectedIndexes()
        if len(indexes) == 0:
            return
        # 只需要获取一个索引即可
        selIndex = indexes[0]
        # 删除数据项
        self.model.removeBook(selIndex)
```

　　图书信息是以行为单位来处理的，所以 QTableView 组件的 selectionBehavior 属性应设置为 SelectRows；selectionMode 属性为 SingleSelection 表示每次只能选择一项（单选模式）。

　　运行示例后，在文本框内输入书名和作者，单击"添加新书"按钮，即可将数据插入模型中；在

QTableView 组件中选中要删除的行，单击"删除书籍"按钮即可将数据从模型中删除，如图 14-21 所示。

图 14-21　添加或删除图书信息

14.6　QListWidget

QListWidget 类是 QListView 的派生类，它是 QListView 的便捷版本。QListWidget 自身维护着一个内部列表模型，使用时不需要创建列表模型。

列表项由 QListWidgetItem 类封装。在实例化时，可以通过构造函数设置文本和图标。QListWidgetItem 类的构造函数声明如下：

```
def __init__(
        icon: Union[QIcon, QPixmap],
        text: str,
        listview: Optional[QListWidget] = ...,
        type: int = ...)

def __init__(
        listview: Optional[QListWidget] = ...,
        type: int = ...)

def __init__(other: QListWidgetItem)

def __init__(
        text: str,
        listview: Optional[QListWidget] = ...,
        type: int = ...)
```

text 参数指定要显示的文本，icon 参数指定要显示的小图标，listview 参数指定列表项的容器——QListWidget 组件。创建 QListWidgetItem 实例后，需要通过 addItem 方法添加到 QListWidget 组件中。

为了使添加列表项变得更加简单，QListWidget 组件还提供了以下方法成员：

```
# 以文本形式直接添加
def addItem(label: str)

# 可以一次性添加多个子项
def addItems(labels: Sequence[str])
```

如果需要在某个索引处插入子项，还可以使用以下方法：

```
def insertItem(row: int, item: QListWidgetItem)
def insertItem(row: int, label: str)
def insertItems(row: int, labels: Sequence[str])
```

row 参数指定要插入子项的索引，item、label 参数都表示要插入的项。labels 参数指定一个字符串序列，可以一次性插入多个子项。

要删除某个子项可以调用 takeItem 方法，或者调用 clear 方法清空列表。

14.6.1　示例：添加与删除列表项

本示例将演示 addItem、takeItem 和 clear 方法的使用。示例窗口有 3 个按钮，"添加"按钮允许用户输入和添加列表项，"删除"按钮将删除被选择的项，"清空"按钮将清空整个列表。

具体的实现步骤如下。

（1）实现窗口基本布局。

```
# 应用程序窗口
window = QWidget()
# 设置窗口标题
window.setWindowTitle("Demo")

# 布局
rootLayout = QHBoxLayout(window)
# 列表组件
listwg = QListWidget(window)
rootLayout.addWidget(listwg, 1)
# 3 个按钮
btnAdd = QPushButton("添加", window)
btnDel = QPushButton("删除", window)
btnClear = QPushButton("清空", window)
subLayout = QVBoxLayout()
subLayout.addWidget(btnAdd)
subLayout.addWidget(btnDel)
subLayout.addWidget(btnClear)
subLayout.addStretch(1)
# 将子布局添加到父布局中
rootLayout.addLayout(subLayout, 0)
```

窗口的根布局使用 QHBoxLayout，先添加 QListWidget 组件，随后添加 QVBoxLayout 布局。QVBoxLayout 布局内添加 3 个按钮。

（2）连接"添加"按钮的 clicked 信号，通过 QInputDialog 组件获取用户输入的文本，然后将文本添加到 QListWidget 组件中。

```
def onAddClicked():
    # 通过输入对话框获取文本
    text, ok = QInputDialog.getText(window, "输入", "请输入列表项文本：")
    if ok:
        # 添加列表项
        listwg.addItem(text)

btnAdd.clicked.connect(onAddClicked)
```

（3）连接"删除"按钮的 clicked 信号，删除选中的子项。

```
def onDelClicked():
    # 获取当前选择的索引
    currIndex = listwg.currentRow()
    # 删除指定的项
```

```
        item = listwg.takeItem(currIndex)
        if item is not None:
            QMessageBox.information(window, "提示", f"列表项【{item.text()}】已经删除")

btnDel.clicked.connect(onDelClicked)
```

takeItem 方法会返回被删除的项（QListWidgetItem）。上述代码使用 QMessageBox 组件弹出消息框，显示已删除项的文本。

（4）连接"清空"按钮的 clicked 信号，删除所有列表项。

```
def onClearClicked():
    # 如果列表是空的，就不需要清除
    if listwg.count() == 0:
        return
    if QMessageBox.question(
        window,
        "询问",
        "确定要清空列表吗？",
        QMessageBox.StandardButton.Yes | QMessageBox.StandardButton.No,
        QMessageBox.StandardButton.No) == QMessageBox.StandardButton.Yes:
        # 清空列表
        listwg.clear()

btnClear.clicked.connect(onClearClicked)
```

运行示例程序，单击"添加"按钮，弹出输入对话框。在对话框中输入要添加的文本，确认之后新列表项将显示在 QListWidget 组件中，如图 14-22 所示。

选中"第三项"，然后单击"删除"按钮。随后返回主窗口，QListWidget 组件已经看不到"第三项"了，如图 14-23 所示。

图 14-22　新添加的列表项

图 14-23　"第三项"已删除

14.6.2　示例：排序

本示例演示 QListWidget 组件的排序功能，即 sortItems 方法的使用。排序方案由 Qt.SortOrder 枚举定义，只有两种排序法：升序（AscendingOrder）和降序（DescendingOrder）。

示例程序的界面布局如下：

```
# 窗口
window = QWidget()
window.setWindowTitle("排序")
# 布局
layout = QGridLayout()
window.setLayout(layout)
# 按钮
btnSortAsc = QPushButton("升序", window)
btnSortDes = QPushButton("降序", window)
```

```
layout.addWidget(btnSortAsc, 0, 0)
layout.addWidget(btnSortDes, 0, 1)
# QListWidget
listwg = QListWidget(window)
layout.addWidget(listwg, 1, 0, 1, 2)
```

QListWidget 组件用于显示数据，两个按钮用于操作排序方式。下面的代码向 QListWidget 组件添加 8 个列表项。

```
item1 = QListWidgetItem()
item1.setData(Qt.ItemDataRole.DisplayRole, 707)
item2 = QListWidgetItem()
item2.setData(Qt.ItemDataRole.DisplayRole, 58)
item3 = QListWidgetItem()
item3.setData(Qt.ItemDataRole.DisplayRole, 149)
item4 = QListWidgetItem()
item4.setData(Qt.ItemDataRole.DisplayRole, 365)
item5 = QListWidgetItem()
item5.setData(Qt.ItemDataRole.DisplayRole, 28)
item6 = QListWidgetItem()
item6.setData(Qt.ItemDataRole.DisplayRole, 931)
item7 = QListWidgetItem()
item7.setData(Qt.ItemDataRole.DisplayRole, 74)
item8 = QListWidgetItem()
item8.setData(Qt.ItemDataRole.DisplayRole, 168)

listwg.addItem(item1)
listwg.addItem(item2)
listwg.addItem(item3)
listwg.addItem(item4)
listwg.addItem(item5)
listwg.addItem(item6)
listwg.addItem(item7)
listwg.addItem(item8)
```

分别连接两个按钮的 clicked 信号，调用 sortItems 方法进行排序。代码如下：

```
def onSortAsc():
    listwg.sortItems(Qt.SortOrder.AscendingOrder)

btnSortAsc.clicked.connect(onSortAsc)

def onSortDes():
    listwg.sortItems(Qt.SortOrder.DescendingOrder)

btnSortDes.clicked.connect(onSortDes)
```

运行示例程序，初始数据列表如图 14-24 所示。

图 14-24 初始数据列表

14.7　QTableWidget

QTableWidget 类派生自 QTableView，它是 QTableView 类的便捷版本。该类用于在用户界面上呈现二维表格，每个单元格都可以用 QTableWidgetItem 类表示（包括行、列标题）。要设置某个单元格的内容可以调用 setItem 方法；要设置行标题，可以用 setHorizontalHeaderItem 或 setHorizontalHeaderLabels 方法；设置列标题应调用 setVerticalHeaderItem 或 setVerticalHeaderLabels 方法。

14.7.1　示例：订单表

本示例将用 QTableWidget 类构建一张 4 行 5 列的二维表格。

QTableWidget 组件初始化时需要先指定行数和列数，否则就算调用了 setItem 方法设置单元格内容也不会有任何显示。可以通过构造函数直接指定行数和列数：

```
tablewg = QTableWidget(4, 5)
```

如果在调用构造函数时未指定行、列数量，可以调用 setRowCount、setColumnCount 方法。例如：

```
tablewg.setRowCount(4)
tablewg.setColumnCount(5)
```

调用 setHorizontalHeaderLabels 方法设置列标题。

```
tablewg.setHorizontalHeaderLabels(["编号", "省", "市", "客户数", "订单数"])
```

最后是往 QTableWidget 组件中添加内容。先创建 QTableWidgetItem 实例，再通过 setItem 方法把 QTableWidgetItem 实例设置到指定的单元格中。

```
# 第一行
cell00 = QTableWidgetItem("6001")
cell01 = QTableWidgetItem("河南")
cell02 = QTableWidgetItem("安阳")
cell03 = QTableWidgetItem("28")
cell04 = QTableWidgetItem("317")
tablewg.setItem(0, 0, cell00)
tablewg.setItem(0, 1, cell01)
tablewg.setItem(0, 2, cell02)
tablewg.setItem(0, 3, cell03)
tablewg.setItem(0, 4, cell04)
# 第二行
cell10 = QTableWidgetItem("6002")
cell11 = QTableWidgetItem("四川")
cell12 = QTableWidgetItem("眉山")
cell13 = QTableWidgetItem("3")
cell14 = QTableWidgetItem("149")
tablewg.setItem(1, 0, cell10)
tablewg.setItem(1, 1, cell11)
tablewg.setItem(1, 2, cell12)
tablewg.setItem(1, 3, cell13)
tablewg.setItem(1, 4, cell14)
# 第三行
cell20 = QTableWidgetItem("6003")
cell21 = QTableWidgetItem("江西")
cell22 = QTableWidgetItem("九江")
cell23 = QTableWidgetItem("11")
cell24 = QTableWidgetItem("326")
tablewg.setItem(2, 0, cell20)
tablewg.setItem(2, 1, cell21)
tablewg.setItem(2, 2, cell22)
tablewg.setItem(2, 3, cell23)
tablewg.setItem(2, 4, cell24)
```

```
# 第四行
cell30 = QTableWidgetItem("6004")
cell31 = QTableWidgetItem("浙江")
cell32 = QTableWidgetItem("金华")
cell33 = QTableWidgetItem("35")
cell34 = QTableWidgetItem("403")
tablewg.setItem(3, 0, cell30)
tablewg.setItem(3, 1, cell31)
tablewg.setItem(3, 2, cell32)
tablewg.setItem(3, 3, cell33)
tablewg.setItem(3, 4, cell34)
```

最终效果如图 14-25 所示。

	编号	省	市	客户数	订单数
1	6001	河南	安阳	28	317
2	6002	四川	眉山	3	149
3	6003	江西	九江	11	326
4	6004	浙江	金华	35	403

图 14-25　简单的订单表

14.7.2　示例：身高信息表

本示例将构建一个学生身高信息表。数据样本如下：

```
data = [
    ["481125", "小周", 155],
    ["481131", "小高", 167],
    ["481140", "小李", 172],
    ["481195", "小王", 160],
    ["481129", "小宁", 175],
    ["481148", "小范", 158],
    ["481135", "小郑", 166],
    ["481178", "小林", 171]
]
```

以下代码将初始化 QTableWidget 组件：

```
# 表格为 8 行 3 列
table = QTableWidget(8, 3)
# 设置列标题
cols = [
    QTableWidgetItem("学号"),
    QTableWidgetItem("姓名"),
    QTableWidgetItem("身高/cm")
]
# 设置标题的背景颜色和文本颜色
for c in cols:
    c.setBackground(QColor("#00FA9A"))
# 将内容设置到列标题单元格中
for i in range(len(cols)):
    table.setHorizontalHeaderItem(i, cols[i])
```

将数据源 data 添加到 QTableWidget 组件中。

```
for r in range(8):
```

```
        for c in range(3):
            val = data[r][c]
            item = QTableWidgetItem()
            item.setData(Qt.ItemDataRole.DisplayRole, val)
            table.setItem(r, c, item)
```

对于身高大于或等于 170 的数据行，将背景颜色设置为黄色（改变一行中所有单元格的背景）。

```
for r in range(table.rowCount()):
    h = table.item(r, 2).data(Qt.ItemDataRole.DisplayRole)
    if h >= 170:
        for i in range(table.columnCount()):
            item = table.item(r, i)
            # 设置背景颜色
            item.setBackground(QColor("yellow"))
```

最后的呈现效果如图 14-26 所示。

	学号	姓名	身高/cm
1	481125	小周	155
2	481131	小高	167
3	481140	小李	172
4	481195	小王	160
5	481129	小宁	175
6	481148	小范	158
7	481135	小郑	166
8	481178	小林	171

图 14-26　修改单元格的背景颜色

14.8　QTreeWidget

QTreeWidget 是 QTreeView 的派生类，也是一个便捷类，使用时不需要创建列表模型。

树节点由 QTreeWidgetItem 类表示。可以通过构造函数来建立树形结构，例如：

```
tree = QTreeWidget()
......
# "A""B"均为顶层节点
# "C"是"A"的子节点, "D"是"B"的子节点
node1 = QTreeWidgetItem(tree, ["A"])
node2 = QTreeWidgetItem(tree, ["B"])
node3 = QTreeWidgetItem(node1, ["C"])
node4 = QTreeWidgetItem(node2, ["D"])
```

node1、node2 在调用 QTreeWidgetItem 构造函数时，传递的父级对象都是 QTreeWidget 实例。这表明 "A""B" 将成为顶层节点。node3 的父级对象是 node1，使得 "C" 成为 "A" 的子节点，如图 14-27 所示。

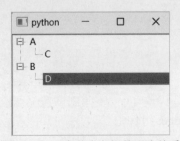

图 14-27　4 个节点之间的层次关系

也可以在实例化 QTreeWidgetItem 对象后，调用 addChild 或 insertChild 方法添加子节点，如下面代码所示。

```
node1 = QTreeWidgetItem(["A"])
node2 = QTreeWidgetItem(["B"])
node3 = QTreeWidgetItem(["C"])
node4 = QTreeWidgetItem(["D"])
node1.addChild(node3)
node2.addChild(node4)
```

再调用 QTreeWidget 组件的 addTopLevelItem 或 addTopLevelItems 方法将"A""B"添加为顶层节点。

```
tree.addTopLevelItems([node1, node2])
```

QTreeWidgetItem 类支持多列，例如：

```
tree = QTreeWidget()
tree.setColumnCount(3)
……

# 第一个顶层节点
root1 = QTreeWidgetItem(tree, ["A 组"])
# 添加子节点
root1.addChild(QTreeWidgetItem(["小陈", "市场部", "18120002154"]))
root1.addChild(QTreeWidgetItem(["小文", "财务部", "13625611240"]))

# 第二个顶层节点
root2 = QTreeWidgetItem(tree, ["B 组"])
# 添加子节点
root2.addChild(QTreeWidgetItem(["小孙", "技术部", "13200058925"]))
root2.addChild(QTreeWidgetItem(["小罗", "生产部", "15826511123"]))
```

在添加节点前，QTreeWidget 组件需要调用 setColumnCount 方法设置列数（上述代码中是 3 列）。顶层节点"A 组""B 组"只有 1 列，而它们的子节点有 3 列。效果如图 14-28 所示。

下面的代码设置并显示列标题：

```
# headerHidden 属性默认是 False，因此下面一行可以省略
tree.setHeaderHidden(False)
# 设置列标题
tree.setHeaderLabels(["姓名", "部门", "联系电话"])
```

效果如图 14-29 所示。

图 14-28　包含多列的节点

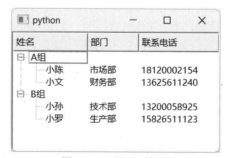

图 14-29　显示列标题

## 第 15 章

目录与文件

本章要点：

➢ QDir；

➢ QFile 与 QSaveFile；

➢ QTextStream；

➢ QDataStream。

15.1 QDir

QDir 类可以对目录进行常用操作，如创建、删除、移动、重命名等。

可以通过向 QDir 类的构造函数传递目录路径来创建实例。QDir 实例初始化时不会检查路径是否存在，若需要检查目录是否存在，请调用 exists 方法。实例化时提供的路径既可以是相对路径，也可以是绝对路径。相对路径通常以目录名（或文件名）开头，绝对路径包含驱动器号（Windows）或挂载路径（Linux、UNIX）。例如，绝对路径有：

```
C:\Windows\System32
/usr/local/abc
E:\server\univs\docs
/home/kitty/medias
```

相对路径有：

```
admin\123\maps
data/cache
models
```

路径分隔符使用 "\" "/" 都是允许的，Qt 内部会根据正在运行的系统平台自动转换。如果需要获取当前平台所使用的分隔符，可以访问 QDir.separator 静态方法。该方法会返回当前系统平台所使用的分隔符。因此，在 Windows 系统中也可以使用 "/" 来连接路径分段，如 C:/Windows。

current 和 currentPath 方法将返回当前应用程序的工作目录，前者返回的是 QDir 类型的实例，而后者直接返回路径字符串。应用程序默认的工作目录是可执行文件（或 Python 脚本文件）所在的目录。程序代码可以调用 setCurrent 方法修改应用程序的工作目录。演示代码如下：

```
QDir.setCurrent("D:\\Demo")
```

值得注意的是，指定的工作目录必须是存在的，否则 setCurrent 方法不会生效。如非必要，不建议修改。如果程序改变了工作目录而未告知用户，那么运行过程中所产生的重要文件可能会丢失——用户不知道工作目录的位置，可能会找不到所需要的文件。

15.1.1 示例：QDir 类的基本用法

QDir 类公开了 3 个重载的构造函数：

```
def __init__(arg__1: Union[QDir, str])

def __init__(path: Union[str, bytes, os.PathLike, NoneType])
```

```
def __init__(
    path: Union[str, bytes, os.PathLike],
    nameFilter: str,
    sort: QDir.SortFlag = ...,
    filter: QDir.Filter = ...)
```

第一个重载是通过现有的 QDir 对象来创建新的实例；第二个重载用得比较多，直接指定目录路径来实例化 QDir 类，可以指定不存在的路径；第三个重载指定了筛选和排序的设置，nameFilter 和 filter 参数结合起来，约束 path 参数所提供的目录能够列出哪些子目录和文件。本示例将使用第二个重载版本的构造函数。

首先用绝对路径构造 QDir 实例：

```
d = QDir("F:/Demo/kits/Qt")
```

上述代码中的路径也可以写成 F:\\Demo\\kits\\Qt，这是 Windows 系统中的表示方式。若是在 Linux 系统中，可以使用形如/mnt/Demo/kits/Qt 的路径，假设/mnt 是一个挂载点。

下面的代码打印出目录的名称和绝对路径，以及目录是否存在：

```
print(f"路径: {d.path()}")
print(f"目录名: {d.dirName()}")
print(f"绝对路径: {d.absolutePath()}")
print(f"目录是否存在? {'是' if d.exists() else '否'}")
```

代码运行后，控制台输出以下文本：

```
路径: F:/Demo/kits/Qt
目录名: Qt
绝对路径: F:/Demo/kits/Qt
目录是否存在? 否
```

path 方法所返回的就是代码指定的路径，如上述代码中通过 QDir 构造函数指定的 F:/Demo/kits/Qt。dirName 方法返回目录名，即路径中最后一段名称。exists 方法返回 False，说明目录并不存在。

调用 QDir 类的构造函数时也可以不传递路径，实例化后可调用 setPath 方法设置，如下面代码所示：

```
d = QDir()
d.setPath("../../../")
print(f"\n路径: {d.path()}")
print(f"目录名: {d.dirName()}")
print(f"绝对路径: {d.absolutePath()}")
print(f"目录是否存在? {'是' if d.exists() else '否'}")
```

上述代码在执行后会输出这样的文本：

```
路径: ../../..
目录名: ..
绝对路径: C:/Users
目录是否存在? 是
```

上述代码提供的是相对路径。".."表示上一层目录，以当前应用程序所在的目录为参考，../../../就是由当前目录向上回退三层的目录。

15.1.2 示例：复制和移动目录

要使用 QDir 类移动目录，可以使用 rename 方法。该方法既可以重命名目录，也可以移动目录。当源路径和目标路径在同一目录下时，rename 方法将起到重命名的作用，例如：

```
dirObj.rename("/home/abc/pdfs/tools", "/home/abc/pdfs/goods")
```

上述代码将 tools 目录重命名为 goods。如果源路径和目标路径不在同一目录下，那么 rename 方法实现的移动功能。例如：

```
dirObj.rename("/home/abc/pdfs/tools", "/home/abc/links/tools")
```

上述代码将 tools 目录移动到 links 目录下。

本示例将实现目录的复制与移动功能。自定义窗口的基本布局如下：

```python
class MyWindow(QWidget):
    def __init__(self):
        super().__init__()
        # 文本框
        self.mTxtSrc = QLineEdit(self)
        self.mTxtDest = QLineEdit(self)
        # 使用表单布局
        self.mTxtLayout = QFormLayout()
        self.mTxtLayout.addRow("源路径: ", self.mTxtSrc)
        self.mTxtLayout.addRow("目标路径: ", self.mTxtDest)
        # 按钮
        self.mBtnCopy = QPushButton("复制", self)
        self.mBtnMove = QPushButton("移动", self)
        # 使用水平布局
        self.mBtnLayout = QHBoxLayout()
        self.mBtnLayout.addWidget(self.mBtnCopy)
        self.mBtnLayout.addWidget(self.mBtnMove)
        # 窗口整体布局
        self.rootLayout = QVBoxLayout()
        # 添加子布局
        self.rootLayout.addLayout(self.mTxtLayout, 1)
        self.rootLayout.addLayout(self.mBtnLayout)
        # 将布局应用于窗口
        self.setLayout(self.rootLayout)
        # 连接信号
        self.mBtnCopy.clicked.connect(self.onDirCopy)
        self.mBtnMove.clicked.connect(self.onDirMove)
```

两个 QLineEdit 组件分别用于输入源路径和目标路径。两个按钮依次实现复制和移动功能。下面的代码实现 onDirCopy 方法：

```python
def onDirCopy(self):
    srcPath = self.mTxtSrc.text()
    destPath = self.mTxtDest.text()
    if len(srcPath) == 0 or len(destPath) == 0:
        return
    # 源目录必须存在
    dir = QDir(srcPath)
    if dir.exists() == False:
        return
    # 复制目录
    try:
        copytree(srcPath, destPath)
    except FileExistsError:
        print("目标已存在")
```

QDir 类未提供复制目录的功能，本示例将使用 shutil 模块中的 copytree 函数。该函数会递归复制目录和文件。

下面的代码实现移动目录功能：

```python
def onDirMove(self):
    srcPath = self.mTxtSrc.text()
    destPath = self.mTxtDest.text()
    if len(srcPath) == 0 or len(destPath) == 0:
        return
    dir = QDir()
```

```
   # 源目录必须存在
   if not dir.exists(srcPath):
       return
   # 移动目录
   res = dir.rename(srcPath, destPath)
   dir.rename("/home/abc/pdfs/tools", "/home/abc/links/tools")
   if res:
       print("目录移动成功")
```

示例运行后，在第一个文本框中输入源路径，在第二个文本框中输入目标路径。注意此处要输入完整路径。如图 15-1 所示，源路径为 D:\Example\Full，目标路径为 D:\Example\Out\Full。如果执行复制操作，那就是将 Full 目录复制到 Out 目录下；若执行的是移动操作，那么 Full 目录将移动到 Out 目录下。

图 15-1　输入目录路径

15.1.3　枚举目录和文件

QDir 类有两种方法列出子目录和文件。

（1）entryList 方法。该方法将以字符串列表的形式返回目录或文件，即仅包含路径。entryList 方法的声明如下：

```
def entryList(
    filters: Filter = ...,
    sort: SortFlag = ...
) -> List[str]

def entryList(
    nameFilters: Sequence[str],
    filters: Filter = ...,
    sort: SortFlag = ...
) -> List[str]
```

（2）entryInfoList 方法。该方法返回的是 QFileInfo 对象列表。QFileInfo 类包含列表详细的目录或文件信息，如绝对路径、创建时间、文件大小等。entryInfoList 方法的声明如下：

```
def entryInfoList(
    filters: Filter = ...,
    sort: SortFlag = ...
) -> List[QFileInfo]

def entryInfoList(
    nameFilters: Sequence[str],
    filters: Filter = ...,
    sort: SortFlag = ...
) -> List[QFileInfo]
```

nameFilters、filters 和 sort 参数都是可选的，如果未指定，则默认使用 setNameFilters、setFilter 和 setSorting 方法所设置的值。

nameFilters 参数是字符串列表，可通过名称来过滤目录和文件列表。名称过滤可以使用通配符 "*" 和 "?"。"*" 可代表一个或多个字符，"?" 代表一个字符。例如，"*.mp4" 表示返回某个目录下的所有扩展名为.mp4 的文件；"yd*.jpg" 则表示返回某目录下所有以 "yd" 开头的.jpg 文件。

filters 参数是 QDir.Filter 枚举，以目录或文件的属性来过滤。其定义的成员如下。

（1）NoFilter：不使用属性过滤。

（2）Dirs：只列出目录。

（3）AllDirs：所有目录，包括隐藏的目录。

（4）Files：列出文件。

（5）Drives：列出驱动器/分区列表（Windows 下可用）。

（6）NoSymLinks：忽略（不列出）符号链接。

（7）NoDot：忽略"."相对路径。

（8）NoDotDot：忽略".."相对路径。

（9）NoDotAndDotDot：忽略"."和".."相对路径，即 NoDot 和 NoDotDot 的组合。

（10）AllEntries：列出分区、目录和文件。

（11）Readable：只列出当前应用程序能读取的对象，可与 Files、Dirs 等值组合。

（12）Writable：列出当前应用程序可写的对象，可与 Files 等值组合。

（13）Executable：列出当前应用程序能够执行的文件。通常是可执行文件或脚本文件。

（14）Executable：列出被修改过的文件（UNIX 上无效）。

（15）Hidden：列出时包含隐藏文件。

（16）System：列出系统文件。

（17）CaseSensitive：在列出目录或文件时，区分大小写。

sort 参数为 QDir.SortFlag 枚举类型的值，指定返回的目录或文件列表的排序选项。SortFlag 的成员如下。

（1）NoSort：默认不进行排序。

（2）Name：按名称排序。

（3）Time：按修改时间排序。

（4）Size：按文件大小排序。

（5）Unsorted：不排序。

（6）DirsFirst：先列出目录，再列出文件。

（7）Reversed：反向排序。

（8）IgnoreCase：忽略大小写。

（9）LocaleAware：根据当前平台的本地化设置进行排序。

15.1.4 示例：列出动态链接库文件并按大小排序

本示例将调用 entryInfoList 方法列出 C:\Windows\System32 目录下的.dll 文件，然后按照文件大小排序。代码如下：

```python
from PySide6.QtCore import QDir

# 初始化
winDir = QDir("C:\\Windows\\system32")
# 枚举文件
fileList = winDir.entryInfoList(
    ["*.dll"],
    QDir.Filter.Files | QDir.Filter.Readable,
    QDir.SortFlag.Size
)

if len(fileList) > 0:
    print(f'{"文件名":^70s}{"大小":^20s}')
    print('-' * 100)
    # 打印文件信息
    for f in fileList:
        print("{0:<70s}{1:15d}".format(f.fileName(), f.size()))
else:
    print("未列出任何文件")
```

示例运行后，控制台窗口将输出如图 15-2 所示的文本。

图 15-2　列出.dll 文件

15.1.5　示例：创建和删除目录

本示例将演示在应用程序的工作目录下创建和删除子目录。QDir 类提供了用于创建目录的 mkdir 方法，以及删除目录用的 rmdir 方法。这两个方法均返回布尔值，True 表示操作成功，否则返回 False。示例的实现步骤如下。

（1）从 QWidget 类派生出自定义窗口类。

```
class DemoWindow(QWidget):
    ......
```

（2）在__init__方法中初始化用户界面。

```
def __init__(self):
    super().__init__()
    # 窗口布局
    rootLayout = QVBoxLayout()
    self.setLayout(rootLayout)
    # 标签
    rootLayout.addWidget(QLabel("请输入目录名称：", self))
    # 输入框
    self.txtInput = QLineEdit(self)
    rootLayout.addWidget(self.txtInput)
    rootLayout.addStretch(1)
    # 按钮
    btnMkDir = QPushButton("创建目录", self)
    btnRmDir = QPushButton("删除目录", self)
    rootLayout.addWidget(btnMkDir)
    rootLayout.addWidget(btnRmDir)
    # 连接信号
    btnMkDir.clicked.connect(self.onMkDir)
    btnRmDir.clicked.connect(self.onRmDir)
```

（3）实现 onMkDir 方法，当"创建目录"按钮被单击后执行。

```
def onMkDir(self):
    # 获取输入的目录名称
```

```
name = self.txtInput.text()
if len(name) == 0:
    return
# 获取工作目录
cd = QDir.current()
# 判断目录是否已存在
if cd.exists(name):
    QMessageBox.warning(self, "警告", f"目录{name}已存在")
    return
# 创建新目录
res = cd.mkdir(name)
msgbox = QMessageBox(
    QMessageBox.Icon.Information if res else QMessageBox.Icon.Warning,
    "操作结果",
    "目录创建成功" if res else "目录创建失败",
    QMessageBox.StandardButton.Ok,
    self
)
msgbox.show()
```

（4）实现 onRmDir 方法，"删除目录"按钮被单击后会被调用。

```
def onRmDir(self):
    # 获取输入的目录名称
    dirname = self.txtInput.text()
    # 获取当前目录
    currdir = QDir.current()
    # 确定输入的目录有效且目录是存在的
    if len(dirname) == 0 or not currdir.exists(dirname):
        return
    # 删除目录
    res = currdir.rmdir(dirname)
    if res:
        QMessageBox.information(self, "操作结果", "目录已删除")
    else:
        QMessageBox.warning(self, "操作结果", "删除目录失败")
```

运行示例程序，如图 15-3 所示。

图 15-3　创建与删除目录

　　输入目录名称，如 Nice，然后单击"创建目录"按钮新建目录；单击"删除目录"按钮即可删除创建的目录。

15.2　QFile

　　QFile 类提供一组支持文本和二进制方式读写文件的 API。通常在调用 QFile 构造函数时传递要处理的文件名（绝对路径或相对路径），也可以在实例化 QFile 对象后调用 setFileName 方法设置文件名。QFile 类在初始化过程不检测文件存在性，可以调用 exists 方法判断文件是否存在。

在进行读写操作之前，必须调用 open 方法打开文件。调用时需要向该方法传递 OpenModeFlag 枚举的值。该枚举类型的值可以用"或"运算符（|）组合使用。OpenModeFlag 枚举的常用成员如下。

（1）NotOpen：文件未打开，设置该值会使 isOpen 方法返回 False。

（2）ReadOnly：以只读方式打开。

（3）ExistingOnly：要求文件必须存在，否则 open 方法会失败。如果指定了 ReadOnly，就不需要指定 ExistingOnly 了，因为 ReadOnly 模式打开不存在的文件也会导致失败。

（4）WriteOnly：仅用于写操作。此值会清空文件原有的内容。

（5）NewOnly：创建新的文件，如果文件已存在，open 方法将失败。

（6）Text：读写文本，主要是处理换行符。当写入文件时，换行符由平台决定（如 Windows 上会使用"\r\n"）；当读取文件时，换行符会统一替换为"\n"。

（7）Append：追加模式，即文件原有的内容不会丢失，数据将从文件末尾开始写入。

文件打开后，调用 write 方法写入数据，或调用 read 方法（包括 readAll、readLine 方法）读取数据。在读取数据时，还可以通过 atEnd 方法判断当前位置是否到达文件末尾。若 atEnd 方法返回 True，将无有效数据可读。读写完成后，需要调用 close 方法关闭文件。如果数据不是一次性写入文件（两次写入之间相隔一段时间），可在每次写入数据后调用一下 flush 方法清空缓存数据并写入文件，等所有写入操作都结束后再调用 close 方法关闭文件。

15.2.1　示例：追加文件内容

本示例将分两次将数据写入文件：第一次写入 5 字节，第二次写入 3 字节。两次写入操作都是独立进行的——写入后马上关闭文件。为了保证第一次写入的数据不丢失，第二次打开文件时要使用 Append 模式。

首先实例化 QFile 对象，代码如下：

```
file = QFile("demo.data")
```

以 WriteOnly 模式打开文件，写入 5 字节。

```
if file.open(QFile.OpenModeFlag.WriteOnly):
    # 5 字节
    content = b'\x13\x2f\x57\xe7\x16'
    # 写入
    file.write(content)
    # 关闭文件
    file.close()
```

以 Append 模式打开文件，写入 3 字节。此处不能用 WriteOnly 模式，那样会把前面写的 5 字节清空，造成数据丢失。代码如下：

```
if file.open(QFile.OpenModeFlag.Append):
    # 3 字节
    content = b'\xa5\x83\x27'
    # 写入
    file.write(content)
    # 关闭文件
    file.close()
```

把文件的所有内容一次性读出。

```
if file.open(QFile.OpenModeFlag.ReadOnly):
    # 全部读出
    content = file.readAll()
    # 关闭文件
    file.close()
    # 输出读到的数据
    print("读到的文件内容: ", content.data().hex())
```

readAll 方法返回的对象是 QByteArray 类型，其 data 方法将返回 Python 的内置类型 bytes，然后调用 hex 方法返回十六进制的表示形式，即"132f57e716a58327"。

15.2.2 示例：读写文本文件

本示例将演示对文本文件的读写。在调用 open 方法时使用 OpenModeFlag.Text 标志，使 QFile 对象能自动处理换行符。写入文件时可以使用 Python 字符串内置的 encode 方法进行编码；读取文本时，可以用 bytes 对象的 decode 方法进行解码。encode 和 decode 方法默认使用 UTF-8 编码。

示例实现步骤如下。

（1）定义窗口类 DemoWindow，基类是 QWidget。

```
class DemoWindow(QWidget):
    ......
```

（2）在 __init__ 方法中初始化应用程序界面。

```
def __init__(self):
    super().__init__()
    # 文本框
    self.mEdit = QPlainTextEdit(self)
    # 按钮
    btnSave = QPushButton("保存", self)
    btnLoad = QPushButton("加载", self)
    btnClear = QPushButton("清空", self)
    # 网格布局
    layout = QGridLayout()
    self.setLayout(layout)
    layout.addWidget(self.mEdit, 0, 0, 1, 3)
    layout.addWidget(btnSave, 1, 0)
    layout.addWidget(btnLoad, 1, 1)
    layout.addWidget(btnClear, 1, 2)
    layout.setRowStretch(0, 1)
    # 连接信号
    btnSave.clicked.connect(self.onSave)
    btnLoad.clicked.connect(self.onLoad)
    btnClear.clicked.connect(self.onClear)
```

示例窗口使用网格布局。第一行是 QPlainTextEdit 组件，可输入多行文本；第二行是 3 个按钮，"保存"按钮将文本内容写入文件，"加载"按钮从文本文件中读取内容并显示在 QPlainTextEdit 组件中，"清空"按钮用于清除 QPlainTextEdit 组件中的文本。

（3）实现 onSave 方法，将文本内容保存到文件中。

```
def onSave(self):
    fileName, filter = QFileDialog.getSaveFileName(
        self,
        "保存文件",
        QDir.currentPath(),
        "文本文件(*.txt)"
    )
    if len(fileName) == 0:
        return
    # 获取输入框中的文本
    text = self.mEdit.toPlainText()
    if len(text) == 0:
        return
    # 准备写入文件
    fileObj = QFile(fileName)
    # 打开文件
```

```
    if fileObj.open(QFile.OpenModeFlag.WriteOnly | QFile.OpenModeFlag.Text):
        # 写入数据
        fileObj.write(text.encode())
        # 关闭文件
        fileObj.close()
```

调用 QFileDialog 类的 getSaveFileName 静态方法，打开文件对话框并选择要保存文件的路径。随后创建 QFile 实例，在调用 open 方法时使用 WriteOnly 和 Text 标志。写入数据时需要调用 encode 方法进行编码。

（4）实现 onLoad 方法，从文件中加载文本。

```
def onLoad(self):
    # 浏览文件
    fileName, filter = QFileDialog.getOpenFileName(
        self,
        "打开文件",
        QDir.currentPath(),
        "文本文件(*.txt)"
    )
    if len(fileName) == 0:
        return
    # 准备读取文件
theFile = QFile(fileName)
    # 打开文件
    if theFile.open(QFile.OpenModeFlag.ReadOnly | QFile.OpenModeFlag.Text):
        # 读取所有数据
        readData = theFile.readAll()
        # 还原文本内容
        text = readData.data().decode()
        self.mEdit.setPlainText(text)
        # 关闭文件
        theFile.close()
```

QFileDialog.getOpenFileName 静态方法可通过文件对话框选择要打开的文件。在调用 open 方法时，同样需要加上 Text 标志。使用 readAll 方法读取所有内容，需要用 decode 方法将字节序列解码，返回文本内容，之后才能显示在 QPlainTextEdit 组件中。

（5）实现 onClear 方法，清空 QPlainTextEdit 组件中所有文本。

```
def onClear(self):
    self.mEdit.clear()
```

运行示例程序后，在文本框中输入测试文本。单击"保存"按钮保存为 test.txt 文件。随后单击"清空"按钮清除文本框中的内容。最后单击"加载"按钮，选择保存的 test.txt 文件，文本内容被读出，重新显示在文本框中，如图 15-4 所示。

图 15-4　保存和加载文本文件

15.2.3　示例：创建符号链接

调用 QFile 对象的 link 方法可以创建当前文件的符号链接。在 Windows 系统中，链接名称必须加上扩展名 .lnk（快捷方式）。

下面的代码先在当前工作目录下创建 demo.tda 文件，然后创建一个指向 demo.tda 文件的符号链接 test。

```python
# 创建文件
file = QFile("demo.tda")
# 如果文件已存在，先删除
if file.exists():
    file.remove()
# 打开文件
if file.open(QFile.OpenModeFlag.WriteOnly):
    # 写入一些数据
    data = b'\x91\x20\xa4\x48\xf7\x60\x11\x9b\xd2\x24\x36'
    file.write(data)
    # 关闭文件
    file.close()

# 检测当前平台
from platform import system
if system() == "Windows":
    linkName = "test.lnk"
else:
    linkName = "test"
# 为文件创建链接
file.link(linkName)
```

由于 Windows 上的快捷方式需要扩展名 .lnk，因此要用到 platform 模块下的 system 函数。如果该函数返回 "Windows"，那么链接名称需要带扩展名（test.lnk）。

15.3　QSaveFile

QSaveFile 类与 QFile 类的用法一样，但 QSaveFile 在写文件时相对安全一些。

在数据写入时，QSaveFile 类会创建一个临时文件用于存放数据。当所有数据写入完毕且未发生错误后，再将临时文件重命名为目标文件。也就是说，如果在写入过程中发生了错误，这些数据会被丢弃。

QSaveFile 类在写完文件后不要调用 close 方法关闭文件，而是改用 commit 方法进行确认。commit 方法会检查写入过程中是否存在错误，如果未发生错误，就把临时文件重命名为要保存的文件；如果发生错误，则删除临时文件。commit 方法会自动关闭文件，如果确认保存成功会返回 True，否则返回 False。

由于 QSaveFile 对象会在目标文件的同级目录下创建临时文件，若遇到只读目录，将无法创建临时文件，open 方法返回 False。此时可以调用 setDirectWriteFallback 方法并将参数设置为 True，使得 QSaveFile 类直接向目标文件写数据（此时就与 QFile 对象差不多）。这样做会使写入操作失去安全性，一旦发生错误，数据就会丢失。

如果在 commit 方法调用之前调用了 cancelWriting 方法，那么写入操作就会被取消，临时文件的内容被丢弃，就算后面再调用 commit 方法也无法保存文件。所以，调用了 cancelWriting 方法就不再需要调用 commit 方法。

下面的代码演示了 QSaveFile 类的使用。

```python
file = QSaveFile("mydata")
# 打开文件
if file.open(QSaveFile.OpenModeFlag.WriteOnly):
    # 第一次写入
```

```
    data = bytes([25, 118, 24, 9, 46, 200, 105])
    file.write(data)
    sleep(6)
    # 第二次写入
    data = bytes([89, 13, 12, 58, 109, 37, 81])
    file.write(data)
    sleep(6)
    # 第三次写入
    data = bytes([75, 86, 144, 214, 30, 68, 96, 153])
    file.write(data)
    # 确认已写入完毕
    file.commit()
```

上述代码分 3 次向文件写入数据，每次写入之前都调用 sleep 函数让程序暂停一段时间。这样当代码执行时，就能看到当前工作目录下创建的临时文件了。临时文件的命名是在目标文件名称的基础上添加随机扩展名，如 mydata.tinXfg、mydata.ktkywY 等。

15.4　QBuffer

QBuffer 类允许以类似文件的方式读写 QByteArray 对象。构造 QBuffer 实例时，默认会创建一个内部使用的 QByteArray 对象。也可以通过构造函数或 setBuffer 方法引用其他 QByteArray 对象。

下面的代码演示 QBuffer 类的基本用法。

```
buffer = QBuffer()
# 打开 buffer
if buffer.open(QBuffer.OpenModeFlag.WriteOnly):
    # 写入数据
    bts = bytes([0x05, 0x4e, 0x91, 0xf4, 0x77, 0x6b, 0x38, 0x31, 0xaf, 0x9e, 0x7d, 0x19,
0x42, 0xf8, 0x04, 0x12, 0x83, 0x37, 0x72, 0x6a, 0x88, 0x55, 0xff, 0x70, 0x06, 0x18, 0xa9,
0x8d, 0x68])
    buffer.write(bts)
    # 关闭 buffer
    buffer.close

# 以只读方式打开 buffer
if buffer.open(QBuffer.OpenModeFlag.ReadOnly):
    # 读取数据
    while not buffer.atEnd():
        bs = buffer.read(5).data()
        # 打印
        for i in range(len(bs)):
            print(f'{bs[i]:02x}', end=' ')
    # 关闭 buffer
    buffer.close()
```

与 QFile 类一样，QBuffer 对象在读写之前必须先调用 open 方法，操作结束后应调用 close 方法。上述代码中，读取数据时使用了 read 方法。该方法通过参数设置一个最大值，每次调用时所读入的字节数不会超过最大值（例如 5）。由于 read 方法不能一次性读取所有字节，因此使用了 while 循环，当 atEnd 方法返回 True 时结束循环。

如果已创建 QByteArray 实例，可以将其传递给 QBuffer 类的构造函数，请参考下面的代码。

```
# 先实例化 QByteArray 对象
arr = QByteArray()
# 再实例化 QBuffer 对象
buf = QBuffer(arr)
# 打开 buffer
if buf.open(QBuffer.OpenModeFlag.WriteOnly):
```

```
    # 写入数据
    data = '镜水无风也自波'.encode()
    buf.write(data)
    # 关闭 buffer
    buf.close()

# 写入后检查 QByteArray 对象的内容
print(f'数据大小：{arr.size()}')
print(f'数据内容：{arr.data().decode()}')
```

上述代码先创建 QByteArray 实例，再传给 QBuffer 类的构造函数，随后通过 QBuffer 对象写入的内容会存储在 QByteArray 对象中。

15.5　QTextStream

QTextStream 类支持以流的方式读写文本内容。该类公开了一组可设置文本格式的方法成员，并通过 "<<" 运算符实现快速写入字符串。

QTextStream 类的构造函数可以传入 QIODevice 类型的实例引用（如 QFile、QBuffer 等），或者 QByteArray、bytes 类型的对象引用。

15.5.1　示例：QTextStream 类的简单使用

本示例将演示 QTextStream 类的基本写入操作。程序会在当前工作目录下创建文本文件，然后使用 QTextStream 类写入 3 行文本，代码如下：

```
from PySide6.QtCore import QTextStream, QFile, Qt

file = QFile("test.txt")
# 如果文件已存在，就删除
if file.exists():
    file.remove()
# 打开文件
if file.open(QFile.OpenModeFlag.NewOnly | QFile.OpenModeFlag.WriteOnly):
    # 实例化 QTextStream 对象
    txtStream = QTextStream(file)
    # 写入文本
    txtStream << "这是第一行文本\n"
    txtStream << "这是第二行文本\n"
    txtStream << "这是" << "第三行" << "文本"
    # 关闭文件
    file.close()
```

"<<" 运算符的左边是 QTextStream 实例，右边是要写入的文本。由于该运算符的结果也是 QTextStream 实例，因此可以将多个文本实例连起来写，如上述代码中的第三行文本，被分成了 3 个片段写入。

当示例代码执行完毕后，打开 test.txt 文件，其内容如下：

```
这是第一行文本
这是第二行文本
这是第三行文本
```

15.5.2　示例：字段宽度与对齐方式

QTextStream 类可以设置文本字段的宽度（字符数量）和对齐方式（左对齐、居中对齐等）。对应的成员是 setFieldWidth 和 setFieldAlignment 方法。

在 QTextStream 类中，单次写入的文本被视为一个字段，例如：

```
textStream << "dog" << "fox"
```

上述代码进行两次写入，QTextStream 类会认为写入了两个字段——"dog"和"fox"。

setFieldWidth 和 setFieldAlignment 方法调用后，其设定的参数只对后续写入的文本起作用，已经写入的文本不受影响。而且一旦设置后，无论后续将进行多少次写入，都会应用该设定，除非再次调用 setFieldWidth 或 setFieldAlignment 方法重新设置宽度和对齐方式。

本示例的主要代码如下：

```
arr = QByteArray()
# 实例化 QTextStream 类
stream = QTextStream(arr, QTextStream.OpenModeFlag.WriteOnly)

# 第一次设定
stream.setPadChar("=")
stream.setFieldWidth(20)
stream.setFieldAlignment(QTextStream.FieldAlignment.AlignRight)
stream << "Hello"

# 第二次设定
stream.setPadChar("+")
stream.setFieldWidth(30)
stream.setFieldAlignment(QTextStream.FieldAlignment.AlignCenter)
stream << "All"

# 清空缓冲区并将数据写入 QByteArray 对象
stream.flush()
# 打印文本
print(arr.toStdString())
```

setPadChar 方法用于设置填充字符，默认是空格。为了能直观地看到文本对齐后的效果，上述代码在第一次写入时使用"="字符填充剩余空白，而第二次则是用"+"字符进行填充。

写入"Hello"时，设定的字段宽度为 20（个字符），右对齐；写入"All"时设定的字段宽度为 30，居中对齐。

示例程序执行后，将得到这样的文本：

```
===============Hello++++++++++++All+++++++++++++
```

15.5.3　示例：写入不同进制的整数

QTextStream 类的 setIntegerBase 方法可以设置整数的进制，当写入的内容是整数时，会自动进行转换。setIntegerBase 方法可用的参数值有 2、8、16、10。

下面的示例先以十六进制为基础写入 3 个整数值，再以二进制为基础写入两个整数值。详细代码如下：

```
arr = QByteArray()
ts = QTextStream(arr)
# 设置显示方式
ts.setNumberFlags(
    QTextStream.NumberFlag.ShowBase
)
# 设置为十六进制
ts.setIntegerBase(16)
# 写入数字
ts << 127 << ', ' << 128 << ', ' << 65 << '\n'
# 改为二进制
ts.setIntegerBase(2)
# 写入数据
```

```
ts << 15 << ', ' << 16
ts.flush()
# 打印字符串
print(arr.toStdString())
```

调用 setNumberFlags 方法设置 ShowBase 标志后，生成的字符串会带有前缀。如十六进制的数值将带有 "0x" 前缀，二进制数值带有 "0b" 前缀。

上述代码执行后，将得到以下结果：

```
0x7f, 0x80, 0x41      # 十六进制
0b1111, 0b10000       # 二进制
```

15.6 QDataStream

QDataStream 类是以二进制方式读写数据的，其适用性与兼容性都比 QTextStream 类要好（QTextStream 类是专为读写文本而设计的）。因此，QDataStream 类几乎能够处理所有数据类型，包括 Qt 自身的常用类型，如 QSize、QRect、QLine、QPoint 等。

QDataStream 类仅负责处理数据的输入输出，它需要关联一个 QIODevice 对象（如 QFile）或 QByteArray 对象来存储内容，这些对象可以通过 QDataStream 类的构造函数传递。也可以在创建 QDataStream 实例后调用 setDevice 方法设置 QIODevice 对象。

QDataStream 类可以使用表 15-1 所列出的方法成员进行读写操作。

表 15-1 QDataStream 类用于读写数据的常用成员

类　　型	读	写	说　　明
bool	readBool	writeBool	读写布尔类型的值（True 或 False）
bytes	readBytes	writeBytes	读写字节序列
float	readDouble	writeDouble	读写浮点数据值，如 12.0085
	readFloat	writeFloat	
int	readInt8	writeInt8	读写整数值，支持 8、16、32、64 位整数值。包括有符号和无符号整数
	readInt16	writeInt16	
	readInt32	writeInt32	
	readInt64	writeInt64	
	readUInt8	writeUInt8	
	readUInt16	writeUInt16	
	readUInt32	writeUInt32	
	readUInt64	writeUInt64	
str	readQChar	writeQChar	读写单个字符或字符串
	readQString	writeQString	
	readQStringList	writeQStringList	
	readString	writeString	
任意类型	readQVariant	writeQVariant	读写上述基础类型以外的其他数据

15.6.1 示例：简单的读写操作

本示例将依次向文件写入 8 位无符号整数、字符串、浮点数，随后将数据读出来并打印在屏幕上。完整代码如下：

```
file = QFile("something.bin")

# 如果文件已存在，则删除
if file.exists():
    file.remove()

# 打开文件，用于写操作
if file.open(QFile.OpenModeFlag.WriteOnly):
    # 实例化 QDataStream 对象
    stream = QDataStream(file)
    # 1. 写入 8 位无符号整数
    stream.writeUInt8(127)
    # 2. 写入字符串
    stream.writeString("马到成功")
    # 3. 写入浮点数
    stream.writeFloat(192.0627)
    # 关闭文件
    file.close()

# 打开文件，用于读操作
if file.open(QFile.OpenModeFlag.ReadOnly):
    # 实例化 QDataStream 对象
    stream = QDataStream(file)
    # 1. 读出 8 位无符号整数
    val = stream.readUInt8()
    print(f"Uint8: {val}")
    # 2. 读出字符串
    val = stream.readString()
    print(f"String: {val}")
    # 3. 读出浮点数
    val = stream.readFloat()
    print(f"Float: {val}")
    # 关闭文件
    file.close()
```

QDataStream 类使用起来并不复杂，写入时调用 write*方法，读取时调用 read*方法。但一定要注意的是：读出数据的顺序必须要与写入时相同。例如在上述代码中，先写入的是 8 位无符号整数，接着是字符串，在读取时也要先读出 8 位无符号整数，再读字符串。

示例代码执行后，屏幕将输出以下内容：

```
Uint8: 127
String: 马到成功
Float: 192.0626983642578
```

浮点数值在读出来的时候，由于二进制运算产生的误差，小数部分会与写入有点差异。

15.6.2　示例：保存和恢复调色板数据

本示例将演示使用 QDataStream 类读写调色板（QPalette）数据。示例窗口上有 3 个按钮，单击后会修改窗口背景和按钮文本的颜色。在窗口即将关闭时将调色板的数据写入文件，当窗口重新初始化或再次运行应用程序时，将从文件中读出调色板的数据，还原窗口的外观。

示例的具体实现步骤如下。

（1）创建 DemoWindow 类，派生自 QWidget 类。

```
class DemoWindow(QWidget):
    ......
```

（2）在类中定义 DATA_FILE 字段，表示数据文件的名称。

```
DATA_FILE = "pldata.bin"
```

（3）在 __init__ 方法中，检查数据文件是否存在。如果存在，读取文件并重新设置窗口的调色板。

```
def __init__(self):
    super().__init__()
    dataFile = QFile(DemoWindow.DATA_FILE)
    if dataFile.exists():
        # 打开文件
        if dataFile.open(QFile.OpenModeFlag.ReadOnly):
            # 实例化 QDataStream 对象
            stream = QDataStream(dataFile)
            # 创建调色板实例
            palette = self.palette()
            # 还原调色板
            stream >> palette
            # 重新设置调色板
            self.setPalette(palette)
```

QPalette 类重载了 ">>" 运算符，使用它可以从 QDataStream 对象读取调色板数据，并赋值给 palette 变量。

（4）初始化窗口布局。本示例窗口包含 3 个按钮，可以切换 3 种颜色。

```
# 布局
layout = QVBoxLayout()
self.setLayout(layout)
# 按钮
self.btn1 = QPushButton("样式 1", self)
self.btn2 = QPushButton("样式 2", self)
self.btn3 = QPushButton("样式 3", self)
layout.addWidget(self.btn1)
layout.addWidget(self.btn2)
layout.addWidget(self.btn3)
layout.addStretch(1)
# 连接按钮的 clicked 信号
self.btn1.clicked.connect(self.onStyle1)
self.btn2.clicked.connect(self.onStyle2)
self.btn3.clicked.connect(self.onStyle3)
```

（5）实现 onStyle1 等 3 个方法。这 3 个方法的代码逻辑是相同的，区别在于为窗口背景和按钮文本设置不同的颜色。

```
def onStyle1(self):
    p = self.palette()
    p.setColor(QPalette.ColorRole.Window, QColor("green"))
    p.setColor(QPalette.ColorRole.ButtonText, QColor("darkblue"))
    self.setPalette(p)

def onStyle2(self):
    p = self.palette()
    p.setColor(QPalette.ColorRole.Window, QColor("blue"))
    p.setColor(QPalette.ColorRole.ButtonText, QColor("purple"))
    self.setPalette(p)

def onStyle3(self):
    p = self.palette()
    p.setColor(QPalette.ColorRole.Window, QColor("gray"))
    p.setColor(QPalette.ColorRole.ButtonText, QColor("black"))
    self.setPalette(p)
```

（6）重写 closeEvent 方法，在窗口即将关闭时，把调色板数据写入文件。

```
def closeEvent(self, event: QCloseEvent):
    # 保存调色板数据
    p = self.palette()
    file = QFile(DemoWindow.DATA_FILE)
    # 如果文件存在, 将其删除
    if file.exists():
        file.remove()
    # 打开文件
    if file.open(QFile.OpenModeFlag.WriteOnly):
        # 实例化 QDataStream 对象
        stream = QDataStream(file)
        # 写入数据
        stream << p
        # 关闭文件
        file.close()
    # 调用基类成员
super().closeEvent(event)
```

QSataStream 类重载了 "<<" 运算符, 可用于写入数据。在写入文件后, 应该调用基类 (QWidget) 的 closeEvent 方法, 以便窗口在关闭前执行一行默认操作。

运行示例程序, 在窗口上随机单击一个按钮, 改变调色板的参数, 然后关闭应用程序。重新运行示例程序, 此时会看到窗口已将调色板还原至关闭前的状态, 如图 15-5 所示。

图 15-5　重启应用程序后将自动还原调色板

## 第 16 章

动　画

本章要点：
➢ 基于属性的动画；
➢ 关键帧动画；
➢ 动画分组。

16.1　与动画有关的类型

在某段时间内，可视化引擎与计时器协同工作，通过一些特定的算法，在两个值（如两个坐标点）之间插入过渡值，由于视觉延迟，人们会感觉到物体在运动，于是就形成了动画。在持续时间不变的情况下，计时器触发的频数越高（如每秒 24 次，每秒 30 次等），动画看起来就越流畅。

在 Qt 中，与动画有关的类，可以使用官方文档提供的继承关系图（如图 16-1 所示）来大致了解。

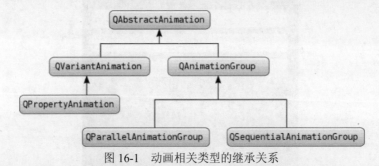

图 16-1　动画相关类型的继承关系

（1）QAbstractAnimation：所有动画类的抽象基类，仅实现了一些公共的方法，如放播和暂停动画。

（2）QVariantAnimation：内插值动画的基类。

（3）QPropertyAnimation：很常用的动画类，可让 Qt 对象的属性产生动画。它是 QVariantAnimation 的派生类。

（4）QAnimationGroup：抽象基类，它是一个容器类，用于将动画对象分组。并且分组可以嵌套，即动画分组中可以包含另一个分组，毕竟 QAnimationGroup 类也是从 QAbstractAnimation 类派生的。

（5）QSequentialAnimationGroup：动画分组类，该分组内的动画将按次序播放。例如，先启动动画 A，动画 A 结束后 B 才能启动。

（6）QParallelAnimationGroup：动画分组类，分组内的动画列表可以同时启动，例如 A、B、C 动画可以同时启动。

16.2　基于属性的动画

属性动画只能应用于 Qt 对象——QObject 类或 QObject 的派生类。在实例化 QPropertyAnimation 类时，可以使用以下构造函数：

```
def __init__(
    target: QObject,
    propertyName: QByteArray | bytes,
    parent: QObject | None = ...
)
```

target 参数指定要产生动画的 Qt 对象，propertyName 指定要产生动画的属性名称，parent 参数引用父级 Qt 对象。

如果在调用构造函数时未指定目标对象和属性名称，还可以通过 setTargetObject 和 setPropertyName 方法进行设置。

16.2.1 示例：简单的位移动画

本示例实现让标签组件的位置坐标产生动画——从 A 点移动到 B 点。具体步骤如下。

（1）从 QWidget 类派生出 DemoWindow 类，作为示例程序的窗口。

```
class DemoWindow(QWidget):
    ......
```

（2）实例化 QFrame 组件和 QLabel 组件，QLabel 组件位于 QFrame 组件内。

```
# 面板
panel = QFrame(self)
panel.setFrameShape(QFrame.Shape.Panel)
# 标签
lb = QLabel("Hello", panel)
# 设置标签组件的坐标
lb.move(15, 15)
```

（3）实例化 QPropertyAnimation 类（动画类）。

```
self.animat = QPropertyAnimation(lb, b"pos", self)
```

要让 QLabel 组件的坐标产生动画，要使用的属性应是 pos。

（4）设置动画的持续时间、初始值和终值。

```
# 设置动画时长（毫秒）
self.animat.setDuration(6 * 1000)
# 设置动画初始值
self.animat.setStartValue(QPoint(15, 15))
# 设置动画终值
self.animat.setEndValue(QPoint(200, 200))
```

动画持续时间为 6 秒（单位是毫秒），坐标从点(15,15)移动到点(200,200)。

（5）创建两个按钮，用于操作动画。

```
self.btnStart = QPushButton("开始", self)
self.btnStop = QPushButton("停止", self)
# 连接按钮的 clicked 信号
self.btnStart.clicked.connect(self.onStart)
self.btnStop.clicked.connect(self.onStop)
```

（6）单击"开始"按钮后，开始运行动画（调用 start 方法启动动画）。

```
def onStart(self):
    # 启动动画
    self.animat.start()
    # 禁用"开始"按钮
    self.btnStart.setEnabled(False)
    # 启用"停止"按钮
    self.btnStop.setEnabled(True)
```

（7）单击"停止"按钮停止正在运行的动画（调用 stop 方法）。

```python
def onStop(self):
    # 停止动画
    self.animat.stop()
    # 启用"开始"按钮
    self.btnStart.setEnabled(True)
    # 禁用"停止"按钮
    self.btnStop.setEnabled(False)
```

（8）动画结束后会发出 finished 信号。应用程序需要连接此信号，以便在动画结束后恢复两个按钮的状态。

```python
# 连接 finished 信号，在动画结束时发出
self.animat.finished.connect(self.onFinished)
……

def onFinished(self):
    # 动画结束后，恢复按钮状态
    self.btnStart.setEnabled(True)
    self.btnStop.setEnabled(False)
```

运行示例程序后，单击"开始"按钮激活动画，Hello 标签开始移动，如图 16-2 所示。
Hello 标签移动到(200,200)处会停止，动画结束，如图 16-3 所示。

图 16-2　Hello 标签开始移动

图 16-3　Hello 标签已停止移动

16.2.2　示例：stateChanged 信号

当动画对象的状态发生改变后，会发出 stateChanged 信号。该信号包含两个参数——新状态和旧状态。动画对象的状态由 QAbstractAnimation.State 枚举表示，该枚举定义了 3 个值：Running 表示动画正在运行，Paused 表示动画已暂停，Stopped 表示动画已停止。

本示例的代码将连接 stateChanged 信号，然后在 QLabel 组件中显示状态的变化。具体实现步骤如下。

（1）从 QWidget 类派生出自定义窗口 MyWindow。

```python
class MyWindow(QWidget):
    ……
```

（2）本示例产生动画的目标是 QFrame 对象，先将其初始化。

```python
def __init__(self):
    super().__init__()
    # 初始化 QFrame 组件
    self.frame = QFrame(self)
    # 修改 QFrame 组件的背景色
```

```
        self.frame.setFrameShape(QFrame.Shape.Box)
        palette = self.frame.palette()
        palette.setColor(QPalette.ColorRole.Window, QColor("Red"))
        self.frame.setPalette(palette)
        self.frame.setAutoFillBackground(True)
```

（3）初始化 4 个 **QPushButton** 组件，用来控制动画的状态。

```
self.btnStart = QPushButton("开始", self)
self.btnPause = QPushButton("暂停", self)
self.btnResume = QPushButton("继续", self)
self.btnStop = QPushButton("停止", self)
```

（4）初始化 **QLabel** 组件，用于显示状态信息。

```
self.lbmsg = QLabel(self)
self.lbmsg.setText("准备就绪")
```

（5）创建动画对象的实例。

```
# 初始化 QPropertyAnimation 对象
self.animat = QPropertyAnimation(self)
# 设置目标对象
self.animat.setTargetObject(self.frame)
# 设置目标属性
self.animat.setPropertyName(b'size')
# 设置动画持续时间
self.animat.setDuration(5000)
# 设置初值
self.animat.setStartValue(QSize(60, 60))
# 设置终值
self.animat.setEndValue(QSize(245, 180))
```

本示例的动画目标是 QFrame 组件，目标属性是 size，因此初始值和最终值的类型是 QSize。

（6）分别连接 4 个按钮的 clicked 信号，用于改变动画对象的状态。

```
self.btnStart.clicked.connect(self.onStart)
self.btnPause.clicked.connect(self.onPause)
self.btnResume.clicked.connect(self.onResume)
self.btnStop.clicked.connect(self.onStop)
......

def onStart(self):
    self.animat.start()

def onPause(self):
    self.animat.pause()
def onResume(self):
    self.animat.resume()

def onStop(self):
    self.animat.stop()
```

（7）连接动画对象的 stateChanged 信号，当状态改变后显示文本提示。

```
self.animat.stateChanged.connect(self.onAnimatStateChanged)
......

def onAnimatStateChanged(self, newState: QAbstractAnimation.State,
oldState: QAbstractAnimation.State):
    # 旧状态
    _from = "正在运行" if oldState == QAbstractAnimation.State.Running
else "已停止" if oldState == QAbstractAnimation.State.Stopped else "已暂停" if oldState ==
QAbstractAnimation.State.Paused else "未知"
    # 新状态
```

```
    _to = "正在运行" if newState == QAbstractAnimation.State.Running
else "已停止" if newState == QAbstractAnimation.State.Stopped else "已
暂停" if newState == QAbstractAnimation.State.Paused else "未知"
    # 组织消息文本
    msg = f"状态变化：{_from} -> {_to}"
    # 更新 QLabel 组件
    self.lbmsg.setText(msg)
```

运行示例程序后，单击窗口上的控制按钮，窗口底部的标签会显示状态的变化，如图 16-4 所示。

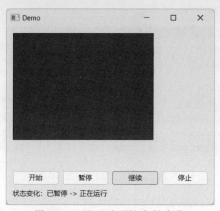

图 16-4　显示动画状态的变化

16.3　自定义属性

在 Python 中，可以通过 property 类来自定义属性成员，例如：

```
class Demo:
    def __init__(self):
        self._x = 0
        self._y = 0

    # 读写 X 属性的方法
    def getX(self):
        return self._x
    def setX(self, val):
        self._x = val

    # 读写 Y 属性的方法
    def getY(self):
        return self._y
    def setY(self, val):
        self._y = val

    # 定义属性
    X = property(getX, setX)
    Y = property(getY, setY)
```

上述代码中，Demo 类具有 X、Y 属性。property 类在定义属性时会绑定一些成员方法，最常用的是指定获取和设置属性值的方法。如上述代码中，读取 X 属性值的方法是 getX，设置 X 属性值的方法是 setX。方法成员只要与 property 类的实例关联，在读写属性时会自动调用。

下面的代码演示了属性的使用。

```
obj = Demo()
obj.X = 150
obj.Y = 230
```

当向 X 属性赋值 150 时，会调用 setX 方法，并将 150 传递给 val 参数。同理，设置 Y 属性时也如此，setY 方法被调用。当属性被读取时，getX、getY 方法被调用并返回适当的值。

但是，在 Qt 对象中，只有通过 Q_PROPERTY（C++宏）定义的属性才能产生动画。因此，如果自定义属性需要动画功能，就不能使用 Python 的 property 类来定义属性了，必须使用 QtCore 模块公开的 Property 类。该类的使用方法与 Python 中的 property 类相似，它可以等效于 Q_PROPERTY 宏。

于是，上文中提到的 Demo 类可以进行以下修改。

```python
class Demo(QObject):
    def __init__(self, parent: QObject = None):
        super().__init__(parent)
        self._x = 0
        self._y = 0

    # 读写 X 属性的方法
    def getX(self):
        return self._x
    def setX(self, val):
        self._x = val

    # 读写 Y 属性的方法
    def getY(self):
        return self._y
    def setY(self, val):
        self._y = val

    # 定义属性
    X = Property(int, getX, setX)
    Y = Property(int, getY, setY)
```

Property 构造函数的第一个参数是 type，用于指定属性值的数据类型，上述代码中是 int。type 参数之后，还可以使用以下参数。

（1）fget：获取属性值的方法成员。

（2）fset：用于设置属性值的方法成员。

（3）freset：用于重置属性值的方法成员。主要用来将属性值还原为默认值。

（4）fdel：从 Python 的属性字典中删除属性时调用的方法成员。

下面的示例将演示对 QColor 类型的自定义属性进行动画处理。Rectangle 类派生自 QWidget，其中包含名为 backgroundColor 的属性，属性值存储在__bg 字段中。完整的代码如下：

```python
class Rectangle(QWidget):
    def __init__(self, parent: QWidget = None):
        super().__init__(parent)
        # 存储属性值的字段
        self.__bg = QColor("black")

    def getBgColor(self):
        return self.__bg

    def setBgColor(self, color: QColor):
        self.__bg = color
        self.update()

    def resetBgColor(self):
        self.__bg = QColor("black")
        self.update()

    # 属性
    backgroundColor = Property(
        type=QColor,
```

```
                    fget=getBgColor,
                    fset=setBgColor,
                    freset=resetBgColor)

        def paintEvent(self, event: QPaintEvent):
            # 获取矩形区域
            rect = event.rect()
            # 获取背景颜色
            color = self.__bg
            # 填充矩形区域
            painter = QPainter()
            painter.begin(self)
            painter.fillRect(rect, color)
            painter.end()
```

由于 setBgColor 和 resetBgColor 方法会修改属性的值，为了能及时触发 paint 事件以重新绘制界面，在向 __bg 字段赋值后需要立即调用 update 方法。Rectangle 类的 paintEvent 方法实现了使用 backgroundColor 属性设置的颜色填充矩形区域。

随后，可以在另一个窗口组件中使用 Rectangle 类，并对 backgroundColor 属性进行动画处理。代码如下：

```
class MyWindow(QWidget):
    def __init__(self):
        super().__init__()
        # 自定义组件
        self.custWidg = Rectangle(self)
        # 设置背景颜色
        self.custWidg.backgroundColor = QColor("yellow")
        ......

        # 动画对象
        self.animat = QPropertyAnimation(self)
        # 动画时长
        self.animat.setDuration(5600)
        # 初值
        self.animat.setStartValue(self.custWidg.backgroundColor)
        # 终值
        self.animat.setEndValue(QColor("red"))
        # 目标属性
        self.animat.setPropertyName(b"backgroundColor")
        # 目标对象
        self.animat.setTargetObject(self.custWidg)
```

动画过程是将 Rectangle 对象的背景颜色从黄色变为红色，如图 16-5 和图 16-6 所示。

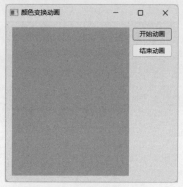

图 16-5　动画正在过渡

图 16-6　动画已结束

16.4　关键帧动画

在动画过程中的关键位置插入的特定值，称为关键帧。而关键帧与关键帧之间的过渡动画就成了关键帧动画。简单动画有两个关键帧，即初始值和最终值，两者之间则通过专门的算法来产生过渡值。但对于较复杂的动画来说，可能要求在特定的时间点插入特定的值。

例如，对某组件 T 的 pos 属性进行动画处理时，假设初值为(0, 0)，终值为(200, 240)，持续时间为 10 秒。那么，对于简单动画而言，在整个动画周期内，只是把组件 T 从起点移动到终点，走的是直线路径。如果在时长的一半处（进度为 0.5）插入一个值(90, 45)，那么，动画的前 5 秒是把组件 T 从(0, 0)移动到(90, 45)处；剩下的 5 秒则是把组件 T 从(90, 45)移动到(200, 240)处。如此一来，T 的行进路线不再是单一的直线了。

QVariantAnimation 类公开了两个可以设置关键帧的方法成员。

```python
def setKeyValueAt(
    step: float,
    value: Any
)

def setKeyValues(
    values: Sequence[Tuple[float, Any]]
)
```

setKeyValueAt 方法单次调用只插入一个关键帧，step 参数的取值范围是[0.0, 1.0]，0.0 是动画的开始时间，1.0 则表示动画的结束时间。若 step 参数的值为 0.5，就表示动画时长的中间值。因此，step 参数指定的是动画的相对进度。value 参数则是要插入的值。

setKeyValues 方法是一次性插入多个关键帧，每个关键帧由元组（Tuple）对象封装，其中包含两个元素——动画进度和要插入的值。

以下示例将让标签组件（QLabel）的 pos 属性（表示组件在父容器中的坐标）产生动画。代码如下：

```python
# 窗口
window = QWidget()
window.setWindowTitle("关键帧动画")
window.resize(350, 330)

# 标签组件
lb = QLabel(window)
# 设置图标
icon = QPixmap("truck.png")
lb.setPixmap(icon)
# 默认坐标
lb.move(5, 5)

# 动画
animation = QPropertyAnimation(window)
# 持续时间
animation.setDuration(6000)
# 动画目标
animation.setTargetObject(lb)
# 目标属性
animation.setPropertyName(b"pos")
# 设置关键帧
animation.setKeyValueAt(0.0, QPoint(0, 0))
animation.setKeyValueAt(0.25, QPoint(70, 280))
animation.setKeyValueAt(0.5, QPoint(140, 60))
animation.setKeyValueAt(0.75, QPoint(210, 280))
animation.setKeyValueAt(1.0, QPoint(280, 0))
# 循环次数
```

```
animation.setLoopCount(4)

# 显示窗口
window.show()
# 启动动画
animation.start()
```

在使用关键帧动画时，可以不设置初值和终值（不需要调用 setStartValue、setEndValue 方法），直接插入关键帧即可。上述代码依次在整个动画进度的起点、$\frac{1}{4}$ 处、$\frac{1}{2}$ 处、$\frac{3}{4}$ 处以及终点插入关键帧，将动画的总时长平均划分为 4 段，每个关键帧对应着一个坐标值。最终使 QLabel 组件沿着类似 W 的路径移动。

上述代码是在显示窗口后再调用 start 方法启动动画的。在此之前使用 setLoopCount 方法设置了动画的循环次数（示例中循环 4 次），动画进行到终点时会自动回到起点并重新启动。达到设定的循环次数后自动停止。

16.5　动画分组

在复杂应用场景下，将若干动画对象放进一个容器中，可以进行统一控制（开始、暂停、停止）。QAnimationGroup 是动画分组的抽象基类，定义了一些通用成员。

（1）addAnimation：将动画对象添加到分组中。

（2）insertAnimation：将动画对象插入指定索引处。

（3）removeAnimation：从分组中删除指定的动画对象。

（4）takeAnimation：删除指定索引处的动画对象，并返回被删除的动画对象。

（5）clear：清空分组，即删除所有动画对象。

（6）animationCount：返回分组中的动画对象数量。

（7）animationAt：获取指定索引处的动画对象。

不要直接使用 QAnimationGroup 类，应使用它的派生类：QSequentialAnimationGroup 类或者 QParallelAnimationGroup 类。

通过 QSequentialAnimationGroup 类分组的动画是按顺序运行的。假设分组中有 A、B、C 动画，在动画启动后，先运行 A，A 结束后才能运行 B；同理，B 结束后才能运行 C。而 QParallelAnimationGroup 分组中的动画可以并列运行，即 A、B、C 可以同时启动。

由于 QAnimationGroup 类派生自 QAbstractAnimation 类，所以一个分组可以添加到另一个分组中，可以通过 start、stop 等方法来控制整个分组的动画。

16.5.1　示例：按顺序运行的动画分组

本示例将演示 QSequentialAnimationGroup 类的使用。示例分别对按钮组件的大小和位置进行动画处理。在 QSequentialAnimationGroup 分组中，当改变大小的动画结束后，改变位置的动画才能开始。

具体的实现步骤如下。

（1）创建 QWidget 实例，作为应用程序的主窗口。

```
win = QWidget()
win.setWindowTitle("Demo")
win.resize(500, 500)
```

（2）初始化 QPushButton 组件。

```
btn = QPushButton("单击这里开始", win)
btn.move(10, 15)
```

（3）初始化第一个动画对象，改变按钮的大小（属性类型为 QSize）。

```
anim1 = QPropertyAnimation()
# 目标对象
anim1.setTargetObject(btn)
# 目标属性
anim1.setPropertyName(b"size")
# 时长
anim1.setDuration(5000)
# 初值
anim1.setStartValue(QSize(100, 36))
# 终值
anim1.setEndValue(QSize(240, 100))
```

（4）初始化第二个动画对象，改变按钮组件的位置（属性类型为 QPoint）。

```
anim2 = QPropertyAnimation()
# 总时长
anim2.setDuration(6000)
# 目标属性
anim2.setPropertyName(b"pos")
# 目标对象
anim2.setTargetObject(btn)
# 初值
anim2.setStartValue(QPoint(10, 10))
# 终值
anim2.setEndValue(QPoint(250, 370))
```

（5）实例化 QSequentialAnimationGroup 分组对象，然后将两个动画添加到分组中。

```
group = QSequentialAnimationGroup(win)
# 将动画对象添加到分组中
group.addAnimation(anim1)
group.addAnimation(anim2)
```

（6）将按钮的 clicked 信号与动画分组的 start 方法连接，实现单击按钮启动动画的功能。

```
btn.clicked.connect(group.start)
```

运行示例程序后，单击按钮。动画分组启动后，先对按钮的大小进行动画处理，如图 16-7 所示。随后处理按钮的位置变化，如图 16-8 所示。

图 16-7　动画改变按钮的大小

图 16-8　动画改变按钮的位置

16.5.2　示例：并行的动画分组

本示例将通过 QParallelAnimationGroup 类实现同时改变按钮组件（QPushButton）的大小和位置。具体实现步骤如下。

（1）创建 QWidget 实例，作为示例程序的主窗口。

```
wind = QWidget()
```

```
wind.setWindowTitle("Demo")
wind.resize(500, 500)
```

（2）实例化 **QPushButton** 组件。

```
btn = QPushButton("单击这里开始动画", wind)
```

（3）创建第一个动画，改变按钮组件的大小。

```
animat1 = QPropertyAnimation(wind)
# 目标对象
animat1.setTargetObject(btn)
# 目标属性
animat1.setPropertyName(b"size")
# 总时长
animat1.setDuration(3500)
# 初值和终值
animat1.setStartValue(QSize(100, 36))
animat1.setEndValue(QSize(230, 100))
```

（4）创建第二个动画，用于改变按钮组件的位置。

```
animat2 = QPropertyAnimation(wind)
# 总时长
animat2.setDuration(5000)
# 目标对象
animat2.setTargetObject(btn)
# 目标属性
animat2.setPropertyName(b"pos")
# 初值和终值
animat2.setStartValue(QPoint(10, 10))
animat2.setEndValue(QPoint(275, 400))
```

（5）实例化 **QParallelAnimationGroup** 类，作为动画对象的容器。

```
group = QParallelAnimationGroup(wind)
```

（6）将两个动画对象添加到动画分组中。

```
group.addAnimation(animat1)
group.addAnimation(animat2)
```

（7）将按钮组件的 clicked 信号与动画分组的 start 方法连接。只要按钮被单击就会启动动画。

```
btn.clicked.connect(group.start)
```

运行示例程序后，单击按钮开始播放动画。此时按钮的大小和位置是同时改变的，如图 16-9 与图 16-10 所示。

图 16-9　动画启动前

图 16-10　动画开始后按钮的大小和位置同步改变

## 第 17 章

Qt 样式表

本章要点：
- ➢ Qt 样式表格式；
- ➢ 盒子模型；
- ➢ 颜色与渐变画刷；
- ➢ 字体；
- ➢ 伪状态与子控件。

17.1 Qt 样式表概述

Qt 样式表（Qt Style Sheets，QSS）可以快速、方便地自定义可视化组件的外观，不需要从现有组件派生，也不需要重写 QStyle 类。从本质上看，QSS 是普通文本，与 HTML 中的 CSS（Cascading Style Sheets，译为"级联样式表"或"层叠样式表"）相似，语法上也很接近。

QSS 具有继承性和覆盖性。例如，在应用程序级别设置的样式表会被应用到当前进程的所有可视化组件上。若某个窗口设置了自己的样式表，那么它就会覆盖应用程序级别的样式表，同时该窗口内的组件会继承窗口所设置的样式表。

举个例子，下面的样式表将设置按钮的背景色为粉红色，复选框的文本为蓝色，效果如图 17-1 所示。

```
QPushButton {
    background-color: pink;
}
QCheckBox {
    color: blue;
}
```

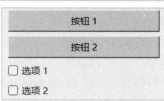

图 17-1 简单的 QSS 演示

17.1.1 基本格式

QSS 与 HTML CSS 的语法接近，由选择器和规则声明代码组成。选择器用来指明该样式是"给谁用的"，即应用到哪些对象上，例如：

```
QFrame
{
    ......
}
```

上述样式表指定此样式将应用到 QFrame 对象上。如果样式表要应用到多个对象上，可以用逗号分隔多个值，例如：

```
QPushButton, QSpinBox, QRadioButton
{
    ......
}
```

上述样式表会同时应用到 QPushButton、QSpinBox 和 QRadioButton 类型的组件上。如果要让同类型的实例应用不同的样式，可以添加属性过滤，例如：

```
QPushButton[type="1"]
{
    ......
}

QPushButton[type="2"]
{
    ......
}
```

尽管两个样式都是为 QPushButton 组件准备的，但只有具备属性 type 且值为 1 的按钮才会应用第一个样式；同理，第二个样式要求按钮对象具备值为 2 的 type 属性。用下面代码实例化的 QPushButton 组件就会应用第二个样式。

```
button = QPushButton("按钮", parent)
button.setProperty("type", 2)
```

setProperty 方法用于向 QObject 对象添加动态属性，QPushButton 是 QObject 的子类，也继承了 setProperty 方法。需要注意的是，虽然 Python 也是动态语言，允许直接使用动态属性，但基于 Python 的动态属性对 QSS 是无效的。而 setProperty 方法所设置的动态属性是符合 Qt 内部机制的，因此对 QSS 是有效的。

如果希望将样式应用于所有可视化对象，可以使用通配符（*，即星号），例如：

```
*
{
    ......
}
```

选择器后面是一对大括号，大括号内部就是样式规则，每条规则都以分号（;）结束。一条样式规则由属性和值构成，两者之间用冒号（:）隔开。因此，完整的 QSS 样式表格式如下：

```
<选择器> {
    background-color: red;
    padding: 5px 15px;
    ......
}
```

其中，background-color 和 padding 是样式属性，red 是 background-color 属性的值。

被选择的对象也可以存在父/子关系。假设某个 QWidget 实例表示顶层窗口，窗口中包含 3 个 QFrame 对象，那么如果要为这 3 个 QFrame 对象统一设置背景色，选择器可以这样写：

```
QWidget > QFrame
{
    background-color: black;
}
```

不过，上述选择器要求 QFrame 必须是 QWidget 的直接子级，否则无效。若要将样式应用于间接子级，选择器应当用空格来连接，而不是 ">"。例如：

```
QWidget  QFrame
{
    ......
}
```

17.1.2　示例：如何设置样式表

不管是 QApplication 类还是 QWidget 类，都公开了 setStyleSheet 方法，用于设置 Qt 样式表。该方法仅接收字符串类型的参数，可以直接传递 QSS 文本。若调用的是 QApplication 对象的 setStyleSheet 方法，那么所设置的样式表将在整个应用程序范围内有效；若在某个 QWidget（QWidget 的派生类）对象上调用 setStyleSheet 方法，那么所设置的样式仅对该 QWidget 对象以及它的子对象有效，对其他 QWidget 对象无效。

本示例将演示在 QWidget 的派生类 MyWindow 的 __init__ 方法中调用 setStyleSheet 方法为此窗口中的 QRadioButton、QCheckBox、QPushButton、QGroupBox、QLCDNumber 组件设置样式。

MyWindow 窗口中各组件的布局请参考下面的代码。

```python
class MyWindow(QWidget):
    def __init__(self):
        super().__init__()
        # 布局
        layout = QGridLayout()
        self.setLayout(layout)
        # 组合框 1
        g1 = QGroupBox("单选项", self)
        # 组合框 1 中的内容
        _g1Layout = QVBoxLayout()
        g1.setLayout(_g1Layout)
        # 单选按钮
        rdbtn1 = QRadioButton("Task-A", g1)
        rdbtn2 = QRadioButton("Task-B", g1)
        rdbtn3 = QRadioButton("Task-C", g1)
        _g1Layout.addWidget(rdbtn1)
        _g1Layout.addWidget(rdbtn2)
        _g1Layout.addWidget(rdbtn3)
        # 组合框 2
        g2 = QGroupBox("复选项", self)
        # 组合框 2 的内容
        _g2Layout = QVBoxLayout()
        g2.setLayout(_g2Layout)
        # 复选按钮
        ckbtn1 = QCheckBox("Line 1", g2)
        ckbtn2 = QCheckBox("Line 2", g2)
        ckbtn3 = QCheckBox("Line 3", g2)
        _g2Layout.addWidget(ckbtn1)
        _g2Layout.addWidget(ckbtn2)
        _g2Layout.addWidget(ckbtn3)
        # 布局上面两个组合框
        layout.addWidget(g1, 0, 0)
        layout.addWidget(g2, 0, 1)
        # 模拟 LCD 数字组件
        lcd = QLCDNumber(self)
        lcd.display(1234)
        layout.addWidget(lcd, 1, 0)
        # 两个按钮
        pushbtn1 = QPushButton("OK", self)
        pushbtn2 = QPushButton("Cancel", self)
        _btnLayout = QHBoxLayout()
        _btnLayout.addWidget(pushbtn1)
        _btnLayout.addWidget(pushbtn2)
        # 将按钮添加到布局中
        layout.addLayout(_btnLayout, 1, 1)
```

下面是 QSS（样式表）内容。

```
self.setStyleSheet('''
    QCheckBox, QRadioButton
    {
        color: #f77d95;
    }
    QPushButton
    {
        color: white;
        background: green;
    }
    QGroupBox
    {
        border-color: blue;
        border-width: 3px;
        border-style: dotted;
    }
    QLCDNumber
    {
        color: purple;
    }
''')
```

上述样式将实现：

（1）QRadioButton 和 QCheckBox 组件使用相同的文本颜色。

（2）按钮（QPushButton）组件的背景色为绿色，文本颜色为白色。

（3）组合框（QGroupBox）的边框为蓝色点状线条，宽度为 3 像素。

（4）QLCDNumber 组件的文本颜色为紫色。

示例的运行效果如图 17-2 所示。

图 17-2　应用样式表后的窗口组件

17.1.3　示例：样式的继承和覆盖

本示例将演示样式表之间的继承和覆盖关系。自定义类 DemoWindow 派生自 QWidget 类，作为程序主窗口，并且在该窗口上设置面向 QLabel 组件的样式表。窗口中创建了 4 个 QLabel 组件，这些组件会继承窗口上所设置的样式，但第四个 QLabel 组件调用 setStyleSheet 方法单独设置了新样式，它会覆盖窗口上设置的样式。

具体代码如下：

```
class DemoWindow(QWidget):
    def __init__(self):
        super().__init__()
        # 设置窗口级别的样式
        self.setStyleSheet("""
            QLabel
```

```
        {
            color: blue;
        }
    """)
    # 4 个 QLabel 组件
    lb1 = QLabel("文本一", self)
    lb2 = QLabel("文本二", self)
    lb3 = QLabel("文本三", self)
    lb4 = QLabel("文本四", self)
    # 最后一个单独设置样式
    lb4.setStyleSheet("color: green")
    # 设置 4 个 QLabel 组件的位置
    lb1.move(25, 15)
    lb2.move(25, 40)
    lb3.move(25, 65)
    lb4.move(25, 90)
```

　　窗口级别的样式定义了 QLabel 组件的文本将呈现为蓝色，lb1、lb2、lb3 都会继承此样式。而 lb4 设置了独立的样式，让文本呈现为绿色，效果如图 17-3 所示。

图 17-3　第四个 QLabel 组件将覆盖父窗口的样式

17.1.4　示例：从文件加载 QSS

　　本示例将演示从文件读取 Qt 样式表并应用到窗口上。将样式表写到一个独立的文件中，可以方便修改，不需要修改应用程序代码。

　　新建一个文件，文件名可以随意。为了易于辨别，一般使用.qss 扩展名。本示例将文件命名为 test.qss。样式文件实际上是一个文本文件，编码为 UTF-8，输入以下内容。

```
/* 样式 1 */
* {
    color: #FF00FF;
}

/* 样式 2 */
QPushButton {
    background: SpringGreen
}

/* 样式 3 */
QListWidget::item:hover {
    background-color: lightyellow;
}
QListWidget::item:selected {
    background-color: red;
}
```

　　样式 1 的选择器为*，表示它会应用到所有对象上，color 属性设置文本的颜色。样式 2 设置 QPushButton 组件的背景颜色。样式 3 将应用于 QListWidget 组件的列表项，伪状态 :hover 表示当鼠标指针悬浮于列表项上面时所呈现的背景颜色；:selected 表示当列表项被选中后呈现的背景颜色。

在初始化 QWidget 对象的代码时，使用 QFile 和 QTextStream 类读取样式表文件的内容，然后传递给 setStyleSheet 方法。代码如下：

```python
def __init__(self):
    super().__init__()
    # 从文件中加载样式表
    qssFile = QFile("test.qss")
    if qssFile.open(QFile.OpenModeFlag.ReadOnly):
        # 以流的方式读取
        stream = QTextStream(qssFile)
        styleText = stream.readAll()
        # 关闭文件
        qssFile.close()
        # 设置样式表
        self.setStyleSheet(styleText)
```

示例窗口应用样式表后如图 17-4 所示。

图 17-4　从文件中加载样式表

17.2　盒子模型

可视化组件被一系列矩形包围，而且这些矩形同处于一个中心点上。如图 17-5 所示，该图来自 Qt 官方文档。

border 是组件的边框，边框之外的空间是 margin（外边距），边框内是 padding（内边距）。margin 决定当前组件与父容器之间的距离，padding 决定了当前组件与内容之间的距离。父容器的 padding 等于当前组件的 margin，当前组件的 padding 等于子级组件的 margin。如图 17-6 所示，对 A 来说，A 与 B 边距之间的空隙为 padding；对 B 来说，A、B 之间的空隙是 margin，B、C 之间的空隙为 padding；对 C 来说，B、C 之间的空隙是 margin。

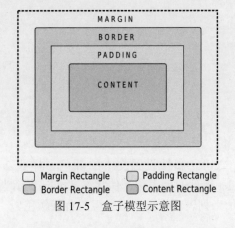

图 17-5　盒子模型示意图

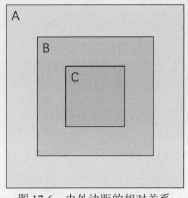

图 17-6　内外边距的相对关系

外边距对应的 QSS 属性为 margin，可以用 1~4 个数值表示。例如：

```
margin: 15px;
margin: 10px 30px;
margin: 12px 22px 32px;
margin: 8px 12px 10px 13px;
```

margin 属性的值依次是上边距（Top）、右边距（Right）、下边距（Bottom）、左边距（Left）。

如果属性只有一个值，则表示 4 个方向的边距都相等。如上述例子中的第一行，它代表上、右、下和左边距都是 15 个像素。

如果属性指定了两个值，表示上、下边距相等，右、左边距相等。如上述例子的第二行，10px 30px 代表上、下边距都是 10 像素，左、右边距都是 30 像素。

如果属性指定了三个值，表示左、右边距相等，上、下边距独立。如上述例子的第三行，上边距为 8 像素，下边距为 13 像素，左、右边距都是 22 像素。

如果属性指定了 4 个值，则代表上、下、左、右边距相互独立。如上述例子中的第四行，上边距为 8 像素，右边距为 12 像素，下边距为 10 像素，左边距为 13 像素。

内边距使用 padding 属性。与 margin 属性类似，padding 属性可以指定 1~4 个值，例如：

```
padding: 20px;
padding: 10px 15px;
padding: 5px 15px 7px;
padding: 16px 25px 5px 3px;
```

上述赋值方式的含义与 margin 属性相同，此处不再赘述。

margin 和 padding 属性还可以拆分为以下属性。

（1）margin-top/padding-top：设置上边距。

（2）margin-right/padding-right：设置右边距。

（3）margin-bottom/padding-bottom：设置下边距。

（4）margin-left/padding-left：设置左边距。

17.2.1 示例：设置按钮的外边距

本示例将演示为 4 个按钮组件设置外边距。具体实现步骤如下。

（1）创建两个 QFrame 实例。

```
gridLineH = QFrame(self)
gridLineH.setFrameShape(QFrame.Shape.HLine)
gridLineH.setMidLineWidth(2)
gridLineV = QFrame(self)
gridLineV.setFrameShape(QFrame.Shape.VLine)
gridLineV.setMidLineWidth(2)
```

Shape.HLine 表示 QFrame 组件仅显示一根水平直线，同理，VLine 表示仅显示一根垂直的直线。setMidLineWidth 方法设置水平/垂直线的宽度（粗细）。

（2）初始化网格布局对象，并将上述两个 QFrame 组件添加到布局。

```
layout = QGridLayout()
self.setLayout(layout)
layout.addWidget(gridLineH, 1, 0, 1, 3)
layout.addWidget(gridLineV, 0, 1, 3, 1)
```

由于 QGridLayout 类不能显示网格线，因此用两个 QFrame 组件来充当两个网格线。水平网格线位于第二行，跨三列分布；垂直网格线位于第二列，跨三行分布。

（3）初始化 4 个按钮组件，分别放在网格的第一行第一列、第一行第三列、第三行第一列、第三行第三列。

```
btn1 = QPushButton("A", self)
btn2 = QPushButton("B", self)
btn3 = QPushButton("C", self)
btn4 = QPushButton("D", self)
# 设置按钮的大小调整策略
btn1.setSizePolicy(QSizePolicy.Policy.MinimumExpanding, QSizePolicy.
Policy.MinimumExpanding)
btn2.setSizePolicy(QSizePolicy.Policy.MinimumExpanding, QSizePolicy.
Policy.MinimumExpanding)
btn3.setSizePolicy(QSizePolicy.Policy.MinimumExpanding, QSizePolicy.
Policy.MinimumExpanding)
btn4.setSizePolicy(QSizePolicy.Policy.MinimumExpanding, QSizePolicy.
Policy.MinimumExpanding)
layout.addWidget(btn1, 0, 0)
layout.addWidget(btn2, 0, 2)
layout.addWidget(btn3, 2, 0)
layout.addWidget(btn4, 2, 2)
```

setSizePolicy 方法用于设置按钮的大小缩放策略，MinimumExpanding 表示让按钮尽可能占用可用空间，只有这样设置才能看到 margin、margin-top 等属性的应用效果。

（4）为上述 4 个按钮组件设置样式表。

```
btn1.setStyleSheet("margin: 25px")
btn2.setStyleSheet("margin: 12px 28px 35px 40px")
btn3.setStyleSheet("margin: 30px 58px")
btn4.setStyleSheet('''
    margin-top: 60px;
    margin-bottom: 30px;
    margin-lef: 15px;
    margin-right: 70px;
''')
```

使用网格线是为了能直观看到设置外边距后的效果，网格线可作为容器边沿的参考线。示例程序的运行结果如图 17-7 所示。

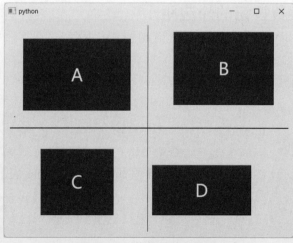

图 17-7　4 个按钮的外边距

17.2.2　示例：设置 QListWidget 对象的内边距

本示例将为列表组件（QListWidget）设置内边距，即组件边框与其内容之间的距离。具体代码如下：

```
# 样式表
style = '''
    QListWidget {
```

```
            padding-left:       25px;
            padding-bottom:     37px;
            padding-right:      15px;
            padding-top:        43px;
    }
'''

# 创建应用程序对象
app = QApplication()
# 设置全局样式表
app.setStyleSheet(style)
# 实例化组件
listwg = QListWidget()
# 添加列表项
listwg.resize(300, 280)
listwg.addItem("芒果")
listwg.addItem("葡萄")
listwg.addItem("西瓜")
listwg.addItem("黄桃")
listwg.addItem("柚子")
# 显示组件
listwg.show()
# 进入事件循环
QApplication.exec()
```

上述代码通过应用程序对象（QApplication 实例）的 setStyleSheet 方法设置全局样式表，使用了 padding-top、padding-left 等属性。由于是全局样式，它会应用整个应用程序内的所有 QListWidget 对象上（本示例只有一个 QListWidget 实例）。

示例的运行结果如图 17-8 所示。

图 17-8　QListWidget 内边距

17.2.3　边框

边框是围绕在可视化对象周围的矩形。在样式表中，可以使用 border 属性设置边框，参数包括线条宽度、线条类型（风格）以及颜色。例如：

```
border: 2px solid red;
border: 1px dotted black;
border: 3px dashed rgb(200, 115, 86);
```

上述样式中，第一行设定边框宽度为 2 像素，线型为实线，颜色是红色；第二行设定边框线宽为 1 像素，线型是点状虚线，颜色是黑色；第三行设置边框宽度为 3 像素，虚线，颜色通过 rgb 函数来指定（括号内的 3 个整数代表 R、G、B 的值）。

border 属性可以分解为以下 3 个属性（其中，位于 "/*" 与 "*/" 内的文本是注释，采用 C 语言的注释风格，与 CSS 的规范一致）：

```
border-width: 3px;           /* 线条宽度 */
border-style: dashed;        /* 线条类型 */
border-color: red;           /* 线条颜色 */
```

border 属性可以仅设置特定方向上的边框样式，因此该属性也可以分解为 border-top、border-right、border-bottom、border-left 属性。例如：

```
border-top: 2px dotted green;
border-bottom: 1px solid gray;
```

上述样式仅设置了上、下边框的样式。上边框宽度为 2 像素，线型为点状虚线，颜色是绿色；下边框是宽度为 1 像素，线型为实线，颜色为灰色。

border-top、border-right 等属性也可以进一步分解为：

```
border-top-width: 1px;       /* 上边框的宽度 */
border-right-width: 2px;     /* 右边框的宽度 */
border-bottom-width: 2px;    /* 下边框的宽度 */
border-left-width: 1px;      /* 左边框的宽度 */

border-top-style: solid;     /* 上边框的线型 */
border-right-style: dotted;  /* 右边框的线型 */
border-bottom-style: dashed; /* 下边框的线型 */
border-left-style: dashed;   /* 左边框的线型 */

border-top-color: blue;      /* 上边框的颜色 */
border-right-color: black;   /* 右边框的颜色 */
border-bottom-color: #CCE562; /* 下边框的颜色 */
border-left-color: white;    /* 左边框的颜色 */
```

17.2.4　示例：为 QLabel 组件设置边框样式

本示例将创建 4 个 QLabel 实例，并为它们分配唯一的名称（通过 setObjectName 方法）。具体的代码如下：

```
# 应用程序窗口
win = QWidget()
win.setWindowTitle("Demo")
win.resize(300,270)
# 布局
layout = QVBoxLayout()
win.setLayout(layout)
# 4 个 QLabel 组件
lb1 = QLabel("文本 1", win)
lb2 = QLabel("文本 2", win)
lb3 = QLabel("文本 3", win)
lb4 = QLabel("文本 4", win)
layout.addWidget(lb1)
layout.addWidget(lb2)
layout.addWidget(lb3)
layout.addWidget(lb4)
# 为 QLabel 组件设置名称
lb1.setObjectName("label1")
lb2.setObjectName("label2")
lb3.setObjectName("label3")
lb4.setObjectName("label4")
```

由于 4 个 QLabel 对象拥有各自的名称,所以在设置样式表时可以使用对象名称选择器,格式如下:

```
#<对象名称>
{
    ......
}
```

为 4 个 QLabel 组件设置的样式表如下:

```
styleSheet = '''
    #label1
    {
        border: 1px solid pink;
    }
    #label2
    {
        /* 先将边框设置为 none */
        border: none;
        /* 然后单独设置左、右边框 */
        border-left: 4px solid green;
        border-right: 4px solid skyblue;
    }
    #label3
    {
        /* 上、下、左、右边框的颜色不同 */
        border-top-color: gray;
        border-right-color: green;
        border-bottom-color: purple;
        border-left-color: orange;
        /* 统一设置边框宽度和线型 */
        border-width: 6px;
        border-style: dashed;
        /* 改变上边框的线条类型 */
        border-top-style: dotted;
    }
    #label4
    {
        /* 左、上边框的线型相同 */
        border-top-style: dashed;
        border-left-style: dashed;
        /* 右、下边框的线型相同 */
        border-right-style: double;
        border-bottom-style: double;
        /* 上、下边框的宽度相同 */
        border-top-width: 5px;
        border-bottom-width: 5px;
        /* 左右边框的宽度相同 */
        border-left-width: 3px;
        border-right-width: 3px;
        /* 左、上边框的颜色相同 */
        border-top-color: #B8860B;
        border-left-color: #B8860B;
        /* 右、下边框的颜色相同 */
        border-right-color: firebrick;
        border-bottom-color: firebrick;
    }
'''
win.setStyleSheet(styleSheet)
```

第一个 QLabel 组件(对象名称为 label1)统一设置所有边框的宽度、线型和颜色;第二个 QLabel 组件(对象名称为 label2)先将各边框设置为 none,即不显示边框,然后单独为左、右边框设置属性

（只显示左、右边框）；第三个 QLabel 组件（对象名称为 label3）上、下、左、右边框的颜色都不相同，接着设置相同的线条宽度和类型，最后单独设置上边框为点状虚线；第四个 QLabel 组件（对象名称为 label4）左、上边框的颜色、线型和宽度相同，右、下边框的颜色、线型和宽度相同。

该示例的运行结果如图 17-9 所示。

17.2.5 圆角边框

设置圆角边框需要使用 border-radius 属性。边框的圆角由 $\frac{1}{4}$ 个圆组成（如图 17-10 所示），因此该样式属性有两个值——第一个值代表水平方向上的半径长度，第二个值代表垂直方向上的半径长度。如果 border-radius 属性只设置了一个值，那就表示圆角的水平半径和垂直半径的长度一致。

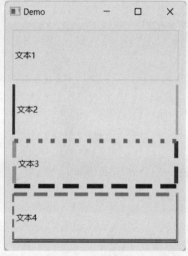

图 17-9　QLabel 组件的自定义边框

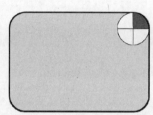

图 17-10　边框圆角示意图

边框是一个矩形区域，它有 4 个角，如果将 border-radius 属性拆分，会产生 4 个属性。

```
border-top-left-radius: 5px;          /* 左上角的半径长度 */
border-top-right-radius: 3px;         /* 右上角的半径长度 */
border-bottom-right-radius: 12px;     /* 右下角的半径长度 */
border-bottom-left-radius: 6px;       /* 左下角的半径长度 */
```

17.2.6　示例：带圆角边框的按钮

本示例将使用 border-radius 属性为 QPushButton 组件设置圆角边框。样式表如下：

```
styleSheet = '''
    QPushButton
    {
        border-radius: 8px 6px;
        border: 2px solid deeppink;
        background: lightgray;
        color: brown;
    }
'''
```

border-radius 属性设置圆角的水平半径长度为 8 像素，垂直半径的长度为 6 像素。border 属性设置按钮的边框样式。background 属性设置按钮的背景颜色，而 color 属性则设置按钮上的文本颜色。

应用程序窗口的布局如下面代码所示。

```
window = QWidget()
window.resize(250, 60)
```

```
# 布局
layout = QHBoxLayout()
window.setLayout(layout)
# 3 个按钮
layout.addWidget(QPushButton("应用", window))
layout.addWidget(QPushButton("取消", window))
layout.addWidget(QPushButton("退出", window))
```

以下代码调用 setStyleSheet 方法设置样式表：

```
window.setStyleSheet(styleSheet)
```

示例的运行效果如图 17-11 所示。

图 17-11　带圆角边框的按钮

17.3　颜色

在 Qt 样式表中，颜色有以下几种表示方式。

（1）直接使用已命名颜色，如 blue、green 等。

（2）rgb 或 rgba 函数。rgb 函数需要 3 个参数——红色（Red）、绿色（Green）、蓝色（Blue）。rgba 函数多了一个 Alpha 值，即透明度。

（3）直接使用十六进制的 RGB 数值，如#25C4AF、#f5062c 等。

（4）hsv 或 hsva 函数使用 HSV 色彩空间。其参数由色调（Hue）、饱和度（Saturation）以及明度（Value）组成。hsva 函数中多了 Alpha 值，表示透明度。

（5）hsl 或 hsla 函数使用 HSL 色彩空间。参数由色调（Hue）、饱和度（Saturation）和亮度（Lightness）组成。hsla 函数多出一个 Alpha 值，表示透明度。

R、G、B、A 既可以用 0~255（包括 0 和 255）的整数值表示，也可以用百分比表示。例如：

```
background-color: rgba(25%, 50%, 100%, 50%);
background-color: rgb(127, 245, 105);
```

H（色调）的值在 0~359（包括 0 和 359），它用一个圆环中的角度来区分颜色，如图 17-12 所示。

其中有 3 个特殊的角：0°（或 359°）表示红色，120°表示绿色，240°表示蓝色。还有 3 种颜色的交汇处：60°表示黄色，180°表示青色，300°表示品红色。

S（饱和度）、V（明度）和 L（亮度）的取值范围都是[0, 255]，或者使用百分比。

在 HSV（也称 HSB）颜色空间中，若 V 的值为 0，无论 H、S 取何值,颜色都呈现为黑色。如果 V 的值为 100%，S 为 0，那么颜色将呈现为白色，若 S 为 100%，则颜色的纯度最高。

在 HSL 颜色空间中，若 L 的值为 0，无论 H、S 取何值，颜色都呈现为黑色。若 L 的值为 100%，无论 H、S 取何值，颜色都是白色。L 的值在 50%时，黑色和白色的比例可以忽略，此时颜色的浓度取决于 S。S 值越大颜色越鲜艳。

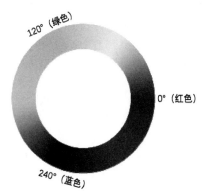

图 17-12　色相（色调）示意图

颜色值通常用于如 color（文本颜色）、background-color（背景颜色）、border-color（边框颜色）等样式属性中。

17.3.1 示例：设置 QLabel 组件的文本颜色

本示例分别为 4 个 QLabel 组件设置文本颜色（使用 color 属性），其中用到的颜色表示法有 rgb、hsv、hsl 和十六进制整数值。

首先创建 QWidget 实例作为示例程序的窗口，使用的布局类是 QVBoxLayout。随后添加 4 个 QLabel 组件。代码如下：

```
# 应用程序窗口
window = QWidget()
# 布局
layout = QVBoxLayout()
window.setLayout(layout)
# QLabel 组件
lb1 = QLabel("文本 1", window)
lb2 = QLabel("文本 2", window)
lb3 = QLabel("文本 3", window)
lb4 = QLabel("文本 4", window)
# 将组件添加到布局
layout.addWidget(lb1)
layout.addWidget(lb2)
layout.addWidget(lb3)
layout.addWidget(lb4)
# 为组件分配名称
lb1.setObjectName("labelA")
lb2.setObjectName("labelB")
lb3.setObjectName("labelC")
lb4.setObjectName("labelD")
```

4 个组件都是 QLabel 类，若要统一设置样式，QSS 可以使用 QLabel 作为选择器；若需要独立设置样式，则需要为每个 QLabel 组件命名，并将对象名称（CSS 中是元素 ID）作为选择器。

下面的代码将为窗口设置样式表。

```
styleSheet = '''
    #labelA
    {
        color: rgb(0, 200, 240);
    }
    #labelB
    {
        color: hsv(30, 100%, 100%);
    }
    #labelC
    {
        color: hsl(240, 100%, 25%);
    }
    #labelD
    {
        color: #FC05FF;
    }
'''
window.setStyleSheet(styleSheet)
```

其中，labelB 使用了 hsv 函数，H 值为 30°，S 和 V 均为最大值，此时会呈现出最明亮的橙色；labelC 使用了 hsl 函数，H 值为 240°代表蓝色，L 取值 25%表示蓝色中混入部分黑色，使蓝色看起来更深（接近深蓝色，深蓝色的 L 值为 27%）。

示例运行后的效果如图 17-13 所示。

图 17-13　标签的文本颜色

17.3.2　示例：设置 QWidget 的背景颜色

本示例将演示使用 background-color 属性为 QWidget 组件设置背景颜色。示例窗口使用 QHBoxLayout 类进行布局，且添加 4 个 QWidget 实例。具体代码如下：

```python
window = QWidget()
window.resize(300, 250)
# 布局
layout = QHBoxLayout()
window.setLayout(layout)
# 实例化 4 个 QWidget 对象
wglist = [
    QWidget(window),
    QWidget(window),
    QWidget(window),
    QWidget(window)
]
# 添加到布局
for w in wglist:
    layout.addWidget(w)
```

下面的代码分别为 4 个 QWidget 对象分配名称：

```python
for i in range(len(wglist)):
    wglist[i].setObjectName(f"widget_{i + 1}")
```

4 个 QWidget 组件的对象名称为 widget_1、widget_2、widget_3 和 widget_4。接下来要为它们设置样式。

```python
style = '''
    #widget_1
    {
        background-color: red;
    }
    #widget_2
    {
        background-color: hsl(120, 100%, 28%);
    }
    #widget_3
    {
        background-color: rgb(255, 255, 10);
    }
    #widget_4
    {
        background-color: #d448c9;
    }
'''
window.setStyleSheet(style)
```

widget_1 直接使用已命名颜色 red。widget_2 使用 hsl 函数，圆角 120°代表的是绿色，L 值为 28% 表示绿色中混合少量黑色，使其变成深绿色。widget_3 使用 rgb 函数指定 R、G、B 的值。widget_4 使用十六进制值来描述颜色。

示例程序的运行结果如图 17-14 所示。

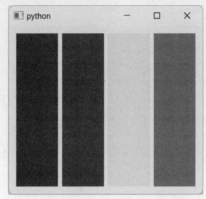

图 17-14　设置背景颜色

17.4　渐变画刷

渐变画刷使用一种或多种颜色绘制（或填充）目标区域，每种颜色之间存在过渡效果。渐变画刷通过色标（Stop，也可译作"停止点"或"渐变点"）来描述颜色参数，每个色标均包括位置和颜色。色标的位置用的是相对值，位于渐变区域的起点处为 0，终点处为 1。例如，0.5 表示起点和终点所在线段的中央。

Qt 样式表通过专门的函数来定义渐变画刷——qlineargradient、qradialgradient 和 qconicalgradient。这些样式函数将映射到 QtGui 模块下的 QLinearGradient、QRadialGradient 和 QConicalGradient 类。

17.4.1　线性渐变

qlineargradient 函数定义的是线性画刷。在该渐变模型中，颜色将沿着一条直线分布，渐变方向可能是从上到下，也可能是从左到右、从左上角到右下角等，这取决于起点和终点的坐标。线性渐变的基本结构如图 17-15 所示。

图 17-15　线性渐变的基本结构

qlineargradient 函数需要提供渐变起点坐标（x1、y1）、终点坐标（x2、y2）以及色标点集合（stop）。使用格式如下：

```
qlineargradient(
    x1: 0.5,
```

```
        y1: 0,
        x2: 0.5,
        y2: 1,
        stop: 0 blue,        /* 第一个色标点 */
        stop: 0.5 red,       /* 第二个色标点 */
        stop: 1 green        /* 第三个色标点 */
)
```

上述样式创建的线性渐变画刷的起点是(0.5,0)，终点是(0.5,1)，即渐变方向是从上到下。画刷包含3 个色标：位于起点处，蓝色；位于中点处，红色；位于终点处，绿色。

17.4.2　示例：使用线性渐变颜色填充背景

本示例将创建 3 个 QWidget 组件实例，然后用线性渐变画刷填充它们的背景，QSS 属性可以用background 或 background-color。

3 个 QWidget 组件使用 QGridLayout 布局，具体的代码如下：

```
# 示例程序窗口
window = QWidget()
window.resize(400, 200)

# 布局
layout = QGridLayout()
window.setLayout(layout)
layout.setRowStretch(0, 1)

# 3 个 QWidget 对象
wg1 = QWidget(window)
wg2 = QWidget(window)
wg3 = QWidget(window)
# 添加到布局
layout.addWidget(wg1, 0, 0)
layout.addWidget(wg2, 0, 1)
layout.addWidget(wg3, 0, 2)
```

在本示例中，将通过自定义属性 desc 来筛选组件（用于区分 3 个 QWidget 对象），在 QSS 中的选择器语法为 QWidget[desc=xxx]。下面的代码将为 3 个 QWidget 对象设置 desc 属性。

```
wg1.setProperty("desc", 1)
wg2.setProperty("desc", 2)
wg3.setProperty("desc", 3)
```

最后在顶层窗口上设置样式表。代码如下：

```
style = """
    QWidget[desc='1']
    {
        background: qlineargradient(
            x1: 0,
            y1: 0.5,
            x2: 1,
            y2: 0.5,
            stop: 0 red,
            stop: 1 lightblue);
    }
    QWidget[desc='2']
    {
        background: qlineargradient(
            x1: 0,
            y1: 0,
            x2: 1,
```

```
        y2: 1,
        stop: 0 black,
        stop: 1 hsl(180, 95%, 52%));
    }
    QWidget[desc='3']
    {
        background-color: qlineargradient(
        x1: 0.5,
        y1: 0,
        x2: 0.5,
        y2: 1,
        stop: 0 hsl(80, 100%, 60%),
        stop: 1 deeppink);
    }
"""
window.setStyleSheet(style)
```

第一个样式是从左到右进行渐变，起点的 X 坐标是 0，Y 坐标是 0.5（位于垂直方向的中央），终点在填充区域的最右端；第二个样式是从左上角往右下角渐变；第三个样式是从上往下渐变，因此起点的 Y 坐标是 0，终点的 Y 坐标是 1。

示例的运行效果如图 17-16 所示。

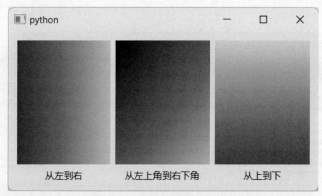

图 17-16 线性渐变画刷示例

17.4.3 径向渐变

qradialgradient 函数定义的是径向渐变。径向渐变需要设定两个坐标点：圆心（Center Point）和焦点（Focal Point）。圆心用于确定渐变区域的位置，焦点是颜色渐变的起点。如果圆心与焦点重合，那从圆心向外辐射可以形成任意个数的同心圆，渐变点将落在这些同心圆上，如图 17-17 所示。如果圆心与焦点不重合，画刷会自动调整颜色的呈现空间。

图 17-17 径向渐变

调用 qradialgradient 函数需要提供以下参数。

（1）cx：圆心的 X 坐标。

（2）cy：圆心的 Y 坐标。

（3）radius：渐变区域的半径，一般为 1。如果半径设置为 2，那么渐变圆环会增大一倍。

（4）fx：渐变起点的 X 坐标，可以与圆心重合，也可以与圆心不同。

（5）fy：渐变起点的 Y 坐标，可以与圆心重合，也可以不重合。

（6）stop：此参数可以出现多次，用于定义渐变色标。

17.4.4　示例：移动径向渐变的圆心位置

本示例将使用径向渐变画刷填充窗口背景，然后单击窗口区域会动态调整渐变区域的圆心。

本示例的 Qt 样式表将使用字符串模板，当需要修改渐变画刷的圆心坐标时，就调用 str.format 方法来格式化并生成最终样式。样式表模板如下：

```
self.__style = '''
    QWidget:window
    {{
        background: qradialgradient(
            cx: {0},
            cy: {1},
            radius: 1,
            fx: {0},
            fy: {1},
            stop: 0 red,
            stop: 0.5 lightblue,
            stop: 1 gold
        );
    }}
'''
```

注意，上述样式表中，大括号进行了转义（"{{"代表"{"，"}}"代表"}"）。这是因为字符串在格式化时使用的占位符是大括号（如"{0}"），若不进行转义处理，str.format 方法会解析错误。本示例假定圆心坐标（cx、cy）和渐变焦点（fx、fy）重合，渐变颜色从圆心向外辐射。所以，cx 与 fy 相等，cy 与 fy 相等。

cx、cy、fx、fy 均使用逻辑坐标，即 0 映射到填充空间的原点，1 映射到填充空间的最大值。假如填充的空间为 100×200px，那么 cx: 0.5, cy: 1 表示圆心的坐标是(50, 200)。radius: 1 是渐变半径，表示渐变过渡会覆盖从起点到终点的整个区域。

重写 QWidget 类的 mousePressEvent 方法，在按下鼠标左键后，将渐变圆心移动到鼠标指针所在的位置。

```
def mousePressEvent(self, event: QMouseEvent):
    # 判断按下的是否为左键
    if event.button() == Qt.MouseButton.LeftButton:
        # 获取窗口的大小
        winsize = self.size()
        # 获取当前鼠标指针的位置
        locpos = event.position()
        # 计算逻辑坐标
        xx = locpos.x() / winsize.width()
        yy = locpos.y() / winsize.height()
        # 修改样式
        self.setStyleSheet(self.__style.format(xx, yy))
    super().mousePressEvent(event)
```

计算逻辑坐标时先获取窗口的大小（宽度、高度），接着获取鼠标指针相对于窗口的坐标。最后将当前坐标除以窗口的大小，就能得到逻辑坐标。

运行示例程序后，默认的渐变圆心在窗口中央，如图 17-18 渐变区域的默认所示。

现在，在窗口的左下角单击一下，径向渐变区域的圆心会移动到当前鼠标指针所在的位置，如图 17-19 所示。

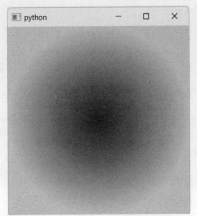

图 17-18　渐变区域的默认位置

图 17-19　渐变区域的位置已改变

由此可见，圆心坐标可决定渐变区域的位置。

17.4.5　示例：移动径向渐变的焦点位置

本示例与 17.4.4 节相似，本示例将演示修改径向渐变画刷中的焦点坐标（fx、fy 的值）对填充效果的影响。

本示例使用的样式表如下：

```
self._styleSheet = """
    QWidget:window
    {{
        background-color: qradialgradient(
            cx: 0.5,
            cy: 0.5,
            radius: 0.5,
            fx: {0},
            fy: {1},
            stop: 0 lightyellow,
            stop: 0.5 darkgreen,
            stop: 1 hsl(270, 100%, 45%)
        );
    }}
"""
```

上述样式中，圆心的坐标（cx、cy）将被固定在渐变区域的中央。焦点（fx、fy）定义的是渐变颜色的起点，此处使用了占位符{0}、{1}，随后会通过 str.format 方法格式化，占位符会被替换为具体的值。

重写 QWidget 类的 mousePressEvent 方法，当右击窗口后，将焦点坐标改为当前鼠标指针的位置。代码如下：

```
def mousePressEvent(self, event: QMouseEvent):
    # 如果按下的是右键
    if event.button() == Qt.MouseButton.RightButton:
        # 获取窗口的大小
        windowSz = self.size()
        # 获取鼠标指针的当前位置
```

```
        locPos = event.position()
        # 计算逻辑坐标
        lx, ly = locPos.x() / windowSz.width(), locPos.y() / windowSz.height()
        # 修改样式表
        self.setStyleSheet(self._styleSheet.format(lx, ly))
    super().mousePressEvent(event)
```

fx、fy 也是使用逻辑坐标，即取值范围在 0～1。换算方法是当前鼠标的坐标除以窗口的宽度（或高度）所得到的比例。

示例程序运行后，渐变填充的默认焦点与圆心重合，如图 17-20 所示。

随后，在窗口左上角附近右击，会发现渐变颜色的起始位置已改变，如图 17-21 所示。

图 17-20　渐变的焦点与圆心重合

图 17-21　渐变颜色的起点已改变

17.4.6　锥形渐变

qconicalgradient 函数可定义锥形渐变，因其呈现结果酷似圆锥而得名。锥形渐变需要指定 3 个参数：cx（圆心的 X 坐标）、cy（圆心的 Y 坐标）以及 angle（起始角度）。圆心坐标指定的是中心位置，渐变方向从 angle 开始，沿逆时针方向旋转，渐变区域可覆盖整个圆周角（360°）。锥形渐变的结构如图 17-22 所示。

图 17-22　锥形渐变的结构

17.4.7 示例：使用锥形渐变填充 **QFrame** 组件

本示例将演示 qconicalgradient 函数的使用，并且可以通过程序窗口上的按钮实时改变圆心和初始角度。具体步骤如下。

（1）示例窗口使用 QGridLayout（网格）布局。

```
rootLayout = QGridLayout()
self.setLayout(rootLayout)
```

（2）网格的第一行放置 QFrame 组件。

```
self._frame = QFrame(self)
# 设置边框
self._frame.setFrameShape(QFrame.Shape.Box)
# 添加到布局中
rootLayout.addWidget(self._frame, 0, 0, 1, 3)
```

（3）向窗口添加 6 个 QPushButton 组件，由 QButtonGroup 对象集中处理 clicked 信号。

```
btnGroup = QButtonGroup(self)
btnGroup.addButton(QPushButton("圆心 1", self), 1)
btnGroup.addButton(QPushButton("圆心 2", self), 2)
btnGroup.addButton(QPushButton("圆心 3", self), 3)
btnGroup.addButton(QPushButton("角度 1", self), 4)
btnGroup.addButton(QPushButton("角度 2", self), 5)
btnGroup.addButton(QPushButton("角度 3", self), 6)
# 连接信号
btnGroup.idClicked.connect(self.onIdClicked)
```

（4）将 6 个 QPushButton 组件添加到布局。

```
rootLayout.addWidget(btnGroup.button(1), 1, 0)
rootLayout.addWidget(btnGroup.button(2), 2, 0)
rootLayout.addWidget(btnGroup.button(3), 3, 0)
rootLayout.addWidget(btnGroup.button(4), 1, 2)
rootLayout.addWidget(btnGroup.button(5), 2, 2)
rootLayout.addWidget(btnGroup.button(6), 3, 2)
rootLayout.setColumnStretch(1, 1)
```

（5）初始化相关字段的值。

```
self._cx = 0.5
self._cy = 0.5
self._angle = 60
self._updateStyleSheet()
```

_cx 和 _cy 字段表示圆心坐标，_angle 字段表示渐变的初始角。在 _updateStyleSheet 方法中会用到这些字段来生成最终的样式表。

（6）_updateStyleSheet 方法的完整代码如下：

```
def _updateStyleSheet(self):
    # 拼接样式表文本
    s = f'''
    background: qconicalgradient(
        cx: {self._cx},
        cy: {self._cy},
        angle: {self._angle},
        stop: 0 blue,
        stop: 0.3 hsl(135, 100%, 45%),
        stop: 0.8 darkgreen,
        stop: 1 hsl(185, 100%, 65%)
    );
    '''
```

```
    # 设置 QFrame 组件的样式表
    self._frame.setStyleSheet(s)
```

（7）与 **QButtonGroup** 对象的 **idClicked** 信号连接的 **onIdClicked** 方法定义如下：

```python
def onIdClicked(self, id: int):
    # id = 1-3, 改变圆心
    if id == 1:
        self._cx = 0.5
        self._cy = 0.5
    elif id == 2:
        self._cx = 0
        self._cy = 1
    elif id == 3:
        self._cx = 0.8
        self._cy = 0.7
    # id = 4-6, 改变渐变起始角
    elif id == 4:
        self._angle = 45
    elif id == 5:
        self._angle = 150
    elif id == 6:
        self._angle = 270
    # 更新样式表
    self._updateStyleSheet()
```

运行示例程序，初始渐变效果如图 17-23 所示。

单击"圆心 3"按钮，锥形的中心位置会发生变化，如图 17-24 所示。

单击"角度 2"按钮，渐变颜色的起始角度会发生变化，如图 17-25 所示。

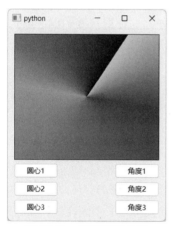

图 17-23　锥形渐变效果

图 17-24　圆心坐标已改变

图 17-25　初始角已改变

17.4.8　渐变区域的延展方案

当设定的填充区域小于被填充平面时，就需要采取适当的渐变延展方案来处理渐变区域以外的空间。在 Qt 样式表中，可以使用 spread 参数来设置渐变延展方式，默认为 pad。Qt 的官文档未提及 spread 参数，但可以在 Qt 的源代码中找到。下面是部分 C++源代码。

```cpp
......
int spread = -1;
QStringList spreads;
spreads << "pad"_L1 << "reflect"_L1 << "repeat"_L1;
......
```

```
// 如果是 stop 参数
if(attr.compare("stop"_L1, Qt::CaseInsensitive) == 0) {
    QCss::Value stop, color;
    ......
    // 分析出色标的位置和颜色值并添加到 QGradientStop 列表中
    stops.append(QGradientStop(stop.variant.toReal(), colorFromData(cd, pal)));
} else {
    ......
    // 如果是 spread 参数
    if(attr.compare("spread"_L1, Qt::CaseInsensitive) == 0) {
        // spreads 列表代表了 spread 参数的有效值——pad、repeat、reflect
        spread = spreads.indexOf(value.variant.toString());
    } else {
        // 其他参数，皆转换为浮点数值，存在 vars 列表中
        vars[attr] = value.variant.toReal();
    }
}
......
```

通过分析源代码，得知 spread 参数支持的值如下。

（1）pad：用最靠近该区域的色标进行填充，例如：

```
qlineargradient(
    x1: 0.4,
    y1: 0.5,
    x2: 1,
    y2: 0.5,
    stop: 0 yellow,
    stop: 1 blue,
    spread: pad
)
```

上述函数定义的是线性渐变。渐变区域在水平方向上的起点位于 0.4 处，这使得从 0～0.4 的区域未被覆盖，且最靠近此区域的色标位于 0 处，因此未进行渐变填充的区域将使用黄色填充，如图 17-26 所示。

外部区域也可能位于渐变区域之后，例如：

```
qlineargradient(
    x1: 0,
    y1: 0.5,
    x2: 0.5,
    y2: 0.5,
    stop: 0 white,
    stop: 1 green,
    spread: pad
)
```

上述样式中，渐变区域的水平坐标在 0.5（目标平面的 $\frac{1}{2}$ 处），这使得 0.5～1.0 成了渐变的外部区域。

距离该区域最近的色标位于 1 处，因此画刷将使用绿色填充剩余的空间，如图 17-27 所示。

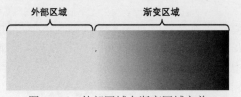

图 17-26　外部区域在渐变区域之前

图 17-27　外部区域在渐变区域后面

（2）repeat：重复渐变区域，直到填满剩余的空间，如图 17-28 所示。

（3）reflect：将前一个填充区域的色标进行反转（例如，将红→蓝的渐变转化为蓝→红的渐变），

然后进行填充，如图 17-29 所示，A 是渐变区域，B、C、D 都是被填充的区域。B 将 A 的色标反转后进行填充。同理，C 将 B 的色标反转，D 将 C 的色标反转。

图 17-28　重复填充区域

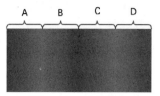

图 17-29　反转填充

17.4.9　示例：在径向渐变中使用 spread 参数

本示例将演示径向渐变函数（qradialgradient）中使用 spread 参数。具体实现步骤如下。

（1）本示例使用的样式表如下：

```
_style = """
    QWidget#test
    {
        background: qradialgradient(
            cx: 0.5,
            cy: 0.5,
            radius: 0.3,
            fx: 0.5,
            fy: 0.5,
            spread: $spread_type,
            stop: 0 red,
            stop: 1 gold
        );
    }
"""
```

$spread_type 是一个文本模板参数，随后在代码中会通过 string 模块下的 Template 类将$spread_type 替换为具体的值（pad、repeat 或 reflect）。上述样式中将 radius 参数（渐变区域所覆盖的半径长度）设置为小于 1 的值，这样会使得渐变区域无法铺满整个填充平面，渐变区域需要向外延展。

（2）实例化 string 模块下的 Template 类。

```
from string import Template
……
self._txtTemp = Template(_style)
```

（3）完成示例窗口的基本布局。

```
# 总布局
rootLayout = QHBoxLayout()
self.setLayout(rootLayout)
# QWidget 组件
wdg = QWidget(self)
# 设置 QWidget 组件的对象名称
wdg.setObjectName("test")
# 添加到布局
rootLayout.addWidget(wdg, 1)
# 按钮
btnPad = QPushButton("pad", self)
btnRepeat = QPushButton("repeat", self)
btnReflect = QPushButton("reflect", self)
# 按钮布局
btnLayout = QVBoxLayout()
btnLayout.addWidget(btnPad)
```

```
btnLayout.addWidget(btnRepeat)
btnLayout.addWidget(btnReflect)
btnLayout.addStretch(1)
rootLayout.addLayout(btnLayout)
```

（4）设置默认样式。

```
self.setStyleSheet(self._txtTemp.substitute(spread_type="pad"))
```

Template 对象的 substitute 方法会用指定的参数值替换文本模板中的 "$spread_type"，然后返回替换后的字符串。substitute 方法支持用关键字参数来设置替换值，如本示例中的 spread_type。

（5）分别为 3 个按钮连接 clicked 信号。

```
btnPad.clicked.connect(self.onPad)
btnRepeat.clicked.connect(self.onRepeat)
btnReflect.clicked.connect(self.onReflect)
```

（6）实现 onPad、onRepeat 以及 onReflect 方法。

```
def onPad(self):
    self.setStyleSheet(self._txtTemp.substitute(spread_type="pad"))

def onRepeat(self):
    self.setStyleSheet(self._txtTemp.substitute(spread_type="repeat"))
def onReflect(self):
    self.setStyleSheet(self._txtTemp.substitute(spread_type="reflect"))
```

运行示例后，默认的渐变填充效果如图 17-30 所示。

单击 "repeat" 按钮，示例程序会修改为使用重复的渐变区域来填满整个平面，如图 17-31 所示。

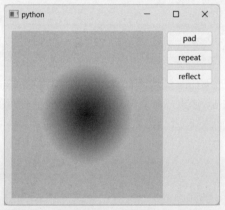

图 17-30　默认使用 pad 方式扩充渐变区域

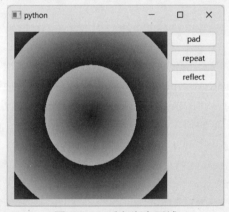

图 17-31　重复渐变区域

17.5　字体

字体样式可以使用 font 属性来设置，一般来说，能够呈现文本的可视化组件都支持此样式。该样式对标的是 QWidget 类的 font 属性。

font 样式的格式如下：

```
font: <weight> <style> <size> <font family>
```

或者（<weight>与<style>可以互换位置）

```
font: <style> <weight> <size> <font family>
```

<weight>表示字体的加粗程度，其有效值如下。

（1）normal：正常显示字体，不加粗。

（2）bold：常规加粗。

（3）一个浮点数值，可以灵活控制字体的加粗程度（范围：[0, 1000]）。

\<style\>表示字体风格（通常指是否为斜体），目前可用的值如下。

（1）normal：正常显示，即不带倾斜的文本。

（2）italic：文本呈现为斜体。

（3）oblique：与 italic 相似，也可以使文本呈现为斜体。但 italic 只在某个字体自身支持倾斜时才会生效。如果所使用的字体不支持倾斜，就应当使用 oblique 而不是 italic。

\<size\>指的是字体大小，单位可以选择点（pt）和像素（px）。

\<font family\>指字体名称，可以指定多个字体名称，用逗号分隔，例如：

```
隶书,宋体,Modern
```

如果字体的名称中包含空格，则应将字体名称放在单引号或双引号中，例如：

```
宋体, "Yu Gothic"
```

当指定的字体名称多于一个时，应用程序会选择第一个有效的字体。

下面是 font 样式的一些例子：

```
/* 使用仿宋字体、加粗，字号为 20 像素
font: bold 20px 仿宋;

/* 字体为幼圆、斜体、加粗，字号为 15 点 */
font: bold italic 15pt 幼圆;
```

\<style\>和\<weight\>的值可以省略，例如：

```
/* 字体：Dubai，字号：16 像素 */
font: 16px Dubai;
```

font 属性也可以分解成以下样式属性。

（1）font-family：字体名称。

（2）font-size：字体大小（字号）。

（3）font-style：字体风格（是否为斜体）。

（4）font-weight：字体加粗。

17.5.1　示例：设置 QLabel 和 PushButton 组件的字体

font（包括 font-size 等）属性可用于所有可呈现文本的组件。本示例仅用 QLabel 和 QPushButton 组件来演示。

示例窗口包含两个 QLabel 实例和一个 QPushButton 实例。代码如下：

```
# 程序窗口
window = QWidget()
window.resize(260, 180)
# 布局
rootLayout = QVBoxLayout()
window.setLayout(rootLayout)
# QLabel 组件
lb1 = QLabel("文本内容 A", window)
lb2 = QLabel("文本内容 B", window)
# 第一个 QLabel 组件设置对象名称
lb1.setObjectName("title")
# 添加到布局
rootLayout.addWidget(lb1)
rootLayout.addWidget(lb2)
# QPushButton 组件
```

```
button = QPushButton("这是一个按钮", window)
# 添加到布局
rootLayout.addWidget(button)
```

以下是本示例用到的样式表。

```
styleSheet = """
QLabel#title
{
    font: bold italic 28px 黑体;
    color: blue;
}

QLabel
{
    font-family: 楷体;
    font-size: 18pt;
    font-weight: 850.075;
}

QPushButton
{
    font-size: 20px;
    font-family: 隶书;
}
"""
# 应用样式表
window.setStyleSheet(styleSheet)
```

QLabel#title 表示被命名为 title 的 QLabel 组件，即上述代码中的第一个 QLabel 组件，通过 setObjectName 方法分配了对象名称。

示例的运行效果如图 17-32 所示。

图 17-32　字体样式示例

17.5.2　示例：为 QTableWidget 设置字体

本示例将演示设置表格组件（QTableWidget）的字体样式，用到的样式表如下：

```
style = """
    QTableWidget, QHeaderView
    {
        font-family: 楷体;
        font-size: 18px;
    }
    QTableWidget
    {
        color: darkblue;
    }
    QHeaderView
```

```
    {
        color: green;
    }
"""
```

需要注意的是，如果选择器只使用 QTableWidget，font-*属性只能应用到单元格所呈现的文本上，行（或列）标题区域并不起作用。这是因为标题区域使用了单独的组件 QHeaderView。因此，在设置字体时应该加上 QHeaderView 类的选择器。

上述样式设置 QTableWidget 组件内所有文本使用楷体，字号为 18 像素。数据单元格的文本颜色为深蓝色，标题区域的文本为绿色。

QTableWidget 组件的初始化代码如下：

```
# 表格组件
view = QTableWidget()
view.setWindowTitle("Demo")
view.resize(300, 245)
# 设置总行数和总列数
view.setColumnCount(3)
view.setRowCount(4)
# 设置列标题
view.setHorizontalHeaderLabels(["编号", "姓名", "年龄"])
# 设置数据项
#   第一行
view.setItem(0, 0, QTableWidgetItem("D091"))
view.setItem(0, 1, QTableWidgetItem("老王"))
view.setItem(0, 2, QTableWidgetItem("36"))
#   第二行
view.setItem(1, 0, QTableWidgetItem("D095"))
view.setItem(1, 1, QTableWidgetItem("老吴"))
view.setItem(1, 2, QTableWidgetItem("40"))
#   第三行
view.setItem(2, 0, QTableWidgetItem("D093"))
view.setItem(2, 1, QTableWidgetItem("老唐"))
view.setItem(2, 2, QTableWidgetItem("32"))
#   第四行
view.setItem(3, 0, QTableWidgetItem("D096"))
view.setItem(3, 1, QTableWidgetItem("老佟"))
view.setItem(3, 2, QTableWidgetItem("41"))
......
```

本示例的运行结果如图 17-33 所示。

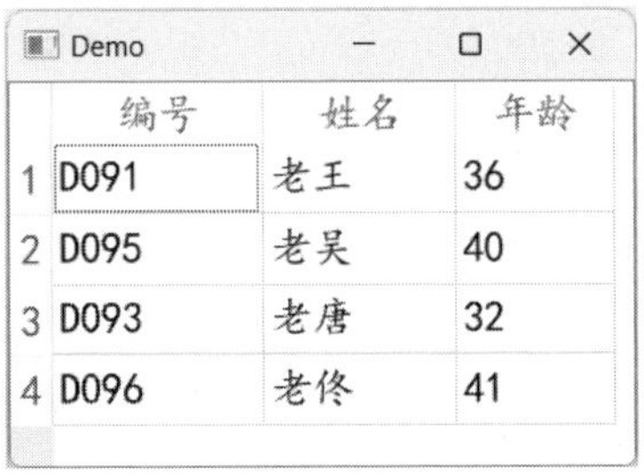

图 17-33　为表格组件设置字体

17.5.3　示例：转换大小写

使用 text-transform 样式属性可以切换大小写，此样式只对字母有效，对汉字无影响。该属性的可用值如下。

（1）none：大小写混合，即原文本不变。

（2）lowercase：将所有字母转换为小写。

（3）uppercase：将所有字母转换为大写。

本示例的程序窗口上有 3 个按钮，分别对应 text-transform 属性的 3 个值。单击按钮可以改变 QLabel 组件内文本的大小写。窗口的组件布局代码如下：

```python
# 程序窗口
win = QWidget()
win.resize(300, 150)
# 布局
mainLayout = QHBoxLayout()
win.setLayout(mainLayout)
# 按钮
btnNormal = QPushButton("正常显示", win)
btnLowercase = QPushButton("全部小写", win)
btnUppercase = QPushButton("全部大写", win)
# 按钮布局
buttonsLayout = QVBoxLayout()
buttonsLayout.addWidget(btnNormal)
buttonsLayout.addWidget(btnLowercase)
buttonsLayout.addWidget(btnUppercase)
buttonsLayout.addStretch(1)
# 添加到根布局中
mainLayout.addLayout(buttonsLayout)
# 标签
lbtxt = QLabel(win)
# 添加到布局中
mainLayout.addWidget(lbtxt, 1)
# 支持自动换行
lbtxt.setWordWrap(True)
# 设置文本
lbtxt.setText('''
Carra pushed himself to the limit at Stamford Bridge to make up for his lack of match
fitness and his reading of the game was phenomenal.
''')
```

连接按钮的 clicked 信号，为 QLabel 组件设置 text-transform 样式。

```python
btnNormal.clicked.connect(lambda: lbtxt.setStyleSheet("text-transform: none"))
btnLowercase.clicked.connect(lambda: lbtxt.setStyleSheet("text-transform: lowercase"))
btnUppercase.clicked.connect(lambda: lbtxt.setStyleSheet("text-transform: uppercase"))
```

运行示例程序，默认的文本呈现如图 17-34 所示。

单击"全部大写"按钮，文本将全部呈现为大写，如图 17-35 所示。

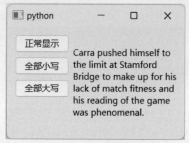

图 17-34　文本的默认呈现

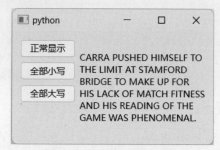

图 17-35　文本呈现为大写

17.6　伪状态

伪状态（pseudo-states）类似于 CSS 中的伪类。伪状态并不是真正的样式类，而是描述对象的状态。伪状态跟随在类名或对象 ID 后，用冒号（:）连接，表示只有在目标对象处于指定状态下才会应用的样式规则。例如：

```
QPushButton:hover
{
    color: blue;
{
```

":hover"是伪状态，表示鼠标指针悬浮在对象上。上述样式的含义是：当鼠标指针移动并悬停在按钮上时，按钮的文本会变成蓝色。需要注意的是，冒号的前后不能出现空格，以下写法都是错误的：

```
QPushButton :hover       /* 冒号前面出现空格 */
QPushButton: hover       /* 冒号后面出现空格 */
QPushButton : hover      /* 冒号前后均出现空格 */
```

目前支持的伪状态如下。

（1）active：当 QWidget 位于活动窗口时，此状态有效。

（2）adjoins-item：当 QTreeView 或 QTreeWidget 组件的分支指示器与数据项相邻时触发此状态。如图 17-36 所示，显示为"→"的指示器与数据项（如"杭州"）相邻，而显示为"↑"的指示器与数据项不相邻。

（3）alternate：当前对象是列表视图（如 QListView）的交替行，如图 17-37 所示。

图 17-36　分支指示器与数据项的位置关系

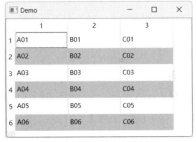

图 17-37　交替行

（4）bottom：位置容器底部的组件，如 TabWidget 中标签栏位于底部。

（5）checked：当前组件处于 checked 状态，如 QCheckBox 组件。

（6）unchecked：与 checked 状态相反，表示组件片于 unchecked 状态。

（7）closable：表示组件可关闭，主要用于 QDockWidget 组件。

（8）closed：表示目标组件已处于关闭状态，如 QTreeView 的节点被折叠。

（9）default：表示组件的默认状态。

（10）disabled：表示组件被禁用。

（11）enabled：表示组件处于可用状态。

（12）editable：QComboBox 组件允许编辑。

（13）exclusive：例如互斥菜单项，同一时刻只能选中一项。

（14）first：列表中的第一项。

（15）flat：扁平化风格，如按钮。

（16）floatable：目标组件支持浮动窗口状态，如 QDockWidget、QToolBar。

（17）focus：组件获得输入焦点时的状态。

（18）has-children：在 QTreeView（或 QTreeWidget）视图中，如果某节点拥有子节点，就会触发此状态。

（19）has-siblings：在 QTreeView（或 QTreeWidget）视图中，如果节点 X 之后存在同级节点，就会触发该状态。如图 17-38 所示，"江西省" 节点之后存在同级节点 "福建省"，因此，"江西省" 节点可触发 has-siblings 状态；再如，"吉安" 节点之后已没有同级节点，所以 "吉安" 节点不满足 has-siblings 状态。

图 17-38　存在同级节点的项

（20）horizontal：用于像 QSlider、QScrollBar 等组件，当它们水平呈现时将满足该状态。

（21）vertical：表示组件的呈现方向是垂直的，常用在 QSlider 等组件上。

（22）hover：鼠标指针悬浮在组件上。

（23）indeterminate：常用于 QCheckBox、QRadioButton 等组件，表示这些组件处于不确定状态（如 QCheckBox 的复选框被部分选中）。

（24）last：表示最后一项，如 QTabWidget 中最后一个标签。

（25）left：常用于 QTabWidget，表示标签栏位于左侧。

（26）maximized：当前对象处于最大化状态，通常指 MDI 子窗口已最大化。

（27）middle：常用在 QTabWidget 等组件中，表示 X 不是第一个标签，也不是最后一个标签。

（28）minimized：对象已经最小化，常指 MDI 子窗口。

（29）movable：可移动的项，如 QDockWidget 组件，可以进行拖动来更改布局。

（30）next-selected：例如在 QTabWidget 组件中，当前标签是 X，Y 标签紧跟在 X 后。如果 Y 标签被选中，X 标签就满足 next-selected 状态。

（31）previous-selected：与 next-selected 状态的含义相反。

（32）no-frame：组件无边框，例如 QLineEdit 组件。

（33）non-exclusive：该项所在的分组不存在互斥关系，如普通菜单项。

（34）off：用于像 QCheckBox、QRadioButton 等组件，当复选框未选中时会触发此状态。

（35）on：与 off 状态相反，当复选框被选中时触发。

（36）only-one：列表中只有一项。

（37）open：当对象处于打开状态时触发，如 QTreeView 组件中某个节点被展开，或者 QComboBox 组件的下拉列表被打开。

（38）pressed：当鼠标按键在该对象上按下时触发，如单击按钮。

（39）read-only：表示输入组件处于只读状态，如 QLineEdit。

（40）right：表示 QTabWidget 组件中标签栏位于右侧。

（41）selected：被选中的项，如被选中的菜单项。

（42）top：常用于表示 QTabWidget 组件的标签栏位于顶部。

（43）window：当前 QWidget 对象属于窗口，如顶层 QWidget 组件。

17.6.1　示例：自定义 QPushButton 的样式

本示例将在窗口上创建 3 个按钮实例，并为它们设置以下样式。

```
/* 正常样式 */
QPushButton
{
    /* 背景颜色 */
```

```
      background-color: hsl(245, 100%, 30%);
      /* 文本颜色 */
      color: white;
      /* 圆角边框 */
      border-radius: 4px;
}

/* 鼠标指针悬浮 */
QPushButton:hover
{
      background-color: green;
      color: yellow;
}

/* 当鼠标按下时 */
QPushButton:pressed
{
      background: gold;
      color: purple;
}
```

QPushButton 选择器设置按钮在正常状态下的样式；当鼠标指针移动到按钮上时会应用 QPushButton:hover 样式；当鼠标左键按下时将应用 QPushButton:pressed 样式。此处用到了两个伪状态——hover 和 pressed。

应用程序窗口的布局代码如下：

```
……
window = QWidget()
window.setWindowTitle('Demo')
# 设置窗口大小
window.resize(250, 150)

# 窗口布局
rootLayout = QVBoxLayout()
window.setLayout(rootLayout)
# 3 个按钮
button1 = QPushButton("按钮 1", window)
button2 = QPushButton("按钮 2", window)
button3 = QPushButton("按钮 3", window)
# 将按钮添加到布局中
rootLayout.addWidget(button1)
rootLayout.addWidget(button2)
rootLayout.addWidget(button3)
```

运行示例程序，然后将鼠标指针移到任一按钮上，该按钮的背景与文本颜色会改变，如图 17-39 所示。

当按下鼠标按键时，按钮的颜色也发生了变化，如图 17-40 所示。

图 17-39 "按钮 2"的颜色发生了变化

图 17-40 按钮处于按下状态

17.6.2　示例：**QRadioButton 被选择后的样式**

本示例窗口中包含 4 个单选按钮（QRadioButton），其初始化代码如下：

```
# 程序窗口
window = QWidget()
# 布局
layout = QVBoxLayout()
window.setLayout(layout)
# 添加标签组件
lb = QLabel("会试第一名叫什么？", window)
layout.addWidget(lb)
layout.addStretch(1)
# 添加单选按钮
rd1 = QRadioButton("解元", window)
rd2 = QRadioButton("会元", window)
rd3 = QRadioButton("经魁", window)
rd4 = QRadioButton("亚元", window)
layout.addWidget(rd1)
layout.addWidget(rd2)
layout.addWidget(rd3)
layout.addWidget(rd4)
```

为 QRadioButton 组件指定样式表，当其被选中时改变背景颜色和文本颜色。样式表如下：

```
QRadioButton:checked
{
    color: blue;
    background: white;
}
```

上述样式表使用了 checked 伪状态，也可以用 on，即

```
QRadioButton:on
{
    ……
}
```

运行示例程序，然后选中任意一个 QRadioButton 对象，其外观会发生变化，如图 17-41 所示。

图 17-41　QRadioButton 被选择后的样式

17.6.3　示例：自定义列表项的外观

本示例用 QListWidget 来演示自定义列表项的样式。样式表如下：

```
/* 容器的样式 */
QListWidget
{
    background: beige;
}

/* 列表项的样式 */
```

```
QListWidget::item
{
    color: #2F4F4F;
}

/* 鼠标指针悬停时的列表项样式 */
QListWidget::item:hover
{
    background: #FFDAB9;
}

/* 被选项的样式 */
QListWidget::item:selected
{
    color: #F8F8FF;
    background: #CD853F;
}
```

上述样式中，"::item"表示列表视图的子控件。在本示例中代表的是 QListWidget 中呈现的列表项。QListWidget::item 选择器指定了列表项在常规状态下的外观；QListWidget::item:hover 选择器表示当鼠标指针悬浮在列表项上时所呈现的外观；QListWidget::item:selected 选择器则表示列表项被选中后呈现的外观。

QListWidget 的初始化代码如下：

```
listwg = QListWidget()
listwg.resize(242, 280)
# 添加列表项
listwg.addItems(["铅酸电池", "镍镉电池", "镍氢电池", "锂离子电池"])
# 显示窗口
listwg.show()
```

示例运行后，默认呈现如图 17-42 所示。

将鼠标指针移动到任一项上（进入 hover 状态），该项的背景色将发生变化，如图 17-43 所示。

选择一个列表项，被选项的背景颜色和文本颜色均发生变化（进入 selected 状态），如图 17-44 所示。

图 17-42　列表项的常规外观

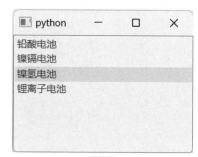

图 17-43　激活 hover 状态

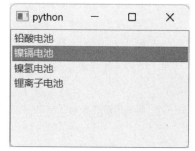

图 17-44　激活 selected 状态

17.7　子控件

一些结构复杂的组件内部可能包含其他组件，如 QTabWidget 中的标签栏，QTableView 中的标题栏等。若要设置组件中的某部分的样式，就需要在样式选择器上使用子控件。

子控件的标志是以两个冒号开头的标识符，例如：

```
QCheckBox::indicator
```

其中，::indicator 表示子控件部分，::是引导符号，表示该符号后面是子控件的名称 indicator。

17.7.1 示例：使用渐变画刷填充被选中的列表项

对于列表组件（如 QListView），若要设定子项的样式，就需要用到 item 子控件。本示例将以 QTableWidget 类来演示，被选中的单元格会呈现出渐变背景。

以下代码将初始化 QTableWidget 实例，它的数据表结构是五行四列。

```python
# 示例窗口
viewWindow = QTableWidget()
# 设置窗口标题
viewWindow.setWindowTitle("图像信息表")
# 设置窗口大小
viewWindow.resize(315, 270)
# 总共五行四列
viewWindow.setRowCount(5)
viewWindow.setColumnCount(4)
# 设置列标题
viewWindow.setHorizontalHeaderLabels(["编号", "格式", "宽度", "高度"])
# 添加数据
# ----- 第一列 -----
for i in range(0, viewWindow.rowCount()):
    viewWindow.setItem(i, 0, QTableWidgetItem(f"KS-{i+1}"))
from random import randint, choice
# ----- 第二列 -----
formats = ["PNG", "JPEG", "GIF", "TIFF", "BMP"]
for i in range(0, viewWindow.rowCount()):
    viewWindow.setItem(i, 1, QTableWidgetItem(choice(formats)))
# ----- 第三列 -----
for i in range(0, viewWindow.rowCount()):
    viewWindow.setItem(i, 2, QTableWidgetItem(str(randint(5, 999))))
# ----- 第四列 -----
for i in range(0, viewWindow.rowCount()):
    viewWindow.setItem(i, 3, QTableWidgetItem(str(randint(15, 2000))))
```

数据的第二列先定义包含 PNG、JPEG 等元素的列表实例，然后调用 choice 函数从列表中随机抽出一个值来充当该单元格的数据；第三、四列将通过 randint 函数来生成随机整数。

为 QTableWidget 实例的列表项设置样式。样式表如下：

```css
/* 正常状态下的样式 */
QTableWidget::item
{
    color: orange;
}

/* 列表项被选择时的样式 */
QTableWidget::item:selected
{
    background: qlineargradient(
        x1: 0.5,
        y1: 0,
        x2: 0.5,
        y2: 1,
        stop: 0 deeppink,
        stop: 1 green
    );
    color: white;
}
```

上述样式表有两组选择器。

（1）QTableWidget::item 指的是在常规状态下列表项的样式。本示例将其文本设置为橙色。

（2）QTableWidget::item:selected 指的是列表项被选中后的样式。本示例将使用线性渐变画刷来填充背景颜色，并把文本改为白色。

运行示例程序，数据表格的默认效果如图 17-45 所示。

通过单击、拖动鼠标选择部分单元格，此时被选区域的背景颜色发生改变，如图 17-46 所示。

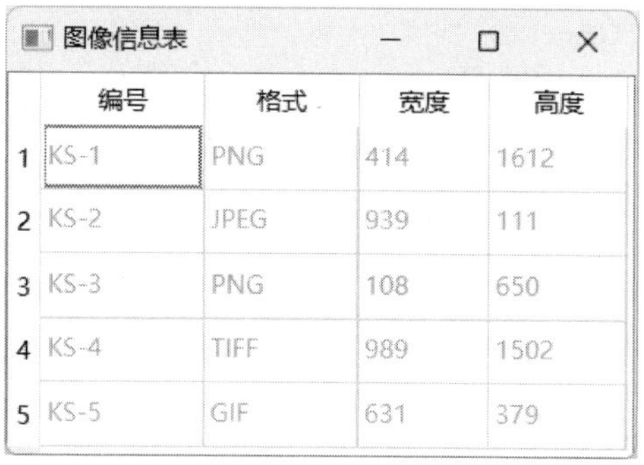

图 17-45　表格的常规状态

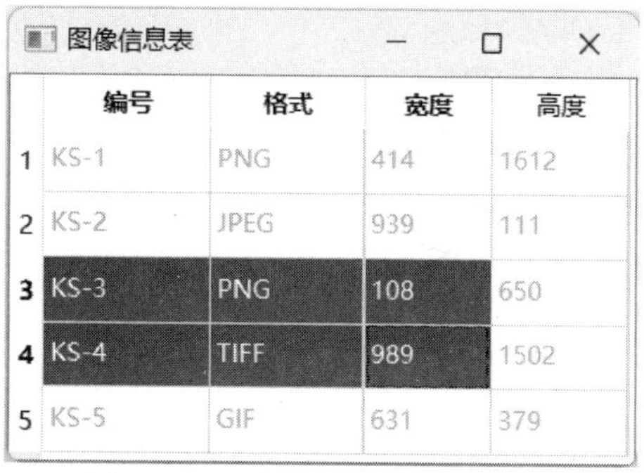

图 17-46　被选单元格的渐变背景

17.7.2　示例：自定义 QCheckBox 的状态指示图标

本示例将通过为 indicator 子控件设置样式的方式修改 QCheckBox 组件的状态图标（复选框图标）。其样式表如下：

```
/* 常规状态 */
QCheckBox::indicator
{
    image: url(check1.png);
    width: 16px;
    height: 16px;
}


/* checked 状态 */
QCheckBox::indicator:checked
{
    image: url(check2.png);
}
```

为子控件设置图标应使用 image 属性，使用 url 函数指定要加载的图像文件路径（可以使用相对路径）。image 属性一般不会自动放大图像，但在必要时会自动缩小图像。

下面的代码初始化 4 个 QCheckBox 组件实例。

```
……
# 布局
layout = QVBoxLayout()
window.setLayout(layout)
# 4 个 QCheckBox 实例
cb1 = QCheckBox("萝卜", window)
cb2 = QCheckBox("菠萝", window)
cb3 = QCheckBox("青菜", window)
cb4 = QCheckBox("芒果", window)
# 添加到布局
layout.addWidget(cb1)
layout.addWidget(cb2)
layout.addWidget(cb3)
layout.addWidget(cb4)
……
```

运行示例程序，当 QCheckBox 组件处于 unchecked 状态时，复选框中的图标以灰度显示，如图 17-47 所示。

当 QCheckBox 组件处于 checked 状态时，复选框中的图标被"点亮"，如图 17-48 所示。

图 17-47　复选框图标显示为灰度

图 17-48　复选框的图标已更新

17.7.3　示例：设置 QTableWidget 的表头样式

本示例将自定义 QTableWidget 组件的行、列标题栏的样式（同样适用于 QTableView 组件）。数据表格的表头部分由 QHeaderView 组件负责呈现。该类派生自 QAbstractItemView，因此它也是一种列表视图。

要自定义表头组件中的列表项（单元格），Qt 样式的选择器需要使用 section 子控件，例如：

```
QHeaderView::section
```

本示例所使用的样式表如下：

```
/* 水平标题栏 */
QHeaderView::section:horizontal
{
    background: orange;
    border: none;        /* 去除所有边框 */
    color: white;
    /* 设置底部边框 */
    border-bottom: 2px solid deeppink;
    /* 设置右边框 */
    border-right: 1px dotted white;
    padding: 0px 10px;
}

/* 垂直标题栏 */
QHeaderView::section:vertical
{
    background: blue;
    /* 去掉所有边框 */
    border: none;
    color: white;
    /* 设置右边框 */
    border-right: 2px solid yellow;
}
```

QTableWidget 组件的初始化代码如下：

```
view = QTableWidget()
# 总行数为 5 行
view.setRowCount(5)
# 总列数为 3 列
view.setColumnCount(3)
# 设置列标题
view.setHorizontalHeaderLabels(['A', 'B', 'C'])
```

```
# 设置数据
for r in range(view.rowCount()):
    for c in range(view.columnCount()):
        view.setItem(r, c, QTableWidgetItem(f"Cell_{r}_{c}"))
```

最终效果如图 17-49 所示。

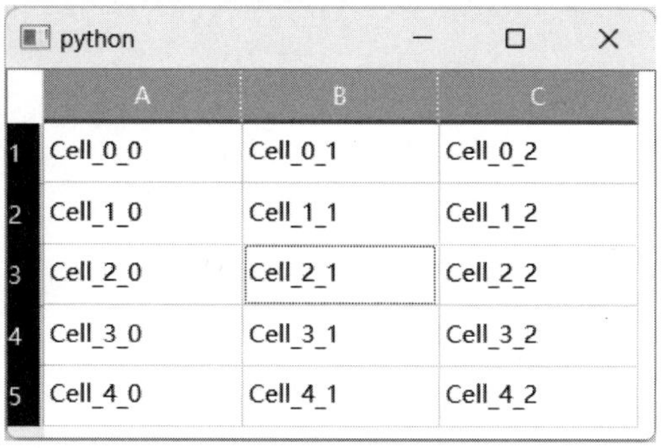

图 17-49　自定义的表头样式

## 第 18 章

多　线　程

本章要点：
- ➢ QThread 类的常见用法；
- ➢ 线程池（QThreadPool）；
- ➢ 互斥锁（QMutex）；
- ➢ 条件等待（QWaitCondition）。

18.1　单线程与多线程的比较

应用程序进程在初始化时会创建一个默认线程（也叫主线程）用于处理 GUI（图形用户界面）逻辑。如果在主线程上执行需要长时间运行的代码，会导致窗口及其所包含的组件无法接收用户输入（鼠标单击、拖动，或键盘输入），最终导致窗口无响应，甚至整个程序会崩溃，如图 18-1 所示。

如果把耗费时间的代码放到另一个线程上运行，那么主线程仍可以继续与用户交互，窗口组件就不会无响应了，如图 18-2 所示。

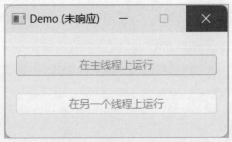

图 18-1　程序窗口无响应

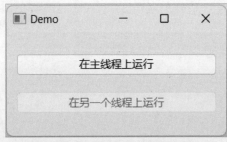

图 18-2　窗口依然可以接收用户输入

因此，若应用程序要处理比较耗时的任务（如下载大文件、进行大量计算），最好把它放在新线程上运行，以保证图形界面具有良好的用户体验。

18.2　QThread 类

QThread 是编写多线程代码的基础类，它提供了许多底层 API，灵活性高。一个 QThread 实例只负责管理一个线程。QThread 类实例化后，新线程不会马上执行。要启动新线程请调用 start 方法。线程启动后会发出 started 信号，线程执行完毕后会发出 finished 信号。

QThread 类支持事件循环，run 方法的默认实现会调用 exec 方法启动事件循环。事件循环启动后会一直等待和处理事件，直到调用 quit 或 exit 方法才会结束。事件循环结束标志着线程退出。

QThread 类有以下两种用法。

（1）定义新类，从 QThread 类派生并重写 run 方法。在 run 方法中加入需要的代码逻辑。当 start 方法被调用后，run 方法也会被调用，从而执行自定义代码。

（2）定义从 QObject 类派生的新类，将自定义的逻辑代码封装到该类中，然后用 moveToThread 方法将对象移动到指定线程（QThread 实例）上，通过信号/槽机制激活自定义代码。

18.2.1 示例：随机变换颜色

本示例将实现每隔 3 秒更换一次颜色的功能，颜色是随机生成的，其代码将在新的线程上运行。本示例采用直接从 QThread 类派生的方式实现多线程，具体步骤如下。

（1）定义 CustThread 类，基类是 QThread。

```python
class CustThread(QThread):
    # 信号
    colorGen = Signal(QColor)

    # 执行任务的代码
    def run(self):
        # 进入循环
        while self.isInterruptionRequested() == False:
            # 生成 3 个随机整数
            r, g, b = randint(0, 255), randint(0, 255), randint(0, 255)
            # 创建 QColor 实例
            c = QColor.fromRgb(r, g, b)
            # 发出信号
            self.colorGen.emit(c)
            # 暂停一会儿
            QThread.sleep(3)
```

GUI 线程与其他线程之间的代码不能直接访问，但可以通过信号和槽（Signals and Slots）相互调用。当生成新的颜色后，CustThread 对象就会发送 colorGen 信号。GUI 线程可以连接该信号，并接收新的颜色值。

CustThread 类重写了 run 方法，实现随机生成 r、g、b 3 个整数，并用这 3 个数据值产生新的 QColor 实例。

（2）定义 DemoWindow 类，派生自 QWidget 类，它是示例程序的主窗口。

```python
class DemoWindow(QWidget):
    ......
```

（3）实现__init__方法，初始化窗口布局。

```python
def __init__(self, parent: QWidget = None):
    super().__init__(parent)
    # 窗口标题
    self.setWindowTitle("随机变换颜色")
    # 窗口大小
    self.resize(300, 320)
    # 窗口布局
    rootlayout = QGridLayout()
    self.setLayout(rootlayout)
    # 网格的第一行放一个自定义 QWidget
    self._wg = QWidget(self)
    self._wg.setAutoFillBackground(True)
    rootlayout.addWidget(self._wg, 0, 0, 1, 3)
    # 网格的第二行是两个按钮
    self._btnStart = QPushButton("开始", self)
    self._btnStop = QPushButton("停止", self)
    rootlayout.addWidget(self._btnStart, 1, 0)
```

```
rootlayout.addWidget(self._btnStop, 1, 2)
# 调整行高比例
rootlayout.setRowStretch(0, 1)
# 调整列宽比例
rootlayout.setColumnStretch(0, 2)
rootlayout.setColumnStretch(1, 1)
rootlayout.setColumnStretch(2, 2)
```

窗口使用了网格布局。第一行是一个 **QWidget** 对象（_wg 字段），跨三列布局；第二行放了两个按钮，用于控制新线程的启动和停止。

（4）创建 CustThread 实例。

```
self._th = CustThread(self)
```

（5）两个按钮的 clicked 信号需要连接到 CustThread 对象的方法成员上，以达到启动和停止线程任务的目的。

```
# 线程启动由 start 方法触发
self._btnStart.clicked.connect(self._th.start)
# requestInterruption 方法可以停止任务
self._btnStop.clicked.connect(self._th.requestInterruption)
```

requestInterruption 方法可以请求中断线程，并可以通过 isInterruptionRequested 方法返回该状态（True 表示已调用了 requestInterruption 方法）。上文中 run 方法的实现代码中，while 循环的条件是未调用 requestInterruption 方法（isInterruptionRequested 方法返回 False）。

terminate 方法也可以停止线程（如果此功能被禁用，可调用 setTerminationEnabled 方法并向参数传递 True 来开启），但最好不要使用此方法来停止线程。因为 terminate 方法不会留给线程足够的时间去完成清理工作（如保存数据），很容易造成数据损坏或不可预知的错误。

（6）连接线程对象的 started 和 finished 信号，实现在线程状态改变后修改按钮的可用状态。

```
self._th.started.connect(self.changeBtnEnabled)
self._th.finished.connect(self.changeBtnEnabled)
```

以下是 changeBtnEnabled 方法的实现代码。

```
def changeBtnEnabled(self):
    running = self._th.isRunning()
    self._btnStart.setEnabled(not running)
    self._btnStop.setEnabled(running)
```

isRunning 方法返回 True 表示线程正在运行；如果返回 False 表示线程已经结束。当线程运行后，禁用"开始"按钮并启用"停止"按钮；当线程停止后，禁用"停止"按钮并启用"开始"按钮。

（7）连接 CustThread 对象的 colorGen 信号，在获得新颜色后修改_wg 的背景颜色（通过调色板实现）。

```
self._th.colorGen.connect(self.setColor)

@Slot(QColor)
 def setColor(self, color: QColor):
    # 获取调色板
    p = self._wg.palette()
    # 修改颜色
    p.setColor(QPalette.ColorRole.Window, color)
    # 重新设置调色板
    self._wg.setPalette(p)
```

setColor 方法上添加了 Slot 类作为装饰器，标注它是一个槽（Slot）对象，可以与 colorGen 信号连接。

运行示例程序，单击"开始"按钮，QWidget 组件的背景色会不断变化，如图 18-3 所示。在颜色变换过程中用户仍可以进行拖动窗口或调整窗口大小等操作，这表明 GUI 线程没有被阻断。

图 18-3 开始随机变换颜色

18.2.2 示例：使用 moveToThread 方法

moveToThread 是 QObject 类公开的方法成员，允许将 Qt 对象从当前线程转移到另一个线程上。该对象的子级对象也会一同转移到新线程上。调用 moveToThread 方法的对象不能有父级对象（不能设置 parent），否则无法将对象转移到新线程上。

本示例将定义一个名为 MyWorker 的类（以 QObject 为基类）用于执行耗时操作。实例化后可以将它转移到新的 QThread 对象上执行。MyWorker 类的实现代码如下：

```python
class MyWorker(QObject):
    # 用于报告进度的信号
    reportProgress = Signal(int)
    # 用于报告任务完成的信号
    reportComplete = Signal()

    @Slot(int, int)
    def RunTask(self, min: int, max: int):
        # 表示当前进度的变量
        currVal = min
        print("正在处理……")
        # 进入循环
        while currVal < max:
            # 暂停片刻
            QThread.msleep(60)
            # 增加进度
            currVal += 1
            # 报告进度
            self.reportProgress.emit(currVal)
        print("处理完毕")
        # 报告任务已完成
        self.reportComplete.emit()
```

MyWorker 类定义了两个信号：reportProgress 用于报告处理进度，reportComplete 用于报告任务已完成。GUI 线程上的代码可以连接这两个信号，以获取任务的实时状态。

RunTask 方法应用了 Slot 装饰器，可以被 GUI 线程上的信号连接。当 GUI 线程发出信号时，RunTask 方法就会调用。GUI 线程不能直接调用 RunTask 方法，那样做会使 RunTask 的代码在 GUI 线程上执行，导致 GUI 线程被阻塞，程序窗口不能及时响应用户输入。因此，GUI 线程必须通过信号来调用 RunTask 方法。

定义 TestWindow 类，派生自 QWidget，作为程序的窗口类。该窗口上分别创建了进度条组件（QProgressBar）和按钮组件（QPushButton）。代码如下：

```
self._pb = QProgressBar(self)
# 设置最大/最小进度值
self._pb.setMaximum(100)
self._pb.setMinimum(0)
……
# 按钮
self._btn = QPushButton("多线程处理", self)
……
```

TestWindow 类定义 runWorker 信号，用于连接到 MyWorker 对象的 RunTask 方法。

```
class TestWindow(QWidget):
    # 信号
    runWorker = Signal(int, int)
    ……
    def __init__(self):
        super().__init__()
        ……
        # 实例化线程类
        self._th = QThread()
        # 实例化线程任务对象
        self._worker = MyWorker()
        # 移动到新线程上
        self._worker.moveToThread(self._th)
        # 将 runWorker 信号与 MyWorker 实例的 RunTask 方法连接
        self.runWorker.connect(self._worker.RunTask)
```

注意，不能向 MyWorker 类的构造函数传递父级对象引用（如当前窗口类的实例 self），否则 moveToThread 方法将无效。

TestWindow 类需要两个方法成员与 MyWorker 对象的 reportProgress、reportComplete 信号建立连接，代码如下：

```
# 连接报告任务已完成的信号
self._worker.reportComplete.connect(self.onCompleteReport)
# 连接报告进度的信号
self._worker.reportProgress.connect(self.onProgressReported)
……

@Slot(int)
def onProgressReported(self, p: int):
    # 更新进度条的当前值
    self._pb.setValue(p)
@Slot()
def onCompleteReport(self):
    self._btn.setEnabled(True)
    self._pb.setValue(0)
    QMessageBox.information(self, "提示", "任务已完成")
```

TestWindow 与 MyWorker 对象之间的信号连接关系如图 18-4 所示。

为了实现在关闭窗口时能马上终止线程，TestWindow 类可以重写 closeEvent 方法，具体代码如下：

```
def closeEvent(self, event: QCloseEvent):
    # 在窗口关闭前强制终止线程
    self._th.terminate()
    # 等待线程退出
```

```
    self._th.wait()
    # 调用基类成员
    super().closeEvent(event)
```

此处调用 terminate 方法强制终止线程，wait 方法用于等待线程退出。

运行示例程序，单击"多线程处理"按钮，进度条开始更新，直至完成。在此过程中，用户仍可以与窗口交互，如图 18-5 所示。

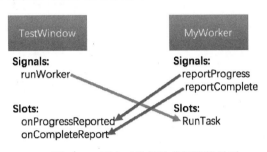

图 18-4 两个对象间的信号连接关系

图 18-5 正在后台执行任务

18.3 QThreadPool

在应用程序中频繁创建和销毁 QThread 实例，会消耗许多不必要的时间，使性能降低；而且创建过多的 QThread 实例也会增加内存的占用。QThreadPool 类（线程池）可重复使用已创建的线程资源，减少创建 QThread 实例的次数，大幅降低内存占用，提升程序效率。这一过程是由 QThreadPool 自动管理的，应用程序只要将包含任务代码的 QRunnable 对象传递给 QThreadPool 对象的 start 方法即可。

18.3.1 QRunnable

QRunnable 用于定义需要在线程池上运行的代码。使用时需要从 QRunnable 类派生，并且重写 run 方法，实现自定义逻辑。

每个应用程序都有一个全局的 QThreadPool 对象，可通过 globalInstance 静态方法获取其引用。调用 QThreadPool.start 方法并向参数传递 QRunnable 实例即可启动任务。默认行为下，QRunnable 对象执行完毕后，QThreadPool 会自动将其删除。可以调用 QRunnable. setAutoDelete 方法来禁用自动删除功能。

18.3.2 示例：向 QThreadPool 投放 3 个任务

本示例将演示向线程池（QThreadPool）放入 3 个做加法运算的任务。具体实现过程如下。

（1）定义 MyTask 类。该类属于多继承，基类是 QRunnable 和 QObject 类，代码如下：

```
class MyTask(QRunnable, QObject):
    # 信号：报告计算结果
    setResult = Signal(int)

    def __init__(self, parent: QObject = None):
        # 调用 QObject 类的构造函数
        QObject.__init__(self, parent)
        # 调用 QRunnable 类的构造函数
        QRunnable.__init__(self)
        # 最终数值
        self._final = 0
        # 禁止自动删除实例
        self.setAutoDelete(False)

    def run(self):
```

```
        print(f"正在计算，当前线程 ID: {current_thread().ident}")
        # 表示结果的变量
        result = 0
        # 开始累加
        current = 1
        while current <= self._final:
            result = result + current
            current += 1
            # 暂停一下
            QThread.msleep(2)
        # 计算完毕，设置结果
        self.setResult.emit(result)


    # 设置参与累加运算的最终值
    @Slot(int)
    def setFinalNumber(self, n: int):
        self._final = n
```

MyTask 类是任务类，用于实现在后台线程进行加法运算。从 QObject 类派生是因为 MyTask 需要用到信号和槽——与 GUI 线程通信。

setResult 信号可以将计算结果发送给 GUI 线程，并显示在用户界面上。setFinalNumber 方法用于设置一个整数，该整数是参与加法运算的最大值。例如，数值设置为 6，程序就会计算 1+2+3+4+5+6 的结果。

从 QRunnable 类派生必须重写 run 方法，进行从 1 开始的累加运算，一直加到_final 所指定的值。计算结束后，发出 setResult 信号，通知 GUI 线程显示结果。

在 MyTask 的__init__方法中，一定要明确调用 QRunnable 和 QObject 类的__init__方法（调用基类的构造函数），否则将无法访问基类的成员。setAutoDelete(False)表示禁止 QThreadPool 类接管 MyTask 的生命周期。如果 setAutoDelete 方法设定为 True（默认值），那么，当 run 方法执行完毕后就会删除 MyTask 实例。

（2）从 QWidget 派生出一个名为 CustWidget 的自定义组件。该组件内包含可以输入数值的 QSpinBox 组件，可显示计算结果的 QLabel 组件，以及可以启动后台线程进行加法运算的按钮组件。

```
class CustWidget(QWidget):
    # 信号：用于设置累加运算的最终值
    setFinnalValue = Signal(int)

    def __init__(self, parent: QWidget = None):
        super().__init__(parent)
        # 布局
        layout = QGridLayout()
        self.setLayout(layout)
        # 标签
        layout.addWidget(QLabel("最大值: ", self), 0, 0)
        # 数值输入组件
        self._spin = QSpinBox(self)
        self._spin.setRange(1, 10000)
        self._spin.setValue(5)
        layout.addWidget(self._spin, 0, 1)
        # 按钮
        self._btnAct = QPushButton("计算", self)
        layout.addWidget(self._btnAct, 0, 2)
        # 显示结果的标签
        self._lbRes = QLabel(self)
```

```
        layout.addWidget(self._lbRes, 1, 0, 1, 3)
        layout.setColumnStretch(1, 1)
        # 任务实例
        self._task = MyTask()
        # setFinnalValue 信号连接到_task 的 setFinalNumber 方法
        self.setFinnalValue.connect(self._task.setFinalNumber)
        # 连接 setResult, 获取计算结果
        self._task.setResult.connect(self.onGetResult)
        # 连接按钮的 clicked 信号
        self._btnAct.clicked.connect(self.onClick)

    @Slot(int)
    def onGetResult(self, res: int):
        self._lbRes.setText(f'计算结果: {res}')
        # 恢复按钮
        self._btnAct.setEnabled(True)

    def onClick(self):
        # 清空上次显示的计算结果
        self._lbRes.clear()
        # 设置最终值
        self.setFinnalValue.emit(self._spin.value())
        # 将_task 放入线程池中运行
        QThreadPool.globalInstance().start(self._task)
        # 禁用按钮
        self._btnAct.setEnabled(False)
```

setFinnalValue 信号连接 MyTask 对象的 setFinalNumber 方法，可以传递参与运算的最大数值；onGetResult 方法使用了 Slot 装饰器，该方法将与 MyTask 对象的 setResult 信号连接，接收来自其他线程传来的计算结果。

（3）定义 DemoWindow 类，它是应用程序的主窗口。

```
class DemoWindow(QWidget):
    def __init__(self):
        super().__init__()
        # 布局
        rootLayout = QVBoxLayout()
        self.setLayout(rootLayout)
        # 创建 3 个自定义组件
        wg1 = CustWidget(self)
        wg2 = CustWidget(self)
        wg3 = CustWidget(self)
        rootLayout.addWidget(wg1)
        rootLayout.addWidget(wg2)
        rootLayout.addWidget(wg3)

    def closeEvent(self, ev: QCloseEvent):
        # 等待所有任务完成
        thPool = QThreadPool.globalInstance()
        if thPool.activeThreadCount() > 0:
            ev.ignore()
            return
        super().closeEvent(ev)
```

窗口类重写了基类的 closeEvent 方法，如果线程池上还有正在活动的线程，就阻止关闭窗口（ev.ignore()将取消 close 事件）。activeThreadCount 方法可以获得线程池中仍在运行的线程数。

（4）运行示例程序，输入 3 个适当的整数值（建议数值不要太大），如图 18-6 所示。

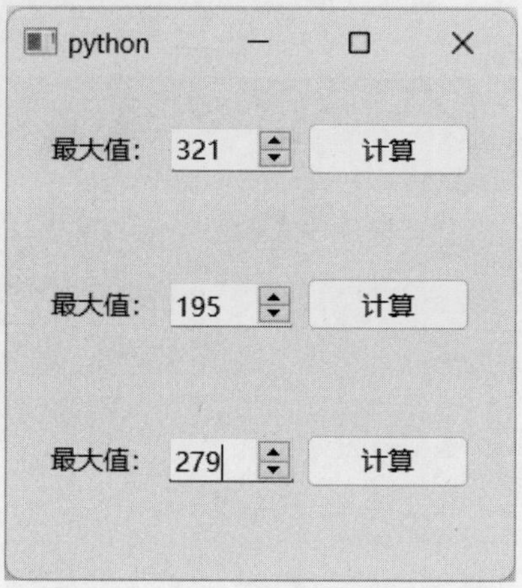

图 18-6　输入参与运算的最大值

（5）先单击第一个"计算"按钮，然后等待任务完成，再单击第二个"计算"按钮。同理，第三个按钮也要等第二个任务完成再单击。此时控制台输出的内容如下：

```
正在计算，当前线程 ID: 6932
正在计算，当前线程 ID: 6932
正在计算，当前线程 ID: 6932
```

可以看到，3 个任务都是在同一个线程上运行的。由于这 3 个任务并不是同时进行的，因此 QThreadPool 对象只创建了一个新线程来处理。

（6）重新运行示例程序，输入稍大一点的数值（主要为了延长计算时间，但数值不要过大），然后单击第一个"计算"按钮启动任务。不等第一个任务完成马上单击第二个"计算"按钮，启动第二个任务。同样地，不需要等待第二个任务完成，直接启动第三个任务。控制台打印的内容如下：

```
正在计算，当前线程 ID: 2928
正在计算，当前线程 ID: 2924
正在计算，当前线程 ID: 6632
```

这一次 3 个任务所在线程不同，表明 QThreadPool 对象创建了 3 个新线程来运行任务。由于 3 个任务运行时间较长，各自占用一个线程，QThreadPool 无法重新利用现有线程，所以必须为每个任务创建新线程来运行代码。

18.4　互斥锁

当多个线程同时访问某个对象时，极容易造成不一致的状态。举一个经典案例：多线程递减整数值。某整数变量的初始值为 100，doWork 函数负责递减整数的值，直到整数等于 0。基本代码如下：

```python
# 全局数值
number = 100

# 递减数值
def doWork():
    global number        # 声明 number 为全局变量
    while number > 0:
        # 稍稍暂停一下
        QThread.msleep(4)
        # number 变量递减
```

```
        number = number - 1
        print(f"当前数值：{number}")
```

注意，在上述代码中，循环条件 number>0 与 number=number-1 之间暂停了 4 毫秒（由 QThread.msleep 方法实现）。在暂停的时间内会发生不可控的情况——其他线程执行了 number=number-1。假设 A、B、C 3 个线程同时运行 doWork 函数，如果线程 A 在验证 while 循环的条件时 number 变量的值为 1，那么 1>0 成立，进入循环，可是当即将对 number 变量做递减运算时，C 线程抢先一步把 number 减掉 1，使其变成了 0；B 线程又抢先一步把 number 的值减去 1，变成了 -1。而 A 线程并不知道 number 已经小于 0，于是又减去 1，直接导致 number 变成了 -2。显然这一结果是不符合预期的。不妨用图 18-7 来模拟这个过程。

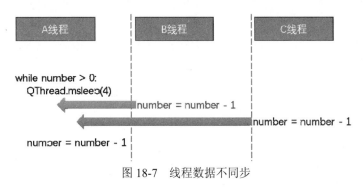

图 18-7　线程数据不同步

要解决这个问题，就必须限制在同一时刻只允许一个线程访问（或修改）数据。当 A 线程获取到数据时将其锁定，B、C 线程只能等待；A 线程处理完毕后解锁数据，此时 B 线程获得数据访问权并将数据锁定，C 线程只能等待解锁。

Qt 应用程序可以使用 QMutex 类为线程上锁。QMutex 类实例化后，在需要访问数据的线程上调用 lock 方法即可锁定资源，访问过后调用 unLock 方法解锁资源，使正在等待的线程可以访问数据。

前文提到的 doWork 函数可以修改为：

```
# 全局数值
number = 100
# 实例化互斥对象
mutex = QMutex()

# 递减数值
def doWork():
    global number        # 声明 number 为全局变量
    # 锁定数据
    mutex.lock()

    # 处理数据……

    # 解除锁定
    mutex.unlock()
```

18.4.1　示例：将 QMutex 用于多线程运算

本示例实现的功能为：用户输入一个整数（例如 5），然后对该整数进行以下三次数学运算（假设 N 是输入的整数）。

```
1、N = N * 2 + 15
2、N = (N - 5) * 20
3、N = 100 * (N / 2 - 10)
```

这 3 个计算过程分别写到 3 个函数中。

```python
def _fun1(self):
    num = self._number
    QThread.msleep(3)
    num = num * 2 + 15
    self._number = num
def _fun2(self):
    num = self._number
    QThread.msleep(5)
    num = (num -5) * 20
    self._number = num
def _fun3(self):
    num = self._number
    QThread.msleep(7)
    num = 100 * (num / 2 - 10)
    self._number = num
```

上述 3 个函数中，在读取_number 字段的值后暂停了若干毫秒。这暂停过程中，_number 字段的值可能会被其他线程意外修改，导致错误的计算结果。

将 3 个函数依次放入线程池（**QThreadPool**）中运行。

```python
self._threadPool.start(self._fun1)
self._threadPool.start(self._fun2)
self._threadPool.start(self._fun3)
# 等待计算完成
self._threadPool.waitForDone()
# 显示结果
self._lbRes.setText(f"{self._number}")
```

waitForDone 方法会等待线程池中所有任务完成后才会返回，此处是等待 3 个函数执行结束。

假设输入整数 10，预期的正确结果是 29000，但程序给出的结果是 -500，如图 18-8 所示。

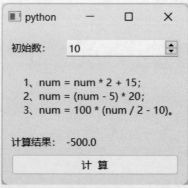

图 18-8　显示错误的计算结果

接下来为程序代码加上互斥锁。

```python
# 获取全局的 QThreadPool 对象引用
self._threadPool = QThreadPool.globalInstance()
# 实例化互斥锁
self._mutex = QMutex()
```

修改 3 个函数的代码，在执行计算前锁定数据，计算完成后解锁，代码如下：

```python
def _fun1(self):
    self._mutex.lock()
    ......
    self._mutex.unlock()
```

```
def _fun2(self):
    self._mutex.lock()
    ......
    self._mutex.unlock()
def _fun3(self):
    self._mutex.lock()
    ......
    self._mutex.unlock()
```

上锁之后，在同一时刻只有一个线程可以读写 _number 字段的值。再次运行示例程序就能得到正确的结果了，如图 18-9 所示。

图 18-9　正确的计算结果

18.4.2　示例：使用 QMutexLocker 类

QMutex 对象每次访问资源时都要先调用 lock 方法锁定数据，处理完毕后调用 unLock 方法解锁数据。如果在代码量非常大的程序中，可能会频繁调用 lock 和 unLock 方法，一不小心就会出现在调用 lock 方法后忘记调用 unLock 方法的情况。

QMutexLocker 类将简化上锁与解锁操作。当 QMutexLocker 实例化时自动上锁；当 QMutexLocker 实例被销毁时自动解锁。因此，QMutexLocker 类型的变量一般声明在函数内部，在程序进入函数时给数据上锁；执行完函数体后，在退出函数时 QMutexLocker 变量的生命周期结束，从而解锁数据。

本示例以出售火车票为例，演示 QMutexLocker 类的使用。示例的完整代码如下：

```
# 火车票总数
total = 1000

# 售票函数
def sale():
    # total 是全局变量，要先声明一下
    # 否则会被视为函数本地变量，导致全局变量被覆盖
    global total
    while total > 0:
        QThread.msleep(3)
        # 售出一张票
        total = total - 1
        QThread.msleep(3)
        # 打印剩余票数
        print(f"剩余 {total} 张火车票")


if __name__=="__main__":
    app = QCoreApplication()
```

```
    # 5 个线程同时售票
    for n in range(5):
        QThreadPool.globalInstance().start(sale)
    # 等待售票结束
    QThreadPool.globalInstance().waitForDone()
```

上述代码中，sale 函数在修改全局变量 total 时是没有加互斥锁的，因此在运行后会出现剩余火车票数量为负数的情况。控制台输出如下：

```
……
剩余 2 张火车票
剩余 -1 张火车票
剩余 -1 张火车票
剩余 -3 张火车票
剩余 -3 张火车票
剩余 -3 张火车票
```

随后为 sale 函数加上互斥锁，代码的修改如下：

```
# 火车票总数
total = 1000
# 实例化互斥锁对象
mutex = QMutex()

# 售票函数
def sale():
    # total 是全局变量，要先声明一下
    # 否则会被视为函数本地变量，导致全局变量被覆盖
    global total
    # 上锁
    with QMutexLocker(mutex):
        while total > 0:
            QThread.msleep(3)
            # 售出一张票
            total = total - 1
            QThread.msleep(3)
            # 打印剩余票数
            print(f"剩余 {total} 张火车票")
    # 即将退出函数，自动解锁
```

QMutexLocker 类实现了 __enter__ 和 __exit__ 方法，因此支持在 with 语句中使用。
再次运行程序，就能得到正确的输出了。

```
……
剩余 7 张火车票
剩余 6 张火车票
剩余 5 张火车票
剩余 4 张火车票
剩余 3 张火车票
剩余 2 张火车票
剩余 1 张火车票
剩余 0 张火车票
```

18.5 QWaitCondition

QwaitCondition 类是线程间一种通信信号，允许一个线程向其他线程发出信号。例如，A 线程可以调用 wait 方法等待信号；B 线程调用 wakeOne 或 wakeAll 方法发出信号，唤醒 A 线程；A 线程收到信号后会从 wait 方法返回并继续执行，如图 18-10 所示。

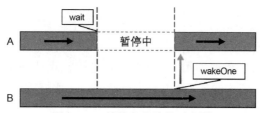

图 18-10 等待条件信号示意图

wait 方法在调用时需要接收一个 QMutex 对象，并且在调用前 QMutex 对象必须上锁。wait 方法内部会先让 QMutex 对象解锁，然后等待信号。wait 方法在返回之前会让 QMutex 对象重新上锁。也就是说，QMutex 对象在 wait 方法调用前后都会处于锁定状态。

唤醒等待线程的方法有两个：wakeOne 方法随机唤醒一个线程；wakeAll 方法将唤醒所有正在等待的线程。

18.5.1 示例：多阶段任务

本示例将启动 3 个线程任务。其中，第二个任务必须等第一个任务完成后才能继续；第三个任务必须等待第二个任务完成后才能继续。因此，需要创建两个 QWaitCondition 实例。

```python
# 全局互斥锁
mutex = QMutex()
# 代表第一阶段
step1 = QWaitCondition()
# 代表第二阶段
step2 = QWaitCondition()
```

由于第三阶段后没有等待的线程，所以只需要两个 QWaitCondition 对象即可。3 个线程分别运行以下 3 个函数。

```python
def work1():
    print("第一阶段开始")
    QThread.sleep(2)
    print("第一阶段完成")
    # 唤醒正在等待的线程
    mutex.lock()
    step1.wakeOne()
    mutex.unlock()

def work2():
    # 等待第一阶段完成
    mutex.lock()
    step1.wait(mutex)
    mutex.unlock()
    print("第二阶段开始")
    QThread.sleep(1)
    print("第二阶段完成")
    # 唤醒正在等待的线程
    mutex.lock()
    step2.wakeOne()
    mutex.unlock()

def work3():
    # 等待第二阶段完成
    mutex.lock()
    step2.wait(mutex)
    mutex.unlock()
    print("第三阶段开始")
```

```
    QThread.sleep(2)
    print("第三阶段完成")
```

第一阶段（work1）执行完成后，调用 step1 的 wakeOne 方法通知 work2。

第二阶段（work2）在执行任务前调用了 step1.wait 方法，此时 mutex 对象会临时解除锁定，并等待 step1.wakeOne 的调用。当等到 step1 的信号后继续执行，完成后调用 step2.wakeOne 方法，通知其他线程第二阶段完成。

第三阶段（work3）先要等待 step2.wait 收到信号才返回，然后完成后面的代码。

在主线程中，通过 QThreadPool 类启动上述 3 个线程。

```
# 启动 3 个线程
pool = QThreadPool.globalInstance()
pool.start(work1)
pool.start(work2)
pool.start(work3)
# 等待所有线程结束
pool.waitForDone()
print("所有任务均已完成")
```

pool.waitForDone 方法将处于等待状态，直到 3 个线程都线束。上述代码用到了 start 方法的另一个重载，不需要实现 QRunnable 类，直接传递要运行的函数引用即可。该重载的声明如下：

```
def start(arg__1: Callable, priority: int = ...)
```

运行示例程序，控制台将输出以下内容。

```
第一阶段开始
第一阶段完成
第二阶段开始
第二阶段完成
第三阶段开始
第三阶段完成
所有任务均已完成
```

18.5.2　示例：等待键盘输入

本示例将演示多个线程等待同一个信号的实现方法。3 个后台线程在启动后均处于等待状态。主线程会提示用户输入两个整数值。当应用程序获取到输入数值后，调用 QWaitCondition 对象的 wakeAll 方法唤醒正在等待的 3 个线程。随后这 3 个线程分别让输入的两个整数进行加、减、乘法运算，并向控制台打印计算结果。

示例程序需要定义以下全局变量。

```
# 全局互斥锁
mutex = QMutex()
# 等待条件
numbersGot = QWaitCondition()
# 用于计算的数值
number1 = 0
number2 = 0
```

然后定义 3 个函数，用于进行算术运算。这些函数将运行在线程池中。

```
def action1():
    # 等待输入
    mutex.lock()        # 上锁
    numbersGot.wait(mutex)
    # 计算
    r = number1 + number2
    # 打印结果
    print("{0}+{1}={2}".format(number1, number2, r))
    mutex.unlock()        # 解锁
```

```
def action2():
    # 等待输入
    mutex.lock()          # 上锁
    numbersGot.wait(mutex)
    # 计算
    r = number1 - number2
    # 打印结果
    print("{0}-{1}={2}".format(number1, number2, r))
    mutex.unlock()        # 解锁
def action3():
    # 等待输入
    mutex.lock()          # 上锁
    numbersGot.wait(mutex)
    # 计算
    r = number1 * number2
    # 打印结果
    print("{0}*{1}={2}".format(number1, number2, r))
    mutex.unlock()        # 解锁
```

将上述 3 个函数放入线程池中运行。随后读取键盘输入。

```
# 获取全局线程池
thPool = QThreadPool.globalInstance()
# 启动 3 个线程
thPool.start(action1)
thPool.start(action2)
thPool.start(action3)
# 等待输入
s1 = input("请输入第一个整数：")
s2 = input("请输入第二个整数：")
# 此变量标志在获取用户输入时是否发生了错误
hasErr = False
try:
    number1 = int(s1)
    number2 = int(s2)
except:
    # 输入的内容可能不是整数值
    print("您输入的可能不是整数")
    number1 = 0
    number2 = 0
    hasErr = True          # 标记已发生错误
```

如果成功获取到两个整数值，就向正在等待的 3 个线程发出信号。

```
if not hasErr:
    # 通知等待的线程
    mutex.lock()
    numbersGot.wakeAll()
    mutex.unlock()
    # 等待所有线程结束
    thPool.waitForDone()
```

运行示例程序，依次输入整数 10、3，控制台将输出以下结果：

```
10*3=30
10-3=7
10+3=13
```

　　3 个线程获取的互斥锁的序列是随机的，因此 3 个函数的执行顺序每次运行都会不一样。有可能先进行乘法运算，再进行加法运算。

## 第 19 章

QML 基础

本章要点：
- ➤ QML 与 QtQuick 的关系；
- ➤ QML 文档的加载方法；
- ➤ 布局与常用控件。

19.1 QML 与 QtQuick

QML（Qt Modeling Language）是一种声明式脚本，语法标记跟 JSON（JavaScript Object Notation）或 CSS 比较相似。QML 用于快速构建用户界面对象树，并且可以使用 JavaScript 代码来实现交互，支持动画、属性绑定等功能。

Qt Quick 是一个 Qt 模块，它封装了许多现成的 QML 组件，包括界面布局、控件、动画等组件。因此，在 QML 文档中经常会导入 QtQuick 模块，例如：

```
// 引入 QtQuick 模块
import QtQuick

// Window 表示应用程序窗口
Window {
    // id 属性为对象分配唯一标识
    id: myWindow
    // title 属性表示窗口标题
    title: "My Application"
    // width 属性表示窗口宽度
    width: 300
    // height 表示窗口高度
    height: 280
    // visible 属性设置窗口是否可见，true 表示显示窗口
    visible: true

    // Rectangle 表示一个矩形
    Rectangle
    {
        width: 120          // 宽度
        height: 80          // 高度
        color: "green"      // 填充颜色
    }
}
```

上述例子用 Window 元素定义了窗口的属性（标题、高度等），并设置在运行后显示窗口（visible 属性为 true）。窗口中定义了一个宽 120、高 80、用绿色填充的矩形。效果如图 19-1 所示。

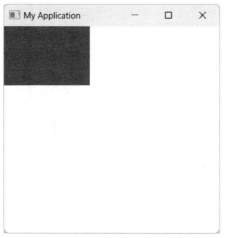

图 19-1　窗口中包含一个绿色矩形

19.2　QML 文档的结构

QML 文档由两部分组成。

（1）import 语句块。导入要使用的 QML 模块、命名空间，或者 JavaScript 文件。

（2）声明语句块。构建 QML 对象树，用于描述用户界面。注意：一个 QML 文档只能出现一个根对象（Root Object）。下面的声明语句是错误的。

```
import QtQuick

Rectangle {
    x: 25
    y: 30
    height: 50
    width: 50
    color: "red"
}

Rectangle {
    width: 85
    height: 75
}
```

因为上述文档声明了两个根对象。

19.2.1　import 语句

import 语句的格式如下：

```
import <模块> [版本号] [as <本地标识>]
import <命名空间> [版本号] [as <本地标识>]
import <JavaScript 文件>
import <目录>
```

版本号是可选的，如果不指定，默认导入最新版本，例如：

```
import QtQuick 2.0
import QtQuick
```

as 子句也是可选的，可以给导入的对象分配一个标识（类似于起一个别名），例如：

```
import computer as other
```

那么，other 就是 computer 模块的别名，在引用模块下的类型时，必须加上 other 前缀，即

```
other.NumberDisplay {
    ......
}

other.IconHeader {
    ......
}
```

as 子句可以解决命名冲突。例如，A 模块中有类型 T，B 模块中也声明了类型 T，当同时导入两个模块时：

```
import A
import B

T { ...... }

T { ...... }
```

QML 引擎无法分析出声明语句中用的是 A 模块中的 T，还是 B 模块中的 T。于是，可以在导入时分配一个别名：

```
import A as aa
import B as bb

aa.T { ...... }

bb.T { ...... }
```

aa.T 和 bb.T 可以明确地把两个 T 类型区分开来。

19.2.2 对象声明

声明语句用于描述 QML 文档中将使用哪些类型来构建对象树。声明部分只允许存在一个根对象。对象的声明格式与 CSS 类似——在类型名称后面是一对大括号（类型名称与大括号之间可以有空格）。例如，下面的语句声明程序窗口对象：

```
Window {
    ......
}
```

当然，大括号也可以另起一行：

```
Window
{
    ......
}
```

如果 Window 对象包含其他对象，其格式也是类似的，例如：

```
import QtQuick

Window {
    title: "Demo App"

    Rectangle {
        ......
    }
}
```

上述 QML 文档表示 Window 对象中包含一个 Rectangle 对象。

19.3　加载 QML 文档

QML 文档一般会保存到独立的文本文件中，在应用程序初始化时通过代码加载。按照约定，QML 文件使用.qml 扩展名，文本内容使用 UTF-8 编码。当然，使用任意扩展名也是可以的，其本质是文本文件。

将 QML 文档放在独立的文件中，运行阶段由应用程序加载，实现应用界面与代码逻辑的分离，同时也方便后期修改。

19.3.1　QQmlApplicationEngine

QQmlApplicationEngine 类（位于 QtQml 模块中）有两种方式加载 QML 文档。

（1）将 QML 文件的路径（一般是相对路径）传递给 QQmlApplicationEngine 类的构造函数。

（2）实例化 QQmlApplicationEngine 对象后，调用 load 方法加载 QML 文件。

在使用 QQmlApplicationEngine 类前，必须创建应用程序对象：QCoreApplication、QGuiApplication 和 QApplication 对象。QQmlApplicationEngine 类不会创建应用程序窗口，因此被加载的 QML 文档应当使用 Window 对象作为根对象。

19.3.2　示例：使用 QQmlApplicationEngine 类加载 QML 文件

本示例将演示 QQmlApplicationEngine 类的使用。

首先在应用程序目录下创建一个文件，可随意命名（本示例将其命名为 appView）。然后将以下内容保存到文件。

```
import QtQuick

// 程序窗口
Window {
    // 窗口标题
    title: "Demo App"
    // 窗口在屏幕上的坐标
    x: 545; y: 400
    // 窗口的宽度和高度
    width: 232; height: 180
    // 窗口可见
    visible: true

    // 显示文本
    Text {
        // 要显示的内容
        text: "这是一个 QML 应用程序"
        // 字体名称
        font.family: "楷体"
        // 字体大小
        font.pixelSize: 18
        // 文本颜色
        color: "blue"
        // 文本显示的位置
        x: 35; y: 20
    }
}
```

如果多个属性写在一行，一定要用分号隔开，例如：

```
x: 35; y: 20
```

Text 对象的功能是呈现文本内容。上述 QML 声明了应用程序窗口，窗口上显示文本"这是一个 QML 应用程序"。

下面的代码将加载 QML 文件并启动事件循环。

```
app = QGuiApplication()
# 加载 QML 文件
engine = QQmlApplicationEngine("appView")
# 进行事件循环
QGuiApplication.exec()
```

示例的运行效果如图 19-2 所示。

图 19-2　一个简单的 QML 程序

19.3.3　QQuickView

QML 文档中的 Window 对象，对应的是 QQuickWindow 类（位于 QtQuick 模块）。该类继承了 QWindow 类，可以操作程序窗口。

不过，QQuickWindow 类不能直接加载 QML 文档，需要和 QQmlApplicationEngine 类一起使用。流程如下：

（1）用 QQmlApplicationEngine 对象加载 QML 文档。

（2）获取 QML 文档的根对象。

（3）将根对象作为 QQuickWindow 的子级。

下面是一个例子。

```
# QML 文档
qml = """
    import QtQuick

    Rectangle {
        color: "green"
        width: 100
        height: 100
        // 居中显示
        anchors.centerIn: parent
    }
"""
# 创建 QML 引擎，用于加载文档
engine = QQmlApplicationEngine()
engine.loadData(qml.encode())
# 返回 QML 文档的根对象
root: QQuickItem = engine.rootObjects().pop()
# 创建窗口
window = QQuickWindow()
# 将窗口的内容节点作为 root 的父级
root.setParentItem(window.contentItem())
# 显示窗口
window.show()
```

上述代码直接通过字符串加载 QML 文档（而不是独立的文件），所以 QQmlApplicationEngine 对象要调用 loadData 方法来加载 QML（load 方法只能从文件加载）。文档中只声明了一个 Rectangle 对象（它表示一个矩形）。获取到 QML 根对象（Rectangle 对象）后，调用它的 setParent 方法，将它的父节点设置为 QQuickWindow 的根对象，contentItem 方法总是返回一个不可见的 QQuickItem 对象。如此一来，Rectangle 与 QQuickWindow 对象之间就建立了对象树，使得矩形能够顺利显示到窗口中。

为了简化代码，Qt 提供了 QQuickView 类。该类派生自 QQuickWindow，集成了 QQuickWindow 类和 QQmlApplicationEngine 类的功能。因此，使用 QQuickView 类创建 QML 窗口只需要在调用构造函数时指定 QML 文档的路径即可。

19.3.4　示例：使用 QQuickView 类加载 QML 文档

本示例将通过 QQuickView 类直接加载 QML 文档并自动整合到窗口的内容模型中。以下是示例所使用的 QML 文档（文件名为 demo.qml）。

```qml
import QtQuick

Rectangle {
    // 填充窗口区域
    anchors.fill: parent
    // 填充颜色
    color: "red"

    Text {
        // 文本内容
        text: "Hello App"
        // 字体大小
        font.pixelSize: 18
        // 文本颜色
        color: "yellow"
        // 水平居中
        anchors.horizontalCenter: parent.horizontalCenter
        // 垂直居中
        anchors.verticalCenter: parent.verticalCenter
    }
}
```

上述 QML 文档声明了矩形对象，其填充颜色为红色，anchors.fill: parent 表示该矩形将填满它的容器（本示例中的容器是窗口）。parent 引用的是矩形的父级对象。

在矩形内部使用 Text 对象呈现文本 Hello App。anchors.horizontalCenter 属性的值与窗口的 horizontalCenter 属性绑定，让矩形水平居中；同理，anchors.verticalCenter 属性可让矩形垂直居中。

随后，在 Python 代码中实例化 QQuickView 类，并传递 QML 文档的路径：

```python
# 加载 QML 文件并初始化程序窗口
window = QQuickView("demo.qml")
# 显示窗口
window.show()
```

本示例的运行结果如图 19-3 所示。

图 19-3　用 QQuickView 对象创建的窗口

19.4 QQuickItem 类

该类位于 QtQuick 模块中，是 QtQuick 可视化对象的公共基类。它定义了一些通用属性，如描述对象位置的 x、y 属性，表示宽度的 width 属性，表示透明度的 opacity 属性等。前文示例中用到过的 Rectangle、Text 等都是 QQuickItem 的派生类，在 QML 文档中的名称是 Item。如果不需要设置背景颜色、字体等属性，QML 文档可以直接使用 Item 作为根对象，例如：

```
import QtQuick

Item {
    Text { text: "one"; y: 5 }
    Text { text: "two"; y: 25 }
    Text { text: "three"; y: 45 }
}
```

虽然 QQuickItem 的多数派生类无法在代码中使用，但可以通过它们的公共基类 QQuickItem 来访问（如读取或修改某个属性的值）。下面的代码将在加载 QML 后修改 3 个 Text 对象的文本：

```
# 加载 QML 文档
window = QQuickView("demo.qml")
# 获取根对象
root = window.rootObject()
# 获取 3 个 Text 对象
if len(root.childItems()) == 3:
    text1 = root.childItems()[0]
    text2 = root.childItems()[1]
    text3 = root.childItems()[2]
    # 修改文本
    text1.setProperty("text", "一")
    text2.setProperty("text", "二")
    text3.setProperty("text", "三")
```

rootObject 方法可以返回 QML 文档的根对象，在上述例子中是 Item 对象。根对象调用 childItems 方法可以返回子对象列表（上述例子中是 Text 对象）。最后通过 setProperty 方法就可以修改 text 属性了。

19.5 布局

和 Qt Widgets 一样，QML 在图形界面排版中也使用布局对象。这些布局对象是在 QtQuick 模块中定义的，并且可以归纳为三大类。

（1）直接定位。使用 x、y、z 属性设置对象的坐标。注意，z 属性设置的是 Z-Index 顺序（可视化的分层效果，位于顶层的对象会遮挡其他对象）。

（2）QtQuick 模块提供的布局对象，如 Row、Column、Grid 等。这些对象使用方便，适用于简单布局。其缺点是不会自动调节可视化对象的大小，即处于布局内的对象需要设置 width 和 height 属性。

（3）QtQuick.Layouts 模块提供的布局对象。它是 QtQuick 的子模块，包括 GridLayout、RowLayout、ColumnLayout 等。当布局空间发生改变后，Layouts 模块下的布局对象能够自动调整可视化对象的大小。

19.5.1 示例：使用 x、y 属性定位矩形

本示例将通过 QML 文档创建 3 个矩形对象（Rectangle），同时为它们设置 x 和 y 属性。QML 文档如下：

```
qml = '''
    import QtQuick

    // 窗口
```

```
    Window {
        title: "Demo App"
        visible: true
        width: 270
        height: 200
        // 第一个矩形
        Rectangle {
            x: 15
            y: 10
            color: "green"
            width: 60
            height: 50
        }
        // 第二个矩形
        Rectangle {
            x: 45
            y: 40
            color: "black"
            width: 65
            height: 60
        }
        // 第三个矩形
        Rectangle {
            x: 80
            y: 75
            color: "orange"
            width: 65
            height: 50
        }
    }
'''
```

上述 QML 所定义的 3 个矩形在呈现之后会出现重叠，即后添加的对象会遮挡前面的对象。第一个矩形的坐标是(15, 10)，第二个矩形的坐标是(45, 40)，第三个矩形的坐标是(80, 75)。x、y 属性设置的是绝对位置，不管程序运行后是否调整窗口的大小，它们的位置和大小始终不变。

下面的代码用于加载上述 QML。

```
# 创建应用程序对象
app = QGuiApplication()
# 加载 QML 文档
engine = QQmlApplicationEngine()
engine.loadData(qml.encode())

# 进入事件循环
QGuiApplication.exec()
```

示例运行效果如图 19-4 所示。

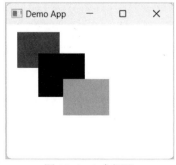

图 19-4　3 个矩形

19.5.2　示例：Z 顺序

z 属性并不是用来设置具体的坐标值，而是 Z 顺序。z 值较大的对象会位于 z 值较小的对象之上。默认情况下，Z 顺序与对象的声明次序一致。假设依次声明对象 A、B、C，那么它们的 z 属性分别是 0、1、2。如果 3 个对象之间有重叠区域，B 会遮挡 A，C 会遮挡 B。

可以通过调整 z 属性来改变 Z 顺序，例如：

```
A {
    z: 2
}

B {
    z: 1
}

C {
    z: 0
}
```

修改后会使 A 对象在最顶层，C 对象在最底层，于是 A 会遮挡 B，B 会遮挡 C。

本示例将演示通 z 属性重新编排 4 个矩形的 Z 顺序。QML 如下：

```
import QtQuick
// 窗口
Window {
    title: "My App"
    visible: true
    width: 275
    height: 220
    // Item 可以作为容器
    Item {
        // 4 个矩形
        Rectangle {
            // 宽度和高度
            width: 65; height: 65
            // 颜色
            color: "red"
            // 定位
            x: 0; y: 40
            // z 顺序
            z: 0
        }
        Rectangle {
            // 宽度和高度
            width: 70; height: 65
            // 颜色
            color: "lightgreen"
            // 定位
            x: 45; y: 0
            // z 顺序
            z: 1
        }
        Rectangle {
            // 颜色
            color: "skyblue"
            // 宽度和高度
            width: 65; height: 65
            // 定位
            x: 100; y: 40
```

```
            // z 顺序
            z: 0
        }
        Rectangle {
            // 宽度和高度
            width: 70; height: 70
            // 颜色
            color: "gray"
            // 定位
            x: 150
            y: 0
            // z 顺序
            z: 1
        }
    }
}
```

4 个矩形的 z 属性值依次是 0、1、0、1，即第二、第四个矩形会遮住第一、第三个矩形，如图 19-5 所示。

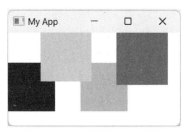

图 19-5　4 个矩形的 Z 顺序

19.5.3　示例：Column

列布局使用的是 Column 对象，子对象沿垂直方向排列。其中，以下属性可微调布局的空间间隔。

（1）padding：设置布局对象与内容之间的边距（上、下、左、右边距相同）。

（2）topPadding：内容的顶部与布局对象之间的边距。

（3）rightPadding：内容的右侧与布局之间的边距。

（4）bottomPadding：内容底部与布局之间的边距。

（5）leftPadding：内容左侧与布局之间的边距。

（6）spacing：布局内各对象间的间隔。

下面 QML 将在窗口上声明 5 个 Text 对象，它们使用 Column 布局。

```
import QtQuick

// 窗口
Window {
    visible: true
    title: "Demo App"
    width: 250
    height: 115
    // 布局
    Column {
        // 设置对象之间的间隔
        spacing: 3
        // 内边距
        padding: 10
        // 5 个文本对象
```

```
            Text { text: "Sample A" }
            Text { text: "Sample B" }
            Text { text: "Sample C" }
            Text { text: "Sample D" }
            Text { text: "Sample E" }
        }
    }
```

Column 对象的布局效果如图 19-6 所示。

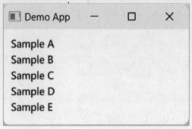

图 19-6　Column 对象的布局效果

19.5.4　示例：Row

行布局用到 Row 对象。该对象的用法与 Column 对象（列布局）相似，可以用 spacing 属性指定子对象的间距，也可以通过 padding 属性设置内容边距（包括 leftPadding、topPadding 等属性）。

本示例将用 Row 对象排列 4 个矩形，QML 如下：

```
import QtQuick

// 窗口
Window {
    title: "Demo App"
    width: 300
    height: 150
    visible: true
    // 行布局
    Row {
        spacing: 6       // 对象之间距
        padding: 10      // 内容边距
        Rectangle { width: 50; height: 50; color: "deeppink" }
        Rectangle { width: 50; height: 50; color: "gray" }
        Rectangle { width: 50; height: 50; color: "brown" }
        Rectangle { width: 50; height: 50; color: "gold" }
    }
}
```

4 个矩形的宽度和高度相同，并沿水平方向排列。Row 对象的布局效果如图 19-7 所示。

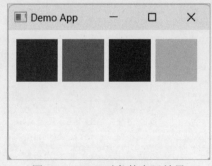

图 19-7　Row 对象的布局效果

19.5.5 示例：Grid

网格布局对应的是 Grid 对象。该对象会依据列数和行数，将布局空间划分出多个单元格。子对象被放到这些单元格中，并且自动定位到单元格的左上角（坐标是(0, 0)，无法用 x、y 属性修改）。尽管不能自定义坐标，但可以用 horizontalItemAlignment 属性设置水平方向的对齐方式，或用 verticalItemAlignment 属性设置垂直方向上的对齐方式。

Grid 对象默认划分出 4 列，而行数根据要放置的子对象来计算。可以通过 columns 和 rows 属性修改。如果 Grid 中所划分的单元格比子对象多，剩余的行和列将不可见（其实是行高和列宽均被设置为 0）。

Grid 将自动排列子对象，子对象不能选择目标单元格。要使用更灵活的网格布局，可以使用 GridLayout 对象（在 QtQuick.Layouts 子模块中）。

下面 QML 将设置 Grid 对象使用三列两行（共 6 个单元格），其中放置了 6 个子对象。

```qml
import QtQuick

Window {
    width: 270
    height: 285
visible: true

    Grid {
        // 内容边距
        padding: 10
        columns: 3          // 共三列
        rows: 2             // 共两行
        // 水平居中对齐
        horizontalItemAlignment: Grid.AlignHCenter
        // 垂直底部对齐
        verticalItemAlignment: Grid.AlignBottom
        // 列之间的距离
        columnSpacing: 8
        // 行之间的距离
        rowSpacing: 10

        // 第一行
        Text { text: "Cake" }
        Rectangle { color: "red"; height: 20; width: 55 }
        Text { text: "Most" }
        // 第二行
        Rectangle {
            color: "blue"
            width: 75
            height: 25
        }
        Text { text: "Floor"; color: "green" }
        Rectangle {
            height: 70
            width: 30
            color: "darkblue"
        }
    }
}
```

horizontalItemAlignment 属性设置子对象在单元格中的水平对齐方向，可用的值有 Grid.AlignLeft（左对齐）、Grid.AlignRight（右对齐）、Grid.AlignHCenter（居中）；verticalItemAlignment 属性设置子对象在单元格中的垂直对齐方向，可用的值有 Grid.AlignTop（顶部对齐）、Grid.AlignBottom（底部对齐）、Grid.AlignVCenter（居中）。horizontalItemAlignment 和 verticalItemAlignment 属性的值不是针对单个子对象的，而是应用于所有子对象。

Grid 对象是按照从左到右、从上到下的顺序排列子对象的。本示例设置的总列数为 3，即每行只能放置 3 个对象，剩下的内容会移到下一行。Grid 中子对象的排列方向如图 19-8 所示。

本示例的运行结果如图 19-9 所示。

图 19-8　Grid 中子对象的排列方向

图 19-9　三列两行的 Grid 布局

19.5.6　示例：RowLayout

本示例将使用 QtQuick.Layouts 模块中的 RowLayout 对象让 3 个矩形水平排列。RowLayout 可以使用 Layout 对象提供的附加属性来设置更多的参数。附加属性允许在 A 类的对象中引用 B 类所定义的属性。B 的实例化过程是自动的，使用时只需用类型名称 B 来引用属性即可，例如：

```
A {
    B.propertyXXX: 0
}
```

附加属性是一种具有特殊功能的属性，如 QtQuick.Layouts 模块下的 Layout 类。该类公开的属性成员均为附加属性，布局中的子对象可以引用这些附加属性，如 fillWidth 属性表示当前对象会自动填充布局中的所有可用空间。这个功能在 RowLayout、GridLayout 等布局中通用，因此将 fillWidth 定义为附加属性可避免在 RowLayout、ColumnLayout 和 GridLayout 中重复实现相同功能的属性。

本示例的 QML 文档如下：

```
import QtQuick
import QtQuick.Layouts

// 程序窗口
Window {
    visible: true
    width: 286
    height: 150

    // 行布局
    RowLayout {
        anchors.fill: parent
        // 布局对象窗口间的边距
        anchors.margins: 8
        // 子对象之间的边距
        spacing: 3

        Rectangle {
            color: "green"
            width: 90
            height: 45
        }

        Rectangle {
            color: "pink"
            height: 45
            Layout.fillWidth: true
        }
```

```
        Rectangle {
            color: "maroon"
            height: 45
            width: 50
        }
    }
}
```

3 个矩形的高度都是 45。第二个矩形没有设置宽度，而是将 Layout.fillWidth 附加属性设置为 true，表示该矩形的宽度会自动拉伸以填充所有剩余空间。

示例程序运行后如图 19-10 所示。

注意第二个矩形的宽度不是固定的，如果拉伸窗口的宽度，RowLayout 对象会自动调整该矩形的宽度，让它始终填满所有可用空间，如图 19-11 所示。

图 19-10　3 个矩形水平排列

图 19-11　第二个矩形的宽度将自动拉伸

19.5.7　示例：在 GridLayout 中定位子对象

GridLayout 对象的 rows 属性用于指定总的行数，columns 属性指定总的列数。而要控制子对象定位到特定的单元格中，需要使用 Layout.row 和 Layout.column 附加属性。例如：

```
GridLayout {
    rows: 2                    // 总行数：2
    columns:2                  // 总列数：2

    S {
        Layout.row: 1          // 定位到第二行
        Layout.column: 0       // 定位到第一列
        ......
    }
}
```

附加属性 Layout.row 指定子对象定位的行号（从 0 开始），Layout.column 属性则用于定位子对象的列号（也是从 0 开始）。上述 QML 中，子对象 S 将位于第二行、第一列的单元格中。

本示例将声明三行三列的网格（共 9 个单元格），并在其中布局 5 个子对象。QML 文档如下：

```
import QtQuick
import QtQuick.Layouts
import QtQuick.Shapes

// 程序窗口
Window {
    visible: true
    width: 300
    height: 275

    // 网格布局
    GridLayout {
```

```qml
            anchors.fill: parent
            anchors.margins: 15
            // 总行数
            rows: 3
            // 总列数
            columns: 3

            // 第一行
            Rectangle {
                color: "blue"
                Layout.row: 0
                Layout.column: 0
                width: 80
                height: 65
            }
            Rectangle {
                color: "lightsalmon"
                Layout.row: 0
                Layout.column: 2
                width: 60
                height: 50
            }

            // 第二行
            Text {
                text: "Hello"
                Layout.row: 1
                Layout.column: 1
            }

            // 第三行
            Shape {
                Layout.row: 2
                Layout.column: 0
                width: 80
                height: 80

                ShapePath {
                    startX: 10; startY: 40
                    strokeColor: "red"
                    strokeWidth: 2
                    // 画弧线
                    PathArc {
                        radiusX: 30; radiusY: 20
                        useLargeArc: true
                        x: 40; y: 40
                    }
                }
            }

            Rectangle {
                Layout.row: 2
                Layout.column: 2
                width: 100
                height: 45
                color: "#C043A8"
            }
        }
    }
```

上述 QML 所声明的网格有 9 个单元格，但只声明了 5 个子对象。第一行的第一、三列包含矩形对象；第二行只有第二列包含文本对象；第三行中第一列包含图形路径对象（Shape），第三列包含矩形对象。

示例的运行效果如图 19-12 所示。

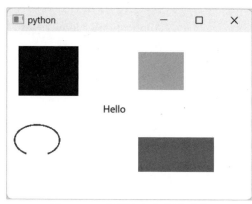

图 19-12　在网格中定位子对象

19.6　控件基类——Control

Qt Quick 提供了与 Qt Widgets 相似的控件库，可以构建更加完善的 QML 应用程序界面。人机交互通常需要很多复杂的可视化元素，仅使用 Rectangle、Text 等简单对象无法满足实际开发需求。因此，Qt Quick 库新增了 Controls 子模块，包含搭建用户界面最常用的控件，如 Button（按钮）、ComboBox（组合列表框）、CheckBox（复选框）、MenuBar（菜单栏）等。

Control 是 Qt Quick 控件的基类，定义了一些通用属性。在 QML 文档中是可以直接使用 Control 对象的，例如：

```
import QtQuick
import QtQuick.Controls

ApplicationWindow {
    visible: true

    Control {
        // 控件的宽度
        width: 100
        // 控件在窗口中的位置
        x: 40; y: 25

        // 设置控件背景
        background: Rectangle {
            // 设置边框
            border.color: "blue"
            border.width: 1
            // 设置背景色
            color: "lightgreen"
        }

        // 控件的内容
        contentItem: Text {
            text: "Hello"
            color: "red"
            // 水平居中
            horizontalAlignment: Text.AlignHCenter
        }
    }
}
```

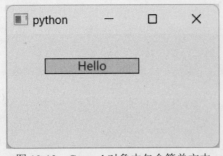

图 19-13　Control 对象中包含简单文本

要使用 Qt Quick 控件需要先导入 QtQuick.Controls 子模块。为了配合控件功能，QML 文档的根对象建议改用 ApplicationWindow。该对象包含可以设置菜单栏、工具栏等功能。

上述 QML 文档声明了 Control 对象，呈现效果可参考图 19-13。background 属性用于设置控件的背景，此处使用了 Rectangle 对象；contentItem 属性定义控件的内容区域，此处使用的是 Text 对象，在控件上显示文本。contentItem 将呈现在 background 之上。

19.6.1　示例：处理鼠标单击事件

要在 Control 对象中实现捕捉鼠标事件功能，需要借助 MouseArea 对象。该对象表示一个区域（呈现为透明），在此区域内能够捕获鼠标操作行为，如按下左键、释放左键、单击、双击等。当捕捉到特定事件后，MouseArea 对象会发出相关的信号，与信号绑定的代码就会执行。

MouseArea 对象公开以下信号。

（1）pressed：鼠标按键按下后发出。触发信号的按键可能是左键、中键或右键。这取决于用户行为以及 acceptedButtons 属性（MouseArea 对象的属性）的值。acceptedButtons 属性的默认值是 Qt.LeftButton，即只响应鼠标左键。如果希望响应左右按键，可以将 acceptedButtons 属性设置为 Qt.LeftButton | Qt.RightButton（"|" 是 OR 运算符，可以合并两个值）。

（2）released：鼠标按键释放时发出。

（3）pressAndHold：按下鼠标按键并持续 800 毫秒以上就会发出该信号。

（4）clicked：单击事件，包含鼠标按下和释放两个过程。

（5）doubleClicked：双击事件。

在 QML 文档中访问信号成员时需要在名称前面加上 on，例如，clicked 信号在访问时要变为 onClicked。

本示例将实现 Control 对象被单击后改变背景颜色和文本。QML 文档如下：

```
import QtQuick
import QtQuick.Controls

// 应用程序窗口
ApplicationWindow {
    visible: true

    // 控件
    Control {
        // 定位
        x: 20; y: 15
        // 宽度与高度
        width: 90; height: 30
        // 背景
        background: Rectangle {
            color: "darkblue"
            border.width: 1
            border.color: "orange"
            id: rect
        }
        // 控件内容
        contentItem: Item {
```

```
                    Text {
                        id: txt
                        text: "单击这里"
                        color: "white"
                        anchors.fill: parent
                        horizontalAlignment: Text.AlignHCenter
                        verticalAlignment: Text.AlignVCenter
                    }
                    MouseArea {
                        anchors.fill: parent
                        onClicked: {
                            // 修改矩形的颜色
                            rect.color = "red";
                            // 修改文本
                            txt.text = "已单击";
                        }
                    }
                }
            }
        }
```

id 属性可以为对象分配一个唯一的名称，之后就可以在 JavaScript 代码中引用它。在本示例中，作为背景的矩形对象被命名为 rect，文本对象被命名为 txt。这两个对象将在处理 clicked（onClicked）信号时访问。代码表达式只要符合 JavaScript 语法即可，本示例中修改了矩形对象的 color 属性以及文本对象的 text 属性：

```
// 修改矩形的颜色
rect.color = "red";
// 修改文本
txt.text = "已单击";
```

代码语句最后的分号可以省略，例如：

```
// 修改矩形的颜色
rect.color = "red"
// 修改文本
txt.text = "已单击"
```

多个语句写在一行时，分号不能省略，例如：

```
rect.color = "red"; txt.text = "已单击"
```

示例运行后如图 19-14 所示。

此时，单击一下控件，随后控件的背景会变成红色，显示的文本变为"已单击"，如图 19-15 所示。

图 19-14　单击控件前

图 19-15　单击控件后

19.6.2　示例：处理键盘事件

控件接收键盘事件可以使用 Keys 对象（该对象适用于所有可视化对象）。Keys 对象不需要在 QML 文档中声明，它的成员将作为附加属性公开，控件（或其他可视化对象）可以直接引用。

当用户按下键盘上某个键时，Keys 对象就会发出 pressed 信号（QML 引用名称为 onPressed）；当释放按键时会发出 released 信号（QML 文档引用名称为 onReleased）。信号发出时会携带一个 KeyEvent 对象，它包含详细的按键信息，如按下了哪个键，是否同时按下 Ctrl、Shitf 等按键，等等。

另外，Keys 对象还为一些特殊的按键定义了专用信号。例如，当用户按下【Enter】键时会发出 enterPressed 信号，当按下 Tab 键时会发出 tabPressed 信号，当按下数字 9 时会发出 digit9Pressed 信号……

本示例所演示的控件中包含 3 个矩形，它们默认填充为黑色。通过数字按键改变矩形的填充颜色，规则如下。

（1）按下数字 1 时，第一个矩形变成粉红色，其他矩形变成黑色。

（2）按下数字 2 时，第二个矩形变成蓝色，其他矩形均为黑色。

（3）按下数字 3 时，第三个矩形变成黄色，其他矩形变为黑色。

完整的 QML 文档如下：

```qml
import QtQuick
import QtQuick.Controls
import QtQuick.Layouts

// 应用程序窗口
ApplicationWindow {
    visible: true

    // 控件
    Control {
        // 控件在窗口内居中
        anchors.centerIn: parent
        // 宽度和高度
        width: 150; height: 50

        // 控件内容
        contentItem: RowLayout {
            spacing: 3
            // 获得焦点
            focus: true

            // 3 个矩形
            Rectangle {
                id: rect1
                color: "black"
                // 自动填充
                Layout.fillWidth: true
                Layout.fillHeight: true
            }
            Rectangle {
                id: rect2
                color: "black"
                Layout.fillWidth: true
                Layout.fillHeight: true
            }
            Rectangle {
                id: rect3
                color: "black"
                Layout.fillWidth: true
                Layout.fillHeight: true
            }

            // 键盘事件
            Keys.onDigit1Pressed: {
                // 第一个矩形改为粉红色
                rect1.color = "pink";
                // 其他矩形变为黑色
                rect2.color = "black"
```

```
            rect3.color = "black"
        }
        Keys.onDigit2Pressed: {
            // 第二个矩形为蓝色
            rect2.color = "blue"
            // 其他矩形变为黑色
            rect1.color = "black"
            rect3.color = "black"
        }
        Keys.onDigit3Pressed: {
            // 第三个矩形变为黄色
            rect3.color = "yellow"
            // 其他矩形变为黑色
            rect1.color = "black"
            rect2.color = "black"
        }
    }
  }
}
```

上述 QML 文档中，contentItem 属性使用的是 RowLayout 对象，即控件的内容区域使用行布局。RowLayout 对象内声明 3 个矩形对象，用 id 属性分别命名为 rect1、rect2、rect3，稍后在处理 Keys 对象的信号时可以引用它们，以便修改 color 属性。这里要注意的是，RowLayout 对象的 focus 属性必须设置为 true，使 3 个矩形所在的区域获得键盘输入焦点，否则 Keys 对象无法正常使用。

由于本示例只需要监听数字键 1、2、3，所以可以直接连接 onDigit1Pressed、onDigit2Pressed、onDigit3Pressed 信号即可。Keys 对象能以附加属性的方式引用，不需要声明对象，即

```
Keys.onDigit1Pressed: {
    ......
}

Keys.onDigit2Pressed: {
    ......
}

Keys.onDigit3Pressed: {
    ......
}
```

运行示例程序，如图 19-16 所示，此时 3 个矩形都是黑色的。

此时，按下数字键 2，中间的矩形会变成蓝色，如图 19-17 所示。

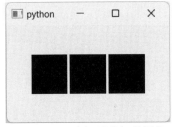

图 19-16　3 个矩形的初始颜色

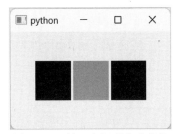

图 19-17　第二个矩形变成蓝色

19.7　按钮控件

QtQuick 中按钮的公共基类是 AbstractButton 类（C++类是 QQuickAbstractButton）。该类定义了按钮控件的通用成员，如 text、icon、checked 等属性，该类与 Qt Widgets 中的 QAbstractButton 类相似。

QtQuick.Controls 模块提供的按钮控件如下。

（1）Button：普通按钮。

（2）RoundButton：圆角按钮，功能与 Button 控件一样。RoundButton 控件可以通过 radius 属性设置一个半径值，使按钮呈现出圆角外观。

（3）CheckBox：复选框。同一容器下，可以同时选择多项。

（4）RadioButton：单选按钮。同一容器内，在同一时间只能选择一项。

（5）Switch："开关"控件，具有 On、Off 两种状态，通过单击或拖动使其在两个状态间切换。

（6）DelayButton：延时按钮。该按钮被按下时会进入倒计时（默认 300 毫秒），同时会显示一个进度条。等进度条走满后，按钮将进入 checked 状态，并发出 activated 信号。

19.7.1　示例：Button

作为最常用的按钮控件，Button 的核心成员是两个信号。

（1）clicked：按钮被单击后发出。

（2）doubleClicked：按钮被双击后发出。

本示例将在应用程序窗口上声明两个 Button 控件，然后分别处理它们的 clicked 信号，通过 console.log 方法向控制台输出文本。QML 文档如下：

```qml
import QtQuick
import QtQuick.Controls
import QtQuick.Layouts

ApplicationWindow {
    visible: true
    title: "Demo App"         // 窗口标题

    // 行布局
    RowLayout {
        // RowLayout 对象的下边沿对齐到窗口底部
        anchors.bottom: parent.bottom
        // RowLayout 对象的左边沿与窗口的左边沿对齐
        anchors.left: parent.left
        // RowLayout 对象的右边沿与窗口的右边沿对齐
        anchors.right: parent.right
        // RowLayout 对象下边沿与窗口下边沿之间的边距
        anchors.bottomMargin: 5
        // RowLayout 对象左边沿与窗口的左边沿之间的边距
        anchors.leftMargin: 8
        // RowLayout 对象右边沿与窗口右边沿之间的边距
        anchors.rightMargin: 8

        // 两个按钮
        Button {
            // 按钮上的文本
            text: "Yes"
            // 宽度自动填充
            Layout.fillWidth: true
            // 单击后发出的信号
            onClicked: console.log("单击了【Yes】按钮")
        }
        Button {
```

```
                text: "No"
                Layout.fillWidth: true
                onClicked: console.log("单击了【No】按钮")
            }
        }
    }
}
```

这里要注意一下 RowLayout 对象的定位锚点（Anchors）参数：

```
anchors.bottom: parent.bottom
anchors.left: parent.left
anchors.right: parent.right
……
```

anchors.bottom 属性表示 RowLayout 对象的下边沿，它的值引用 parent.bottom 表示与父级对象的下边沿重合（对齐）。parent 即 RowLayout 对象的 parent 属性。在本示例中，RowLayout 对象的父级就是窗口对象（ApplicationWindow）。同理，parent.top 就是对齐父级对象的顶部边沿。

top、left、right、bottom、horizontalCenter、verticalCenter 等是 Item 类的内部属性，只能在 QML 文档中访问。

Button 对象的 text 属性设置要显示在按钮上的文本，onClicked 即 clicked 信号。console.log 继承了 JavaScript 的对象命名，可用于向控制台输出日志。

运行示例程序，然后单击窗口下方的 Yes 或 No 按钮，控制台会打印对应的内容，如图 19-18 所示。

图 19-18　单击按钮后控制台会输出文本

19.7.2　示例：CheckBox

CheckBox 对象之间相互独立，可以同时选中多个 CheckBox 对象。本示例将创建 5 个 CheckBox 对象，具体的 QML 文档如下：

```
import QtQuick
import QtQuick.Controls
import QtQuick.Layouts

ApplicationWindow {
    title: "复选按钮"            // 窗口标题
    width: 280                  // 窗口宽度
    height: 200                 // 窗口高度
    visible: true               // 窗口可见

    // 布局
    ColumnLayout {
        spacing: 8              // 对象之间的边距
        anchors.fill: parent    // 填充父容器
        anchors.margins: 15     // 外边距

        // 复选框对象
        CheckBox { text: "菊花" }
        CheckBox { text: "梅花" }
        CheckBox { text: "牵牛花" }
        CheckBox { text: "月季" }
        CheckBox { text: "杜鹃花" }
    }
}
```

运行示例程序，5 个 CheckBox 对象之间的选择状态互不影响，如图 19-19 所示。

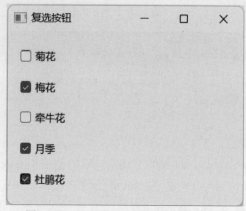

图 19-19　CheckBox 对象之间相互独立

还可以连接 CheckBox 控件的 toggled 信号，当选项的状态（被选中或取消选中）改变后向控制台打印消息。QML 文档的修改如下：

```
ApplicationWindow {
    ......

    // 自定义函数
    function logInfo(sender) {
        // 获取 Check 控件的文本
        let txt = sender.text;
        // 如果已选中
        if(sender.checked)
        {
            console.log('你已选择【${txt}】');
        }
        // 如果未选中
        else
        {
            console.log('你已取消选择【${txt}】');
        }
    }
    // 布局
    ColumnLayout {
        ......

        // 复选框对象
        CheckBox { text: "菊花"; onToggled: logInfo(this) }
        CheckBox { text: "梅花"; onToggled: logInfo(this) }
        CheckBox { text: "牵牛花"; onToggled: logInfo(this) }
        CheckBox { text: "月季"; onToggled: logInfo(this) }
        CheckBox { text: "杜鹃花"; onToggled: logInfo(this) }
    }
}
```

logInfo 是自定义函数，它有一个 sender 参数，在连接到 CheckBox 对象的 toggled 信号时接收 this 关键字指向的对象引用，即当前 CheckBox 对象。在 logInfo 函数内部，通过判断 checked 属性可知 CheckBox 对象是否处于选中状态，并输出相应的文本。

再次运行示例程序，当窗口中的 CheckBox 控件被选中（或取消选中）后，控制台将打印以下消息：

```
qml: 你已选择【菊花】
qml: 你已选择【月季】
qml: 你已取消选择【菊花】
qml: 你已选择【梅花】
qml: 你已选择【牵牛花】
qml: 你已取消选择【月季】
```

19.7.3　示例：RadioButton

RadioButton 属于单选按钮，同一容器内的 RadioButton 对象相互排斥，即同一时刻只能有一个对象被选中。不同容器间的 RadioButton 对象互不影响。

本示例将构建两组 RadioButton 对象，各包含 4 个 RadioButton 实例。分组容器是 ColumnLayout 对象。完整 QML 文档如下：

```qml
import QtQuick
import QtQuick.Controls
import QtQuick.Layouts

ApplicationWindow {
    // 窗口可见
    visible: true
    // 窗口宽度和高度
    width: 300; height: 200

    // 整体布局
    RowLayout {
        // 填充父窗口
        anchors.fill: parent
        // 设置外边距
        anchors.margins: 12

        // 第一组 RadioButton
        ColumnLayout {
            Text {
                Layout.bottomMargin: 10
                text: "第一组"
            }
            RadioButton { text: "红茶" }
            RadioButton { text: "绿茶" }
            RadioButton { text: "白茶" }
            RadioButton { text: "黑茶" }
        }

        // 第二组 RadioButton
        ColumnLayout {
            Text {
                text: "第二组"
                Layout.bottomMargin: 10
            }
            RadioButton { text: "大枣" }
            RadioButton { text: "梨子" }
            RadioButton { text: "苹果" }
            RadioButton { text: "葡萄" }
        }
    }
}
```

运行示例程序，这时会看到，只有位于同一个 ColumnLayout 对象下的 RadioButton 对象才会相互排斥，如图 19-20 所示。

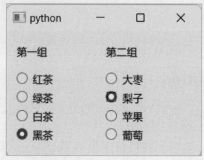

图 19-20　不同分组下的 RadioButton 对象相互独立

19.7.4　示例：ButtonGroup

ButtonGroup 类可以为按钮分组。该类公开 clicked 信号，分组内任意按钮被单击后都会发出此信号。clicked 信号带有一个 AbstractButton 类型的参数，即被单击按钮的引用。由于 ButtonGroup 类面向的按钮类型是 AbstractButton，因此 CheckBox、RadioButton 等控件也可以加入 ButtonGroup 对象中。

当用户界面上有多个按钮时，将它们添加到 ButtonGroup 对象中，再统一处理 clicked 信号，比逐个处理 clicked 信号要省事很多。

本示例将在窗口上声明 4 个按钮对象，并把它们添加到 ButtonGroup 对象中。然后处理 clicked 信号，在 Label 控件中显示被单击按钮的文本。完整的 QML 文档如下：

```
import QtQuick
import QtQuick.Layouts
import QtQuick.Controls

ApplicationWindow {
    visible: true

    ColumnLayout {
        // 按钮分组
        ButtonGroup {
            id: btnGroup
            // 处理 clicked 信号
            onClicked: btn => lb.text = '你单击了"${btn.text}"按钮'
        }
        // 4 个按钮
        RowLayout {
            Button {
                text: "打开"
                ButtonGroup.group: btnGroup
            }
            Button {
                text: "关闭"
                ButtonGroup.group: btnGroup
            }
            Button {
                text: "保存"
                ButtonGroup.group: btnGroup
            }
            Button {
                text: "升级"
                ButtonGroup.group: btnGroup
            }
```

```
        }
        // 标签
        Label { id: lb }
    }
}
```

将 Button 对象添加到 ButtonGroup 对象要使用 ButtonGroup.group 附加属性，即

```
Button {
    ……
    ButtonGroup.group: <ButtonGroup 对象的引用>
}
```

本示例中，ButtonGroup 对象的 id 为 btnGroup，因此 Button 对象使用附加属性时可通过此 id 来引用 ButtonGroup 对象。例如：

```
Button {
    text: "升级"
    ButtonGroup.group: btnGroup
}
```

运行示例程序，然后随机单击窗口上的按钮，Label 控件会显示相关的信息，如图 19-21 所示。

图 19-21　显示被单击按钮的文本

19.8　输入控件

输入控件可以分为文本输入和数值输入。文本输入包括 QtQuick 模块提供的 TextInput 和 TextEdit 对象，QtQuick.Controls 模块提供 TextField、TextArea 对象；数值输入有 QtQuick.Controls 模块提供的 Slider（滑动条）、RangeSlider（带两个滑块的滑动条）、SpinBox（带递增、递减按钮的数值输入框）、Dial（表盘）等。

19.8.1　示例：TextInput

TextInput 是 QtQuick 模块提供的类。TextInput 对象可以放置在其他对象（如 Rectangle）内，或覆盖在其他对象之上，可接收键盘输入并显示已输入的内容。用户可以通过键盘上的方向键移动输入光标，也可以用鼠标选择文本。使用【Delete】键或【Backspace】键可删除文本。

访问 text 属性可以获取或设置 TextInput 对象中输入的文本。selectedText 属性可以获取被选定的文本。一般需要将 focus 属性设置为 true，否则 TextInput 对象无法接收键盘输入。

当用户按下【Enter】键，或者输入框失去焦点后，TextInput 对象会发出 editingFinished 信号。

本示例将演示 TextInput 对象的简单用法。窗口中使用 Column 布局，布局内包含一个矩形（Rectangle）对象和一个文本（Text）对象。TextInput 对象位于 Rectangle 对象内。当 TextInput 对象接收到文本输入后，会实时显示在 Text 对象上。

具体的 QML 文档如下：

```
import QtQuick

// 应用程序窗口
Window {
```

```
    visible: true
    width: 280
    height: 225

    Column {
        anchors.fill: parent

        Rectangle {
            id: rect
            ......

            TextInput {
                // 获得输入焦点
                focus: true
                id: input
            }
        }

        Text {
            ......

            // 与 TextInput 对象的 text 属性绑定
            text: '你输入的内容: ${input.text}'
        }
    }
}
```

TextInput 对象分配了名为 input 的标识，Text 对象的 text 属性将与 input.text 属性绑定，通过 JavaScript 的格式化字符串（在两个 ' 字符之间）来引用已输入的文本。

示例运行后，输入"大好河山"，Text 对象中就会同步显示文本，如图 19-22 所示。

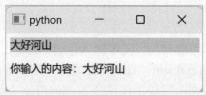

图 19-22　同步显示输入的文本

19.8.2　示例：TextField

TextField 派生自 TextInput 类，新增了设置字体（font）、背景（background）、占位符文本（placeholderText）等属性，使用方法与 TextInput 一样。

本示例将在窗口中声明两个 TextField 对象。输入文本后单击"确定"按钮，结果将显示在 Label 对象中。QML 文档如下：

```
import QtQuick
import QtQuick.Controls
import QtQuick.Layouts

ApplicationWindow {
    visible: true
    width: 265; height: 200
    title: "Demo"

    ColumnLayout {
        anchors.fill: parent
        anchors.margins: 10
        spacing: 4
```

```
        // 第一个文本框
        TextField {
            id: txtName
            placeholderText: "请输入姓名"
            font.family: "宋体"
        }

        // 第二个文本框
        TextField {
            id: txtAddr
            placeholderText: "请输入地址"
            font.family: "宋体"
        }

        // 按钮
        Button {
            text: "确定"
            onClicked: {
                let name = txtName.text;
                let addr = txtAddr.text;
                lbMsg.text = '姓名: ${name}\n 家住: ${addr}';
            }
        }
        // 标签
        Label {
            id: lbMsg
            color: "blue"
        }
    }
}
```

placeholderText 属性设置的是文本框的占位文本（水印文本），只在 TextField 对象未输入任何内容时显示，其作用是简单说明需要填写的内容，如"请输入姓名"。

运行示例程序后，依次输入文本，然后单击"确定"按钮，效果如图 19-23 所示。

图 19-23　显示文本框输入的内容

19.8.3　示例：SpinBox

SpinBox 控件用于输入数值。用户可以在文本框中直接输入数值，或者通过递增/递减按钮进行微调。from、to 属性设置 SpinBox 控件的数值范围，value 属性表示控件当前设置的值。递增/递减按钮的步长值可通过 stepSize 属性设置，即每次单击按钮后数值会增大/减小的量，例如 SpinBox 的当前值为 5，设置 stepSize 属性的值为 3 后，那么单击一次递增按钮后数值会变为 8。

本示例将演示 SpinBox 控件的用法，QML 文档如下：

```
import QtQuick
import QtQuick.Controls
```

```
import QtQuick.Layouts

ApplicationWindow {
    visible: true
    width: 235
    height: 200
    title: "Demo"

    // 列布局
    ColumnLayout {
        x: 15; y: 15
        spacing: 6
        // 数值输入控件
        SpinBox {
            id: spb
            // 最小值
            from: 100
            // 最大值
            to: 3000
            // 步长
            stepSize: 5
            // 当前值
            value: 300
        }
        // 显示输入的数值
        Text {
            text: '当前输入的数值：${spb.value}'
        }
    }
}
```

本示例中 SpinBox 控件的数值范围是[100, 3000]，步长值为 5，设置的初始值为 300。

Text 对象的 text 属性与 SpinBox 控件的 value 属性进行了绑定。当 SpinBox 控件中的数值更新后，Text 对象中的文本也同步更新，如图 19-24 所示。

图 19-24   显示 SpinBox 控件的值

SpinBox 控件默认不允许直接在文本框中编辑数值，必须手动设置 editable 属性为 true 才能在文本框中输入数值。QML 代码如下：

```
SpinBox {
    id: spb
    ......
    // 允许编辑
    editable: true
}
```

19.8.4   示例：SpinBox 中数值与文本的转换

SpinBox 控件公开如下一对属性，可以实现数值与文本之间的自定义转换。

（1）textFromValue：根据数值返回对应的文本。属性值为 JavaScript 函数对象，签名如下：

```
function (value, locale) {
    // 返回字符串
}
```

value 参数是 SpinBox 控件中的当前数值，locale 参数是当前使用的语言/区域对象（QLocale 类）。返回值是转换后的文本。

（2）valueFromText：根据文本内容返回对应的数值。其属性值为 JavaScript 函数，签名如下：

```
function (text, locale) {
    // 返回数值
}
```

text 参数是待转换的文本，locale 参数是当前所使用的语言/区域对象。函数要返回转换后的数值。上述两个属性的赋值可以使用 lambda 表达式，即

```
textFromValue: (value, locale) => ……
valueFromText: (text, locale) => ……
```

本示例将使用 textFromValue 属性将数值转换为文本"X 星级用户"。其中，X 表示 SpinBox 控件的当前数值。例如，当前数值为 5，那么 SpinBox 控件上就会显示"5 星级用户"。完整的 QML 文档如下：

```
import QtQuick
import QtQuick.Controls

ApplicationWindow {
    title: "Demo"
    visible: true

    SpinBox {
        id: spbox
        // 定位坐标
        x: 20; y: 15
        // 数值范围
        from: 0; to: 5
        // 当前值
        value: 3
        // 数值转换为文本
        textFromValue: (val, locale) => {
            return val + '星级用户';
        }
    }

    // 显示 SpinBox 控件的当前数值
    Label {
        x: 20; y: 43
        text: '当前数值: ${spbox.value}'
    }
}
```

Label 控件的 text 属性与 SpinBox 控件绑定，实时显示当前数值。示例程序的运行效果如图 19-25 所示。

图 19-25 SpinBox 控件显示转换后的文本

19.8.5　示例：Slider

Slider 控件允许用户拖动滑块来调整数值，操作便捷。与 SpinBox 控件相似，Slider 控件也通过 from、to 属性来设置数值范围，通过 value 属性可以读写当前数值。

orientation 属性用于设置滑动条的呈现方向，支持水平和垂直方向，即

```
orientation: Qt.Horizontal      // 水平方向（默认）
orientation: Qt.Vertical        // 垂直方向
```

本示例将在窗口中声明 Slider 和 Label 控件。Label 控件负责实时显示 Slider 控件的值。完整的 QML 文档如下：

```
import QtQuick
import QtQuick.Controls
import QtQuick.Layouts

ApplicationWindow {
    visible: true

    // 布局
    ColumnLayout {
        x: 15; y: 15          // 定位坐标
        spacing: 8
        // Slider 控件
        Slider {
            id: sld
            // 最小宽度
            Layout.minimumWidth: 150
            // 设置数值范围
            from: 0; to: 60
            // 设置步长值
            stepSize: 1
            // 水平方向是默认值，下面一行可以省略
            orientation: Qt.Horizontal
        }
        // Label 控件
        Label {
            text: '当前数值：${sld.value}'
            color: "orange"
        }
    }
}
```

运行示例程序，拖动 Slider 控件的滑块，Label 控件所显示的数值会立即更新，如图 19-26 所示。

图 19-26　Slider 控件的当前数值

19.8.6　示例：RangeSlider

RangeSlider 与 Slider 控件类似，但 RangeSlider 控件带有两个滑块，可以选择两个数值，由 first 和 second 属性公开。这两个属性都是 RangeSliderNode 类型，其中最常用的是它的 value 属性，表示当前节点的数值。

本示例将在窗口中声明 RangeSlider 控件，分别处理 first 和 second 属性的 moved 信号（当滑块被拖动后就会发出此信号），在 Label 控件中显示最新的数值。

完整的 QML 文档如下：

```
import QtQuick
import QtQuick.Controls
import QtQuick.Layouts

ApplicationWindow {
    visible: true
    width: 260
    height: 220
    // 布局
    ColumnLayout {
        x: 15; y: 15
        spacing: 7
        // RangeSlider 控件
        RangeSlider {
            // 设置数值范围
            from: 0; to: 1000
            // 步长值
            stepSize: 5
            // 最小宽度
            Layout.minimumWidth: 200
            // 处理 moved 信号
            first.onMoved: lb1.text = '第一个数值: ${first.value}'
            second.onMoved: lb2.text = '第二个数值: ${second.value}'
            // 设置两个节点的初始值
            first.value: 200.0
            second.value: 500.0
        }
        // 两个 Label 控件
        Label { id: lb1; color: "darkgreen" }
        Label { id: lb2; color: "darkblue" }
    }
}
```

RangeSlider 控件所使用的数值是 qreal 类型（双精度数值）。因此，from、to、stepSize 等属性既可以使用整数值，也可以使用浮点数值。

运行示例程序后，分别拖动两个滑块，就能看到 first 和 second 属性的值，如图 19-27 所示。

图 19-27　RangeSlider 控件的呈现效果

RangeSlider 控件适用于要通过选取两个值来确定某个范围的情形。例如，RangeSlider 控件用于表示声音频率，from 属性指定可用的最小频率为 20Hz，to 属性指定最大频率为 25000Hz。用户需要通过该控件选取一段频率进行后期加工，first 属性选取的值是 100Hz，second 属性选取的值是 5000Hz。那么，这两个数值可以构成一个频率范围（100～5000Hz）。

19.9 菜单

Menu 对象单独声明时，可作为弹出菜单（上下文菜单），也可以添加到菜单栏（MenuBar）中。菜单项由 MenuItem 对象表示，它的基类是 AbstractButton，继承了 text 等属性。但作为菜单项，一般不需要处理 clicked 信号，而是处理 triggered 信号（MenuItem 对象被单击后会发出该信号）。

Menu 的基类是 Popup，可在用户界面上方弹出一个浮动层。可以使用 x、y、width、height 等属性设置 Popup 对象的位置和大小。下面是一个简单的 Popup 示例，单击按钮后弹出浮动层（如图 19-28 所示），随后可以单击"关闭"按钮（或单击弹出层以外的地方）将其关闭。

图 19-28 Popup 对象

```
import QtQuick
import QtQuick.Controls
import QtQuick.Layouts

ApplicationWindow {
    title: "Demo"
    width: 265
    height: 220
    visible: true

    RowLayout {
        anchors.fill: parent
        anchors.margins: 12

        Button {
            id: btn
            text: "打开 Popup"
            Layout.alignment: Qt.AlignTop
            onClicked: pop.open()
        }

        // 弹出层
        Popup {
            id: pop
            // 弹出控件的 x 坐标
            x: 0
            // 弹出控件的 y 坐标
            y: btn.y + btn.height + 5
            // 宽度
            width: 150
            // 高度
            height: 85
            // 背景
            background: Rectangle {
                anchors.fill: parent
                color: "lightgray"
                border.width: 1
                border.color: "darkblue"
```

```
        }
        // 弹出层的内容
        ColumnLayout {
            anchors.centerIn: parent
            spacing: 15
            // 标签
            Label { text: "这是一个弹出层" }
            // 按钮
            Button {
                text: "关闭"
                Layout.alignment: Qt.AlignHCenter
                onClicked: pop.close()
            }
        }
    }
}
```

19.9.1　示例：上下文菜单

本示例将通过上下文菜单（右键菜单）来改变矩形（Rectangle）对象的宽度和高度。QML 文档如下：

```
import QtQuick
import QtQuick.Controls

ApplicationWindow {
    visible: true        // 窗口可见
    width: 300
    height: 200
    // 矩形
    Rectangle {
        id: rect
        x: 25; y: 30
        width: 65
        height: 50
        color: "red"

        // 鼠标捕捉区域
        MouseArea {
            anchors.fill: parent
            // 只接收鼠标右键操作
            acceptedButtons: Qt.RightButton
            // 处理信号
            onClicked: event => {
                // 判断按下的是否为右键
                if(event.button == Qt.RightButton) {
                    // 弹出菜单
                    menu.popup(Qt.point(event.x, event.y));
                }
            }
        }

        // 菜单
        Menu {
            id: menu
            // 菜单项
            MenuItem {
                text: "50x75"
                onTriggered: {
                    rect.width = 50;
```

```
                    rect.height = 75;
                }
            }
            MenuItem {
                text: "150x35"
                onTriggered: {
                    rect.width = 150;
                    rect.height = 35;
                }
            }
            MenuItem {
                text: "200x85"
                onTriggered: {
                    rect.width = 200;
                    rect.height = 85;
                }
            }
        }

    }
}
```

为了让 Rectangle 对象能接收鼠标事件，需要在其子级声明一个 MouseArea 对象。设置 MouseArea.acceptedButtons 属性为 Qt.RightButton 限制该对象只响应鼠标右键操作。

在处理 clicked 信号时，它带有一个参数（event），类型为 MouseEvent。此参数将包含与鼠标事件相关的信息，如鼠标指针的当前坐标（x、y 属性），用户按下了哪个按键（button 或 buttons 属性）。由于 MouseArea 是 Rectangle 对象的子级，因此 x、y 属性获取的坐标是相对于 Rectangle 对象的；并且 Menu 也是 Rectangle 的子对象，调用 popup 方法时所传递的坐标的参考对象也是 Rectangle。如果 Menu 是 ApplicationWindow 的子对象，那么在调用 popup 方法时所传递的坐标的参考对象是窗口。显示菜单的坐标需要加上 Rectangle 对象的 x、y 值，即

```
onClicked: event => {
    if(event.button == Qt.RightButton) {
        menu.popup(Qt.point(rect.x + event.x, rect.y + event.y));
    }
}
```

示例在 Menu 对象内添加了 3 个菜单，同时处理它们的 triggered 信号，通过 JavaScript 代码修改 Rectangle 对象的 width、height 属性。

运行示例程序，在窗口中右击，便可以通过上下文菜单改变矩形的大小了，如图 19-29 所示。

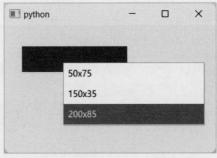

图 19-29　弹出上下文菜单

19.9.2　示例：使用 Action 对象

Qt Quick 的菜单也可以通过 Action 对象添加菜单项。Action 对象的常用属性如下。

（1）text：设置菜单项显示的文本。

（2）icon：设置要显示图标。

（3）checkable：指定菜单项是否具有 check 功能。

（4）enabled：设置菜单项是否可用。若为 False，则菜单项将不可用（无法操作）。

（5）shortcut：设置激活菜单项的快捷键，可以用字符串描述快捷键，如"Ctrl+D"。

菜单项被激活后，Action 对象会发出 triggered 信号。该信号带有一个 source 参数，表示触发信号的控件，如 MenuItem 等。

本示例将使用 Action 对象添加菜单项。菜单将显示在按钮（Button）控件的下方。当用户单击菜单后，标签（Label）控件上会显示被选中的菜单。完整的 QML 文档如下：

```qml
import QtQuick
import QtQuick.Controls

ApplicationWindow {
    visible: true
    title: "Demo"
    width: 265
    height: 210
    // 按钮
    Button {
        text: "显示菜单"
        // 定位坐标
        x: 25; y: 25
        // 宽度
        width: 80
        onClicked: menu.popup(Qt.point(x, y + height))
    }
    // 菜单
    Menu {
        id: menu
        // 以下是 3 个 Action 对象
        Action {
            text: "选项 1"
            onTriggered: source => lb.text += '【${source.text}】被触发\n'
        }
        Action {
            text: "选项 2"
            onTriggered: source => lb.text += '【${source.text}】被触发\n'
        }
        Action {
            text: "选项 3"
            onTriggered: source => lb.text += '【${source.text}】被触发\n'
        }
    }

    // 标签
    Label {
        id: lb
        anchors.left: parent.left
        anchors.bottom: parent.bottom
    }
}
```

调用 popup 方法显示菜单时，通过 Qt.point 函数生成菜单的显示坐标。在本示例中，菜单的 X 坐标与 Button 对象相同，Y 坐标是 Button 的 Y 坐标与高度之和，这样才能让菜单显示在按钮下方。在处理 Action 对象的 triggered 信号时，source.text 表示获取被选中菜单项的文本。

运行示例程序，单击"显示菜单"按钮，弹出上下文菜单。选择执行其中一个命令后，窗口底部会显示被执行的菜单项，如图 19-30 所示。

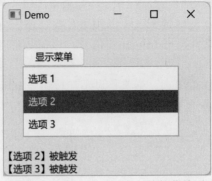

图 19-30　用 Action 对象创建的菜单项

19.9.3　示例：菜单栏

声明 MenuBar 对象，然后赋值给 ApplicationWindow 对象的 menuBar 属性就可以为应用窗口创建菜单栏了。

MenuBar 对象中可以添加 Menu 列表。每个 Menu 对象表示一组菜单，可通过 title 属性设置菜单标题（该标题显示在菜单栏上）。

本示例将构建包含两组菜单的菜单栏，完整的 QML 文档如下：

```
import QtQuick
import QtQuick.Controls

ApplicationWindow {
    title: "Demo"
    visible: true
    width: 265
    height: 200
    // 菜单栏
    menuBar: MenuBar {
        // 第一组菜单
        Menu {
            title: "文件"                // 菜单标题
            Action {
                text: "打开文件..."
                shortcut: "Ctrl+O"
            }
            Action {
                text: "关闭文件"
                shortcut: "Ctrl+Esc"
            }
        }
        // 第二组菜单
        Menu {
            title: "视图"
            Action {
                text: "历史记录"
                checkable: true
            }
            Action {
                text: "样本图例"
                checkable: true
```

```
            }
            Action {
                text: "显示坐标轴"
                checkable: true
            }
        }
    }
}
```

上下文菜单由于不显示标题，可以不设置 title 属性。但菜单栏（MenuBar）中的菜单需要显示标题，因此应当设置 title 属性。MenuBar 中直接声明 Menu 对象就可以添加菜单，菜单（Menu）对象内可以用 Action 或 MenuItem 对象来添加菜单项。ApplicationWindow 类公开专门用于设置菜单栏的 menuBar 属性，不要把 MenuBar 声明为 ApplicationWindow 的子级对象，那样会造成布局问题。

上述 QML 中，第二组菜单中的各项均设置了 checkable 属性为 True，表示菜单项启用 check 功能，菜单项将实现类似 CheckBox 控件的效果，单击后可以切换 check 状态。

运行示例程序，效果如图 19-31 所示。

图 19-31　菜单栏

19.9.4　示例：带图标的菜单项

MenuItem 是 AbstractButton 的派生类，因此继承了如 text、icon 等属性。其中，icon 属性用于为菜单项设置图标。icon 属性的类型是 Icon（C++类型为 QQuickIcon），不过在 QML 文档中不能直接向 icon 属性赋值 Icon 对象，而是向 Icon 对象的 name 或 source 属性赋值。name 属性指定图标的名称，该加载方案由主题样式提供，并非每个平台都可用；或者使用自定义 URL 来加载图标，即设置 source 属性。

如果菜单项使用 Action 对象来声明，同样可以使用 icon.name 和 icon.source 属性，例如：

```
Menu {
    Action {
        text: ……
        icon.source: ……
    }
}
```

本示例将通过 MenuItem 对象创建 6 个带图标的菜单项。图标文件位置应用程序目录下——使用 source 属性加载图标。完整的 QML 文档如下：

```
import QtQuick
import QtQuick.Controls

ApplicationWindow {
    title: "Demo"
    width: 270
    height: 220
    visible: true
    // 菜单栏
    menuBar: MenuBar {
        Menu {
            title: "工具"
            // 菜单项列表
            MenuItem {
                text: "放大"
                icon.source: "zoom-in.png"
            }
            MenuItem {
                text: "缩小"
                icon.source: "zoom-out.png"
```

```
        }
        MenuItem {
            text: "还原"
            icon.source: "zoom-act.png"
        }
        MenuItem {
            text: "图钉"
            icon.source: "pin.png"
        }
        MenuItem {
            text: "画刷"
            icon.source: "brush.png"
        }
        MenuItem {
            text: "文本"
            icon.source: "text.png"
        }
    }
  }
}
```

建议使用尺寸为 16×16 或 24×24 的图标。示例的运行效果如图 19-32 所示。

图 19-32　带有图标的菜单项

19.10　工具栏

ToolBar 对象用于声明工具栏。通常，工具栏对象内部应先声明布局对象（如 RowLayout），然后在布局对象中添加 ToolButton 对象（也可以是其他可视化对象，但 ToolButton 最常见）。

ToolButton 表示工具栏按钮，它派生自 Button 类，因此在用法上与 Button 控件相同。只是 ToolButton 控件在初始化时会根据主题样式设置专用字体。

许多时候，菜单栏中的菜单项与工具栏中的按钮具有相同的功能。为了避免重复的实现代码，建议使用 Action 对象。工具栏按钮和菜单项都可以引用相同的 Action 对象。

ApplicationWindow 对象有两个属性可以设置工具栏。

（1）header：工具栏位于窗口顶部（如果有菜单栏，将呈现在菜单栏下方）。

（2）footer：工具栏位于窗口底部。

下面的示例将为应用程序窗口创建顶部（header）和底部（footer）工具栏。完整的 QML 文档如下：

```
import QtQuick
import QtQuick.Controls
```

```qml
import QtQuick.Layouts

ApplicationWindow {
    visible: true
    width: 265
    height: 235
    // 定义 Action 列表
    Action {
        id: newFile
        text: "新建文件"
        icon.source: "new.png"
    }
    Action {
        id: openFile
        text: "打开文件"
        icon.source: "open.png"
    }
    Action {
        id: saveFile
        text: "保存文件"
        icon.source: "save.png"
    }
    Action {
        id: quitApp
        text: "退出"
        icon.source: "quit.png"
    }
    Action {
        id: copy
        text: "复制"
        icon.source: "copy.png"
    }
    Action {
        id: cut
        text: "剪切"
        icon.source: "cut.png"
    }
    Action {
        id: help
        text: "帮助文档"
        icon.source: "help.png"
    }
    Action {
        id: upgrade
        text: "升级"
        icon.source: "upgrade.png"
    }
    Action {
        id: del
        text: "删除"
        icon.source: "delete.png"
    }
    Action {
        id: modify
        text: "修改"
        icon.source: "modify.png"
    }
    Action {
        id: find
        text: "查找"
```

```
            icon.source: "find.png"
        }
        Action {
            id: sort
            text: "排序"
            icon.source: "sort.png"
        }

        // 菜单栏
        menuBar: MenuBar {
            // "程序"菜单
            Menu {
                title: "程序"
                MenuItem { action: newFile }
                MenuItem { action: openFile }
                MenuItem { action: saveFile }
                MenuItem { action: quitApp }
            }
            // "操作"菜单
            Menu {
                title: "操作"
                MenuItem { action: copy }
                MenuItem { action: cut }
            }
            // "关于"菜单
            Menu {
                title: "关于"
                MenuItem { action: help }
                MenuItem { action: upgrade }
            }
        }

        // 顶部工具栏
        header: ToolBar {
            RowLayout {
                anchors.fill: parent
                // 工具栏按钮
                ToolButton { action: newFile; display: Button.TextUnderIcon }
                ToolButton { action: saveFile; display: Button.TextUnderIcon }
                ToolButton { action: openFile; display: Button.TextUnderIcon }
                ToolButton { action: copy; display: Button.TextUnderIcon }
                ToolButton { action: cut; display: Button.TextUnderIcon }
                ToolButton { action: upgrade; display: Button.TextUnderIcon }
            }
        }

        // 底部工具栏
        footer: ToolBar {
            RowLayout {
                anchors.fill: parent
                // 工具栏按钮
                ToolButton { action: sort }
                ToolButton { action: del }
                ToolButton { action: modify }
                ToolButton { action: find }
            }
        }
    }
}
```

先在 ApplicationWindow 对象内声明要用到的 Action 对象，随后 MenuItem 和 ToolButton 对象均可引用。菜单栏与工具栏中的命令不一定要完全一致，按需引用 Action 对象即可（例如，菜单项未引用

sort、find 等 Action 对象，菜单列表就不会出现"排序""查找"等项目）。

ToolButton 对象继承了 AbstractButton 类的 display 属性，可以设置图标与文本的排列方式，有效的值如下。

（1）IconOnly：只显示图标。

（2）TextOnly：只显示文本。

（3）TextBesideIcon：文本跟随在图标之后。

（4）TextUnderIcon：文本显示在图标下方。

由于 display 属性是在 AbstractButton 类中定义的，并且 Button、ToolButton 类型都继承了该属性，因此在设置 display 属性时，使用 AbstractButton、Button 或 ToolButton 类来引用 Display 枚举的值都是可以的（上述示例用的 Button 类），即

```
AbstractButton.TextUnderIcon
Button.TextUnderIcon
ToolButton.TextUnderIcon
```

运行应用程序后，工具栏的外观如图 19-33 所示。

图 19-33　顶部与底部工具栏

19.11　列表控件——ListView

ListView 控件用于呈现数据列表，数据列表由 model 属性定义。目前，常用的 model 类型有 ListModel、ObjectModel、XmlListModel，而 TableModel 仍处于试验阶段，不建议在实际项目中使用。

model 属性只是定义了要显示的数据列表，而数据列表的显示方式和布局则需要 delegate 属性来定义。该属性为每个待呈现的数据项构造一个模板，其中可以包含各种可视化元素（如 Text、Rectangle 等）。

19.11.1　ListModel

ListModel 是最常用的数据列表模型。它内部包含一组 ListElement 对象，每个 ListElement 对象代表一个数据项实例。ListElement 对象内部的是动态定义的数据角色（role）列表，用于描述列表项数据，功能上与对象属性相似。其格式类型为字典集合，例如：

```
ListElement {
    name: "Orange"
    cost: 3.25
}
```

数据角色的名称必须以小写字母开头，如 boxWidth、email、body 等。

19.11.2 示例：使用 ListModel 类定义简单列表

本示例将通过 ListModel 对象来定义一个列表。其中，每个 ListElement 对象包含 3 个数据角色（属性），QML 代码如下：

```
ListModel {
    id: myList
    ListElement {
        lineID: 1
        lineDesc: "生产线 A"
        operator: "Tom"
    }
    ListElement {
        lineID: 2
        lineDesc: "生产线 B"
        operator: "Jack"
    }
    ListElement {
        lineID: 3
        lineDesc: "生产线 C"
        operator: "Mike"
    }
    ListElement {
        lineID: 4
        lineDesc: "生产线 D"
        operator: "Bob"
    }
}
```

上述代码同时为 ListModel 对象分配了值为 myList 的 ID，稍后由 ListView 控件的 model 属性引用。注意每个 ListElement 元素中的数据角色名称和数量要保持一致，即要包含 lineID、lineDesc 等字段。

创建 ListView 控件，并将 myList 列表赋值给 model 属性，作为列表控件的数据来源。

```
ListView {
    // 填充父级容器的所有可用空间
    anchors.fill: parent

    // 指定数据模型
    model: myList

    // 指定列表项的呈现模板
    delegate: Component {
        Row {
            spacing: 25
            Text { text: lineID }
            Text { text: lineDesc }
            Text { text: "操作员: " + operator }
        }
    }
}
```

示例的运行效果如图 19-34 所示。

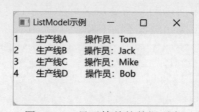

图 19-34　显示简单的数据列表

19.11.3　代理

ListView 控件的 delegate 属性用于设置一个代理对象，通常是 Component 类型。代理对象的作用是定义列表项的显示和布局方式，即为列表项创建一个外观模板。位于代理对象中的元素支持与 ListModel/ListElement 中的数据角色直接绑定。例如，下面 QML 表示使用 Text 对象来显示列表项，并且 text 属性绑定到 ListElement 元素中的 en 和 cn 字段。

```
ListView {
    ......
    model: ListModel {
        ListElement {
            en: "sedan"
            cn: "轿车"
        }
        ListElement {
            en: "van"
            cn: "商务车"
        }
        ListElement {
            en: "EV"
            cn: "电动汽车"
        }
        ListElement {
            en: "HEV"
            cn: "油电混合汽车"
        }
    }
    delegate: Component {
        Text {
            text: en + " -> " + cn
            ......
        }
    }
}
```

en + " -> " + cn 表示在 Text 对象中同时显示 en 和 cn 字段的值，并用 "->" 连接。效果如图 19-35 所示。

绑定时使用常规的 JavaScript 表达式即可，可直接引用列表元素的字段，如上述 QML 中的 en。也可以使用运算符和调用对象成员，如下面 QML 所示，调用 padEnd 方法在字符串的末尾填充空格，使其长度达到 15 个字符。

```
delegate: Component {
    Text {
        text: en.padEnd(15) + " -> " + cn
        color: 'green'
    }
}
```

效果如图 19-36 所示。

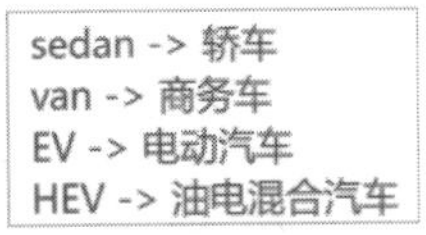

图 19-35　text 属性绑定到 en、cn 字段

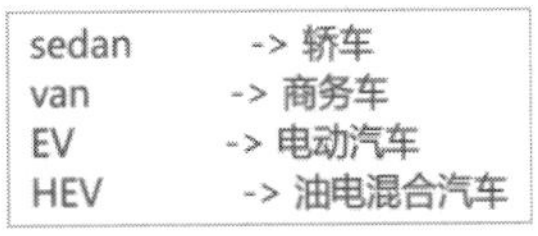

图 19-36　调用 padEnd 填充字符串的末尾

19.11.4　XmlListModel

XmlListModel 对象以 XML 文档为数据源来定义列表模型。可以通过 source 属性指定要加载的 XML 文档路径。此路径既可以是本地文件，也可以是网络地址。随后，通过 query 属性进行筛选，确定哪些

XML 节点将显示在列表控件上。query 属性是以 "/" 开头的 XML 节点路径，例如，"/samples/board" 表示筛选 samples 下的所有 board 元素来充当数据源。

XmlListModel 对象内部可以定义若干 XmlListModelRole 对象。其作用是公开一组自定义字段，以供 ListView 控件的代理对象使用（类似于 ListModel 中的 ListElement 对象）。其中，name 属性指定字段的名称，elementName 属性指定要绑定的 XML 元素名称，attributeName 属性则可以指定 XML 元素中某个特性的名称。加载 XML 文档时，XmlListModel 对象会根据 XmlListModelRole 对象所设置的属性去查找数据。

下面的示例先定义一个表示卡片信息的 XML 文档，然后通过 XmlListModel 对象加载并显示在 ListView 控件中。

表示卡片信息的 XML 文档如下：

```
<root>
    <card>
        <id>1</id>
        <size>16x24</size>
        <thickness>2</thickness>
        <color>Green</color>
    </card>
    <card>
        <id>2</id>
        <size>18x18</size>
        <thickness>1.5</thickness>
        <color>Gray</color>
    </card>
    <card>
        <id>3</id>
        <size>32x24</size>
        <thickness>1</thickness>
        <color>Blue</color>
    </card>
</root>
```

id 元素表示编号，size 元素表示卡片的尺寸，thickness 元素表示卡片的厚度，color 元素则表示卡片的颜色。

假设 XML 文件名为 test.xml，以下 QML 代码将定义 XmlListModel 对象，并指定该 XML 文件为数据源（XML 文件与应用程序在同一目录下）。

```
XmlListModel {
    id: xmlSource
    source: "test.xml"
    query: "/root/card"
    // 下面是子项
    XmlListModelRole {
        name: "cardID"
        elementName: "id"
    }
    XmlListModelRole {
        name: "cardSize"
        elementName: "size"
    }
    XmlListModelRole {
        name: "cardThickness"
        elementName: "thickness"
    }
    XmlListModelRole {
        name: "cardColor"
```

```
        elementName: "color"
    }
}
```

上述 XmlListModel 对象被命名为 xmlSource，在 ListView 控件中可直接引用（model 属性）。

```
ListView {
    model: xmlSource
    ......
}
```

为 ListView 控件定义代理项，即用于显示列表项的可视化对象。

```
ListView {
    ......
    // 列表项代理
    delegate: Column {
        Text {
            text: "卡片编号: " + cardID
            color: "purple"
            // 字体加粗
            font.bold: true
        }
        Text {
            text: "卡片大小: " + cardSize + " mm"
        }
        Text {
            text: "卡片厚度: " + cardThickness + " mm"
        }
        Text {
            text: "卡片颜色: " + cardColor
        }
    }
}
```

代理对象的根是 Column 对象，里面是若干 Text 对象。这些 Text 对象沿垂直方向布局。Text 对象的 text 属性可以绑定到 XmlListModelRole 对象所设置的字段名称。

示例的运行效果如图 19-37 所示。

图 19-37 从 XML 文档加载的列表项

19.12 在 QWidget 中呈现 QtQuick 对象

QtQuickWidgets 模块公开了 QQuickWidget 类。该类派生自 QWidget，它可以实现 QWidget 与 QtQuick 组件的混合使用，在 QWidget 组件所构建的用户界面上呈现 QtQuick 对象。

在实例化 QQuickWidget 对象时，可以直接把 QML 文件的路径传递给它的构造函数。QQuickWidget 对象在初始化过程中会加载 QML 文件所声明的对象，并与其他可视化组件一起呈现在窗口上。如果在调用 QQuickWidget 类构造函数时未传递 QML 文件的路径，也可以在实例化之后调用 setSource 方法来设置。

下面的示例将实现在 QWidget 对象中呈现 QML 文档，通过单击按钮改变矩形和文本的颜色。QML 文档的内容如下：

```
import QtQuick

Item {
    // 自定义属性
    property color x_color: 'blue'

    // 布局
    Column {
        spacing: 12;

        // 矩形
        Rectangle {
            width: 50
            height: 50
            color: x_color
        }
        // 文本
        Text {
            text: "示例文本"
            color: x_color
        }
    }
}
```

x_color 是 Item 对象的自定义属性，类型为 color，初始颜色设置为蓝色。Rectangle 和 Text 对象的 color 属性都与 x_color 属性绑定。当 x_color 属性被改变后，Rectangle 和 Text 对象的颜色也会同步更新。

以下步骤将完成示例程序的主体代码。

（1）实例化应用程序对象。

```
app = QApplication()
```

（2）创建 QWidget 实例，作为应用程序的主窗口。

```
window = QWidget()
window.setWindowTitle("Demo")
window.resize(275, 125)
window.move(531, 480)
```

（3）创建布局。

```
layout = QHBoxLayout()
window.setLayout(layout)
```

（4）实例化 QQuickWidget 对象，并通过构造函数指定 QML 文件。

```
renderWd = QQuickWidget("<QML 文件路径>", window)
```

（5）创建 3 个按钮。

```
button1 = QPushButton("金色", window)
button2 = QPushButton("灰色", window)
button3 = QPushButton("深绿色", window)
```

（6）定义 3 个函数，分别连接到上述按钮的 clicked 信号。

```
# 获取 QML 文档中的根对象
```

```
rootItem = renderWd.rootObject()

# 3 个函数
def onSetColor1():
    rootItem.setProperty("x_color", QColor("Gold"))

def onSetColor2():
    rootItem.setProperty("x_color", QColor("Gray"))

def onSetColor3():
    rootItem.setProperty("x_color", QColor("DarkGreen"))


# 连接到 3 个按钮的 clicked 信号
button1.clicked.connect(onSetColor1)
button2.clicked.connect(onSetColor2)
button3.clicked.connect(onSetColor3)
```

调用 QQuickWidget 实例的 rootObject 方法会返回 QML 文档的根对象。本示例中是 Item 对象，对应的是 QQuickItem 类。

要修改 Item 对象中的属性（此处是修改自定义的 x_color 属性），可以调用 setProperty 方法。参数依次是属性名称和属性值。setProperty 是 QObject 类的方法成员，QQuickItem 类（QML 文档中的 Item 对象）继承了该方法，因此可用于修改属性。

（7）显示窗口并启动主事件循环。

```
# 显示窗口
window.show()
# 启动事件循环
QApplication.exec()
```

（8）运行应用程序，矩形和文本的默认颜色是蓝色。单击窗口右侧的按钮可以改变颜色，如图 19-38 所示。

图 19-38　单击按钮改变矩形和文本的颜色